地基与基础工程施工技术

刘　勇　高景光　刘福臣　等编著

黄河水利出版社
·郑州·

内 容 提 要

全书包括绪论、岩土基本知识、原位测试技术、土方工程施工技术、基坑支护工程施工技术、降水工程与排水工程、浅基础工程施工技术、桩基础工程施工技术、地基处理技术、地基基础工程季节性施工技术、岩土工程新技术、工程地质勘察报告阅读与地基验槽等。

本书注重理论联系实际,案例丰富,具有应用性知识突出、实践性强、通俗易懂、重点突出等特点。可作为高等学校土木工程、水利工程、岩土工程、道路与桥梁工程等专业的教材,也可供工程勘察、设计、施工、监理、检测等工程技术人员学习参考。

图书在版编目(CIP)数据

地基与基础工程施工技术/ 刘勇等编著. —郑州:黄河水利出版社,2018.6

ISBN 978 - 7 - 5509 - 2051 - 4

Ⅰ.①地…　Ⅱ.①刘…　Ⅲ.①地基 - 工程施工②基础(工程) - 工程施工　Ⅳ.①TU47②TU753

中国版本图书馆 CIP 数据核字(2018)第 115103 号

组稿编辑:王路平　电话:0371-66022212　E-mail:hhslwlp@ 126. com

出 版 社:黄河水利出版社　　　　　　　　网址:www.yrcp.com

地址:河南省郑州市顺河路黄委会综合楼 14 层　邮政编码:450003

发行单位:黄河水利出版社

发行部电话:0371 - 66026940、66020550、66028024、66022620(传真)

E-mail:hhslcbs@ 126. com

承印单位:河南新华印刷集团有限公司

开本:787 mm ×1 092 mm　1/16

印张:20.75

字数:480 千字

版次:2018 年 6 月第 1 版　　　　　　　印次:2018 年 6 月第 1 次印刷

定价:60.00 元

前　言

地基与基础是建筑工程的主要组成部分,地基与基础工程的质量直接关系到整个建筑物的安全。由于我国地质条件复杂,基础形式多样,施工及管理水平存在差异,同时地基与基础工程具有高度隐蔽性,从而使得地基与基础工程的施工比上部结构更为复杂,更容易存在质量隐患。大量事实证明,建筑工程质量问题多与地基与基础工程质量有关,保证地基与基础工程施工质量尤为关键。

本书根据《建筑地基基础工程施工规范》(GB 51004—2015)、《建筑地基基础工程施工质量验收规范》(GB 50202—2002)、《建筑地基基础设计规范》(GB 50007—2011)、《建筑地基处理技术规范》(JGJ 79—2012)、《岩土工程勘察规范》(GB 50021—2001)(2009年版)、《建筑桩基技术规范》(JGJ 94—2014)等最新规范编写完成。全书包括绪论、岩土基本知识、原位测试技术、土方工程施工技术、基坑支护工程施工技术、降水工程与排水工程、浅基础工程施工技术、桩基础工程施工技术、地基处理技术、地基基础工程季节性施工技术、岩土工程新技术、工程地质勘察报告阅读与地基验槽等。本书注重理论联系实际,案例丰富,具有应用性知识突出、实践性强、通俗易懂、重点突出等特点。

本书由从事地基与基础工程教学、工程规划设计、施工、工程管理等工作经验丰富的教师、工程技术人员集体撰写完成。具体分工如下:山东水利职业学院刘福臣撰写绪论,山东弘润水利建筑工程有限公司刘勇撰写第1章、第9章,南京市长江河道管理处庄雪飞撰写第2章,南水北调中线干线工程建设管理局渠首分局马世茂撰写第3章、第10章,山东弘润水利建筑工程有限公司高景光撰写第4章4.1~4.5节,山东弘润水利建筑工程有限公司蔺超撰写第4章4.6~4.10节,山东森森勘察设计有限公司沙元皓撰写第5章,山东弘润水利建筑工程有限公司王业胜撰写第6章,黄河水务集团股份有限公司孙国彬撰写第7章7.1~7.4节,黄河水务集团股份有限公司刘大川撰写第7章7.5~7.10节,山东弘润水利建筑工程有限公司王洪涛撰写第8章8.1~8.6节、山东弘润水利建筑工程有限公司李守斌、刘洋洋、刘亚龙、杨开辉、潘树政、翟飞撰写第8章8.7~8.14节,山东弘润水利建筑工程有限公司刘洪光撰写第11章。本书由刘福臣负责审定、统稿。

本书在撰写过程中,参考并引用了国内同行的著作、教材及有关资料,在此一并表示感谢!

限于作者的水平,书中如有不当之处,恳请读者评判指正。

作者

2018 年 3 月

目　录

0　绪　论

0.1　地基与基础概念

由于建筑物的修建,使一定范围内地层的应力状态发生变化,这一范围内的地层称为地基。所以,地基就是承担建筑物荷重的土体或岩体。与地基接触的建筑物下部结构称为基础。一般建筑物由上部结构和基础两部分组成。建筑物的上部结构荷载通过具有一定埋深的基础传递扩散到土中间去。基础一般埋在地面以下,起着承上启下传递荷载的作用。图0-1表示了上部结构、地基与基础三者的关系。

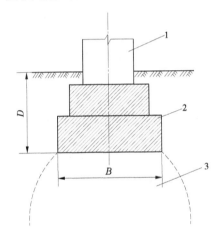

1—上部结构;2—基础;3—地基

图0-1　上部结构、地基与基础示意图

基础的结构形式很多,具体设计时应该选择既能适应上部结构、符合建筑物使用要求,又能满足地基强度和变形要求,经济合理、技术可行的基础结构方案。通常把埋置深度不大,(一般不超过5 m)只需经过挖槽、排水等普通施工工序就可以建造起来的基础称为浅基础;而把埋置深度较大(一般不小于5 m)并需要借助于一些特殊的施工方法来完成的各种类型基础称为深基础。

当地层条件较好、地基土的力学性能较好、能满足地基基础设计对地基的要求时,建筑物的基础被直接设置在天然地层上,这样的地基称为天然地基;而当地层条件较差,地基土强度指标较低,无法满足地基基础设计对地基的承载力和变形要求时,常需要对基础底面以下一定深度范围内的地基土体进行加固或处理,这种部分经过人工改造的地基称为人工地基。

地基与基础是两个不同的概念。基础是建筑物向地基传递荷载的承重结构,是建筑物的下部结构,它位于上部结构和地基之间,通常被埋置在地下,属于隐蔽工程;而地基属于地层,是支撑建筑物的那部分土体。地基具有一定的深度和范围。同一地基上建造不同的建筑物,或同一建筑物建造在不同地层上,它们的地基范围都是不同的。当地基由两层或两层以上的土层组成时,将直接与基础接触的土层称为持力层,持力层以下的土层称为下卧层。如下卧层的承载力小于持力层的承载力,则称为软卧下卧层。

在工程设计中,建筑物的地基基础一般应满足以下要求:

(1)地基有足够的强度,在荷载作用下,地基土不发生剪切破坏或失稳。

(2)不使地基产生过大的沉降或不均匀沉降,保证建筑物正常使用。

(3)基础结构本身应有足够的强度和刚度,在地基反力作用下不会产生过大的强度破坏,并具有改善沉降与不均匀沉降的能力。

为满足上述要求,从基础设计角度,通常将基础底面适当扩大,以满足地基承载力、变形和稳定性的要求。尽量选择承载力高、压缩性低的良好地基;若受场地条件限制,遇到软弱地基,则需要考虑地基处理。

地基与基础是建筑物的根基,又属于隐蔽工程,它的勘察、设计和施工质量直接关系着建筑物的安危。工程实践表明,建筑物的事故很多都与地基基础问题有关,而且一旦发生地基基础事故,往往后果严重,补救十分困难,有些即使可以补救,其加固、修复工程所需的费用也十分可观。

0.2　地基与基础工程质量事故

由房屋荷载传递路径可知,上部结构荷载将通过墙、柱传给基础,再由基础传给地基,由此可见,没有一个坚固而耐久的地基基础,上部结构即使建造得再结实,也是要出问题的。基础是建筑物十分重要的组成部分,应具有足够的强度、刚度和耐久性,以保证建筑物的安全和使用年限。地基虽不是建筑物的组成部分,但它的好坏却直接影响整个建筑物的安危。实践证明,建筑物的事故很多是与地基、基础有关的,地基与基础出现问题,轻则上部结构开裂、倾斜,重则建筑物倒塌,危及生命与财产安全。

造成地基与基础质量事故的原因多种多样,有岩土工程勘察、设计方案、施工、环境及使用问题,既有自然因素,也有人为因素,而且人为因素引起的质量事故偏多。其中,有些因素是不可避免的,有些因素是可以避免的,现将地基与基础质量事故的原因综述如下。

0.2.1　岩土工程勘察问题

岩土工程勘察是工程设计、施工的重要依据,是工程建设不可缺少的工作内容。岩土工程勘察方面造成的质量事故很多,主要有以下几个方面。

(1)无工程地质勘察资料,盲目设计、施工。

无工程地质勘察资料而造成工程质量事故的例子很多。如内蒙古某校锅炉房、浴室为单层混合结构,片石基础,建筑面积408 m²。工程竣工正在等待验收时,部分内纵墙和内横墙突然下沉,基础梁悬空挠曲,与墙体脱离10～60 mm,上部墙体出现多处阶梯状裂缝,宽0.5～10 mm,裂缝从墙底起向沉降大的方向延伸上升,有的一直裂到屋顶。该工程设计前没有进行工程地质勘查。事故发生后,在局部破坏区域开挖检查,发现沉降大的部位原是一口深 4.9 m、直径约 8 m 的大土井,井内为素土、生活垃圾及大量腐殖质土,呈软塑 – 流塑态,承载力极低。

(2)工程地质勘查工作欠认真,所提供的地质资料不确切。

如武昌某办公楼,设计之前仅做简易触探,而设计者又按勘察报告提出的偏高物理力学指标进行设计。经补勘查明,地基土质很差,结果造成该楼尚未竣工即出现很大沉降和沉降差,倾斜约 40 cm,并引起邻近已有房屋严重开裂。江苏某县一小学教学楼,平面呈 Z 形,无地质勘查资料盲目套图设计,施工中即发现墙体开裂、楼房扭曲倾斜、地面开裂,并发展到室外地坪,最后采用局部降低一层和加固地基方法进行处理。四川某地一工程,根据建筑物两端钻孔提供的岩石埋藏深度在基础底面以下 5 m 的资料,采用了 5 m 长的爆扩桩基础。建成后,建筑物产生较大沉降、墙体开裂。经补充勘察,发现建筑物中部基岩面深达 15 ~ 17 m,爆扩桩悬浮在软土中,这是造成不均匀沉降的主要原因。

(3)地基勘察时钻孔深度不够。

如有的工程在没有查清较深范围内地基中有无软弱层、墓穴、枯井、孔洞等情况下,仅根据地质勘察资料提供的地表面或基础底面以下深度不大范围内的地质情况进行设计,从而造成明显的不均匀沉降,导致质量事故。如南京某厂家属宿舍为五层砖混结构,采用不埋板式基础。当施工到五层时,发现基础断裂。后经补充勘探,发现宿舍西部地表杂填土 1.4 m 以下,有一层 2 m 厚的淤泥,压缩性很大。建筑物坐落在软硬悬殊的地基上,是造成基础产生不均匀沉降而断裂的主要原因。这类事故屡见不鲜,应引起足够重视。

(4)地基勘察时,钻孔间距过大,不能全面准确地反映地基的实际情况。

在丘陵地区的建筑中,由于钻孔间距过大这个原因造成的事故比平原地区多。如四川某县单层工业厂房位于丘陵地区,其地基中的基岩起伏较大(水平方向达 0.5 m/m)。地质勘查资料没有提供这些数据。设计时,将基础按相同埋深埋置于上覆土层上,由于基础底面以下可压缩土层厚度变化很大,造成厂房基础出现较大的不均匀沉降,引起墙体开裂,裂缝长达 5 m。

(5)勘察技术力量薄弱,对各种特殊性土的性质认识不足而造成事故。

这种情况在非典型湿陷性土和非典型膨胀土地区表现得尤为突出,所造成的损失巨大。如山东省肥城市某六层宿舍楼,位于康王河的二级阶地上,土层上部为非自重湿陷性次生黄土,湿陷系数一般为 0.015 ~ 0.03,厚度一般 2 m 左右。勘察单位并没有查明土的湿陷性及其危害,只按一般黏性土提供的承载力特征值为 180 kPa,结果施工至第二层时,发现底圈梁出现裂缝,当时认为是温度缝,没有引起重视。施工至第四层时,底圈梁裂缝愈来愈大,上部结构发生倾斜。经专家鉴定,事故的主要原因是施工用水管理不严,再加上为雨季施工,导致地基发生湿陷,产生不均匀沉陷。该宿舍楼的后期加固,花费约 60 万元。

0.2.2 设计方案及计算问题

(1)设计方案不合理。

有些工程的工程地质条件差、变化复杂,由于设计方案选择不合理,不能满足上部结构的要求,从而引起建筑物开裂或倾斜。如某展览馆,由二层高达 16 m 的中央大厅和高达 9.2 m 的两翼展览厅组成。两翼展览厅与中央大厅相距 4.35 m,中间以通道相连。该建筑物坐落在压缩模量仅有 1.45 MPa 的高压缩性软土地区,采用砂卵石垫层处理方案。该方案在深厚的软土层又有荷载差异的情况下,并不能消除不均匀沉降。因此,在两年半的沉降观测中,中央大厅沉降量平均达 60.5 cm,造成两翼 15 m 范围内的巨大差异沉降,使两翼展览厅外承重墙基础的局部倾斜达 0.028。根据《建筑地基基础设计规范》(GB 50007—2011),在高压缩性地基上的砌体承重结构基础的局部沉降倾斜容许值为 0.003,大大超过容许值,因此造成墙体内部产生的附加应力超过砌体弯曲抗拉强度,导致两翼展览厅墙面开裂。厦门市某大楼为七层框架结构,片筏基础,地基为软土,采用砂井处理方案,未采用预压措施。因此,造成大楼建成后,差异沉降达 56.6 cm,最大倾斜达 0.016 9,远远超过允许值 0.003。

(2)荷载计算不准确,设计计算错误。

这类事故多数因设计者不具备相应的设计水平,未取得可靠的地质资料,就盲目进行设计,设计又没有经过相应的复查审核,设计错误未能得到及时纠正。如广东海康大旅店就是因为上部结构设计计算错误,使地基超负荷,造成建筑物倒塌。有时小小的设计计算错误,也能造成墙体开裂,尤其软土地区更应慎重。如蚌埠某水电车间,采用砖混结构,钢筋混凝土屋面梁、板、砖壁柱,毛石条形基础,该建筑位于水塘边,由于疏忽了屋面梁传给砖壁柱的集中荷载,而没有将砖壁柱附近基础加宽,只采用与窗间墙基础同宽,造成纵墙下基础底面压力分布不均匀,最后导致纵墙开裂、基础顶面的钢筋混凝土圈梁及毛石条形基础开裂,影响使用。

(3)盲目套用图纸造成质量事故。

由于各地工程地质条件千差万别,即使同一地点也不尽相同,再加上建筑物的结构形式、平面布置及使用条件也截然不同,所以无法做出一套包罗万象的标准图纸。如果盲目地死搬硬套标准图,将会造成不良后果,出现严重的工程质量事故。如山西太原某局宿舍楼,套用本市通用住宅设计图纸施工,没有按实际地基条件进行设计,结果造成内外墙体开裂,影响安全,住户被迫迁出。

0.2.3　施工问题

地基与基础工程施工质量的优劣,将直接影响建筑物的安全和使用。地基基础属地下隐蔽工程,更应加倍重视施工问题。施工问题主要有以下三方面。

(1)未按图施工或不按技术操作规程施工。

如上海某住宅楼,底层为框架结构,二～六层为混合结构。在北框架的基础梁上悬挑出一进深为 3 m 的平房,设计要求该梁底应做砖坑,保证梁底有 20 cm 左右空隙。施工未按图纸要求做,致使基础底面受力不均,造成南面基底应力增加,北面基底应力减少。因此,使建筑物南北面产生较大的差异沉降,造成建筑物严重倾斜。

(2)工程管理不善,未按建设要求与设计程序办事。

如不按图施工、不遵守施工规范、施工方案和技术措施不合理、技术管理制度不完善以及施工人员的技术水平低等都是造成质量事故的原因。如洛阳市五层砖混结构宿舍楼,地基采用灰土桩处理。因管理混乱,工地上没有一个技术人员自始至终进行技术把关,缺乏质量检查,施工严重违反操作规程,使灰土质量低劣,最后不得不全部返工,造成巨大经济损失。

(3)建筑材料质量低劣,偷工减料问题。

因水泥、钢材、砂石、砖、混凝土及其他建筑材料质量低劣而导致的工程质量问题比较严重,再加上个别工程施工单位偷工减料,更会加剧事故的发生。如武汉市某厂混凝土挡土墙工程,其试块强度仅达到设计值的58%。检查施工情况,未发现任何问题。后经检查发现,使用的某厂生产的300号水泥,实际标号只有200号,因此造成严重的质量事故。

0.2.4 环境影响及使用问题

地基与基础的环境影响及使用问题,主要有以下几个方面。

(1)基础的施工影响。

打桩、钻孔灌注桩、强夯地基及深基坑开挖对周围环境造成的不良影响,是当前城市建设中特别突出的问题。如南京市某出版事业局外文书店,在桩基施工中,因打桩震动影响,引起附近某部队家属宿舍楼墙体开裂、底面楼板裂缝。又如某市一幢十二层的大楼,采用贯穿沙砾石层直达基岩的钻孔灌注桩施工方案。桩长30 m,桩径700 mm,共73根桩,施工历时两个月。在施工完20余根桩时,东西两侧相邻两幢三层办公楼严重开裂,邻近五层和六层两幢建筑物也受到不同程度的影响,周围地面和围墙裂缝宽度达3～4 cm。当施工完50根桩时,相邻的两幢三层办公楼不得不拆除。

(2)地下水位变化。

由于地质、气候、水文、人类的生产活动等因素的影响,地下水位会经常发生变化,这种变化会对建筑物产生不良影响。水位上升,降低了地基土的强度,增大了沉降量,会使建筑物产生过大的沉降和沉降差,最终导致建筑质量事故。在湿陷性黄土、膨胀土地区,地下水位的上升引起的质量事故尤为严重;地下水位下降,土体的有效应力增加,会产生大量的环境水文地质问题,引起地面沉降、地面塌陷、建筑物开裂破坏。如山东省泰安市大量抽取地下水,已形成范围很大的降落漏斗,在降落漏斗范围内,先后出现地面塌陷140余处,最大塌坑深5 m,直径达10 m,引起建筑物开裂、倾斜、倒塌,造成津浦铁路路基、桥涵毁坏,多次中断行车,危及津浦铁路的安全。岩溶地面塌陷是泰安市危害严重的地质灾害之一,严重影响着当地经济发展和建筑物的安全;又如浙江某高校教学楼,建成后16年一直正常,1976年由于在该楼附近开挖深井,过量抽取地下水,引起地基不均匀沉降,导致墙体开裂,最大裂缝处手掌能进出自如,东侧墙倾斜,危及大楼安全。

(3)使用条件的改变引起地基与基础质量事故。

房屋盲目加层,引起地基土的应力发生改变。如哈尔滨市大直街拐角处的居民住宅,由原来的一层增至四层,加层不久底层内外墙出现严重裂缝,最后整幢房屋全部拆除。近年来,在安徽、河南、四川、黑龙江、辽宁、湖南等地发生多起这类事故,大面积地面堆载引起地基内应力改变,导致建筑物产生不均匀沉降。此类事故一般发生于工业仓库、工业厂房和工业渣山堆放区。厂房与仓库地面堆载范围和数量经常变化,容易造成基础向内倾斜,造成吊车卡轨、构件变形影响使用等问题。苏联某料库因地面堆载过大,设计又未考虑其影响,致使一幢 42 m 跨三铰拱结构的建筑物,在地基失稳后倒塌;山东省新汶发电厂,堆放的废渣山高达 50 余 m,巨大的地面堆载引起了周围建筑物的开裂。

0.2.5　自然因素

异常的环境条件诸如地震、大风、大雪、暴雨、洪水等自然因素,也是引起工程质量事故的主要原因之一。这些因素一般是不可预见的,但可以通过一定的工程措施来减少其危害。

0.3　地基与基础工程发展概况

地基与基础是一项古老的建筑工程技术。早在史前的人类建筑活动中,地基与基础作为一项工程技术就被应用,我国西安市半坡村新石器时代遗址中的土台和石础就是先祖们应用这一工程技术的见证。公元前 2 世纪修建的万里长城;始凿于春秋末期,后经隋、元等代扩建的京杭运河;隋朝大业年间李春设计建造的河北赵州桥;我国著名的古代水利工程之一,战国时期李冰领导修建的都江堰;遍布于我国各地的巍巍高塔,宏伟壮丽的宫殿、庙宇和寺院;举世闻名的古埃及金字塔等,都是由于修建在牢固的地基基础之上才能逾千百年而留存于今。据报道,建于唐代的西安小雁塔其下为巨大的船形灰土基础,这使小雁塔经历数次大地震而留存于今。上述一切证明,人类在其建筑工程实践中积累了丰富的基础工程设计、施工经验和知识,但是由于受到当时的生产实践规模和知识水平限制,在相当长的历史时期内,地基与基础仅作为一项建筑工程技术而停留在经验积累和感性认识阶段。

18 世纪工业革命兴起,大规模的城市建设,水利、铁路的兴建,遇到了与土有关的力学问题,积累了许多成功的经验,也遇到了失败的教训。它促使人们对土的研究寻求理论上的解释。

1773 年,库仑(Coulomb)根据试验建立了库仑强度理论,随后发展了库仑土压力理论。接着库仑又于 1776 年发表了土的抗剪强度理论,指出无黏性土的强度取决于粒间摩擦力,黏性土的强度由黏聚力和摩擦力两部分组成,以上统称为库仑理论。

1856 年,法国工程师达西(Darcy H)在研究砂土透水性的基础上,提出了著名的达西定律。同时期,斯笃克(Stoks G G)研究了固体颗粒在液体中的沉降规律。

1857 年,英国工程师朗肯(Rankine W J K)假定挡土墙后土体为均匀的半无限空间体,应用塑性理论来解土压力问题。

1885 年,布辛奈斯克(Boussinesq J)在研究半无限空间体表面作用有集中力的情况下,提出了土中应力的解析解,称为布辛奈斯克课题,它是各种竖直分布荷载下应力计算的基础。

1916 年,瑞典彼得森(Petter-son K E)首先提出,继而由美国泰勒(Tayker D W)和瑞典费伦纽斯(Fellenius W)等进一步发展了圆弧滑动法。该方法被广泛用于土坡稳定问题的分析。

1920 年,法国普朗特尔(Praudtl L)发表了地基滑动面计算的数学公式,至今仍是计算地基承载力的基本方法。

1925 年,土力学才真正成为一门独立学科,太沙基(Terzaghi K)著名的教科书"Eou-bakmeceanik"的出版,被公认为是近代土力学的开始。他在总结实践经验和大量试验的基础上提出了很多独特的见解,其中土的有效应力原理和固结理论,是对土力学学科的突出贡献。

20 世纪五六十年代,基本上处于对土力学理论和技术的完善和发展阶段。1955 年,毕肖普(Bishop A W)提出土坡稳定计算中考虑竖向条间力的方法,应用有效强度指标计算土坡稳定。20 世纪 50 年代后期,詹布(Jaabu N)与摩根斯坦(Morgenslern N R)等相继提出了考虑条间力,滑动面取任意形状的上坡稳定计算方法,在强度理论、强度计算等方面进一步发展了莫尔 - 库仑准则。

随着电子计算机的问世和应用,土力学也进入了全新的阶段。新的非线性应力—应变关系和应力—应变模型(如邓肯—张模型、剑桥模型)的建立,标志着土力学进入了计算机模拟阶段。

从 1936 年开始,每四年一次的国际土力学与基础工程会议一直延续至今。各大洲区域性的土力学会议(2～4 年召开一次),国际性的土工刊物《Geotechanique》(岩土工程)、美国 ASCE 主办的期刊《Journal of Geotechnical and Geoenvironmental Engineering》等会议和期刊的创办极大地推动了学科的交流和发展。

中华人民共和国成立后,我国进行了大规模的工程建设,成功地处理了许多大型的基础工程。如武汉、南京长江大桥,葛洲坝水利枢纽工程,上海宝山钢铁厂,三峡工程以及众多的高层建筑都为验证土力学的理论积累了丰富的经验,也为本学科的应用提供了广阔的基地。我国有不少学者对土力学理论的发展也都有所建树。如陈宗基对土流变学和黏土结构模式的研究,黄文熙对砂土振动液化和地基沉降的研究等,都对现代土力学发展做出了突出的贡献。近年来,我国在室内及原位测试,地基处理技术,新设备、新工艺、新材料的研究及应用等领域取得了很大进展。《地基基础和地下空间工程技术》介绍了 16 项新技术,分别是灌注桩后注浆技术、长螺旋钻孔压灌桩技术、水泥粉煤灰碎石桩(CFG 桩)复合地基技术、真空预压法加固软土地基技术、土工合成材料应用技术、复合土钉墙支护技术、型钢水泥土复合搅拌桩支护结构技术、工具式组合内支撑技术、逆作法施工技术、爆破挤淤法技术、高边坡防护技术、非开挖埋管技术、大断面矩形地下通道掘进施工技术、复杂盾构法施工技术、智能化气压沉箱施工技术、双聚能预裂与光面爆破综合技术。这些新技术的应用对地基基础理论和实践产生了很大的促进作用,取得了显著的社会效益和经济效益。

0.4 地基与基础工程特点

0.4.1 复杂性

土最主要的特点是复杂性,由于成土母岩不同和风化作用的历史不同,在自然界中,土的种类繁多,分布复杂,性质各异,甚至在同一地区同一地点,地基土的类型和性质都有可能相差很大,所遇到的地基基础问题具有复杂性。

0.4.2 隐蔽性

建筑物的基础是建筑物的下部结构,通常被埋置在地下,而地基土更是埋于基础以下,两者均属于隐蔽工程。地基基础一旦出现事故,将不可弥补。因此,应严格施工工艺,精心组织,精心施工,确保施工质量。

0.4.3 易变性

环境的变化,如地下水位、温度、湿度、压力等因素的变化,地基土的性质随之发生显著变化,因此会影响到施工工艺和施工质量。如地下水位上升,会产生水压力、浮托力,使土的抗剪强度降低,对地基基础产生不良影响;地下水位下降,土的自重应力增加,会引起地面沉降;又如在黏性土中打桩时,桩侧土的结构受到破坏而强度降低,但停止施工后,土的强度逐渐恢复,桩的承载力逐渐增大,因此应充分利用土的触变性,把握施工进度,使既能保证施工质量,又可提高桩基承载力。

0.4.4 季节性

由于季节不同,施工条件、施工环境发生变化,其施工方法、施工措施也应随之改变。如雨季施工的排水问题、边坡稳定问题,冬季施工的防冻问题、开挖困难问题,都要采取相应的工程措施,以确保施工质量。

0.4.5 区域性

我国幅员辽阔,由于地域条件不同,土的沉积环境不同,产生了许多特殊性土,如淤泥、饱和砂土和饱和粉土、湿陷性黄土、膨胀土、红黏土、冻土等,这些土具有不同的特征和工程性质,由此地基基础的选择与施工必须考虑区域性。在山区,地形起伏大,地基土颗粒较粗,甚至含有大量碎石,因此挖(钻)孔灌注桩用得较多;在平原地区,地基土多为细粒土,则预制桩用得较多。在石料丰富的山区,多用毛石混凝土基础;而在石料缺乏的平原地区,多用灰土基础、三合土基础或素混凝土基础。

0.4.6 时效性

地基与基础工程的施工,具有明显的时效性。在施工过程中,对不同时段有不同的施工工艺,产生的效果也不相同。如桩基础在灌注混凝土时,为保证桩的质量,必须一气呵成,不得中断;基坑开挖时,必须遵循"开槽支撑,先撑后挖,分层开挖,严禁超挖"的原则,不能随意颠倒施工顺序。

0.4.7 经验性

地基与基础工程,大多数相关理论并不成熟,施工工艺一般建立在经验的基础上。因此,要求施工人员善于总结经验,不断完善,及时修正施工参数,确保施工质量。

综上所述,地基与基础工程的上述特点,给地基与基础工程施工带来了困难。在处理地基与基础工程问题时,必须运用本书的基本原理和基本方法,深入调查研究,针对不同情况进行具体分析。因此,在学习本书时,要注意理论联系实际,掌握原理,搞清概念,提高解决问题、分析问题能力,才能融会贯通,制订出经济合理、技术可行的施工方案。地基与基础各种新方法、新工艺、新材料的不断涌现,需要学习者不断学习、不断实践,针对当地地质条件,及时积累施工经验,改进施工工艺,才能够杜绝各种质量事故,确保建筑物的安全。

0.5 本书主要研究内容

全书包括绪论、岩土基本知识、原位测试技术、土方工程施工技术、基坑支护工程施工技术、降水工程与排水工程、浅基础工程施工技术、桩基础工程施工技术、地基处理技术、地基基础工程季节性施工技术、岩土工程新技术、工程地质勘察报告阅读与地基验槽。

绪论主要介绍地基与基础概念,地基与基础工程质量事故、发展概况、特点,以及本书主要研究内容。

第1章岩土基本知识,主要介绍岩石类型及岩石的工程地质性质,土的形成与成因类型、土的结构和构造、土的三相组成,土的物理性质指标和物理状态指标,地基土的工程分类与野外鉴别等内容。

第2章原位测试技术,主要介绍地基土的原位密度试验、地基土的静载荷试验、圆锥动力触探试验、标准贯入试验、静力触探试验、十字板剪切试验等内容。

第3章土方工程施工技术,主要介绍基坑基槽土方量计算、场地平整土方量的计算、土方调配、土方工程机械化施工、土方开挖、土方的填筑与压实等内容。

第4章基坑支护工程施工技术,主要介绍基坑安全等级、基坑支护结构类型,排桩墙施工,水泥土桩墙施工、加劲水泥土搅拌墙(SMW)工法施工、地下连续墙施工、支撑结构工程施工、土层锚杆工程施工、土钉墙支护施工、逆作拱墙施工、基坑监测与基坑信息化施工等内容。

第5章降水工程与排水工程,主要介绍地下水类型及运动规律、地下水对地基基础工程的影响、地下水控制及常见质量问题、基坑明沟排水工程、基坑降水工程、基坑降水对环境的影响及防护措施、截水与地下水回灌等内容。

第6章浅基础工程施工技术,主要介绍浅基础、无筋扩展基础施工、钢筋混凝土基础施工及减小地基不均匀沉降危害的措施等内容。

第7章桩基础工程施工技术,主要介绍混凝土预制桩施工、预应力混凝土管桩施工、钻孔灌注桩施工、沉管成孔灌注桩施工、人工挖孔灌注桩施工、灌注桩后注浆技术、承台施工、桩基检测与验收、沉井基础等内容。

第8章地基处理技术,主要介绍换填垫层与褥垫法、预压地基、压实地基和夯实地基、复合地基理论、振冲碎石桩和沉管砂石桩复合地基、水泥土搅拌桩复合地基、旋喷桩复合地基、灰土挤密桩和土挤密桩复合地基、夯实水泥土桩复合地基、水泥粉煤灰碎石桩复合地基、柱锤冲扩桩复合地基、多桩型复合地基、石灰桩法及注浆加固等内容。

第9章地基基础工程季节性施工技术,主要介绍地基基础工程雨期施工、冬期施工,雨期、冬期施工安全技术等内容。

第10章岩土工程新技术,主要介绍灌注桩后注浆技术、长螺旋钻孔压灌桩技术、水泥粉煤灰碎石桩复合地基技术、真空预压法加固软土地基技术、土工合成材料应用技术、复合土钉墙支护技术、型钢水泥土复合搅拌桩支护结构技术、工具式组合内支撑技术、逆作法施工技术、爆破挤淤法技术、高边坡防护技术、非开挖埋管技术、大断面矩形地下通道掘进施工技术、复杂盾构法施工技术、智能化气压沉箱施工技术、双聚能预裂与光面爆破综合技术等16项新技术。

第11章工程地质勘察报告阅读与地基验槽,主要介绍岩土工程勘察报告阅读及地基与基础工程验槽等内容。

第1章　岩土基本知识

1.1　岩　石

地球体的表层称为地壳,地壳是由岩石组成的。地壳是人类生存和发展的场所,一切工程建筑物都建筑在地壳上。

1.1.1　岩石类型

岩石按成因可以分为岩浆岩、沉积岩和变质岩三大类。

1.1.1.1　**岩浆岩**

岩浆岩又称火成岩,是由岩浆侵入地壳上部或喷出地表冷凝而成的岩石。当构造运动使岩石圈局部压力降低时,岩浆就会沿地壳的薄弱地带和压力较低的部位侵入上升。岩浆喷出地表,冷凝形成的岩石称为喷出岩;岩浆侵入到地表以下周围岩层中,冷凝形成的岩石称为侵入岩。侵入岩按侵入部位的深浅,分为深成侵入岩(深度大于 3 km)和浅成侵入岩(深度小于 3 km)。岩浆岩种类很多,常见的有花岗岩、花岗斑岩、流纹岩、正长岩、正长斑岩、闪长岩、辉长岩、辉绿岩和玄武岩等。

1.1.1.2　**沉积岩**

在地表或接近地表的条件下,由母岩(先形成的岩石)的风化产物、火山碎屑、生物残体及溶液析出物经搬运、沉积及硬结成岩作用而形成的岩石称为沉积岩。沉积岩种类很多,常见的有砾岩、砂岩、页岩、泥岩、石灰岩和白云岩等。

1.1.1.3　**变质岩**

地壳中先成的岩石受到构造运动、岩浆活动、高温、高压及化学活动性很强的气体和液体影响,其矿物成分、结构、构造等发生一系列的变化,这些变化称为变质作用。经变质作用形成的岩石称为变质岩。变质岩的种类很多,常见的有花岗片麻岩、片岩、板岩、千枚岩、大理岩、石英岩等。

1.1.2　岩石的工程地质性质

岩石的工程地质性质是指岩石与工程建筑有关的各种特征和性质。主要有岩石的物理性质、水理性质和力学性质。岩石的这些性质直接关系到建筑物是否经济合理与安全可靠。因此,对岩石的工程性质进行研究时,既要从岩石的属性特征进行定性分析,也要考虑岩石的各种试验指标进行定量分析,最后对岩石的工程性质做出评价。

1.1.2.1　**岩石的物理性质指标**

岩石的物理性质指标主要有比重、重度、空隙率、吸水率等。

1. 比重

岩石的比重是岩石固体部分(不含孔隙)的质量与同体积水在 4 ℃时质量的比值,也称为岩石的相对密度,即

$$G_s = \frac{m_s}{V_s \rho_w} \tag{1-1}$$

式中　　G_s ——岩石的比重;

　　　　m_s ——岩石固体部分的质量,g;

　　　　V_s ——岩石的体积(不含孔隙),cm^3;

　　　　ρ_w ——4 ℃水的密度,g/cm^3。

岩石的相对密度取决于组成岩石的矿物相对密度及其在岩石中的含量。组成岩石的矿物相对密度越大、含量越多,则岩石的相对密度也越大;反之,则岩石的相对密度小。大多数岩石的相对密度在2.7 左右。

2. 重度

岩石单位体积(包括空隙体积在内)的重力,即试样重力与试样体积的比值,称为重度,用 γ 表示。即

$$\gamma = \frac{W}{V} \tag{1-2}$$

式中　　γ ——岩石重度,kN/m^3;

　　　　W ——岩石的重力,kN;

　　　　V ——岩石的体积,m^3。

岩石的天然重度取决于组成岩石的矿物成分、空隙发育程度及含水情况。大多数岩石的重度为23 ~ 28 kN/m^3。

3. 空隙率

空隙率(或空隙度)是指岩石孔隙、裂隙和溶隙的体积与岩石总体积的比值,用 n 表示,即

$$n = \frac{V_n}{V} \times 100\% \tag{1-3}$$

式中　　n ——岩石空隙率;

　　　　V_n ——岩石孔隙、裂隙和溶隙的体积,cm^3;

　　　　V ——岩石的总体积,cm^3。

一般坚硬岩石空隙率小于3%,疏松多孔的岩石空隙率较高,大于10%。

4. 岩石的吸水率、饱和吸水率

岩石的吸水率是指试样在常温常压条件下,岩石吸入水的质量与岩石固体质量的比值,以百分数表示,即

$$\omega_a = \frac{m_{w1}}{m_s} \times 100\% \tag{1-4}$$

式中　　ω_a ——岩石的吸水率(%);

　　　　m_{w1} ——常压条件下岩石吸入水的质量,g;

m_s ——岩石固体部分的质量,g。

岩石吸水率的大小取决于岩石中空隙的数量、大小及其连通情况。一般情况下,水不容易渗入封闭的小空隙中去。根据吸水率的大小,可以概略地评价岩石的抗冻性。通常认为吸水率小于 0.5% 时,岩石是抗冻的。

岩石的饱和吸水率 ω_{sa} 是指岩石在煮沸或真空抽气条件下,吸入水分的最大质量与岩石固体质量的比值,以百分数表示,即

$$\omega_{sa} = \frac{m_{w2}}{m_s} \times 100\% \tag{1-5}$$

式中　ω_{sa} ——岩石的饱和吸水率(%);

　　　m_{w2} ——煮沸或真空抽气条件下岩石吸入水的最大质量,g。

1.1.2.2　岩石的水理性质及指标

岩石的水理性质是指水对岩石作用和影响的有关性质,主要有岩石的透水性、可溶性、软化性及崩解性。

1. 透水性及渗透系数

岩石允许水通过的性能,称为岩石的透水性或渗透性。岩石透水性的强弱主要取决于岩石中孔隙、裂隙空间的大小及其相互间的连通情况,并常用渗透系数 K(m/d、cm/s)和透水率 q 表示,它们分别采用钻孔抽水试验和压水试验方法来测定。

2. 可溶性及溶解度、相对溶解速度

岩石的可溶性是指岩石溶解于水的性质,常用溶解度和相对溶解速度表示。溶解度是指可溶岩石水溶液的饱和浓度(mg/L),相对溶解速度是指单位时间内可溶岩溶解量与标准试样(大理石粉)溶解量的比值。在自然界中常见的可溶性岩石有石膏、岩盐、石灰岩、白云岩及大理岩等。岩石的可溶性不仅与岩石的成分有关,而且与水的性质有很大关系。如一般淡水溶解能力小,含二氧化碳的水则具有较大的溶解能力。

3. 软化性及软化系数

岩石浸水后其强度降低的性质称为岩石的软化性。岩石的软化性主要与岩石的空隙率、风化程度、组成岩石的矿物成分及颗粒间的结合强度有关。一般裂隙发育、风化严重、含有大量黏土矿物的岩石(如黏土质岩石等)极易软化。表征岩石软化性的指标称为软化系数 K_d,即同种岩石的饱和极限抗压强度与干极限抗压强度之比,即

$$K_d = \frac{R_b}{R_c} \tag{1-6}$$

式中　R_b ——饱和极限抗压强度,kPa;

　　　R_c ——干极限抗压强度,kPa。

岩石的软化性是评价岩石抗风化和抗冻性的间接指标。一般认为软化系数大于0.75 的岩石是软化性弱,抗风化、抗冻性强的岩石。

1.1.2.3　岩石的主要力学性质指标

岩石的力学性质是指岩石受到外力作用后发生变形和破坏的特点。

1. 岩石的变形指标

岩石的变形指标主要有弹性模量 E、变形模量 E_0 和泊松比 μ。常采用对岩石试样直

接加荷(静力法)的试验方法测定。

2.岩石的强度指标

岩石的强度可分为抗压强度、抗剪强度和抗拉强度。

1)抗压强度

抗压强度是指岩石在单向压力作用下抵抗破坏的能力,用岩石破坏时的极限压应力表示。即

$$R = \frac{P}{A} \tag{1-7}$$

式中　　R——岩石的单轴抗压强度,kPa;

　　　　P——岩石开始破坏时的荷载,kN;

　　　　A——垂直荷载的岩石试件的受压面积,m^2。

各类岩石的抗压强度差别很大,它主要取决于岩石颗粒之间的联结情况,而这又和岩石的矿物成分、生成条件有关。一般牢固联结的岩浆岩、变质岩和胶结的沉积岩抗压强度可达 $1 \times 10^5 \sim 2 \times 10^5$ kPa,甚至更大。部分岩浆岩、云母片岩、绿泥石片岩、千枚岩及胶结弱的沉积岩,抗压强度较低,只有 $5 \times 10^4 \sim 10 \times 10^4$ kPa 或更小;弱胶结的泥质砂岩、砾岩及泥灰岩等软弱岩石,抗压强度有时甚至只有 $3 \times 10^3 \sim 10 \times 10^3$ kPa。

2)抗剪强度

抗剪强度是指岩石抵抗剪切破坏的能力,以岩石被剪破时的极限剪应力表示。根据岩石不同的剪切破坏形式,岩石的抗剪强度试验可分为抗剪断试验、抗剪试验和抗切试验三种。试验后将分别得出抗剪断强度、抗剪强度、抗切强度。

(1)抗剪断强度。是指在一定垂直压力作用下,完整岩石被剪断时的强度,即

$$\tau = \sigma \tan\varphi + c \tag{1-8}$$

式中　　τ——岩石抗剪断强度,kPa;

　　　　σ——剪裂面上的法向应力,kPa;

　　　　φ——岩石的内摩擦角,(°),$\tan\varphi = f$,f 称为岩石的摩擦系数;

　　　　c——岩石的内聚力,kPa。

当法向应力一定时,岩石抗剪断强度主要取决于岩石的摩擦系数和内聚力。坚硬新鲜岩石有牢固的结晶联结和胶结联结,因此其抗剪断强度很高。一般内摩擦角在 40°以上,内聚力可达几千千帕以上。

(2)抗剪强度。是指在一定垂直压力作用下,沿岩石已有破裂面剪切时的抗剪强度,也称为摩擦强度,此强度与法向应力成正比,即

$$\tau = \sigma \tan\varphi \tag{1-9}$$

显然,抗剪强度是沿着岩石破裂面或软弱面等发生剪切滑动的指标,它大大低于该岩石的抗剪断强度。一般坚硬岩石的内摩擦角为 27°～35°。

(3)抗切强度。是指无法向应力($\sigma = 0$)时岩石的抗剪断强度,实际上也就是内聚力c,即

$$\tau = c \tag{1-10}$$

岩石的抗剪强度和抗压强度是常用来衡量岩石(体)稳定性的指标,是水利工程设计

中较为重要的定量分析依据。

3）抗拉强度

岩石的抗拉强度是指岩石在单向拉伸时,抵抗拉断破坏的能力,以拉断破坏时的最大拉应力来表示。岩石的抗拉强度一般小于抗压强度。

1.2　土的形成与成因类型

1.2.1　土的形成

自然界中的岩石,在风化作用下形成大小不等、形状各异的碎屑,这些碎屑颗粒经过风或水的搬运沉积下来(或者原地堆积),形成松散沉积物,即是工程上所称的土。由此可见,土是由碎屑颗粒堆积而成,土粒之间没有联结,或者联结力较弱,而且土粒之间存有大量的孔隙,这就是土的散体性和多孔性。这些特性决定了土与一般的固体材料相比较,具有压缩性大、强度低及透水性强等特点。

在自然界,土的形成过程是十分复杂的,但根据它们的来源,可分为两大类,即无机土和有机土。天然土绝大多数是由地表岩石在漫长的地质历史年代经风化作用形成的无机土,所以通常说土是岩石风化的产物。土的沉积年代不同,其工程性质将有很大变化,因此了解土的沉积年代的知识,对正确判断土的工程性质是有实际意义的。土的沉积年代通常采用地质学中的相对地质年代来划分。所谓相对地质年代,是指根据主要地壳运动和古生物演化顺序,将地壳历史划分的时间段落。最大的时间单位称为代,每个代分为若干纪,纪分为若干世。大多数土是在第四纪地质年代沉积形成的,这一地质历史时期是距今较近的时间段落(大约 100 万年)。在第四纪中包括四个世,即早更新世(Q_1)、中更新世(Q_2)、晚更新世(Q_3)和全新世(Q_4)。由于沉积年代不同、地质作用不同以及岩石成分不同,使各种沉积土的工程性质相差很大。

1.2.2　土的成因类型

土在地表分布极广,成因类型也很复杂。不同成因类型的沉积物,各具有一定的分布规律、地形形态及工程性质,下面简单介绍几种主要类型。

1.2.2.1　残积土

地表岩石经过风化、剥蚀以后,残留在原地的碎屑物称为残积土。它的分布受地形的控制。在宽广的分水岭上,由于地表水流速很小,风化产物能够留在原地,形成一定的厚度。在平缓的山坡或低洼地带也常有残积土分布。残积土中残留碎屑的矿物成分,在很大程度上与下卧基岩一致,这是它区别于其他沉积土的主要特征。例如,砂岩风化剥蚀后生成的残积土多为砂岩碎块。由于残积土未经搬运,其颗粒大小未经分选和磨圆,因此其颗粒大小混杂,均质性差,土的物理力学性质各处不一,且其厚度变化大。在进行工程建设时,要注意残积土地基的不均匀性,防止建筑物的不均匀沉降。我国南部地区的某些残积土还具有一些特殊的工程性质。如由石灰岩风化而成的残积红黏土,虽然其孔隙比较大,含水率高,但因其结构性强因而承载能力高。又如,由花岗岩风化而成的残积土,虽室内测定的压缩模量较低,孔隙也比较大,但其承载力并不低。

1.2.2.2　坡积土

高处的岩石风化产物,由于受到雨水、融雪水流的搬运,或由于重力的作用而沉积在较平缓的山坡上,这种沉积物称为坡积土。它一般分布在坡腰或坡脚,其上部与残积土相接。坡积土随斜坡自上而下逐渐变缓,呈现由粗而细的分选现象,但层理(层理是由于沉积物的物质成分、颜色、颗粒大小不同而在垂直方向上表现出来的成层现象)不明显。其矿物成分与下卧基岩没有直接关系,这是它与残积土明显区别之处。坡积土底部的倾斜度取决于下卧基岩面的倾斜程度,而其表面倾斜度则与生成的时间有关。时间越长,搬运沉积在山坡下部的物质越厚,表面倾斜度也越小。在斜坡较陡地段的坡积土常较薄,而在坡脚地段的坡积土则较厚。由于坡积土形成于山坡,因此较易沿下卧基岩倾斜面发生滑动。在坡积土上进行工程建设时,要考虑坡积土本身的稳定性和施工开挖后边坡的稳定性。

1.2.2.3　洪积土

由暴雨或大量融雪骤然集聚而成的暂时性山洪急流,将大量的基岩风化产物或基岩剥蚀、搬运、堆积于山谷冲沟出口或山前倾斜平原而形成洪积土。由于山洪流出沟谷口后,流速骤减,被搬运的粗碎屑物质先堆积下来,离山渐远,颗粒随之变细,其分布范围也逐渐扩大。

1.2.2.4　冲积土

由河流的水流将岩屑搬运、沉积在河床较平缓地带,所形成的沉积物称为冲积土。河流冲积土在地表的分布很广,主要包括河床沉积土、河漫滩沉积土、河流阶地沉积土、三角洲沉积土。

1.2.2.5　湖积土

湖积土可分为湖边沉积土和湖心沉积土两种。湖边沉积土主要由湖浪冲蚀湖岸、破坏岸壁形成的碎屑物质组成。在近岸带沉积的多数是粗颗粒的卵石、圆砾和砂土;远岸带沉积的则是细颗粒的砂土和黏性土。湖边沉积土具有明显的斜层理构造。作为地基时,近岸带有较高的承载力,远岸带则差些;湖心沉积土是由河流和湖流挟带的细小悬浮颗粒到达湖心后沉积形成的,主要是黏土和淤泥,常夹有细砂、粉砂薄层,称为带状黏土,这种黏土压缩性高、强度低。

1.2.2.6　风成黄土

风成黄土是一种灰黄色、棕黄色的粉砂及尘土的风积物。风成黄土形成于第四纪,矿物成分主要为石英、长石、碳酸盐矿物,SiO_2含量 $>60\%$。

1.3　土的结构和构造

在漫长的地质年代里,由各种物理的、化学的、物理 – 化学的及生物的因素综合作用形成土的各种结构,使得土具有各种各样的工程特征。

1.3.1　土的结构

土的结构是指土粒(或团粒)的大小、形状、互相排列及联结的特征。根据土颗粒的排列和联结方式不同,土的结构一般分为单粒结构、蜂窝结构和絮状结构三种基本类型。

1.3.1.1　单粒结构

单粒结构是碎石土和砂土的结构特征。因其颗粒较大,在重力作用下落到较为稳定的状态,土粒间的分子引力相对很小,所以颗粒之间几乎没有联结。单粒结构土粒排列可以是疏松的,也可以是密实的。呈密实状态单粒结构的土,强度较高,压缩性较小,是较为良好的天然地基。具有疏松单粒结构的土,土粒间的孔隙较大,其骨架是不稳定的,当受到振动及其他外力作用时,土粒易于发生相对移动,引起很大的变形。因此,这种土层如未经处理一般不宜作为建筑物地基。

1.3.1.2　蜂窝结构

蜂窝结构这是以粉粒为主的土的结构特征,粒径在 $0.075 \sim 0.005$ mm 的土粒在水中沉积时,基本上是单个颗粒下沉,在下沉过程中碰上已沉积的土粒时,如土粒间的引力相对自重而言已经足够大,则此颗粒就停留在最初的接触位置上不再下沉,形成大孔隙的蜂窝状结构。

1.3.1.3　絮状结构

絮状结构也称为绒絮结构,这是黏土颗粒特有的结构,悬浮在水中的黏土颗粒当介质发生变化时,土粒互相聚合,以边 – 边、面 – 边的接触方式形成絮状物下沉,沉积为大孔隙的絮状结构。

具有蜂窝结构和絮状结构的土,其土粒之间有着大量的孔隙,结构不稳定,当其天然结构被破坏后,土的压缩性增大而强度降低,因此也称为结构性土。土的结构形成以后,当外界条件变化时,土的结构会发生相应变化。例如,土层在上覆土层作用下压密固结时,结构会趋于更紧密的排列;卸载时,土体的膨胀(如钻探取土时土样的膨胀或基坑开挖时基底的隆起)会松动土的结构;当土层失水干缩或介质变化时,盐类结晶胶结能增强土粒间的联结;在外力作用下(如施工时对土的扰动或剪应力的长期作用)会弱化土的结构,破坏土粒原来的排列方式和土粒间的联结,使絮状结构变为平行的重塑结构,降低土的强度,增大压缩性。因此,在土工试验或施工过程中必须尽量减少对土的扰动,避免破坏土的原状结构。

1.3.2　土的构造

同一土层中,土颗粒之间相互关系的特征称为土的构造。常见土的构造包括层状构造、分散构造、结核状构造和裂隙状构造。

1.3.2.1　层状构造

层状构造是土层由不同颜色或不同粒径的土组成层理,一层一层互相平行。这种层状构造反映不同年代不同搬运条件形成的土层,为细粒土的一个重要特征。

1.3.2.2　分散构造

土层中土粒分布均匀,性质相近。如砂与卵石层为分散构造。

1.3.2.3　结核状构造

在细粒土中混有粗颗粒或各种结核,如含姜石的粉质黏土、含砾石的冰碛黏土等,均属结核状构造。

1.3.2.4 裂隙状构造

裂隙状构造土体中有很多不连续的小裂隙。某些硬塑或坚硬状态的黏土为此种构造,通常分散构造的工程性质最好。结核状构造工程性质好坏取决于细粒土部分。裂隙状构造中,因裂隙强度低、渗透性大,工程性质差。

1.4　土的三相组成

土是由固体颗粒、水和气体三部分组成的,通常称为土的三相组成。三相物质的质量和体积的比例不同,土的性质也就不同。土中孔隙全部由气体填充时为干土,此时黏土呈坚硬状态,砂土呈松散状态;当土中孔隙由液态水和气体填充时为湿土;当土中孔隙全部由液态水填充时为饱和土。饱和土和干土都是两相体系,湿土为三相体系。因此,必须研究土的三相组成。

1.4.1　土的固体颗粒

土中固体颗粒的大小、形状、矿物成分及粒径大小的搭配情况,是决定土的物理力学性质的主要因素。

1.4.1.1　土的矿物成分

1. 原生矿物

岩石经物理风化作用形成的碎屑物,其成分与母岩相同,如石英、长石、云母、角闪石、辉石等。

2. 次生矿物

岩石经过化学风化作用形成新的矿物成分,成为一种颗粒很细的新矿物,主要是黏土矿物。黏土矿物的粒径小于 0.005 mm,肉眼看不清,用电子显微镜观察为鳞片状。常见的黏土矿物有高岭石、蒙脱石、伊利石。

3. 有机质

岩石在风化以及风化产物搬运、沉积过程中,常有动植物残骸及其分解物质参与沉积,成为土中有机质。如果土中有机质含量过多,土的压缩性就会增大。土中有机质含量超过 3%,应予注明,这种土不宜作为填筑材料。

1.4.1.2　土的粒组划分

自然界中土颗粒都是由大小不同的土粒所组成的。土的粒径发生变化,其主要性质也发生相应变化。土的粒径从大到小,可塑性从无到有,黏性从无到有,透水性从大到小,毛细水从无到有。工程上将各种不同的土粒按性质相近的原则划分为若干粒组,如表 1-1 所示。颗粒大小不同的土,它们的工程性质也不相同。同一粒组土的工程性质相似,通常粗粒土的压缩性低、强度高、渗透性大。至于颗粒的形状,带棱角土粒的表面粗糙、不易滑动,其强度比表面圆滑的土粒强度要高。

表 1-1　土粒粒组的划分

粒组统称	粒组名称		粒组范围(mm)
巨粒	漂石(块石)粒组		>200
	卵石(碎石)粒组		200~60
粗粒	砾粒	粗砾	60~20
		细砾	20~2
	砂粒		2~0.075
细粒	粉粒		0.075~0.005
	黏粒		<0.005

1.4.2　土中水

土中水是溶解着各种离子的溶液,土中水按其形态可分为液态水、固态水、气态水。固态水是指土中水在温度降至 0 ℃以下时结成的冰。水结冰后体积增大,使土体产生冻胀,破坏土的结构,冻土融化后使土体强度大大降低。气态水是指土中的水蒸气,一般对土的性质影响不大。液态水除结晶水紧紧吸附于固体颗粒的晶格内部外,还存在结合水和自由水两大类。

1.4.2.1　结合水

根据水与土颗粒表面结合的紧密程度,结合水又可分为吸着水(强结合水)和薄膜水(弱结合水)。

1. 吸着水

试验表明,极细的黏粒表面带有负电荷,由于水分子为极性分子,即一端显正电荷(H^+),一端显负电荷(O^{2-}),水分子就被颗粒表面电荷引力牢固地吸附,在其周围形成很薄的一层水,这种水就称为吸着水。其性质接近于固态,不冻结,比重大于1,具有很大的黏滞性,受外力不转移。这种水的冰点很低,沸点较高,-78 ℃才冻结,在 105 ℃以上才蒸发。吸着水不传递静水压力。

2. 薄膜水

薄膜水是位于吸着水以外,但仍受土颗粒表面电荷吸引的一层水膜。显然,距土粒表面愈远,水分子引力就愈小。薄膜水也不能流动,含薄膜水的土具有塑性。它不传递水压力,冻结温度低,已冻结的薄膜水在不太大的负温下就能融化。

1.4.2.2　自由水

自由水是不受土粒电场吸引的水,其性质与普通水相同,分重力水和毛细水两类。

1. 重力水

重力水存在于地下水位以下的土孔隙中,它能在重力或压力差作用下流动,能传递水压力,对土粒有浮力作用。

2. 毛细水

毛细水不仅受到重力的作用,还受到表面张力的支配,能沿着土的细孔隙从潜水面上升到一定的高度。毛细水存在于地下水位以上的土孔隙中,由于水和空气交界处弯液面上产生的表面张力作用,土中自由水从地下水位通过毛细管(土粒间的孔隙贯通,形成无数不规则的毛细管)逐渐上升,形成毛细水。由土壤物理学理论可知,毛细管直径越小,毛细水的上升高度越高,因此粉粒土中毛细水上升高度比砂类土高。工程建设中,在寒冷地区要注意地基土的冻胀影响,地下室受毛细水影响要采取防潮措施。

1.4.3　土中气体

在土的固体颗粒之间,没有被水充填的部分都充满气体,土中气体可分为自由气体和封闭气体两种。

1.4.3.1　自由气体

土中气体与大气连通,土层受压力作用时土中气体能够从孔隙中挤出,对土的性质影响不大,工程建设中不予考虑。

1.4.3.2　封闭气体

土中气体与大气隔绝,存在于黏性土中,土层受压力作用时气体被压缩或溶解于水中,压力减小时又能有所复原。封闭气体的存在,增大了土的弹性和压缩性,对土的性质有较大影响,如透水性减小、延长变形稳定的时间等。

1.5　土的物理性质指标

如前所述,土由固体颗粒、水和气体所组成,并且各种组成成分是交错分布的。三相物质在体积和质量上的比例关系可以用来描述土的干湿、疏密、轻重、软硬等物理性质。所谓土的物理性质指标,就是表示三相比例关系的一些物理量。

1.5.1　试验指标

1.5.1.1　天然密度(ρ)

在天然状态下,单位体积土的质量称为土的天然密度,也称为土的质量密度,简称为土的密度,可用下式表示:

$$\rho = \frac{m}{V} \tag{1-11}$$

式中　m——土的总质量,g;

　　　V——土的总体积,cm^3。

土的天然密度通常采用环刀法测定,即用一定容积的环刀切取土样,称量后算得。

1.5.1.2　天然含水率(ω)

在天然状态下,土中水的质量与土粒质量之比,称为土的天然含水率,可用下式表示:

$$\omega = \frac{m_w}{m_s} \times 100\% \tag{1-12}$$

式中　m_w——水的质量,g;

　　　m_s——土颗粒的质量,g。

天然含水率通常以百分数表示。含水率常用烘干法测定,是把一定量的土样放入烘箱内,在 105 ~ 110 ℃ 的恒温下烘干(通常需 8 h 左右),取出烘干后的土样,冷却后再称质量,计算而得。天然含水率是描述土的干湿程度的重要指标,土的天然含水率变化范围很大,从干砂的含水率接近于零到蒙脱土的含水率可达百分之几百。

1.5.1.3　土粒比重(d_s)

土粒质量与同体积 4 ℃ 时水的质量之比称为土粒比重,也称为土粒相对密度,可用下式表示:

$$d_s = \frac{m_s}{V_s (\rho_w)_{4 ℃}} \tag{1-13}$$

式中　V_s ——土颗粒的体积,cm³。

土粒比重的数值大小主要取决于土的矿物成分,一般土的土粒比重参考值见表1-2。

表 1-2　土粒比重参考值

土的类别	砂土	粉土	黏性土	
			粉质黏土	黏土
土粒比重	2.65 ~ 2.69	2.70 ~ 2.71	2.72 ~ 2.73	2.73 ~ 2.74

1.5.2　推算指标

上述三个物理性质指标 ρ 、ω 、d_s 是直接用试验方法测定的,通常又称为室内土工试验指标。根据这三个基本指标,可以求出以下几个推算指标。

1.5.2.1　干密度

土的单位体积内的土粒质量称为土的干密度,可用下式表示:

$$\rho_d = \frac{m_s}{V} \tag{1-14}$$

干密度越大,土越密实,强度越高。干密度通常作为填土密实度的施工控制指标。

1.5.2.2　饱和密度

土中孔隙完全被水充满时土的密度称为土的饱和密度,即全部充满孔隙的水的质量与固相质量之和与土的总体积之比,可用下式表示:

$$\rho_{sat} = \frac{m_w + m_s}{V} = \frac{\rho_w V_v + m_s}{V} \tag{1-15}$$

式中　V_v ——孔隙体积,cm³。

1.5.2.3　有效密度

土的有效密度是指土粒质量与同体积水的质量之差与土的总体积之比,也称为浮密度,可用下式表示:

$$\rho' = \frac{m_s - \rho_w V_s}{V} = \rho_{sat} - \rho_w \tag{1-16}$$

当土体浸没在水中时,土的固相要受到水的浮力的作用。在计算地下水位以下土层的自重应力时,应考虑浮力的作用,采用有效重度(扣除浮力以后的固相重力与土的总体积之比称为有效重度,也称为浮重度)。

1.5.2.4　孔隙比

土中孔隙体积与土粒体积之比称为孔隙比,可用下式表示:

$$e = \frac{V_v}{V_s} \tag{1-17}$$

孔隙比是反映土的密实程度的物理指标,用小数表示。一般 $e < 0.6$ 的土是密实的低压缩性土, $e > 1$ 的土是疏松的高压缩性土。

1.5.2.5　孔隙率

土中孔隙体积与土的总体积之比称为孔隙率,可用下式表示:

$$n = \frac{V_v}{V} \times 100\% \tag{1-18}$$

1.5.2.6　饱和度

土中孔隙水的体积与孔隙体积之比称为饱和度,可用下式表示:

$$s_r = \frac{V_w}{V_v} \times 100\% \tag{1-19}$$

饱和度是衡量土体潮湿程度的物理指标,用百分数来表示。若 $s_r = 100\%$,土中孔隙全部充满水,土体处于饱和状态;若 $s_r = 0$,则土中孔隙无水,土体处于干燥状态。

在地基基础设计、施工中,常用到土的各种重度,重度为单位体积土所受的重力。重度有天然重度、干重度、有效重度、饱和重度,分别与土的天然密度、干密度、有效密度、饱和密度相对应。天然重度与密度两者之间的关系为: $\gamma = \rho g \approx 10\rho$,单位为 kN/m³,重度与密度具有相同的换算关系。

1.6　土的物理状态指标

1.6.1　无黏性土的密实度

无黏性土主要包括砂土和碎石土。这类土中缺乏黏土矿物,呈单粒结构,土的密实度对其工程性质具有重要的影响。当为松散状态时,尤其是饱和的松散砂土,其压缩性与透水性较高,强度较低,容易产生流沙、液化等工程事故;当为密实状态时,具有较高的强度和较低的压缩性,为良好的建筑物地基。

1.6.1.1　天然孔隙比法

孔隙比反映土的孔隙大小,对同一种土,土的天然孔隙比愈大,土愈松散;反之,愈密实。根据孔隙比 e 的大小,将砂土划分为密实、中密、稍密、松散四类,见表1-3。

表 1-3　砂土的密实度

类别	密实	中密	稍密	松散
砾砂、粗砂、中砂	$e \leqslant 0.60$	$0.60 < e \leqslant 0.75$	$0.75 < e \leqslant 0.85$	$e > 0.85$
细砂、粉砂	$e \leqslant 0.70$	$0.70 < e \leqslant 0.85$	$0.85 < e \leqslant 0.95$	$e > 0.95$

天然孔隙比判别土的密实度,方法简单,没有考虑土的级配情况影响。对于两种土,孔隙比相同,其密实度不一定相同,孔隙比大的土,其密实度反而较好。为了同时考虑孔隙比和级配的影响,引入砂土相对密实度的概念。

1.6.1.2　相对密度法

砂土相对密度的表达式为:

$$D_r = \frac{e_{max} - e}{e_{max} - e_{min}} \tag{1-20}$$

式中　e_{max}——砂土处于最疏松状态时的孔隙比,称为最大孔隙比;

　　　e_{min}——砂土处于最密实状态时的孔隙比,称为最小孔隙比;

　　　e——砂土的天然孔隙比。

从式(1-20)可以看出,当砂土的天然孔隙比接近于最小孔隙比时,相对密度 D_r 接近于 1,表明砂土接近于最密实的状态;而当天然孔隙比接近于最大孔隙比时,则表明砂土处于最松散的状态,其相对密度接近于 0。根据砂土的相对密度可以将砂土划分为密实、中密和松散三种密实度,见表1-4。

表1-4　根据相对密度划分的砂土的密实度

密实度	密实	中密	松散
相对密度	1.0 ~ 0.67	0.67 ~ 0.33	0.33 ~ 0

1.6.1.3　标准贯入试验法

虽然相对密度法从理论上能反映颗粒级配、颗粒形状等因素,但对于砂土很难取得原状样,因此天然孔隙比不易测准,又鉴于 e_{max}、e_{min} 的测定方法尚无统一标准,因此《建筑地基基础设计规范》(GB 50007—2011)用标准贯入试验锤击数 N 划分砂土的密实度,具体划分标准见表1-5。

表1-5　根据标准贯入试验锤击数划分的砂土的密实度

密实度	松散	稍密	中密	密实
标准贯入试验锤击数 N	$N \leqslant 10$	$10 < N \leqslant 15$	$15 < N \leqslant 30$	$N > 30$

1.6.2　黏性土的状态

随着含水率的改变,黏性土将经历不同的物理状态。当含水率很大时,土是一种黏滞流动的液体即泥浆,称为流动状态;随着含水率逐渐减少,黏滞流动的特点渐渐消失而显示出塑性(所谓塑性,是指可以塑成任何形状而不产生裂缝,并在外力解除以后能保持已有的形状而不恢复原状的性质),称为可塑状态;当含水率继续减少时,则发现土的可塑性逐渐消失,从可塑状态变为半固体状态。当含水率很小的时候,土的体积却不再随含水率的减少而减小了,这种状态称为固体状态。

黏性土从一种状态变到另一种状态的含水率分界点称为界限含水率。土的界限含水率主要有液限、塑限和缩限三种,它对黏性土的分类和工程性质的评价有重要意义。

1.6.2.1　液限 ω_L

黏性土由可塑状态转到流动状态的界限含水率称为液限,测定方法主要有锥式液限仪、碟式液限仪、液塑限联合测定仪。

1.6.2.2　塑限 ω_P

黏性土由半固态转到可塑状态的界限含水率称为塑限。测定方法主要有搓条法、液塑限联合测定仪。

1.6.2.3　缩限

黏性土呈半固态不断蒸发水分,则体积不断缩小,直到体积不再变化时土的界限含水率称为缩限。

1.6.2.4　塑性指数

可塑性是黏性土区别于砂土的重要特征。可塑性的大小用土处在塑性状态的含水率变化范围来衡量,从液限到塑限含水率的变化范围愈大,土的可塑性愈好,这个范围称为塑性指数 I_P:

$$I_P = \omega_L - \omega_P \tag{1-21}$$

塑性指数习惯上用不带百分号(%)的数值表示。塑性指数是黏性土最基本、最重要的物理指标之一,它综合反映了黏性土的物质组成,工程上常用它对黏性土进行分类。

1.6.2.5　液性指数

液性指数 I_L 是表示天然含水率与界限含水率相对关系的指标,其表达式为:

$$I_L = \frac{\omega - \omega_P}{\omega_L - \omega_P} \tag{1-22}$$

可塑状态的土的液性指数在 0 到 1 之间,液性指数越大,表示土越软;液性指数大于 1 的土处于流动状态;小于 0 的土则处于固体状态或半固体状态。

根据液性指数的大小,将黏性土分为坚硬、硬塑、可塑、软塑和流塑 5 种状态,如表1-6所示。

表1-6　黏性土的状态

I_L 值	$I_L \leq 0$	$0 < I_L \leq 0.25$	$0.25 < I_L \leq 0.75$	$0.75 < I_L \leq 1.0$	$1.0 < I_L$
状态	坚硬	硬塑	可塑	软塑	流塑

1.6.2.6　灵敏度

天然状态下的黏性土通常具有一定的结构性,当受到外来因素的扰动时,土粒间的胶粒物质以及土粒、离子、水分子所组成的结构体系受到破坏,土的强度随之降低,压缩性增大。土的结构性对强度的影响,一般用灵敏度表示,表达式为:

$$S_t = \frac{q_u}{q'_u} \tag{1-23}$$

式中　q_u ——原状土的无侧限抗压强度;

　　　q'_u ——重塑土的无侧限抗压强度。

重塑试样具有与原状试样相同的尺寸、密度和含水率,但应破坏其结构。

根据灵敏度可将饱和黏土分为低灵敏($S_t \leq 2$)、中灵敏($2 < S_t \leq 4$)、高灵敏($S_t >$

4)三类。土的灵敏度愈高,其结构性愈强,受扰动后土的强度降低愈大。所以,在基础施工过程中,应注意保护基槽,防止雨水浸泡、暴晒和人为践踏,以免破坏土的结构,降低地基强度。

1.6.2.7　触变性

饱和黏性土的结构受到扰动后,会导致土的强度降低,但当扰动停止后,土的强度又随时间逐渐增大,这种性质称为土的触变性。原因在于停止扰动后,黏性土中的土粒、离子、水分子体系随时间而逐渐形成新的平衡。例如,在黏性土中打桩时,桩侧土的结构受到破坏而强度降低,但停止施工后,土的强度逐渐恢复,桩的承载力逐渐增大。《建筑地基基础设计规范》(GB 50007—2011)规定:单桩竖向静载荷试验在预制桩打入黏性土中,开始试验的时间视土的强度恢复而定,一般不得少于 15 天,对于饱和软黏土不得少于 25 天。因此,应充分利用土的触变性,把握施工进度,既能保证施工质量,又可提高桩基承载力。

1.7　地基土的工程分类

自然界中岩土种类繁多、工程性质各异,土的分类就是依据它们的工程性质和力学性能将土划分为一定类别,目的是便于认识和评价土的工程特性。地基岩土的分类方法很多,我国不同行业根据其用途对土采用各自的分类方法。

1.7.1　按《建筑地基基础设计规范》(GB 50007—2011)分类

《建筑地基基础设计规范》(GB 50007—2011)将作为地基的岩土划分为岩石、碎石土、砂土、粉土、黏性土和人工填土六类。

1.7.1.1　岩石

岩石是指颗粒间牢固连接,呈整体或具有节理裂隙的岩体。其坚硬程度根据岩块的饱和单轴抗压强度划分为坚硬岩、较硬岩、较软岩、软岩和极软岩五类,如表 1-7 所示。其完整程度划分为完整、较完整、较破碎、破碎和极破碎五类,如表 1-8 所示。

表 1-7　岩石坚硬程度的划分

坚硬程度类别	坚硬岩	较硬岩	较软岩	软岩	极软岩
饱和单轴抗压强度标准值 f_{rk}(MPa)	$f_{rk} > 60$	$60 \geqslant f_{rk} > 30$	$30 \geqslant f_{rk} > 15$	$15 \geqslant f_{rk} > 5$	$f_{rk} \leqslant 5$

表 1-8　岩石完整程度的划分

完整程度类别	完整	较完整	较破碎	破碎	极破碎
完整性指数	>0.75	0.75 ~ 0.55	0.55 ~ 0.35	0.35 ~ 0.15	<0.15

注:完整性指数为岩体纵波波速与岩块纵波波速之比的平方。测定波速时,选定岩体、岩块应有代表性。

当缺乏试验资料时,可在现场通过观察进行定性划分,划分标准如表 1-9 和表 1-10

所示。

表 1-9　岩石坚硬程度的定性划分

名称		定性鉴别	代表性岩石
硬质岩	坚硬岩	锤击声清脆,有回弹,震手,难击碎;基本无吸水反应	未风化或微风化的花岗岩、闪长岩、辉绿岩、玄武岩、安山岩、片麻岩、石英岩、硅质砾岩、石英砂岩、硅质石灰岩等
硬质岩	较硬岩	锤击声较清脆,有轻微回弹,稍震手,较难击碎;有轻微吸水反应	1. 微风化的坚硬岩; 2. 未风化或微风化的大理岩、板岩、石灰岩、钙质砂岩等
软质岩	较软岩	锤击声不清脆,无回弹,较易击碎;指甲可刻出印痕	1. 中风化的坚硬岩和较硬岩; 2. 未风化或微风化的凝灰岩、千枚岩、砂质泥岩、泥灰岩等
软质岩	软岩	锤击声哑,无回弹,有凹痕,易击碎;浸水后,可捏成团	1. 强风化的坚硬岩和较硬岩; 2. 中风化的较软岩; 3. 未风化或微风化的泥质砂岩、泥岩等
极软岩		锤击声哑,无回弹,有较深凹痕,手可捏碎;浸水后,可捏成团	1. 风化的软岩; 2. 全风化的各种岩石; 3. 各种半成岩

注:岩石的风化程度可分为未风化、微风化、中风化、强风化和全风化五类。

表 1-10　岩石完整程度的定性划分

名称	结构面组数	控制性结构面平均间距(m)	代表性结构类型
完整	1 ~ 2	> 1.0	整状结构
较完整	2 ~ 3	0.4 ~ 1.0	块状结构
较破碎	> 3	0.2 ~ 0.4	镶嵌状结构
破碎	> 3	< 0.2	碎裂状结构
极破碎	无序	—	散体状结构

1.7.1.2　碎石土

碎石土是指粒径大于 2 mm 的颗粒含量超过总质量的 50% 的土,按粒径和颗粒形状可进一步划分为漂石、块石、卵石、碎石、圆砾和角砾,具体划分见表 1-11。

1.7.1.3　砂土

砂土是指粒径大于 2 mm 的颗粒含量不超过总质量的 50% 且粒径大于 0.075 mm 的颗粒含量超过总质量的 50% 的土。砂土可再划分为 5 个亚类,即砾砂、粗砂、中砂、细砂和粉砂,具体划分见表 1-12。

表 1-11　碎石土的分类

土的名称	颗粒形状	粒组含量
漂石	以圆形及亚圆形为主	粒径大于 200 mm 的颗粒超过总质量的 50%
块石	以棱角形为主	
卵石	以圆形及亚圆形为主	粒径大于 20 mm 的颗粒超过总质量的 50%
碎石	以棱角形为主	
圆砾	以圆形及亚圆形为主	粒径大于 2 mm 的颗粒超过总质量的 50%
角砾	以棱角形为主	

注:分类时,应根据粒组含量栏从上到下以最先符合者确定。

表 1-12　砂土的分类

土的名称	粒组含量
砾砂	粒径大于 2 mm 的颗粒占总质量的 25% ~ 50%
粗砂	粒径大于 0.5 mm 的颗粒超过总质量的 50%
中砂	粒径大于 0.25 mm 的颗粒超过总质量的 50%
细砂	粒径大于 0.075 mm 的颗粒超过总质量的 85%
粉砂	粒径大于 0.075 mm 的颗粒超过总质量的 50%

注:定名时,应根据粒组含量栏从上到下以最先符合者确定。

1.7.1.4　粉土

粉土是指粒径大于 0.075 mm 的颗粒含量不超过总质量的 50%,且塑性指数小于或等于 10 的土。粉土是介于砂土和黏性土之间的过渡性土类,它具有砂土和黏性土的某些特征,根据黏粒含量可以将粉土再划分为砂质粉土和黏质粉土。

1.7.1.5　黏性土

黏性土的工程性质与土的成因、年代的关系密切,不同成因和年代的黏性土,尽管其某些物理性质指标可能很接近,但工程性质可能相差悬殊,所以黏性土按沉积年代、塑性指数分类。

1. 按沉积年代分类

黏性土按沉积年代分为老黏性土、一般黏性土和新近沉积黏性土。

(1)老黏性土。第四纪晚更新世(Q_3)以前沉积的黏性土称为老黏性土。它是一种沉积年代久、工程性质较好的黏性土,一般具有较高的强度和较低的压缩性。

(2)一般黏性土。第四纪晚更新世(Q_3)以后、全新世(Q_4)文化期以前沉积的黏性土称为一般黏性土。其分布面积最广,遇到的也最多,工程性质变化很大。

(3)新近沉积黏性土。殷墟时期文化期以后形成的土称为新近沉积黏性土。这种土属欠固结状态,一般强度较低,压缩性大,工程性质较差,属于不良地基。

2. 按塑性指数分类

根据塑性指数大小,黏性土可再划分为粉质黏土和黏土两个亚类。当 $10 < I_P \leq 17$

时,为粉质黏土;当 $I_p > 17$ 时,为黏土。

1.7.1.6 人工填土

人工填土是指人类活动而堆填的土,其物质成分复杂,均匀性差。根据物质组成和成因,填土分为素填土、压实填土、杂填土和冲填土。

(1)素填土:是由碎石土、砂土、粉土、黏性土等组成的填土,其中不含杂质或含杂质较少。

(2)压实填土:是经过压实或夯实的素填土。

(3)杂填土:是由建筑垃圾、工业垃圾和生活垃圾组成的填土。

(4)冲填土:是由水力冲填泥沙形成的填土。

人工填土按堆填的时间不同,可分为老填土和新填土。超过 10 年的黏性土或超过 5 年的粉土称为老填土;不超过 10 年的黏性土或不超过 5 年的粉土称为新填土。

1.7.1.7 特殊性土

特殊性土是指软弱土、膨胀土、湿陷性黄土、红黏土、盐渍土、冻土等。

1. 软弱土

软弱土是指抗剪强度较低、压缩性较高、渗透性较小、天然含水率较大的饱和黏性土。常见软弱土有淤泥、淤泥质土、泥炭和泥炭质土和其他高压缩性的黏土及粉土等,其中淤泥和淤泥质土是软弱土的主要类型。淤泥一般是指天然含水率大于液限、天然孔隙比不小于 1.5 的黏土;而淤泥质土则是指天然含水率大于液限、天然孔隙比为 1.0 ~ 1.5 的黏土或粉土。这些软弱土广泛分布在我国东南沿海地区和内陆的江、河、湖沿岸及周边地区。

2. 膨胀土

膨胀土是土中黏粒成分主要由亲水性矿物组成,具有显著的吸水膨胀和失水收缩两种变形特性的黏性土。虽然一般黏性土也都有膨胀、收缩特性,但其变形量不大;而膨胀土的膨胀—收缩—再膨胀的周期性变形特性非常显著,并给工程带来危害,因而将其作为特殊土从一般黏性土中区别出来。膨胀土一般强度较高,压缩性低,易被认为是建筑性能较好的地基土。但由于其具有膨胀和收缩的特性,当利用这种土作为建筑物地基时,如果对它的特性缺乏认识,或在设计和施工中没有采取必要的措施,会给建筑物造成危害。

3. 湿陷性黄土

在一定压力作用下受水浸湿,土结构迅速破坏并发生显著附加下沉的土,称为湿陷性黄土。湿陷性黄土具有与一般粉土和黏性土不同的特性,有肉眼可见的大孔隙,在覆盖土层的自重应力或自重应力和建筑物附加应力的综合作用下浸水,则土的结构迅速破坏,并发生显著的附加下沉。

4. 红黏土

红黏土为碳酸盐岩系出露的岩石经红土化作用形成的棕红、褐黄等色的高塑性黏土。其裂隙发育,孔隙比大于 1,液限一般大于 50,具有明显的收缩性,但压缩性低。经坡、洪积再搬运后仍保留其基本特征,液限大于或等于 45 但小于 50 的红黏土为次生红黏土。红黏土的工程性质较为特殊,一方面,具有高含水率、高孔隙比、高液塑限、低密度、压实困难等不良物理性质;另一方面,拥有中 - 低压缩性、较高地基强度等良好的力学特性。在干湿循环的作用下红黏土路基的稳定性与强度下降,易产生边坡失稳、地基不均匀沉降、路面开裂变形等工程病害。

5. 盐渍土

易溶盐含量大于 0.5% 或中溶盐含量大于 5% 为盐渍土。盐渍土中的易溶盐类,在潮湿情况下呈溶液状态,通过毛细管作用,浸入建筑物基础或墙体。在建筑物表面,由于水分蒸发,盐类便结晶析出。而盐类在结晶时体积膨胀产生很大的内应力,使建筑物由表及里逐渐疏松剥落。

6. 冻土

凡温度等于或低于 0 ℃ 且含有冰的土,称为冻土。冻土地基中水冻结后,发生体积膨胀而产生冻胀。位于冻胀区的基础在受到大于基底压力的冻胀力作用下,会被上抬,而冻土层解冻融解时建筑物随之下沉。冻胀和融陷是不均匀的,往往造成建筑物的开裂损坏。

1.7.2 按土开挖难易程度分类

1.7.2.1 土的可松性

在自然状态下的土,经过开挖后,土的体积因松散而增大,以后虽经回填压实,仍不能恢复的现象,称为土的可松性。可松性程度用可松性系数表示,最初可松性系数 K_s、最终可松性系数 K'_s 分别用下式计算:

$$K_s = \frac{V_2}{V_1} \tag{1-24}$$

$$K'_s = \frac{V_3}{V_1} \tag{1-25}$$

式中 V_1 ——土在自然状态下的体积,m^3;

V_2 ——土挖出后的松散体积,m^3;

V_3 ——土经回填压实后的体积,m^3。

由于土方工程量是以自然状态的体积来计算的,所以在土方调配、计算土方机械生产率及运输工具数量等的时候,必须考虑土的可松性。因为土方调配时自然状态的土挖起来运走的时候体积就变大了,这样就难以预测要多少卡车才能运走,这时,计算土的可松性就有价值了,可以通过土的可松性算出实际要用多少卡车来运多少体积的土。如在土方工程中,土的最初可松性系数是计算土方施工机械及运土车辆等的重要参数,土的最终可松性系数是计算场地平整标高及填方时所需挖土量等的重要参数。常见土的可松性系数见表 1-13。

1.7.2.2 土的工程分类

按土开挖的难易程度将土分为松软土、普通土、坚土、沙砾坚土、软石、次坚石、坚石、特坚硬石八类(见表 1-13),松软土和普通土可直接用铁锹开挖,或用铲运机、推土机、挖掘机施工;坚土、沙砾坚土和软石要用镐、撬棍开挖,或预先松土,部分用爆破的方法施工;次坚石、坚石、特坚硬石一般要用爆破方法施工。不同类别的土,其密度、坚实系数不同,开挖难易程度差别很大,将影响到定额套用,最终影响到工程投资。

表 1-13　土的分类及可松性系数

土的分类	土的名称	可松性系数		现场鉴别方法
		K_s	K_s'	
一类土（松软土）	砂,亚砂土,冲积砂土层,种植土,泥炭(淤泥)	1.08~1.17	1.01~1.03	能用锹、锄头挖掘
二类土（普通土）	亚黏土,潮湿的黄土,夹有碎石、卵石的砂,种植土,填筑土及亚砂土	1.14~1.28	1.02~1.05	用锹、锄头挖掘,少数用镐翻松
三类土（坚土）	软及中等密实黏土,重亚黏土,粗砾石,干黄土及含碎石、卵石的黄土,亚黏土,压实的填筑土	1.24~1.30	1.04~1.07	要用镐翻松,少数用锹、锄头挖掘,部分用撬棍
四类土（沙砾坚土）	重黏土及含碎石、卵石的黏土,粗卵石,密实的黄土,天然级配砂石,软泥灰岩及蛋白石	1.26~1.32	1.06~1.09	整个用镐、撬棍,然后用锹挖掘,部分用楔子及大锤
五类土（软石）	硬石炭纪黏土,中等密实的页岩、泥灰岩、白垩土,胶结不紧的砾岩,软的石灰岩	1.30~1.45	1.10~1.20	用镐或撬棍、大锤挖掘,部分使用爆破方法
六类土（次坚石）	泥岩,砂岩,砾岩,坚实的页岩,泥灰岩,密实的石灰岩,风化花岗岩,片麻岩	1.30~1.45	1.10~1.20	用爆破方法开挖,部分用风镐
七类土（坚石）	大理岩,辉绿岩,玢岩,粗中粒花岗岩,坚实的白云岩、砂岩、砾岩、片麻岩、石灰岩,有风化痕迹的安山岩、玄武岩	1.30~1.45	1.10~1.20	用爆破方法开挖
八类土（特坚硬石）	安山岩,玄武岩,花岗片麻岩,坚实的细粒花岗岩,闪长岩、石英岩、辉长岩、辉绿岩、玢岩	1.45~1.50	1.20~1.30	用爆破方法开挖

1.8　地基土的野外鉴别与描述

在地基与基础工程施工中,要求技术人员在现场用眼观、手触、借助简易工具直观地对土的性质和状态做出初步鉴定,对土样应直观地做出肉眼描述和鉴别,并定出土名。

1.8.1　土的野外简易试验方法

现场的简易试验一般只适用于小于 0.5 mm 颗粒的土样,其方法如下。

1.8.1.1　可塑状态

将土样调到可塑状态,根据能搓成土条的最小直径确定土类。搓成直径大于 2.5 mm 土条而不断的为低液限土;搓成直径 1 ~ 2.5 mm 土条而不断的为中液限土;搓成直径小于 1.0 mm 土条而不断的为高液限土。

1.8.1.2　湿土揉捏感觉(手感)

将湿土用手揉捏,可感到颗粒的粗细。低液限的土有砂粒感,带粉性的土有面粉感,黏附性弱;中液限的土微感砂粒,有塑性和黏附性;高液限的土无砂粒感,塑性和黏附性大。

1.8.1.3　干强度试验

对于风干的土块,根据手指捏碎或扳断时用力大小,可区分为:干强度高,很难捏碎,抗剪强度大;干强度中等,稍用力时能捏碎,容易劈裂;干强度低,易于捏碎或搓成粉粒。

1.8.1.4　韧性试验

将土调到可塑状态,搓成 3 mm 左右的土条,再揉成团,重复搓条。根据再次搓成条的可能性与否,可区分为:韧性高,能再成条,手指捏不碎;中等韧性,可再搓成团,稍捏即碎;低韧性,不能再揉成团,稍捏或不捏即碎。

1.8.1.5　摇振试验

将软塑至流动的小块,团成小球状放在手上反复摇晃,并用另一手击振该手掌,土中自由水析出土球表面,呈现光泽;用手捏土球时,表面水分又消失。根据水分析出和消失的快慢,可区分为:反应快,水析出与消失迅速;反应中等,水析出与消失中等;无反应,土球被击振时无析水现象。

1.8.2　土的野外鉴别

土的描述应符合下列规定:

(1)碎石土应描述颗粒级配、形状、母岩成分、风化程度、充填物性质及充填程度、密实度及层理特征等;

(2)砂土应描述颜色、矿物组成、颗粒级配、颗粒形状、黏土含量、湿度、密实度及层理特征等;

(3)粉土应描述颜色、颗粒级配、包含物、湿度、密实度及层理特征等;

(4)黏性土应描述颜色、状态、等级、湿度、包含物、土层结构及层理特征等;

(5)特殊土除应描述上述相应土类规定的内容外,还应描述反映其特殊成分、状态和结构的特征;

(6)对具有夹层、互层、夹薄层特征的土层,还应描述各层的厚度及层理特征。

1.8.2.1　碎石类土、砂类土野外鉴别

野外鉴别时,可根据碎石类土的颜色,颗粒成分,粒径组成,颗粒风化程度,磨圆度,充填物成分、性质及含量,密实程度,潮湿程度等综合确定土的类别和名称,碎石类土、砂类

土野外鉴别方法如表1-14所示。

表1-14　碎石类土、砂类土野外鉴别方法

类别	土的名称	观察颗粒粗细	干燥时的状态及强度	湿润时用手拍击状态	黏着程度
碎石土	卵(碎)石	一半以上的颗粒超过20 mm	颗粒完全分散	表面无变化	无黏着感觉
	圆(角)砾	一半以上的颗粒超过2 mm(小高粱粒大小)	颗粒完全分散	表面无变化	无黏着感觉
砂土	砾砂	约有1/4以上的颗粒超过2 mm(小高粱粒大小)	颗粒完全分散	表面无变化	无黏着感觉
	粗砂	约有一半以上的颗粒超过0.5 mm(细小米粒大小)	颗粒完全分散,但有个别胶结在一起	表面无变化	无黏着感觉
	中砂	约有一半以上的颗粒超过0.25 mm(白菜籽粒大小)	颗粒基本分散,局部胶结,但一碰即散	表面偶有水印	无黏着感觉
	细砂	大部分颗粒与粗玉米粉近似(>0.075 mm)	颗粒大部分分散,少量胶结,稍加碰撞即散	表面有水印(翻浆)	偶有轻微黏着感觉
	粉砂	大部分颗粒与小米粉近似	颗粒少部分分散,大部分胶结,稍加压力可分散	表面有显著翻浆现象	有轻微黏着感觉

1.8.2.2　黏土、粉质黏土、粉土野外鉴别

　　野外鉴别时,可根据黏性土的颜色、结构及构造、夹杂物性质及含量、潮湿密实程度等综合确定土的类别和名称,黏土、粉质黏土、粉土野外鉴别方法如表1-15所示。

表 1-15　黏土、粉质黏土、粉土野外鉴别方法

土的名称	湿润时用刀切	湿土用手捻摸时的感觉	土的状态		湿土搓条情况
			干土	湿土	
黏土	切面光滑,有粘刀阻力	有滑腻感,感觉不到有砂粒,水分较大时很黏手	土块坚硬,用锤才能打碎	易黏着物体,干燥后不易剥去	塑性大,能搓成直径小于 0.5 mm 的长条(长度不短于手掌),手持一端不易断裂
粉质黏土	稍有光滑面,切面平整	稍有滑腻感,有黏滞感,感觉到有少量砂粒	土块用力可压碎	能黏着物体,干燥后较易剥去	有塑性,能搓成直径为 0.5~2 mm 的土条
粉土	无光滑面,切面稍粗糙	有轻微黏滞感或无黏滞感,感觉到砂粒较多、粗糙	土块用手捏或抛扔时易碎	不易黏着物体,干燥后一碰就掉	塑性小,能搓成直径为 2~3 mm 的短条

1.8.2.3　新近沉积黏性土野外鉴别

新近沉积黏性土野外鉴别方法如表 1-16 所示。

表 1-16　新近沉积黏性土野外鉴别方法

沉积环境	颜色	结构性	含有物
河漫滩和山前洪、冲积扇的表层,古河道,已填塞的湖、塘、沟、谷,河道泛滥区	颜色较深而暗,呈褐、暗黄或灰色,含有机质较多时带灰黑色	结构性差,用手扰动原状土时极易变软,塑性较低的土还有振动析水现象	在完整的剖面中无原生的粒状结构体,但可能含有圆形的钙质结构体或贝壳等,在城镇附近可能含有少量碎砖、陶片或朽木等人类活动的遗物

1.8.2.4　人工填土、淤泥、黄土、泥炭野外鉴别

人工填土、淤泥、黄土、泥炭野外鉴别方法如表 1-17 所示。

表 1-17　人工填土、淤泥、黄土、泥炭野外鉴别方法

土的名称	观察颜色	夹杂物质	形状(构造)	浸入水中的现象	湿土搓条情况
人工填土	无固定颜色	砖瓦碎块、垃圾、炉灰等	夹杂物显露于外,构造无规律	大部分变成稀软淤泥,其余部分为碎瓦、炉渣在水中单独出现	一般能搓成直径为 3 mm 的土条但易断,遇有杂质甚多时不能搓条
淤泥	灰黑色、有臭味	池沼中半腐朽的细小动植物遗体,如草根、小螺壳等	夹杂物轻,仔细观察可以发现构造常呈层状,但有时不明显	外观无显著变化,在水面出现气泡	一般淤泥质土接近粉土,能搓成直径为 3 mm 的土条,容易断裂
黄土	黄褐两色的混合色	有白色粉末出现在纹理之中	夹杂物质常清晰显见,构造上有垂直大孔(肉眼可见)	即行崩散而成分散的颗粒集团,在水面出现许多白色液体	搓条情况与正常的粉质黏土相似
泥炭	深灰或黑色	有半腐朽的动植物遗体,其含量超过60%	夹杂物有时可见,构造无规律	极易崩碎,变成稀软淤泥,其余部分为植物根、动物残体、渣滓悬浮于水中	一般能搓成直径为 1~3 mm 的土条,但残渣甚多时,仅能搓成直径为 3 mm 以上的土条

第 2 章　原位测试技术

　　建筑地基基础的检测是建筑结构可靠性鉴定的重要环节,检测结果是进行建筑结构可靠性评定的重要指标之一。地基基础的检测内容非常广泛,凡是影响建筑物可靠性的因素都可能成为检测的内容。地基基础的检测是一项技术性很强的工作,是土木工程建设质量控制的必要手段,是贯穿于工程建设勘察、设计、施工和既有建筑可靠性鉴定全过程的一项重要工作。本章主要介绍地基土的原位测试技术,主要包括地基土的原位密度试验、地基土的静载荷试验、圆锥动力触探试验、标准贯入试验、静力触探试验、十字板剪切试验等。

2.1　地基土的原位密度试验

　　在填土工程中,为了检验填土的碾压质量,常需要测定原位土的密度,进而计算土的干密度和压实系数,对填方工程进行施工质量控制。

2.1.1　土体原位密度测定

　　土的密度是指土的单位体积的质量。土体原位密度试验的方法很多,主要有环刀法、灌水法、灌砂法、放射性同位素法等。环刀法适用于较均一、可塑的黏性土。对于饱和松散土、淤泥、饱和软黏土,不易取出原状样的土,可采用放射性同位素法在现场测定其天然密度。砂土、砾石土,可在现场挖坑用灌砂法、灌水法测定。

2.1.1.1　环刀法

　　环刀法是指用一定容积的不锈钢圆环刀(刀刃向下)放在削平的原状土样面上,徐徐削去环刀外围的土,边削边压,保持天然状态的土样压满环刀内,上下修平,称得环刀内土样质量计算而得的方法。环刀法适用于黏性土、粉土的密度测定。

　　环刀法密度试验应进行两次平行测定,两次测定的差值不得大于 0.03 g/cm³,取两次测值的平均值。环刀法密度试验的记录,包括工程编号、试样编号、环刀编号、试样含水率、试样质量和试样体积。

2.1.1.2　灌水法

　　现场开挖试坑,将挖出的试样装入容器,称其质量,再用塑料薄膜袋平铺于试坑内,注水入薄膜袋直至袋内水与坑口平齐,注入的水量即为试坑的体积。灌水法适用于卵石、砾石、砂土的原位密度测定。

　　1.仪器设备

　　(1)储水筒:直径应均匀,并附有刻度及出水管。

　　(2)台秤:称量 50 kg,最小分度值 10 g。

2. 试验步骤

(1)根据试样最大粒径,确定试坑尺寸(见表2-1)。

表2-1 试坑尺寸 （单位:mm）

试样最大粒径	试坑尺寸	
	直径	深度
5(20)	150	200
40	200	250
60	250	300
200	800	1 000

(2)将选定试验处的试坑地面整平,除去表面松散的土层。

(3)按确定的试坑直径划出坑口轮廓线,在轮廓线内下挖至要求深度,边挖边将坑内的试样装入盛土容器内,称试样质量,准确到10 g,并应测定试样的含水率。

(4)试坑挖好后,放上相应尺寸的套环,用水准尺找平,将大于试坑容积的塑料薄膜袋平铺于坑内,翻过套环压住薄膜四周(见图2-1)。

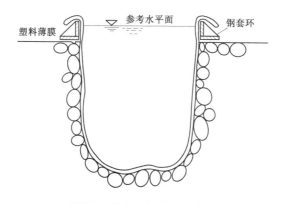

图2-1 灌水法密度试验装置

(5)记录储水筒内初始水位高度,拧开储水筒出水管开关,将水缓慢注入塑料薄膜袋中。当袋内水面接近套环边缘时,将水流调小,直至袋内水面与套环边缘齐平时关闭出水管,持续3～5 min,记录储水筒内水位高度。当袋内出现水面下降时,应另取塑料薄膜袋重做试验。

3. 试坑的体积计算

试坑的体积应按下式计算:

$$V = (H_1 - H_2)A - V_0 \tag{2-1}$$

式中 V——试坑体积,cm^3;

　　H_1——储水筒内初始水位高度,cm;

　　H_2——储水筒内注水终了时水位高度,cm;

　　A——储水筒断面面积,cm^2;

V_0——套环体积,cm^3。

4.试样的密度计算

试样的密度应按下式计算:

$$\rho = \frac{m}{V} \tag{2-2}$$

2.1.1.3　灌砂法

灌砂法适用于现场测定细粒土、砂类土和砾类土的密度。基本原理是利用粒径为 0.25～0.50 mm 的清洁干净的均匀砂,从一定高度自由下落到试坑内,按其单位体积质量不变的原理来测量试坑的容积,根据土的含水率来推算出试样的实测干密度。

1.仪器设备

(1)密度测定仪:由容砂瓶、灌砂漏斗和底盘组成。灌砂漏斗高 110 mm、直径 200 mm、尾部有孔径为 15 mm 的圆柱形阀门;容砂瓶容积为 4 L,容砂瓶和灌砂漏斗之间用螺纹接头连接,底盘承托灌砂漏斗和容砂瓶(见图 2-2)。

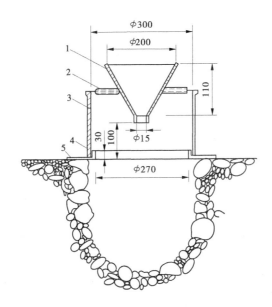

1—底盘;2—灌砂漏斗;3—螺纹接头;4—容砂瓶;5—阀门

图 2-2　灌砂法密度测定仪

(2)天平:称量 10 kg,最小分度值 5 g;称量 500 g,最小分度值 0.1 g。

2.试验步骤

(1)按灌水法试验中挖坑的步骤依据尺寸挖好试坑,称得试样质量 m_1,测定试样的含水率。

(2)向容砂瓶内注满砂,关闭阀门,称容砂瓶、漏斗和砂的总质量,准确至 10 g。

(3)密度测定器倒置于挖好的空口上,打开阀门,使砂注入试坑。在注砂过程中不应震动。当砂注满试坑时关闭阀门,称容砂瓶、漏斗和余砂的总质量,准确至 10 g,并计算注满试坑所用的标准砂质量 m_2。

3.试样的密度

试样的密度应按下式计算：

$$\rho = \frac{m_1}{\dfrac{m_2}{\rho_s}} \tag{2-3}$$

式中　ρ_s——标准砂的密度，g/cm^3。

4.标准砂的密度测定

标准砂密度的测定，应按下列步骤进行：

（1）标准砂应清洗洁净，粒径宜选用0.25～0.50 mm，密度宜选用1.47～1.61 g/cm^3。

（2）组装容砂瓶与灌砂漏斗，螺纹接头连接处应旋紧，称其质量。

（3）将密度测定仪竖立，灌砂漏斗口向上，关闭阀门，向灌砂漏斗中注满标准砂，打开阀门使灌砂漏斗内的标准砂漏入容砂瓶内，继续向漏斗内注砂漏入瓶内，当砂停止流动时迅速关闭阀门，倒掉漏斗内多余的砂，称容砂瓶、灌砂漏斗和标准砂的总质量，准确至5 g，试验中应避免震动。

（4）倒出容砂瓶内的标准砂，通过漏斗向容砂瓶内注水至水面高出阀门，关闭阀门，倒掉漏斗中多余的水，称容砂瓶、漏斗和水的总质量准确到5 g，并测定水温，准确到0.5 ℃。重复测定3次，3次测值之间的差值不得大于3 mL，取3次测值的平均值。

容砂瓶的容积按下式计算：

$$V_r = \frac{m_{r2} - m_{r1}}{\rho_{wr}} \tag{2-4}$$

式中　m_{r2}——容砂瓶、漏斗和水的总质量，g；

　　　m_{r1}——容砂瓶和漏斗的质量，g；

　　　ρ_{wr}——不同水温时水的密度，g/cm^3。不同水温时水的密度见表2-2。

表2-2　不同水温时水的密度

温度（℃）	水的密度（g/cm^3）	温度（℃）	水的密度（g/cm^3）	温度（℃）	水的密度（g/cm^3）
4.0	1.000 0	15.0	0.999 1	26.0	0.996 8
5.0	1.000 0	16.0	0.998 9	27.0	0.996 5
6.0	0.999 9	17.0	0.998 8	28.0	0.996 2
7.0	0.999 9	18.0	0.998 6	29.0	0.995 9
8.0	0.999 9	19.0	0.998 4	30.0	0.995 7
9.0	0.999 8	20.0	0.998 2	31.0	0.995 3
10.0	0.999 7	21.0	0.998 0	32.0	0.995 0
11.0	0.999 6	22.0	0.997 8	33.0	0.994 7
12.0	0.999 5	23.0	0.997 5	34.0	0.994 4
13.0	0.999 4	24.0	0.997 3	35.0	0.994 0
14.0	0.999 2	25.0	0.997 0	36.0	0.993 7

标准砂的密度,按下式计算:

$$\rho_s = \frac{m_{rs} - m_{r1}}{V_r} \tag{2-5}$$

式中　m_{rs}——容砂瓶、漏斗和标准砂的质量,g。

　　5.灌砂法应注意的问题

　　(1)试坑尺寸必须与试样粒径相配合,所取的试样有足够的代表性。

　　(2)由于灌砂法适用于砂、砾石土,挖坑时坑壁四周的砂粒容易塌落,使试坑体积减小,测得的密度增大,所以应小心操作。填标准砂时,填入的砂尽量勿受震动。

　　(3)地表刮平对准确测定试坑体积尤为重要。

2.1.2　土的干密度

　　土的干密度按下式计算:

$$\rho_d = \frac{\rho}{1 + \omega} \tag{2-6}$$

式中　ω——土的含水率(%)。

　　含水率的测定方法有以下几种。

2.1.2.1　烘箱法

　　烘箱法属于常规性试验,适用于黏性土、粉土与砂土含水率测定。试验时,取代表性黏性土试样 15 ~ 20 g,砂性土与有机质土 50 g,装入称量盒内称其质量,然后放入烘箱内,在 105 ~ 110 ℃的恒温下烘干(黏性土 8 h 以上、砂性土 6 h 以上),取出烘干,土样冷却后称其质量,计算含水率。

2.1.2.2　红外线法

　　红外线法适用于少量土样试验。方法类似于烘箱法,不同之处在于用红外线灯箱代替烘箱,一个红外线灯泡下只能放 3 ~ 4 个试样,烘干时间约为 30 min 即可。

2.1.2.3　酒精燃烧法

　　酒精燃烧法适用于少量试样快速测定。将称完质量的试样盒放在耐热桌面上,倒入酒精至试样表面齐平,点燃酒精燃烧,熄灭后仔细搅拌试样,重复倒入酒精燃烧 3 次,冷却后称其质量,计算含水率。该方法操作简便,可在施工现场试验,但对于含有机质土不宜用该方法测定。

2.1.2.4　铁锅炒干法

　　铁锅炒干法适用于卵石或砂夹卵石。取代表性试样 3 ~ 5 kg,称完质量后倒入铁锅炒干,直至不冒水汽,冷却后再称取质量,计算含水率。

2.1.3　土的压实系数

　　压实系数为实测干密度 ρ_d 与最大干密度 ρ_{dmax} 的比值,即:

$$\lambda_c = \frac{\rho_d}{\rho_{dmax}} \tag{2-7}$$

式中　ρ_d——现场土的实际控制干密度,g/cm³;

　　　$\rho_{d\max}$——土的最大干密度,g/cm³。

土的最大干密度通过实验室测定,当无试验资料时,可按下式估算:

$$\rho_{d\max} = \eta \frac{\rho_w d_s}{1 + 0.01 \omega_{op} d_s} \qquad (2\text{-}8)$$

式中　ρ_w——水的密度,g/cm³;

　　　η——经验系数,黏土取 0.95,粉质黏土取 0.96,粉土取 0.97;

　　　d_s——土的比重;

　　　ω_{op}——土的最优含水率(%)。

由此可见,λ 值越接近于 1,表示对压实质量的要求越高。各种垫层的压实系数及承载力特征值见表 2-3。

表 2-3　各种垫层的压实系数及承载力特征值

施工方法	换填材料类别	压实系数 λ_c	承载力特征值(kPa)
碾压、振密或夯实	碎石、卵石	0.94 ~ 0.97	200 ~ 300
	砂夹石(其中碎石、卵石占全重的 30% ~ 50%)		200 ~ 250
	土夹石(其中碎石、卵石占全重的 30% ~ 50%)		150 ~ 200
	中砂、粗砂、砾砂、角砾、圆砾、石屑		150 ~ 200
	粉质黏土		130 ~ 180
	灰土	0.95	200 ~ 250
	粉煤灰	0.90 ~ 0.95	120 ~ 150

注:1. 土的最大干密度宜采用击实试验确定,碎石或卵石的最大干密度可取 2.0 ~ 2.2 g/cm³;

　　2. 当采用轻型击实试验时,压实系数 λ_c 宜取高值;采用重型击实试验时,压实系数 λ_c 可取低值。

【例 2-1】　某换填垫层为粗砂,击实试验得到的最大干密度 $\rho_{d\max} = 2.05$ g/cm³,设计要求的压实系数为 0.95,采用碾压施工,施工后测得含水率为 8%,用灌水法测得土的天然密度 $\rho = 2.06$ g/cm³,问是否满足要求? 有可能是什么原因? 如不满足要求,应采取哪些措施?

解　(1)土的干密度 $\rho_d = \dfrac{\rho}{1 + \omega} = \dfrac{2.06}{1 + 0.08} = 1.91$(g/cm³)。

(2)土的压实系数 $\lambda_c = \dfrac{\rho_d}{\rho_{d\max}} = \dfrac{1.91}{2.05} = 0.93 < 0.95$,不满足要求。

(3)产生的原因主要有以下两方面:一方面是碾压次数不足,由于是粗砂,再增大压实功,作用不大;另一方面是土的级配不佳,压实效果差,可适当添加部分碎石,改善土的级配,提高压实效果。

2.2　地基土的静载荷试验

地基土的静载荷试验是岩土工程中的重要试验,它对地基直接加载,对地基土扰动小,能测定荷载板下应力主要影响深度范围内土的承载力和变形参数。对土层不均、难以取得原状土样的杂填土及风化岩石等复杂地基尤其适用。静载荷试验的结果较为准确可靠,是校核其他方法确定的地基承载力准确性的依据。地基土的静载荷试验有浅层平板载荷试验、深层平板载荷试验、复合地基载荷试验。

2.2.1　浅层平板载荷试验

浅层平板载荷试验适用于确定浅部地基土层在荷载板下应力主要影响深度范围内土的承载力。

2.2.1.1　浅层平板载荷试验装置

浅层平板载荷试验装置如图 2-3 所示,由反力系统、加荷系统、测试系统三部分组成。静荷载一般由千斤顶提供,千斤顶产生的反力由反力装置承担。反力装置由堆载、排钢梁、支墩和反力钢梁组成。承压板的沉降观测装置由百分表、精密水准仪、基准梁和基准桩构成,百分表安装在基准梁上。承压板面积不应小于 0.25 m^2,对于软土不应小于 0.5 m^2。底面形状为方形或圆形,边长或直径常用尺寸为 0.50 m、0.707 m、1.0 m,相应的承压板面积为 0.25 m^2、0.5 m^2、1.0 m^2。

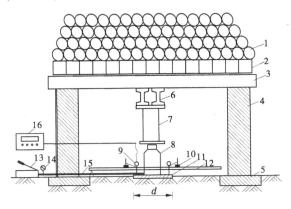

反力系统:1—加载材料;2—长 1.5 m,宽 0.25 m 的钢筋混凝土条形板铺设层(50 块),整体面积 6 m×3 m;3—长 6 m,宽 0.2 m,厚 0.25 m 工字钢(7 根),组成反力系统底横梁;4—承台;5—承台钢筋混凝土垫层。

加荷系统:6—支托工字钢,长 3 m,宽 0.2 m,厚 0.25 m(2 根),垂直于底横梁放置;7—传力柱;8—千斤顶;11—承压板(圆板);13—手摇油泵;14—压力表;15—高压油管。

测试系统:9—位移传感器或百分表;10—磁力表座;12—磁性表座托梁,两支点距离≥3d(d 为承压板直径);16—位移数显仪

图 2-3　浅层平板载荷试验装置

2.2.1.2　试验方法

（1）在建筑场地，选择有代表性的部位进行载荷试验。

（2）开挖试坑，深度为基础设计埋深 d，试坑宽度不小于承压板宽度或直径的 3 倍。

（3）在拟试压表面铺一层厚度不超过 20 mm 的粗、中砂，并找平，以保持试验土层的原状结构和天然湿度。

（4）分级加荷。加荷分级不应少于 8 级。最大加载量不应小于荷载设计值的两倍。第一级荷载相当于开挖试坑卸除土的自重应力，自第二级荷载开始，每级荷载宜为最大加载量的 $1/12 \sim 1/8$。

（5）测记承压板沉降量。每级加载后，按间隔 10 min、10 min、10 min、15 min、15 min，以后每隔 30 min 测读一次沉降量。当连续两小时内，每小时沉降量小于 0.1 mm 时，则认为沉降已趋稳定，可加下一级荷载。

（6）终止加载。当出现下列情况之一时，即可终止加载：

①承压板周围的土明显地侧向挤出；②沉降量 s 急骤增大，荷载—沉降关系曲线（$p—s$）出现陡降段；③在某一级荷载下，24 h 内沉降速率不能达到稳定标准；④总沉降量与承压板宽度或直径之比大于或等于 0.06。

2.2.1.3　极限荷载的确定

当满足终止加荷标准前三种情况之一时，其对应的前一级荷载定为极限荷载 p_u。

2.2.1.4　载荷试验结果整理

试验时，应以严肃认真的科学态度及时做好试验记录，并妥善保管原始数据，将载荷试验结果整理绘制成如图 2-4 所示的荷载—沉降关系曲线（$p—s$ 曲线）。

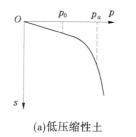 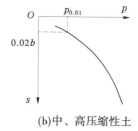

（a）低压缩性土　　　　　（b）中、高压缩性土

图 2-4　$p—s$ 曲线

2.2.1.5　承载力特征值的确定

地基承载力特征值按下列规定确定：

（1）当 $p—s$ 曲线有比较明显的比例界限时（见图 2-4（a）），取该比例界限所对应的荷载值 p_0 作为地基承载力特征值；当极限荷载小于比例界限所对应的荷载值的两倍时，则取极限荷载 p_u 的一半作为地基承载力特征值 f_{ak}。

（2）对于软弱土或压缩性高的土，$p—s$ 曲线通常无明显的转折点（见图 2-4（b）），无法取得比例界限值 p_0 与极限荷载值 p_u，从沉降控制的角度考虑，在 $p—s$ 曲线上，以一定的容许沉降值所对应的荷载作为地基的承载力特征值。由于沉降量与基础底面尺寸、形状有关，在相同的基底附加压力下，基底面积越大，基础沉降量越大。承压板通常小于实际的基础尺寸,因此不能直接利用基础的容许变形值在 p—s 曲线上确定地基承载力特征值。由地基沉降计算原理可知,如果基底附加压力相同,且地基均匀,则沉降量 s 与各自的宽度 b 之比(s/b)大致相等。《建筑地基基础设计规范》(GB 50007—2011)根据实测资料规定:当承压板面积为 $0.25 \sim 0.5$ m^2 时,可取承压板沉降量 s 与其宽度 b 的比值 $s/b = 0.01 \sim 0.015$ 所对应的荷载值作为地基承载力的特征值,但其值不应大于最大加载量的一半。

由于静载荷试验费时、耗资大,不能对地基土进行大量的静载荷试验,因此《建筑地基基础设计规范》(GB 50007—2011)规定:对同一土层,应至少选择 3 个载荷试验点,当试验实测值的极差不超过平均值的 30% 时,则取平均值作为地基承载力特征值 f_{ak},否则应增加试验点数,综合分析确定地基承载力的特征值。

2.2.2　深层平板载荷试验

深层平板载荷试验适用于确定深部地基土层及大直径桩桩端土层在荷载板下应力主要影响深度范围内土的承载力。

2.2.2.1　**试验要点**

(1)深层平板载荷试验的承压板采用直径 d 为 0.8 m 的圆形刚性板,紧靠承压板周围外侧的土层高度应不少于 80 cm。

(2)加荷等级可按预估极限荷载的 $1/10 \sim 1/15$ 分级施加。

(3)每级加荷后,第一个小时内按间隔 10 min、10 min、10 min、15 min、15 min,以后为每隔 30 min 测读一次沉降。当连续两小时内,每小时的沉降量小于 0.1 mm 时,则认为已趋稳定,可加下一级荷载。

(4)当出现下列情况之一时,可终止加载:

①沉降 s 急骤增大,荷载—沉降关系曲线 p—s 上有可判定极限荷载的陡降段,且沉降量超过 0.04 倍的承压板直径 d;②在某级荷载下,24 h 内沉降速率不能达到稳定标准;③本级沉降量大于前一级沉降量的 5 倍;④当持力层土层坚硬,沉降量很小时,最大加载量不小于荷载设计要求的 2 倍。

2.2.2.2　**承载力特征值的确定**

承载力特征值的确定应符合下列规定:

(1)当 p—s 曲线上有明确的比例界限时,取该比例界限所对应的荷载值;

(2)满足前三条终止加载条件之一时,其对应的前一级荷载定为极限荷载,当该值小于比例界限对应的荷载值的两倍时,取极限荷载值的一半;

(3)不能按上述(2)确定时,可取 $s/d = 0.01 \sim 0.015$ 所对应的荷载值,但其值不应大于最大加载量的一半。

同一土层参加统计的试验点不应少于 3 点,各试验实测值的极差不得超过平均值的 30%,取此平均值作为该土层的地基承载力特征值 f_{ak}。

2.2.3　复合地基载荷试验

对于各种不良地基,将部分土体增强或被置换形成增强体,由增强体和周围地基土共同承担荷载的地基称为复合地基。《建筑地基处理技术规范》(JGJ 79—2012)规定:对已选定的地基处理方法,宜按建筑物地基基础设计等级和场地复杂程度,在有代表性的场地上进行相应的现场试验或试验性施工,并进行必要的测试,以检验设计参数和处理效果。复合地基载荷试验用于测定承压板下应力主要影响范围内复合土层的承载力和变形参数。复合地基的载荷试验包括单桩复合地基载荷试验和多桩复合地基载荷试验。

2.2.3.1　加载装置

(1)单桩复合地基载荷试验的承压板可用圆形或方形,面积为一根桩承担的处理面积;多桩复合地基载荷试验的承压板可用方形或矩形,其尺寸按实际桩数所承担的处理面积确定,桩的中心(或形心)应与承压板中心保持一致,并与荷载作用点相重合。

(2)承压板底高程应与基础底面设计高程相同,压板下宜设中粗砂找平层,垫层厚度取 50～150 mm,桩身强度高时宜取大值。试验标高处的试坑长度和宽度,应不小于承压板尺寸的 3 倍。基准梁的支点应设在试坑之外。

2.2.3.2　现场试验

(1)加荷等级可分为 8～12 级,总加载量不宜少于设计要求值的两倍。

(2)每加一级荷载前后应各读记承压板沉降一次,以后每半小时读记一次。当 1 h 内沉降增量小于 0.1 mm 时,即可加下一级荷载;对饱和黏性土地基中的振冲桩或砂石桩,1 h 内沉降增量小于 0.25 mm 时即可加下一级荷载。

(3)终止加载条件。

当出现下列现象之一时,可终止试验:

①沉降急骤增大、土被挤出或压板周围出现明显的裂缝。

②累计的沉降量大于压板宽度或直径的 6%;

③总加载量已为设计要求值的 2 倍以上。

(4)卸载要求。

卸载级数可为加载级数的一半,等量进行,每卸一级,间隔半小时,读记回弹量,待卸完全部荷载后间隔 3 小时读记总回弹量。

2.2.3.3　数据分析

复合地基承载力特征值按下述要求确定:

(1)当 p—s 曲线上有明显的比例极限时,可取该比例极限所对应的荷载;

(2)当极限荷载能确定,而其值又小于对应比例极限荷载值的 1.5 倍时,可取极限荷载的一半;

(3)按相对变形值确定:

①振冲桩和砂石桩复合地基:对以黏性土为主的地基,可取 s/b 或 s/d 等于 0.015 所对应的压力(s 为载荷试验承压板的沉降量;b 和 d 分别为承压板宽度和直径,当其值大于 2 m 时,按 2 m 计算)对以粉土或砂土为主的地基,可取 s/b 或 s/d 等于 0.012 所对应的压力。

②土挤密桩复合地基,可取 s/b 或 s/d 等于 0.010～0.015 所对应的荷载;对灰土挤密桩复合地基,可取 s/b 或 s/d = 0.008 所对应的压力。

③深层搅拌桩或旋喷桩复合地基,可取 s/b 或 s/d 等于 0.006 所对应的压力。

④对水泥粉煤灰碎石桩或夯实水泥土桩复合地基,当是以卵石、圆砾、密实粗中砂为主的地基,可取 s/b 或 s/d 等于 0.008 所对应的压力;当是以黏性土、粉土为主的地基,可取 s/b 或 s/d 等于 0.01 所对应的压力。

试验点的数量不应少于 3 点,当满足其极差不超过平均值的 30% 时,可取其平均值为复合地基承载力特征值 f_{ak}。

2.3 圆锥动力触探试验

圆锥动力触探是利用一定的锤击动能,将一定规格的圆锥探头打入土中,根据打入土中的阻力大小判别土层的变化,对土层进行力学分层,并确定土层的物理力学性质,对地基土做出工程地质评价。通常以打入土中一定距离所需的锤击数来表示土的阻力。圆锥动力触探的优点是设备简单、操作方便、工效较高、适应性广,并具有连续贯入的特性。对难以取样的砂土、粉土、碎石类土等,对静力触探难以贯入的土层,动力触探是十分有效的勘探测试手段。根据所用穿心锤的质量将其分为轻型、重型及超重型动力触探试验(见表 2-4)。轻型动力触探试验适用于黏性土和粉土,常用来检测浅基础地基承载力和基坑验槽,重型动力触探试验适用于砂土和砾卵石,超重型动力触探试验适用于砾卵石。

表 2-4 圆锥动力触探类型

类型		轻型	重型	超重型
落锤	锤的质量(kg)	10	63.5	120
	落距(cm)	50	76	100
探头	直径(mm)	40	74	74
	角度(°)	60	60	60
探杆直径(mm)		25	42	50~60
指标		贯入 30 cm 的读数 N_{10}	贯入 10 cm 的读数 $N_{63.5}$	贯入 10 cm 的读数 N_{120}
主要适用岩土		浅部的填土、砂土、粉土、黏性土	砂土、中密以下的碎石土、极软岩	密实和很密实的碎石土、软岩、极软岩

圆锥动力触探试验技术要求应符合下列规定:

(1)采用自动落锤装置。

(2)触探杆最大偏斜度不应超过 2%,锤击贯入应连续进行;同时应防止锤击偏心、探杆倾斜和侧向晃动,保持探杆垂直度;锤击速率每分钟宜为 15~30 击。

(3)每贯入 1 m,宜将探杆转动一圈半;当贯入深度超过 10 m,每贯入 20 cm 宜转动探杆一次。

(4)对轻型动力触探试验,当贯入 15 cm 锤击数超过 50 时,可停止试验;对重型动力触探试验,当连续 3 次 $N_{63.5} > 50$ 时,可停止试验或改用超重型动力触探试验。

2.3.1 轻型动力触探试验

轻型动力触探试验是利用锤击能将装在钻杆前端的锥形探头打入钻孔孔底土中,测试每贯入 30 cm 的锤击数 N_{10}。轻型动力触探试验适用于素填土和淤泥质土。

2.3.1.1　轻型动力触探试验设备

轻型动力触探试验设备由圆锥头、触探杆和穿心锤三部分组成。触探杆是用直径 25.0 mm 的金属管制成的,每根长 1.0 ~ 1.5 m,穿心锤质量为 10.0 kg(见图 2-5),落锤的升降由人工操纵。

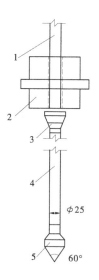

1—穿心杆;2—穿心锤;3—锤垫;4—触探杆;5—探头

图 2-5　轻型动力触探试验设备示意图

2.3.1.2　试验步骤

(1)探头贯入土层之前,先在触探杆上标出从锥尖起向上每 30 cm 的位置。

(2)一人将触探杆垂直扶正,另一人将 10 kg 穿心锤从锤垫顶面以上 50 cm 处自由落体放下,锤击速度以每分钟 15 ~ 30 击为宜。

(3)记录每贯入土层 30 cm 的锤击数 N_{10}。

(4)为避免因土对触探杆的侧壁摩擦而消耗部分锤击能量,应采用分段触探的方法,即贯入一段距离后,将锥尖向上拔,使探孔壁扩径,再将锥尖打入原位置,继续试验。或每贯入 10 cm,转动探杆一圈。

(5)当 $N_{10} > 100$ 或贯入 15 cm 锤击数超过 50 时,可停止试验。

2.3.1.3　试验成果的应用

1.地基验槽

在地基验槽时,可根据不同位置的 N_{10} 值的变化情况,大致判别地基持力层的均匀程度,查明土洞和软弱土范围。

2.确定地基承载力

《建筑地基基础设计规范》(GBJ 7—89)曾给出黏性土、素填土的承载力标准值与 N_{10} 的关系,见表 2-5、表 2-6,但在《建筑地基基础设计规范》(GB 50007—2011)中,删去了这些表格,同时地基承载力由特征值取代了标准值。

表 2-5　黏性土承载力标准值 f_k 与 N_{10} 的关系

N_{10}	15	20	25	30
f_k（kPa）	105	145	190	230

表 2-6　素填土承载力标准值 f_k 与 N_{10} 的关系

N_{10}	10	20	30	40
f_k（kPa）	85	115	135	160

2.3.1.4　工程案例

某小区 7 层住宅楼拟建场地,原有暗河东西向穿过,河底最深约 3 m,最宽约 12 m。设计采用换土垫层后再采用静压预制桩作为基础。施工单位将原暗河部位杂填土及淤泥挖除后以 3:7 灰土分层碾压,回填至基底标高,每层以压路机来回碾压数遍。设计要求回填土承载力特征值为 120 kPa。结果见表 2-7。轻型动力触探检测结果表明,压实灰土的承载力满足设计要求,大于 120 kPa。

表 2-7　压实灰土 N_{10} 的检测结果

深度（m）	0~0.3	0.3~0.6	0.6~0.9	0.9~1.2	1.2~1.5
N_{10}	52	64	79	55	68
深度（m）	1.5~1.8	1.8~2.1	2.1~2.4	2.4~2.7	2.7~3.0
N_{10}	83	94	68	61	64

2.3.2　重型动力触探试验

2.3.2.1　重型动力触探试验设备

重型动力触探试验的设备主要由触探头、触探杆及穿心锤三部分组成,落锤的升降由钻机操纵。

2.3.2.2　试验步骤

(1)探头贯入土层前,先测出锥尖到锤垫底面之间的长度,即触探杆长度。

(2)待锤尖打入到预测位置时,在触探杆上标出从地面向上每 10 cm 的位置。

(3)穿心锤自由落距 76 cm,记录每贯入土层 10 cm 的锤击数 $N'_{63.5}$。锤击速率宜为 15~30 击/min。

(4)每加上一根触探杆时,需记录所加杆的长度,重新统计触探杆长度。

(5)若土质较松软、探头贯入速度较快,亦可记录锤击 5 次的贯入深度。

(6)对触探杆侧壁摩擦影响较大的土层,可考虑采用分段触探的办法。

(7)如 $N'_{63.5} > 50$,连续 3 次,可停止试验。

2.3.2.3　试验指标的修正

1. 触探杆长度修正

对于杆长对试验结果的影响,存在不同的看法,我国各个领域的规范或规程规定也不尽统一。《岩土工程勘察规范》(GB 50021—2001)(2009 年版)规定,对动力触探试验指标均不进行杆长修正。而有些行业动力触探规程,如《铁路工程地质原位测试规程》(TB 10018—2003)规定对杆长进行修正。

当触探杆长度大于 2 m 时,需按下式修正:

$$N_{63.5} = \alpha N'_{63.5} \tag{2-9}$$

式中　$N_{63.5}$——修正后的锤击数;

　　　α——触探杆长度修正系数,可查表2-8。

表 2-8　触探杆长度修正系数 α

$L(\text{m})$	$N_{63.5}$								
	5	10	15	20	25	30	35	40	$\geqslant 50$
$\leqslant 2$	1.0	1.0	1.0	1.0	1.0	1.0	1.0	1.0	
4	0.96	0.95	0.93	0.92	0.90	0.98	0.87	0.86	0.84
6	0.93	0.90	0.88	0.85	0.83	0.81	0.79	0.78	0.75
8	0.90	0.86	0.83	0.80	0.77	0.75	0.73	0.71	0.67
10	0.88	0.83	0.79	0.75	0.72	0.69	0.67	0.64	0.61
12	0.85	0.79	0.75	0.70	0.67	0.64	0.61	0.59	0.55
14	0.82	0.76	0.71	0.66	0.62	0.58	0.56	0.53	0.50
16	0.79	0.73	0.67	0.62	0.57	0.54	0.51	0.48	0.45
18	0.77	0.70	0.63	0.57	0.53	0.49	0.46	0.43	0.40
20	0.75	0.67	0.59	0.53	0.48	0.44	0.41	0.49	0.36

2. 地下水影响修正

对于地下水位以下的中、粗、砾砂和圆砾、卵石,锤击数 $N_{63.5}$ 可按下式修正:

$$N_{63.5} = 1.1 N'_{63.5} + 1.0 \tag{2-10}$$

2.3.2.4　试验成果的应用

动力触探试验适用于强风化、全风化的硬质岩石、各种软质岩石及各类土。进行动力触探试验的目的如下:

(1)定性评价:评定场地土层的均匀性,查明土洞滑动面和软硬土层的界面,确定软弱土层或坚硬土层的分布,检验评估地基土加固与改良的效果。

(2)定量评价:确定砂土的孔隙比、相对密实度、粉土和黏性土的状态、土的强度和变形参数,评定天然地基土承载力和单桩承载力。

1. 判别土的密实度

《岩土工程勘察规范》(GB 50021—2001)(2009 年版)规定碎石土的密实度可根据重型动力触探锤击数按表2-9确定。

表 2-9　碎石土密实度按 $N_{63.5}$ 分类

$N_{63.5}$	≤5	$5 < N_{63.5} \leq 10$	$10 < N_{63.5} \leq 20$	>20
密实度	松散	稍密	中密	密实

注:本表适用于平均粒径小于等于 50 mm,且最大粒径不超过 100 mm 的碎石土。对于平均粒径大于 50 mm,或最大粒径超过 100 mm 的碎石土,可用超重型动力触探或用野外观察鉴别。

2. 确定地基土承载力

碎石土、砂土的地基承载力与 $N_{63.5}$ 的关系见表 2-10。

表 2-10　碎石土、砂土的地基承载力与 $N_{63.5}$ 的关系

$N_{63.5}$	3	4	5	6	7	8	9	10	12	14	16	18	20	25	30	35	40
碎石土 f_k (kPa)	140	170	200	240	280	320	360	400	470	540	600	660	720	850	930	970	1 000
中、粗、砾砂 f_k (kPa)	120	150	180	220	260	300	340	380									

2.3.3　超重型动力触探试验

密实的卵石层,用重型动力触探,由于其能量小,贯入效率低,甚至贯入不进去,而超重型动力触探则能较好地解决此类地层的勘探问题。超重型重力触探锤重 120 kg,落距 1 m,探头尺寸同重型的,其试验方法基本与重型动力触探相同,在试验时应注意以下问题:

(1)贯入时,应使穿心锤自由下落,地面上的触探杆的高度不应过高,以免倾斜和摆动过大。

(2)贯入过程应尽量连续,锤击速率宜为 15 ~ 20 击/min。

(3)贯入深度一般不宜超过 20 m。

卵碎石土的密实度与 N_{120} 的关系见表 2-11。

表 2-11　卵碎石土的密实度与 N_{120} 的关系

N_{120}	3 ~ 6	6 ~ 10	6 ~ 14	14 ~ 20
密实度	稍密	中密	密实	极密
土类	卵石或砂夹卵石、圆砾	卵石	卵石	卵石或含少量漂石

2.4　标准贯入试验

标准贯入试验实际上是一种特殊的动力触探试验,适用于砂土、粉土、一般黏性土及强风化岩等。该试验用质量为 63.5 kg 的穿心锤,以 76 cm 的自由落距,将一定规格的标准贯入器预先打入土中 0.15 cm,然后打入 0.30 cm,记录 0.30 cm 的锤击数,称为标准贯入击数 N。标准贯入试验的工程目的如下:

（1）划分土层类别、采集扰动试样。

（2）判断砂土的密实度或黏性土及粉土的稠度。

（3）估测土的强度及变形指标、确定地基土的承载力。

（4）评价砂土及粉土的振动液化。

（5）估算单桩承载力及沉桩可能性。

（6）检验地基加固处理质量。

标准贯入试验的优点在于：操作简便，设备简单，土层的适应性广，而且通过贯入器可以采取扰动土样，对它进行直接鉴别描述和有关的室内土工试验。标准贯入试验 20 世纪 20 年代起源于欧洲，到 40 年代末，Terzaghi 和 Peck 对其 20 多年的应用进行了总结，提出了一系列与岩土参数相关的经验公式，并制定出相应的设备标准。从此以后，这种试验方法迅速发展普及，在欧洲和美国被大规模地使用。我国从 70 年代初开始大规模普遍使用标准贯入试验，至今也有 40 余年的历史。目前，在国内几乎所有的工程勘察系统，标准贯入试验都已成为一种不可缺少的原位测试手段。

2.4.1 试验设备

标准贯入试验设备由触探头（又称贯入器、对开式管筒）、锤垫及导向杆、落锤（质量为 63.5 kg 的穿心锤）三部分组成（见图 2-6）。落锤距离由自动脱钩装置控制。

2.4.2 试验步骤

（1）标准贯入试验孔采用回转钻进，并保持孔内水位略高于地下水位。当孔壁不稳定时，可用泥浆护壁，钻至试验标高以上 15 cm 处，清除孔底残土后再进行试验。

（2）采用自动脱钩的自由落锤法进行锤击，并减小导向杆与锤间的摩阻力，避免锤击时的偏心和侧向晃动，保持贯入器、探杆、导向杆连接后的垂直度，锤击速率应小于 30 击/min。

（3）贯入器打入土中 15 cm 后，开始记录每打入 10 cm 的锤击数，累计打入 30 cm 的锤击数为标准贯入试验锤击数 N'。当锤击数已达 50 击，而贯入深度未达 30 cm 时，可记录 50 击的实际贯入深度，按下式换算成相当于 30 cm 的标准贯入试验锤击数 N'，并终止试验。计算公式如下：

$$N' = \frac{30n}{\Delta s} \tag{2-11}$$

式中　Δs——对应锤击数的贯入度，cm；

　　　n——累计锤击数。

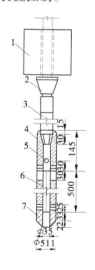

1—穿心锤；2—锤垫；3—探杆；
4—贯入器；5—出水孔；
6—贯入器内壁；7—贯入器靴

图 2-6　标准贯入试验设备

2.4.3 资料整理

2.4.3.1 探杆长度修正

当探杆长度大于 3 m 时，需按下式修正：

$$N = \alpha_N N' \tag{2-12}$$

式中　N——修正后的标准贯入锤击数；

　　α_N——杆长修正系数,按表 2-12 确定。

表 2-12　标准贯入试验杆长修正系数 α_N

探杆长度(m)	≤3	6	9	12	15	18	21
α_N	1.00	0.92	0.86	0.81	0.77	0.73	0.70

2.4.3.2　地下水影响的修正

当砂层的贯入击数 N' 大于 15 时,锤击数按下式修正:

$$N = 15 + 1/2(N' - 15) \tag{2-13}$$

需要注意的是,《建筑地基基础设计规范》(GB 50007—2011)、《岩土工程勘察规范》(GB 50021—2001)(2009 年版)对杆长修正进行以下说明:我国一直用经过修正后的 N 值确定地基承载力,用不修正的 N 值判别液化和判别砂土密实度。因此,应按具体岩土工程问题,确定是否修正,且需在报告中说明。

2.4.4　试验成果的应用

标准贯入试验锤击数 N 值,可对砂土、粉土、黏性土的物理状态,土的强度、变形参数、地基承载力、单桩承载力,砂土和粉土的液化,成桩的可能性等做出评价。

2.4.4.1　判定砂土的密实度

砂土的密实度可根据标准贯入锤击数按表 2-13 确定。

表 2-13　标准贯入锤击数 N 与砂土的密实度的关系

标准贯入锤击数 N(击/30 cm)	密实度
$N \leqslant 10$	松散
$10 < N \leqslant 15$	稍密
$15 < N \leqslant 30$	中密
$N \geqslant 30$	密实

注:本表引自《建筑地基基础设计规范》(GB 50007—2002),表中 N 值未加修正。

2.4.4.2　判定黏性土的稠度状态

黏性土的稠度状态按表 2-14 确定。

表 2-14　黏性土的液性指数 I_L 与 N 的关系

N	<2	2~4	4~7	7~18	18~35	>35
I_L	>1	1~0.75	0.75~0.50	0.50~0.25	0.25~0	<0
稠度状态	流动	软塑	软可塑	硬可塑	硬塑	坚硬

2.4.4.3　确定地基承载力

与利用动力触探试验成果评价地基土的承载力一样,《建筑地基基础设计规范》(GBJ 7—89)也曾规定,可利用 N 确定砂土和黏性土的承载力标准值,见表 2-15、表 2-16。但在

《建筑地基基础设计规范》(GB 50007—2011)中,这些表格并未纳入,但是这并不是否定这些经验的使用价值,而是这些经验在全国范围内不具有普遍意义,在参考这些表格时应结合当地实践经验。

表 2-15　砂土承载力标准值与 N 的关系

N	10	15	30	50
中、粗砂	180	250	340	500
粉、细砂	140	180	250	340

表 2-16　黏性土承载力标准值与 N 的关系

N	3	5	7	9	11	13	15	17	19	21	23
f_k (kPa)	105	145	190	235	280	325	370	430	515	600	680

2.4.4.4　判别饱和砂土、粉土的液化

《建筑抗震设计规范》(GB 50011—2010)(2016 年版)明确规定对饱和砂土、粉土液化判定应采用标准贯入试验来判别。地面下 15 m 深度范围内,液化判别标准贯入试验锤击数临界值可按下式计算:

$$N_{cr} = N_0 \left[0.9 + 0.1(d_s - d_w) \right] \sqrt{3/\rho_c} \quad (d_s \leqslant 15\ \text{m}) \tag{2-14}$$

式中　　N_{cr} ——液化判别标准贯入锤击数临界值;

　　　　N_0 ——液化判别标准贯入锤击数基准值;

　　　　d_s ——饱和土标准贯入点深度,m;

　　　　ρ_c ——黏粒含量百分率,当小于 3 或为砂土时应取 3。

当土的实测标准贯入试验锤击数小于式(2-14)确定的临界值时,则应判别为液化土,否则为不液化土。

2.4.4.5　地基处理效果检测

标准贯入试验是常用的地基处理效果检测试验手段之一。无论是强夯法、堆载预压法,还是水泥土搅拌法处理软土地基,都可以采用标准贯入试验手段,通过对比地基处理前后地基土的试验指标,对地基处理效果(质量)及其影响范围做出评定。

2.5　静力触探试验

静力触探试验是利用机械装置或液压装置将贴有电阻应变片的金属探头,通过触探杆压入土中,用电阻应变仪测定探头所受的贯入阻力。在贯入过程中,贯入阻力的变化反映了土的物理力学性质的变化。一般来说,同一种土愈密实、愈硬,探头所受的贯入阻力愈大;反之,则小。因此,可以依据探头所受的贯入阻力测定地基土的承载力和其他物理力学性质指标。

与常规的勘探手段相比较,它能快速、连续地探测土层类别和其性质的变化,探测质量好、效率高、成本低,适用于黏性土、粉土、砂土及含少量碎石的土层;但不适用于大块碎

石类地层和岩基。若静力触探能与钻探相结合,效果会更好。

2.5.1　试验设备

静力触探设备的核心部分是触探头,它是土层阻力的传感器。根据触探头的构造和量测贯入阻力的方法分为测定比贯入阻力 p_s 的单桥探头,测试锥尖阻力 q_c 和侧壁摩阻力 f_s 的双桥探头,以及能同时测量孔隙水压力 u 的多用探头(见图 2-7)。

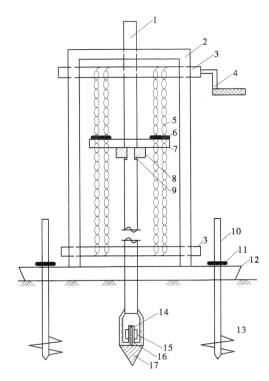

1—静力触探杆;2—静力触探仪框架;3—转轴;4—手摇把;5—传力链条;6—链条压传力板长销钉;
7—传力板;8—卡板;9—触探杆凹槽;10—地锚杆;11—地锚杆压下横梁销钉;12—触探仪下横梁;
13—地锚盘;14—空心柱;15—应变片;16—顶柱;17—探头锥尖

图 2-7　手摇式轻型静力触探仪示意图

2.5.2　静力触探试验技术要点

(1)圆锥锥头底面面积应采用 10.0 cm² 或 15.0 cm²;双桥探头侧壁面积宜为 150 ~ 300.0 cm²,单桥探头侧壁高应为 57.0 mm 或 70.0 mm;锥尖锥角宜为 60°。

(2)探头测力传感器连同仪器、电缆应进行定期标定,室内率定重复性误差、线性误差、滞后误差、温度飘移、归零误差均应小于 1.0%,现场归零误差应小于 3.0%,绝缘电阻不小于 500.0 MΩ。

(3)深度记录误差范围应为 -1.0%。

(4)探头应垂直、均匀地压入土中,贯入速率为(1.2 ± 0.3)m/min。

（5）当贯入深度超过50.0 m或穿透深厚软土层后再贯入硬土层,应采取措施防止孔斜或断杆,也可配置测斜探头,量测触探孔的偏斜度,校正土的分层界限。

（6）孔隙水压力探头在贯入前,应在室内保证探头应变腔为以排除气泡的液体所饱和,并在现场采取措施,保持探头的饱和状态,直到探头进入地下水位以下,在孔隙水压力试验过程中不得提升探头。

（7）当在预定深度进行孔隙水压力消散试验时,应量测停止贯入后不同时间的孔隙水压力值,计时间隔由密而疏合理控制,试验过程不得松动触探杆。

2.5.3　资料整理

2.5.3.1　单桥探头

单桥探头试验时,测得包括探头锥尖阻力和侧壁摩阻力在内的总贯入阻力 P,探头总贯入阻力与探头的截面面积 A 的比值,称为比贯入阻力 p_s :

$$p_s = \frac{P}{A} = K\varepsilon \tag{2-15}$$

式中　p_s ——比贯入阻力,kPa;

　　　K——探头系数;

　　　ε——电阻应变仪量测的微应变读数值。

2.5.3.2　双桥探头

双桥探头试验时,分别测得锥尖总阻力 Q_c 和侧壁总摩擦阻力 p_s 。则锥头阻力 q_c 和侧壁摩阻力 f_s 为:

$$q_c = \frac{Q_c}{A} \tag{2-16}$$

$$f_s = \frac{p_s}{A_s} \tag{2-17}$$

式中　A_s——摩擦筒的总表面积,cm^2。

地基中某一深度处的摩阻比 n 按下式计算:

$$n = \frac{f_s}{q_c} \times 100\% \tag{2-18}$$

绘制比贯入阻力与深度关系曲线、锥头阻力与深度关系曲线、侧壁摩阻力与深度关系曲线、摩阻比与深度关系曲线。

2.5.4　成果应用

根据静力触探资料,利用地区经验可进行力学分层,估算土的塑性状态或密实度、强度、压缩性、地基承载力、单桩承载力、沉桩阻力,进行液化判别等。根据孔压消散曲线可估算土的固结系数和渗透系数。

（1）进行土层划分及土类判别。

（2）测定砂土的相对密实度、内摩擦角。

（3）测定黏性土的不排水抗剪强度及土的压缩模量、变形模量。

（4）确定地基承载力、单桩承载力、固结系数、渗透系数及黄土湿陷性系数。

（5）判别砂土液化。

（6）检验地基加固处理质量。

2.6 十字板剪切试验

在抗剪强度的现场原位测试方法中，最常用的是十字板剪切试验。该试验无须钻孔取得原状土样，对土的扰动小，试验时土的排水条件、受力状态与实际情况十分接近，因此特别适用于难以取样，且灵敏度高的饱和软黏土。

十字板剪切试验是用插入软土中的十字板头，以一定的速率旋转，在土体中形成圆柱形破坏面，测出土的抵抗力矩，然后换算成土的抗剪强度。十字板剪切试验适用于原位测定软塑 – 流塑状态黏土的不排水抗剪强度，试验深度一般不超过 30 m。

2.6.1 试验设备

开口钢环式十字板剪切仪如图 2-8 所示。

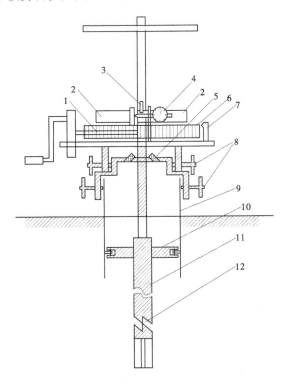

1—摇柄主动转动齿轮；2—开口钢环；3—特制键；4—百分表；5—支爪；6—蜗轮从动转动齿轮；
7—平面0° ~360°盘指针；8—制紧螺栓；9—钻孔套管；10—测杆定中装置；11—测杆；12—离合器

图 2-8 十字板剪切仪结构示意图

（1）十字板头：直径 × 高 =75 mm × 100 mm（或 50 mm × 100 mm）。

（2）施加扭力设备:手摇柄、蜗轮、变向齿轮、特制键。

（3）测量扭力设备:开口应力钢环、百分表。

（4）其他:十字板杆、钻孔、套管、孔内定中装置。

2.6.2　试验步骤

（1）先将钻具与套管下至距测试土层 3~5 倍钻孔直径处,取出钻具。

（2）在钻孔套管上安装十字板剪切仪,拧紧制紧螺丝,将十字板头徐徐压入欲测土中,静置 5 min。

（3）松开锁紧螺丝,抬起底板,合上支爪(其功能是使十字板头同水平旋转)。转动底盘,使特制剪落入键槽。然后拧紧锁紧螺丝,将百分表调至零。

（4）试验开始,按每 10 s 蜗轮转一度的转速(顺时针匀速摇动手柄 1 圈),每转一度测记百分表读数一次,当读数出现峰值或稳定值后(蜗轮转动 20°~30°),再继续测读 1 min 其峰值或稳定值读数为原状土剪切破坏读数 R_y。

（5）拔出特制键,顺时针转动导杆 6 圈,使十字板头周围土充分扰动,静置 5 min,再插上特制键,照第(4)条操作,测记重塑土剪切破坏时百分表读数 R_r。

（6）上提导杆 2~3 cm,使十字板头与离合器脱离,均匀摇动手摇柄,测记十字板杆与土摩擦及仪器机械摩擦时百分表读数 R_g。

2.6.3　十字板剪切试验成果应用

十字板不排水剪切强度,主要用于可假设 $\varphi_u = 0$,按总应力分析法的各类土工问题。

（1）确定地基极限承载力。

对软黏土地基 $\varphi_u = 0$,利用太沙基公式确定极限承载力:

$$p_u = 5.71c_u + \gamma_0 d \tag{2-19}$$

式中　c_u ——土的不排水剪切强度,kPa;

　　　γ_0 ——基底以上土的加权重度,kN/m^3;

　　　d ——基础埋深,m。

（2）估算桩的端阻力和侧阻力。

桩端阻力计算公式为:

$$q_p = 9c_u \tag{2-20}$$

桩侧阻力计算公式为:

$$q_s = \alpha c_u \tag{2-21}$$

α 与桩类型、土类、土层顺序等有关。

（3）根据加固前后土的强度变化,可以检验地基的加固效果。

（4）根据 c_u—h 曲线,判定土的固结历史;若 c_u—h 曲线大致呈一条通过地面原点的直线,可判定为正常固结土;若 c_u—h 曲线不通过原点,而与纵坐标的向上延长线相交,则可判定为超固结土。

第 3 章　土方工程施工技术

土方工程是建筑工程施工中的主要工种之一。常见的土方工程有场地平整、基坑（槽）与管沟开挖、地坪填土、路基填筑及基坑回填等。土方工程施工包括土（石）的挖掘、运输、填筑、平整和压实等主要施工过程，以及排水、降水和土壁支撑等准备工作与辅助工作。土方工程的施工具有以下特点：

大型建筑场地的平整，土方工程量可达数百万立方米以上，施工面积达数平方千米，大型基坑的开挖，有的深达 20 多 m，施工工期长，任务重，劳动强度高。在组织施工时，为了减轻繁重的体力劳动，提高生产效率，加快施工进度，降低工程成本，应尽可能采用机械化施工。

（2）施工条件复杂。

土方工程施工多为露天作业，受气候、水文、地质条件影响很大，施工中不确定因素较多。因此，施工前必须进行充分调查研究，做好各项施工准备工作，制订合理的施工方案，确保施工顺利进行，保证工程质量。

（3）受施工场地影响较大。

任何建筑物基础都有一定的埋置深度，基坑的开挖、土方的留置和存放都受到施工场地的影响，特别是城市内施工，场地狭窄，往往由于施工方案不妥，导致周围建筑设施出现安全稳定问题。因此，施工前必须充分熟悉施工场地情况，了解周围建筑结构形式和地质技术资料，科学规划，制订切实可行的施工方案，确保周围建筑物安全。

3.1　基坑基槽土方量计算

在土方工程施工前，通常要计算土方工程量，根据土方工程量的大小，拟订土方工程施工方案，组织土方工程施工。土方工程外形往往很复杂，不规则，要准确计算土方工程量难度很大。一般情况下，将其划分成一定的几何形状，采用具有一定精度又与实际情况近似的方法计算。

3.1.1　边坡系数

在基坑工程施工中，放坡开挖是最经济、有效的开挖方式。对于较为重要的工程，还宜进行必要的验算。如果满足以下条件，可以采用放坡开挖。

（1）基坑侧壁安全等级宜为三级。

（2）施工场地应满足放坡条件。

（3）可独立或与上述其他结构结合使用。

（4）当地下水位高于坡脚时，应采取降水措施。

土方边坡的坡度以挖方深度 h 与底宽 b 之比表示，如图 3-1 所示，即

$$土方边坡坡度 = \frac{h}{b} = 1 : m \qquad\qquad (3\text{-}1)$$

式中　m——边坡系数，$m = b/h$。

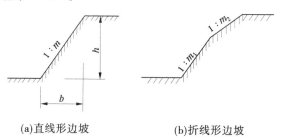

(a)直线形边坡　　　　　　　(b)折线形边坡

图 3-1　土体边坡

边坡系数 m 越大，边坡越缓，边坡的安全性越高，但开挖量越大。边坡系数 m 的大小主要与土质、开挖深度、开挖方法、边坡留置时间长短、边坡附近各种荷载状况及排水情况有关。当土质条件良好、土质均匀且地下水位低于基坑或管沟底面标高时，挖方边坡可做成直立土壁而不加支撑，但深度不宜超过下列规定：

（1）密实、中密的砂土和碎石类土（充填物为砂土）：1.0 m；

（2）硬塑、可塑的粉土及粉质黏土：1.25 m；

（3）硬塑、可塑的黏土和碎石类土（充填物为黏性土）：1.5 m；

（4）坚硬的黏土：2 m。

基坑或管沟挖好后，应及时进行基础工程或地下结构工程施工。在施工过程中，应经常检查坑壁的稳定情况。当挖基坑较深或晾槽时间较长时，应根据实际情况采取护面措施。如帆布覆盖法、塑料薄膜覆盖法、坡面拉网法或挂网法等。当地质条件良好，土质均匀且地下水位低于基坑或管沟底面标高时，挖方深度在 5 m 以内且不加支撑的边坡的最陡坡度应符合表 3-1 的规定。

表 3-1　深度在 5 m 内的基坑、管沟边坡的最陡坡度

土的类别	边坡坡度（高：宽）		
	坡顶无荷载	坡顶有静载	坡顶有动载
中密的砂土	1:1.00	1:1.25	1:1.50
中密的碎石类土（充填物为砂土）	1:0.75	1:1.00	1:1.25
硬塑的粉土	1:0.67	1:0.75	1:1.00
中密的碎石类土（充填物为黏性土）	1:0.50	1:0.67	1:0.75
硬塑的粉质黏土、黏土	1:0.33	1:0.50	1:0.67
老黄土	1:0.10	1:0.25	1:0.33
软土（经井点降水后）	1:1.00	—	—

注：1. 静载指堆土或材料等，动载指机械挖土或汽车运输作业等。静载或动载距挖方边沿的距离应保证边坡或直立壁的稳定，堆土或材料应距挖方边沿 0.8 m 以外，高度不超过 1.5 m。

　　2. 当有成熟施工经验时，可不受本表限制。

永久性挖方边坡坡度应按设计要求放坡。临时性挖方的边坡值应符合表 3-2 的规定。

表 3-2　临时性挖方的边坡值

土的类别		边坡值(高∶宽)
砂土(不包括细砂、粉砂)		1∶1.25 ~ 1∶1.50
一般性黏土	坚硬	1∶0.75 ~ 1∶1.00
	硬塑	1∶1.00 ~ 1∶1.25
	软塑	1∶1.50 或更缓
碎石类土	充填坚硬、硬塑黏性土	1∶0.50 ~ 1∶1.00
	充填砂土	1∶1.00 ~ 1∶1.50

注:1. 设计有要求时,应符合设计标准;

　　2. 如采用降水或其他加固措施,可不受本表限制,但应计算复核;

　　3. 开挖深度,对软土不应超过 4 m,对硬土不应超过 8 m。

3.1.2　基坑基槽土方量计算

3.1.2.1　基槽土方量计算

基槽土方量计算多用于计算建筑物的条形基础、渠道、管沟等土方工程量(见图 3-2)。

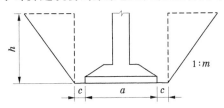

图 3-2　基槽土方量的计算

如果基槽横截断面形状、尺寸不变,其土方量为横截面面积乘以该段基槽长度,一般两边放坡按下式计算:

$$V = h(a + 2c + mh)L \tag{3-2}$$

式中　V——基槽土方量,m^3;

　　　　h——基槽开挖深度,m;

　　　　a——基槽底宽,m;

　　　　c——基槽工作面宽度,m;

　　　　m——边坡系数;

　　　　L——基槽长度,m。

如果基槽无放坡,即边坡系数 $m = 0$,则基槽土方量计算公式如下:

$$V = h(a + 2c)L \tag{3-3}$$

如果基槽沿长度方向的尺寸发生变化,则土方量计算可沿长度方向分段计算,各段土方量之和即为总土方量:

$$V = \sum_{i=1}^{n} h_i(a_i + 2c + m_ih_i)L_i \qquad (3\text{-}4)$$

式中　h_i——第 i 段基槽深度，m；

　　　a_i——第 i 段基槽宽度，m；

　　　m_i——第 i 段基槽边坡系数；

　　　L_i——第 i 段基槽长度，m。

3.1.2.2　基坑土方量计算

基坑是指长宽比小于或等于 3 的矩形土体（见图 3-3）。基坑开挖时，四周留有一定的工作面，放坡情况下基坑开挖量计算公式如下：

$$V = h(a + 2c + mh)(b + 2c + mh) + \frac{1}{3}m^2h^3 \qquad (3\text{-}5)$$

不放坡基坑土方量计算公式如下：

$$V = h(a + 2c)(b + 2c) \qquad (3\text{-}6)$$

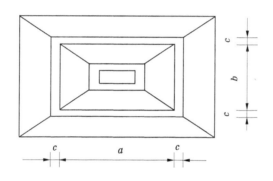

图 3-3　基坑土方量计算

【例 3-1】　计算图 3-4 土方开挖工程量。

解　由图 3-4 可知，基坑的长宽比小于 3，为放坡基坑。$a + 2c = 2$ m，$b + 2c = 2.4$ m，$h = 2.5$ m，$m = 0.33$，基坑开挖量按式(3-5)计算：

$$V = h(a + 2c + mh)(b + 2c + mh) + \frac{1}{3}m^2h^3$$

$$= 2.5 \times (2 + 0.33 \times 2.5) \times (2.4 + 0.33 \times 2.5) + \frac{1}{3} \times 0.33^2 \times 2.5^3$$

$$= 23.34(\text{m}^3)$$

【例 3-2】　某基坑底长 60 m，宽 25 m，深 5 m，四边放坡，边坡坡度 1∶0.5。已知 $K_s = 1.20$，$K_s' = 1.05$。

(1)试计算土方开挖工程量。

(2)若混凝土基础和地下室占有体积为 3 000 m³，则应预留多少松土回填？

解　(1)基坑每边工作面宽取 $c = 1.5$ m，按式(3-5)计算基坑开挖量：

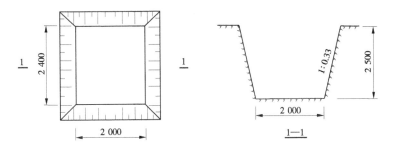

图 3-4　例 3-1 附图

$$V = h(a + 2c + mh)(b + 2c + mh) + \frac{1}{3}m^2h^3$$

$$= 5 \times (60 + 2 \times 1.5 + 0.5 \times 5) \times (25 + 2 \times 1.5 + 0.5 \times 5) + \frac{1}{3} \times 0.5^2 \times 5^3$$

$$= 9\,999.2(\text{m}^3)。$$

(2) 需要回填的夯土体 $V_2 = V_1 - 3\,000 = 6\,999.2(\text{m}^3)$。

(3) 需要回填的天然土 $V_3 = V_2/K' = 6\,999.2/1.05 = 6\,665.9(\text{m}^3)$。

(4) 需要回填的松土 $V_4 = V_3 \times K_s = 6\,665.9 \times 1.20 = 7\,999(\text{m}^3)$。

3.2　场地平整土方量的计算

场地平整就是将天然地面平整成施工要求的设计平面。场地平整前,要确定场地的设计标高。场地设计标高是进行场地平整和土方量计算的依据,合理选择场地设计标高,对减少土方量,提高施工速度具有重要意义。场地设计标高的确定应考虑以下因素:

(1) 满足生产工艺和运输要求;

(2) 充分利用地形,尽量做到挖填平衡,以减少土方量;

(3) 要有一定排水坡度(≥2‰),满足排水要求;

(4) 要考虑最高洪水位的影响。

场地设计标高属于全局规划问题,应由设计单位、甲乙双方及有关部门协商解决。在工程实践中,设计标高由总图设计规定,在设计图纸上规定出各单体建筑、道路、区内广场等设计标高,施工单位按图纸施工即可。

场地平整土方量的计算有方格网法和断面法两种。断面法是将计算场地划分成若干横截面后逐段计算,最后将逐段计算结果汇总。断面法计算精度较低,可用于地形起伏变化较大、断面不规则的场地。当场地地形较平坦时,一般采用方格网法。

3.2.1　方格网法

方格网法计算场地平整土方量步骤如下。

3.2.1.1　绘制方格网图

由设计单位根据地形图(一般在 1:500 的地形图上),将建筑场地划分为若干个方格网,方格边长主要取决于地形变化复杂程度,一般取 $a = 10$ m、20 m、30 m、40 m 等,通常采用 20 m。方格网与测量的纵横坐标网相对应,在各方格角点规定的位置上标注角点的自然地面标高(H)和设计标高(H_n),如图 3-5 所示。

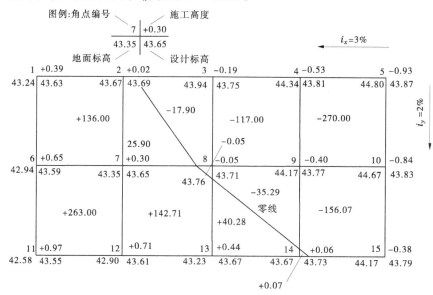

图 3-5　方格网法计算土方工程量

3.2.1.2　计算场地各方格角点的施工高度

各方格角点的施工高度为角点的设计地面标高与自然地面标高之差,是以角点设计标高为基准的挖方或填方的施工高度。各方格角点的施工高度按下式计算:

$$h_n = H_n - H \tag{3-7}$$

式中　h_n——角点的施工高度,即填挖高度(以"+"为填,"-"为挖),m;

　　　H_n——角点的设计标高,m;

　　　H——角点的自然地面标高,m;

　　　n——方格的角点编号(自然数列 $1,2,3,\cdots,n$)。

3.2.1.3　计算零点位置,确定零线

当同一方格的四个角点的施工高度同号时,该方格内的土方则全部为挖方或填方,如果同一方格中一部分角点的施工高度为"+",而另一部分为"-",则此方格中的土方一部分为填方,另一部分为挖方,沿其边线必然有一不挖不填的点,即为零点,如图 3-6 所示。

零点位置按下式计算:

$$x_1 = \frac{ah_1}{h_1 + h_2} \tag{3-8}$$

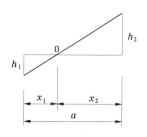

图 3-6　零点位置计算示意图

式中　x_1——h_1 角点至零点的距离,m;

　　　h_1、h_2——相邻两角点的施工高度,均用绝对值表示,m;

　　　a——方格网的边长,m。

在实际工作中,为省略计算,确定零点的办法也可以用图解法,如图 3-7 所示。方法是用尺在各角点上标出挖填施工高度相应比例,用尺相连,与方格相交点即为零点位置。此法甚为方便,同时可避免计算或查表出错。将相邻的零点连接起来,即为零线。它是确定方格中挖方与填方的分界线。

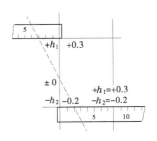

图 3-7　零点位置图解法

3.2.1.4　计算方格土方工程量

按方格底面积图和表 3-3 所列计算公式,计算每个方格内的挖方量或填方量。

表 3-3　常用方格网点计算公式

项目	图式	计算公式
一点填方或挖方(三角形)		$V = \dfrac{1}{2} bc \dfrac{\sum h}{3} = \dfrac{bch_3}{6}$ 当 $b = a = c$ 时, $V = \dfrac{a^2 h_3}{6}$
二点填方或挖方(梯形)		$V_+ = \dfrac{b+c}{2} a \dfrac{\sum h}{4} = \dfrac{a}{8}(b+c)(h_1+h_3)$ $V_- = \dfrac{d+e}{2} a \dfrac{\sum h}{4} = \dfrac{a}{8}(d+e)(h_2+h_4)$
三点填方或挖方(五角形)		$V = \left(a^2 - \dfrac{bc}{2}\right) \dfrac{\sum h}{5}$ $= \left(a^2 - \dfrac{bc}{2}\right) \dfrac{h_1+h_2+h_3}{5}$
四点填方或挖方(正方形)		$V = \dfrac{a^2}{4} \sum h = \dfrac{a^2}{4}(h_1+h_2+h_3+h_4)$

注:1. a 为方格网的边长,m;b、c 为零点到一角的边长,m;h_1、h_2、h_3、h_4 为方格网四角点的施工高度,用绝对值代入,m;$\sum h$ 为填方或挖方施工高度总和,用绝对值代入,m;V 为填方或挖方的体积,m^3。

2. 本表计算公式是按各计算图形底面面积乘以平均施工高度而得出的。

3.2.1.5　边坡土方量的计算

场地的挖方区和填方区的边沿都需要做成边坡,以保证挖方土壁和填方区的稳定。边坡的土方量可以划分成两种近似的几何形体进行计算,一种为三角棱锥体,另一种为三角棱柱体。场地边坡平面图如图 3-8 所示。

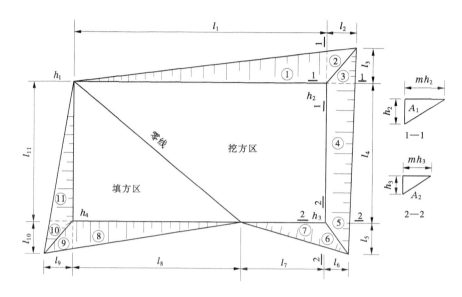

图 3-8　场地边坡平面图

1. 三角棱锥体边坡体积

三角棱锥体边坡体积如图 3-8 中①～③、⑤～⑪所示,计算公式如下:

$$V_1 = \frac{1}{3}A_1 l_1 \tag{3-9}$$

式中　l_1——三角棱锥体边坡的长度,m;

　　　A_1——三角棱锥体边坡的端面面积,m², $A_1 = \dfrac{h_2(mh_2)}{2} = \dfrac{mh_2^2}{2}$;

　　　h_2——角点的挖土高度,m;

　　　m——边坡的坡度系数。

2. 三角棱柱体边坡体积

三角棱柱体边坡体积如图 3-8 中④所示,计算公式如下:

$$V_4 = \frac{A_1 + A_2}{2}l_4 \tag{3-10}$$

当两端横断面面积相差很大时,边坡体积按下式计算:

$$V_4 = \frac{l_4}{6}(A_1 + 4A_0 + A_2) \tag{3-11}$$

式中　l_4——三角棱柱体边坡的长度,m;

　　　A_1、A_2、A_0——三角棱柱体边坡两端及中部横断面面积,m²。

3.2.1.6　计算土方总量

将挖方区(或填方区)所有方格计算的土方量和边坡土方量汇总,即得该场地挖方和填方的总土方量。

3.2.2　断面法

沿场地取若干个相互平行的断面,可利用地形图或实际测量定出,将所取的每个断面

（包括边坡断面）划分为若干个三角形和梯形，如图 3-9 所示，则面积为

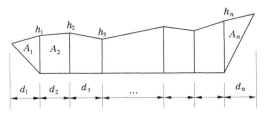

图 3-9 断面法示意图

$$A_1' = \frac{h_1 d_1}{2}, A_2' = \frac{(h_1 + h_2)d_2}{2}, \cdots$$

某一断面面积为

$$A_i = A_1' + A_2' + \cdots + A_n'$$

若 $d_1 = d_2 = \cdots = d_n = d$，则

$$A_i = d(h_1 + h_2 + \cdots + h_{i-1})$$

设备断面面积分别为 $A_1, A_2, \cdots, A_m$，相邻两断面间的距离依次为 $L_1, L_2, \cdots, L_m$，则所求的土方体积为：

$$V = \frac{A_1 + A_2}{2}L_1 + \frac{A_2 + A_3}{2}L_2 + \cdots + \frac{A_{m-1} + A_m}{2}L_{m-1} \qquad (3-12)$$

用断面法计算土方量，边坡土方量已包括在内。

断面法求面积的一种简便方法是累高法，如图 3-10 所示。此法不需用公式计算，只要将所取的断面绘于普通坐标方格纸上（d 取等值），用透明纸尺从 h_1 开始，依次量出（用大头针向上拨动透明纸尺）各点标高（$h_1, h_2, \cdots$），累计得出各点标高之和，然后将此值与 d 相乘，即可得出所求断面面积。

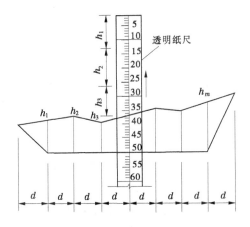

图 3-10 用累高法求断面面积

【例 3-3】 某建筑施工场地地形图和方格网布置如图 3-11 所示。方格网的边长 $a = 20$ m，方格网各角点上的标高分别为地面的设计标高和自然标高，该场地为粉质黏土，试用方格网法计算挖方和填方的总土方量（不考虑边坡土方量）。

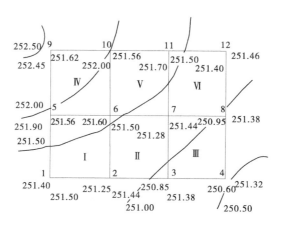

图 3-11　某建筑场地方格网布置

解　(1)计算各角点的施工高度。

根据方格网各角点的地面设计标高和自然标高,按照式(3-7)计算,计算结果见表3-4,各角点施工高度计算结果标注在图3-12中。

表 3-4　各角点施工高度计算结果

角点	1	2	3	4	5	6
角点施工高度(m)	0.10	0.19	0.53	0.72	−0.34	−0.10

角点	7	8	9	10	11	12
角点施工高度(m)	0.16	0.43	−0.83	−0.44	−0.20	0.06

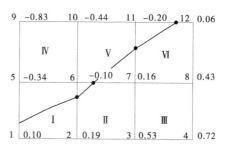

图 3-12　施工高度及零线位置

(2)计算零点位置。

由图3-12可知,方格网边1—5、2—6、6—7、7—11、11—12两端的施工高度符号不同,这说明在这些方格边上有零点存在,由式(3-8)求得,以1—5线为例,$h_1 = 0.10$,$h_2 = 0.34$(5点作为h_2,取绝对值),代入式(3-8)得到 $x_1 = \dfrac{20 \times 0.1}{0.1 + 0.34} = 4.55(\mathrm{m})$,其他网边零点位置计算结果见表3-5。

表 3-5　各角点施工高度计算结果

网格线	1—5	2—6	6—7	7—11	11—12
h_1 零点距角点的距离(m)	4.55	13.10	7.69	8.89	15.38

（3）计算各方格的土方量。

方格Ⅲ、Ⅳ底面为正方形，土方量为 $V_{Ⅲ(+)} = 20 \times 20/4 \times (0.53 + 0.72 + 0.16 + 0.43) = 184(\text{m}^3)$，$V_{Ⅳ(-)} = 20 \times 20/4 \times (0.34 + 0.10 + 0.83 + 0.44) = 171(\text{m}^3)$。

方格Ⅰ底面为两个梯形，土方量为 $V_{Ⅰ(+)} = 20/8 \times (4.55 + 13.10) \times (0.10 + 0.19) = 12.80(\text{m}^3)$，$V_{Ⅰ(-)} = 20/8 \times (15.45 + 6.90) \times (0.34 + 0.10) = 24.59(\text{m}^3)$。

方格Ⅱ、Ⅴ、Ⅵ底面为三边形和五边形，土方量为 $V_{Ⅱ(+)} = 65.73 \text{ m}^3$，$V_{Ⅱ(-)} = 0.88 \text{ m}^3$，$V_{Ⅴ(+)} = 2.92 \text{ m}^3$，$V_{Ⅴ(-)} = 51.10 \text{ m}^3$，$V_{Ⅵ(+)} = 40.89 \text{ m}^3$，$V_{Ⅵ(-)} = 5.70 \text{ m}^3$。

方格网总填方量 $\sum V_{(+)} = 184 + 12.80 + 65.73 + 2.92 + 40.89 = 306.34(\text{m}^3)$

方格网总挖方量 $\sum V_{(-)} = 171 + 24.59 + 0.88 + 51.10 + 5.70 = 253.27(\text{m}^3)$。

3.3　土方调配

土方调配是土方工程施工组织设计（土方规划）中的重要内容，在场地土方工程量计算完成后，即可着手土方的调配工作。土方调配，就是对挖土的利用、堆弃和填土三者之间的关系进行综合协调的处理。好的土方调配方案，应该使土方的运输量或费用最少，而且施工又方便。

3.3.1　土方调配原则

（1）力求达到挖方与填方基本平衡和运距最短。使挖方量与运距的乘积之和最小，即土方运输量或费用最小，降低工程成本。

（2）近期施工与后期利用相结合。当工程分期分批施工时，先期工程有土方余额应结合后期工程的需求来考虑其利用量与堆放位置，以便就近调配，以避免重复挖运和场地混乱。

（3）分区与全场相结合。分区土方的余额或欠额的调配，必须考虑全场土方的调配，不可只顾局部平衡而妨碍全局。

（4）尽可能与大型建筑物的施工相结合。大型建筑物位于填土区时，应将开挖的部分土体予以保留，待基础施工后再进行填土，以避免土方重复挖、填和运输。

（5）选择适当的调配方向、运输路线，使土方机械和运输车辆的功效得到充分发挥。

总之，进行土方调配，必须依据现场具体情况、有关技术资料、工期要求、土方施工方法与运输方法等，综合考虑上述原则，并经计算比较，选择经济合理的调配方案。

3.3.2　土方调配区划分

进行土方调配时,首先要划分土方调配区。在划分土方调配区时,应注意以下几点。

(1)调配区的划分应与房屋或构筑物的位置相协调,满足工程施工顺序和分期分批施工的要求,使近期施工与后期利用相结合。

(2)调配区的大小应该满足土方施工用主导机械的技术要求,使土方机械和运输车辆的功效得到充分发挥。例如,调配区的范围应该大于或等于机械的铲土长度,调配区的面积最好和施工段的大小相适应。

(3)当土方运距较大或场区内土方不平衡时,可根据附近地形,考虑就近借土或就近弃土,这时每一个借土区或弃土区均可作为一个独立的调配区。

(4)调配区的范围应该和土方的工程量计算用的方格网协调,通常可由若干个方格组成一个调配区。

3.3.3　土方调配图表的编制

场地土方调配,需做成相应的土方调配图表,编制的方法如下:

3.3.3.1　划分调配区

在场地平面图上先划出零线,确定挖、填方区;根据地形及地理条件,把挖方区和填方区再适当划分为若干个调配区,其大小应满足土方机械的操作要求。

3.3.3.2　计算土方量

计算各调配区的挖、填方量,并标写在图上。

3.3.3.3　计算调配区之间的平均运距

调配区的大小及位置确定后,便可计算各挖、填调配区之间的平均运距。当用铲运机或推土机平土时,挖方调配区和填方调配区土方重心之间的距离,通常就是该挖、填调配区之间的平均运距。因此,确定平均运距需先求出各个调配区土方的重心,并把重心标在相应的调配区图上,然后用比例尺量出每对调配区之间的平均运距即可。当挖、填方调配区之间的距离较远,采用汽车、自行式铲运机或其他运土工具沿工地道路或规定线路运输时,其运距可按实际计算。

3.3.3.4　进行土方调配

土方最优调配方案的确定,是以线性规划为理论基础的,常用"表上作业法"求得。

3.3.3.5　绘制土方调配图

根据静止作业法求得的最优调配方案,在场地地形图上绘出土方调配图,在土方调配图上要注明挖填调配区、调配方向、土方数量和每对挖填之间的平均运距。图中的土方调配,仅考虑场内挖方和填方的平衡,W 表示挖方,T 表示填方,如图 3-13 所示。

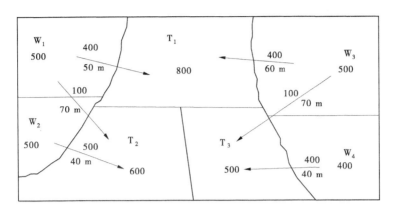

图 3-13 土方调配图

3.4 土方工程机械化施工

土方工程施工包括土方开挖、运输、填筑和压实等。土方工程面广量大,劳动繁重,施工工期长,生产效率低,成本高。施工时,除了一些小型基坑、管沟和少量零星土方工程采用人工方法施工外,应尽量采用机械化施工,以减轻繁重的体力劳动,加快施工进度。

3.4.1 常用土方施工机械的性能

3.4.1.1 推土机

推土机由拖拉机和推土铲刀组成。其行走方式有履带式和轮胎式两种。按铲刀的操纵机构不同,推土机分为钢索式和液压式两种。目前使用的主要是液压式,如图 3-14 所示。

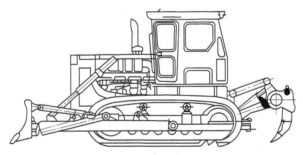

图 3-14 T-L180 型推土机外形图

推土机能够单独完成挖土、运土和卸土工作,具有操作灵活、运转方便、所需工作面小、行驶速度快、易于转移、能爬 30°左右缓坡的特点。适用于场地清理、土方平整、开挖深度不大的基坑以及回填作业等,主要适用于开挖一、二、三类土。

推土机经济运距在 100 m 以内,效率最高的运距在 30~60 m。为提高生产效率,可采用槽形推土、下坡推土及并列推土等方法。

(1)槽形推土。推土机在一条作业线上重复多次切土和推土,使地面逐渐形成一条浅槽,以减少土从铲刀两侧散失。

（2）下坡推土。推土机可借助于自重，朝下坡方向切土与推土，可以提高生产效率30%左右。但坡度不宜超过 15°，以免后退时爬坡困难。下坡推土可和其他推土法结合使用。

（3）并列推土。用多台推土机并列推土，铲刀宜相距 150 ~ 300 mm，两台推土机并列推土可增大推土量 15% ~ 30%，而三台推土机并列推土可增大推土量 30% ~ 40%。但平均运距不宜超过 50 ~ 70 m，亦不宜小于 20 m。

（4）多铲集运。在硬质土中，切土深度不大，可以采用多次铲土，分批集中，一次推送的方法，以便有效地利用推土机的功率，缩短运土时间。但堆积距离不宜大于 30 m，堆土高度不宜大于 2 m。

（5）铲刀上附加侧板。在铲刀两侧装上侧板，以增加铲刀前的土方量。

3.4.1.2　铲运机

铲运机是一种能独立完成铲土、运土、卸土、填筑、场地平整的土方施工机械。按行走方式分为牵引式铲运机和自行式铲运机，按铲斗操纵系统可分为有液压操纵和机械操纵两种，如图 3-15 所示。

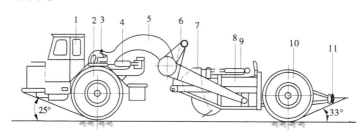

1—驾驶室；2—前轮；3—中央框架；4—转角油缸；5—辕架；6—提斗油缸；
7—斗门；8—铲斗；9—斗门油缸；10—后轮；11—尾架

图 3-15　CL₇ 型自行式铲运机

铲运机对道路要求较低，操纵灵活，具有生产效率较高的特点。它适用在一至三类土中直接挖、运土。经济运距在 600 ~ 1 500 m，当运距在 800 m 时效率最高。常用于坡度在 20°以内的大面积场地平整、大型基坑开挖及填筑路基等，不适用于淤泥层、冻土地带及沼泽地区。

为了提高铲运机的生产效率，可以采取下坡铲土、跨铲及助铲等方法，缩短装土时间，使铲斗的土装得较满。铲运机在运行时，根据挖、填方区分布情况，结合当地具体条件，合理选择运行路线，提高生产率。一般有环形路线和"8"字形路线两种形式。

（1）铲运机施工方法。

①下坡铲土。铲运机铲土应尽量利用有利地形进行下坡铲土，可利用铲运机的重力增大牵引力，铲斗切土加深，提高生产率。

②跨铲法。预留土埂，间隔铲土，铲运机可在挖土槽时，减少撒土，挖土埂时又减少阻力。

③助铲法。在地势平坦、土质坚硬时，可用推土机助铲。

（2）铲运机的开行路线。

①环形路线。对于地形起伏不大，而施工地段又较短（50 ~ 100 m）、填方高度不大

(小于 1.5 m)和路堤、基坑及场地平整工程宜采用环形路线,如图 3-16(a)、(b)所示。当挖填交替而挖填之间的距离又较短时,则可采用大循环路线,如图 3-16(c)所示。这样每进行一次循环行驶,可以进行多次铲土和卸土,而减少转弯次数,提高工作效率。

②"8"字形路线。这种开行路线的铲土和卸土,轮流在两个工作面上进行,如图 3-16(d)所示。采用这种运行线路,铲运机在上下坡时斜向行驶,坡度平缓,机械磨损均匀,减少转弯次数及空车行驶距离,提高生产效率。

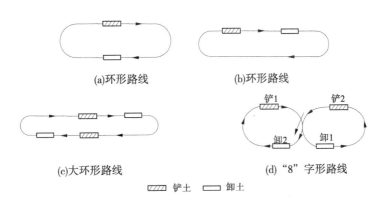

(a)环形路线　　　　　　　　(b)环形路线

(c)大环形路线　　　　　　　(d)"8"字形路线

▨ 铲土　　▭ 卸土

图 3-16　铲运机开行路线

3.4.1.3　单斗挖土机

单斗挖土机是土方开挖常用的一种机械。按工作装置不同,可分为正铲、反铲、抓铲和拉铲四种,如图 3-17 所示。按其行走装置不同,分为履带式和轮胎式两类。按操纵机构的不同,可分为机械式和液压式两类。液压式单斗挖土机调速范围大,作业时惯性小,转动平稳,结构简单,可一机多用,操纵省力,易实现自动化。

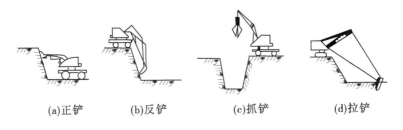

(a)正铲　　　　(b)反铲　　　　(c)抓铲　　　　(d)拉铲

图 3-17　单斗挖土机工作装置类型

(1)正铲挖土机。

正铲挖土机挖掘力大,生产效率高,装车灵活,前进行驶,铲斗由下向上强制切土,且与自卸汽车配合完成整个挖掘运输作业,可用于挖掘大型干燥的基坑和土丘等。适用于开挖停机面以上一至三类土。

根据开挖路线与运输车辆的相对位置不同,正铲挖土机的开挖方式有正向挖土、后方卸土和正向挖土、侧向卸土两种。

①正向挖土、后方卸土。挖土机沿前进方向挖土,运输车辆停在挖土机后方装土。这种作业方式所开挖的工作面较大,但挖土机卸土时动臂回转角度大,生产效率低,运输车

辆要倒车开入,一般只适宜开挖工作面较小且较深的基坑。如图 3-18(a)所示。

②正向挖土、侧向卸土。挖土机沿前进方向挖土,运输车辆停在侧面装土。采用这种作业方式,挖土机卸土时动臂回转角度小,运输工具行驶方便,生产效率高。如图 3-18(b)所示。

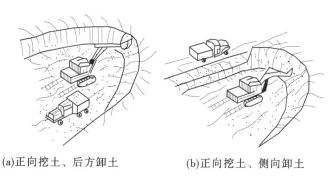

(a)正向挖土、后方卸土　　　　　　(b)正向挖土、侧向卸土

图 3-18　正铲挖土机作业方式

(2)反铲挖土机。

反铲挖土机的工作特点是:机械后退行驶,铲斗由上而下强制切土。挖土能力比正铲挖土机的小。用于开挖停机面以下的一至三类土,适用于挖掘深度不大于 4 m 的基坑、基槽、管沟开挖,也可用于湿土、含水率较大及地下水位以下的土体开挖。

反铲挖土机的开挖方式有沟端开挖和沟侧开挖两种方式。

①沟端开挖。挖土机停在沟端,向后倒退挖土,汽车停在两旁装土,开挖工作面宽。如图 3-19(a)所示。

②沟侧开挖。挖土机沿沟槽一侧直线移动挖土,挖土机移动方向与挖土方向垂直,此法能将土弃于距沟较远处,但挖土宽度受到限制。如图 3-19(b)所示。

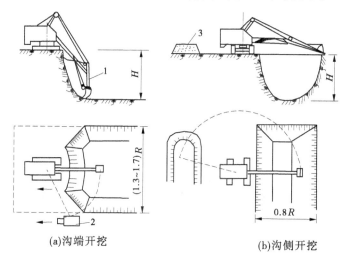

(a)沟端开挖　　　　　　　　　(b)沟侧开挖

1—反铲挖土机;2—自卸汽车;3—弃土堆

图 3-19　反铲挖土机开挖方式

（3）抓铲挖土机。

抓铲挖土机工作特点是：直上直下，自重切土。其挖掘力小，只能开挖停机面以下一、二类土，主要用于开挖土质比较松软，施工面比较狭窄的基坑、沟槽、沉井等工程，特别适用于水下挖土，土质坚硬时不能用抓铲挖土机施工。

（4）拉铲挖土机。

拉铲挖土机工作时利用惯性，把铲斗甩出后靠收紧和放松钢丝绳进行挖土或卸土，铲斗由上而下，靠自重切土。可以开挖一、二类土体的基坑、基槽和管沟，特别适用于含水率较大的水下松软土和普通土的挖掘。拉铲开挖方式与反铲挖土机相似，有沟端开挖、沟侧开挖两种。

3.4.1.4 装载机

装载机按行走方式分为履带式和轮胎式装载机两种，按工作方式分为单斗装载机、链式装载机和轮斗式装载机。土方工程主要使用单斗式装载机，它具有操作灵活、轻便和快速等特点。适用于装卸土方和散料，也可用于松软土的表层剥离、地面平整和场地清理等工作。

3.4.1.5 压实机械

根据土体压实机制，压实机械可分为冲击式压实机械、碾压式压实机械和振动压实机械三大类。

（1）冲击式压实机械。

冲击式压实机械主要有蛙式打夯机和内燃式打夯机两类。蛙式打夯机一般以电为动力。这两种打夯机适用于狭小的场地和沟槽作业，也可用于室内地面的夯实及大型机械无法到达的边角的夯实。

（2）碾压式压实机械。

按行走方式不同，碾压式压实机械可分为自行式压路机和牵引式压路机两类。自行式压路机常用的有光轮压路机、轮胎压路机。自行式压路机主要用于土方、砾石、碎石的回填压实及沥青混凝土路面的施工。牵引式压路机的行走动力一般为推土机（或拖拉机）。常用的牵引式压路机有光面碾、羊足碾。光面碾用于土方的回填压实，羊足碾适用于黏性土的回填压实，不能用于砂土和面层土的压实。

（3）振动压实机械。

振动压实机械是利用机械的高频振动，把能量传给被压土，降低土颗粒间的摩擦力，在压实能量的作用下，达到较大的密实度。

按行走方式不同，振动压实机械分为手扶平板式振动压实机和振动压路机两类。手扶平板式振动压实机主要用于小面积的地基夯实。振动压路机按行走方式分为自行式和牵引式两种。振动压路机的生产效率高，压实效果好，能压实多种性质的土，主要用在工程量大的大型土石方工程中。

3.4.2 土方施工机械的选择

在土方工程施工中合理选择土方机械，充分发挥机械性能，并使各种机械相互配合使用，以加快施工进度，提高施工质量，降低工程成本，具有十分重要的意义。

3.4.2.1　选择土方施工机械的要点

（1）场地平整。场地平整由土方的开挖、运输、填筑和压实等工序组成。地势较平坦（坡度小于15°）、含水率适中（不大于27%）的大面积平整场地，选用铲运机较适宜。地形起伏较大，挖方高度在 3 m 以上，填方量大且集中的平整场地，运距在 1 000 m 以上时，可选择正铲挖土机配合自卸车进行挖土、运土，在填方区配备推土机平整及压路机碾压施工。挖填方高差不大，运距在 100 m 以内时，采用推土机施工，灵活、经济。

（2）基坑开挖。单个基坑和中小型基础基坑，多采用抓铲挖土机和反铲挖土机开挖。抓铲挖土机适用于一、二类土质和较深的基坑，反铲挖土机适用于四类以下土质，深度在 4 m 以内的基坑。

（3）基槽、管沟开挖。在地面上开挖具有一定截面、长度的基槽或沟槽，挖大型厂房的柱列基础和管沟，宜采用反铲挖土机挖土。如果水中取土或开挖土质为淤泥，且坑底较深，则可选择抓铲挖土机挖土。如果土质干燥，槽底开挖不深，基槽长 30 m 以上，可采用推土机或铲运机施工。

（4）整片开挖。基坑较浅，开挖面积大且基坑土干燥，可采用正铲挖土机开挖。若基坑内土体潮湿，含水率较大，则采用拉铲或反铲挖土机作业。

（5）柱基础基坑、条形基础基槽开挖。对于独立柱基础的基坑及小截面条形基础基槽，可采用小型液压轮胎式反铲挖土机配以翻斗车来完成浅基坑的挖掘和运土。

3.4.2.2　挖、运机械配套合作

土方工程采用单斗挖土机施工时，一般需与运土车辆配合，共同作业，将挖出的土随时运走。因此，挖土机的生产效率不仅取决于挖土机本身的技术性能，而且与所选用的运土车辆是否与之协调有关。

当挖土机挖出的土方需用运土车辆运走时，挖土机的生产效率不仅取决于本身的技术性能，而且还取决于运输工具是否与之协调。

1.挖土机数量

挖土机的数量 N 由下式确定：

$$N = \frac{Q}{P} \frac{1}{TCK} \tag{3-13}$$

式中　Q——基坑的土方量，m^3；

　　　P——挖土机生产率，m^3/台班；

　　　T——工期，d；

　　　C——每天工作班数；

　　　K——时间利用系数，一般取 0.8 ~ 0.9。

挖土机的生产率由下式计算：

$$P = \frac{8 \times 3\,600}{t} q K_B \frac{K_C}{K_s} \tag{3-14}$$

式中　t——挖土机每次作业循环延续时间，s；

　　　q——挖土机斗容量，m^3；

　　　K_s——土的最初可松性系数；

K_C——土斗的充盈系数,可取 0.8 ~ 1.1;

K_B——工作时间利用系数,一般取 0.7 ~ 0.9。

2.运土汽车数量

运土汽车的数量,应保证挖土机能连续工作,其计算式为:

$$N' = \frac{T}{t_1} \qquad (3\text{-}15)$$

式中　T——运土汽车每一工作循环的延续时间,min,由装车、运输、卸车、返回和等待时间组成;

　　　t_1——运输车辆装满一车土的时间,min,$t_1 = nt$,n 为自卸汽车每车装土次数。

n 由下式计算:

$$n = \frac{Q'}{q\gamma \dfrac{K_C}{K_s}} \qquad (3\text{-}16)$$

式中　γ——实土的重度,kN/m^3;

　　　Q'——运土车辆载重量,kN;

　　　其他字母含义同前。

为了使挖土机能充分发挥生产能力,应使运土车辆载重量 Q' 与挖土机的每斗土重保持一定的倍率关系,并有足够数量的车辆以保证挖土机连续工作。从挖土机方面考虑,汽车的载重量越大越好,这样可以减少等待车辆调头的时间;从车辆方面考虑,载重量小,台班费便宜而数量要增加,载重量大,台班费高但数量可减少。最合适的车辆载重量应当是使土方施工单价为最低,一般情况下,汽车载重量宜为每斗土重的 3 ~ 5 倍。

3.5　土方开挖

3.5.1　土方开挖准备工作

为了保证施工的顺利进行,土方开挖施工前需做好以下各项准备工作:查勘施工现场、熟悉和审查图纸、编制施工方案、清除现场障碍物、平整施工场地、进行地下墓探、做好排水设施、设置测量控制、修建临时设施道路、准备机具、进行施工组织等。

3.5.2　定位与放线

3.5.2.1　定位

建筑物定位就是将建筑设计总平面图中建筑物轴线的交点测定到地面上,用木桩标定出来,并在桩顶钉上铁钉作为标志,称为轴线桩。然后根据轴线桩进行细部测定,将内部开间所有轴线都一一测出。为了进一步控制各轴线位置,应将主要轴线延长引测到安全地点并做标志,称为控制桩。

3.5.2.2　放线

放线就是根据定位确定的轴线位置,用石灰在地面上撒出基坑开挖的边线。基坑上口尺寸应根据基础的设计尺寸、埋置深度、土体类别及地下水情况,考虑施工需要,确定是否留置工作面或放坡,然后计算得到。工作面的留置要求为:砖基础不小于 150 mm,混凝土及钢筋混凝土基础不小于 300 mm。大基坑开挖,根据房屋的控制点用经纬仪放出基坑四周的挖土边线。

1. 基槽放线

根据房屋主轴线控制点,首先将外墙轴线的交点用木桩测设在地面上,并在桩顶钉上铁钉作为标志。房屋外墙轴线测定以后,以外墙轴线为依据,再按照建筑施工平面图中轴线间尺寸,将内部开间所有轴线都一一测出。然后根据边坡系数及工作面大小计算开挖宽度,最后在中心轴线两侧用石灰在地面上撒出基槽开挖边线。同时,在房屋四周设置龙门板,以便于基础施工时复核轴线位置。

2. 柱基放线

在基坑开挖前,从设计图上查对基础的纵横轴线编号和基础施工详图,根据柱子的纵横轴线,用经纬仪在矩形控制网上测定基础中心线的端点,同时在每个柱基中心线上测定基础定位桩,每个基础的中心线上设置四个定位木桩,其桩位离基础开挖线的距离为 0.5～1.0 m。若基础之间的距离不大,可每隔 1～2 个或几个基础打一定位桩。但两个定位桩的间距以不超过 20 m 为宜,以便拉线恢复中间柱基的中线。桩顶上钉一钉子,标明中心线的位置。然后按基础施工图上柱基的尺寸和按边坡系数及工作面确定的挖土边线的尺寸,放出基坑上口挖土灰线,标出挖土范围。

大基坑开挖,根据房屋的控制点,按基础施工图上的尺寸和边坡系数及工作面确定的挖土边线的尺寸,放出基坑四周的挖土边线。

3.5.3　基坑开挖

3.5.3.1　土方开挖原则

土方开挖应遵循"开槽支撑,先撑后挖,分层开挖,严禁超挖"的原则。深基坑开挖应遵循"分层开挖,先撑后挖"的原则。深基坑开挖过程中,随着土的挖除,下层土有可能发生回弹,尤其在基坑挖至设计标高后,如搁置时间过久,回弹更为明显,它将加大建筑物的后期沉降。因此,对深基坑开挖后的土体回弹,应格外注意,采取一定措施。如在基底设置桩基、深层土质加固及加快主体结构施工等。

3.5.3.2　开挖方式

基坑开挖方式应重视时空效应问题,要根据基坑面积大小、围护结构形式、开挖深度和工程环境条件等因素而定,大体有四种可供选择:分层开挖、分段开挖、中心岛式开挖、盆式开挖。

1. 分层开挖

分层开挖这种方法在我国应用比较广泛,一般适用于基坑较深且不允许分块开挖施工混凝土垫层施工或土质较软弱基坑。分层厚度,软土地基应控制在 2 m 以内,硬质土可控制在 5 m 以内。开挖顺序可从基坑的某一边向另一边平行开挖,或从基坑两头对称开挖,或从基坑中间向两边平等对称开挖,也可交替分层开挖(见图 3-20),可根据工作面和土质情况而定。

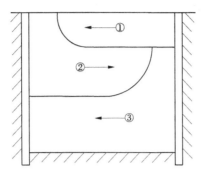

图 3-20　分层开挖示意图

开挖方法可采用人工开挖或机械开挖,挖运土方式采用设坡道开挖、不设坡道开挖和阶梯式开挖三种。

(1)设坡道开挖。可设土坡道或栈桥式坡道。

(2)不设坡道开挖。一般有钢平台、栈桥和阶梯式三种。

(3)阶梯式开挖。基坑较深、基坑面积大时,土方开挖也可采用阶梯式分层开挖,每个阶梯台作为挖土机械接力作业平台,如图 3-21 所示。阶梯宽度要以挖土机械可以作业为宜,阶梯高度要视土质和挖土机臂长而定,一般以 2 m 左右为宜。

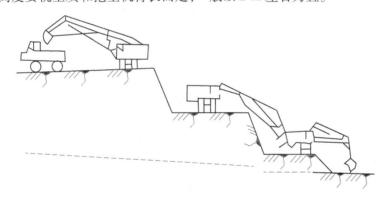

图 3-21　阶梯式挖土作业

2. 分段开挖

分段开挖是基坑开挖中最常见的一种挖土方式,特别是基坑周围环境复杂、土质较差或基坑开挖深浅不一,或基坑平面不规则的,为了加快支撑的速度,都可采用这种形式。分段与分块的大小、位置和开挖顺序,根据开挖场地、工作面条件、地下室平面与深浅施工工期而定。其开挖顺序为:第一区先分层开挖 2~3 m→预留被动土区后继续开挖,每层 2~3 m,直到基底浇筑混凝土垫层→安装斜撑→挖预留区的被动区→边挖边浇筑混凝土垫层→拆斜撑→继续开挖另一区。

3.5.3.3　中心岛式开挖

中心岛式开挖是先开挖基坑周边土方,在中间留土墩作为支点搭设栈桥,挖土机可利用栈桥下到基坑挖土,运土的汽车亦可利用栈桥进入基坑运土,可有效加快挖土和运土的速度(见图 3-22)。土墩留土高度、边坡的坡度、挖土分层与高差应经仔细研究确定。挖土也分层开挖,一般先全面挖去一层,然后中间部分留置土墩,周围部分分层开挖。挖土多用反铲挖土机,如基坑深度很大,则采用向上逐级传递方式进行土方装车外运。应遵循"开槽支撑,先撑后挖,分层开挖,严禁超挖"的原则。深基坑开挖应遵循"分层开挖,先撑后挖"的原则。

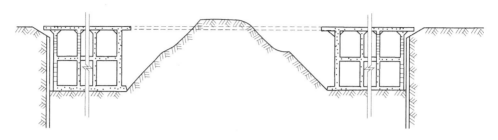

图 3-22　中心岛开挖法

3.5.3.4　盆式开挖

盆式开挖是先分层开挖基坑中间部分的土方,基坑周边一定范围内的土暂不开挖,可视土质情况按 1:1 ~ 1:1.25 放坡,使之形成对四周围护结构的被动土反压力区,以增强围护结构的稳定性,待中间部分的混凝土垫层、基础或地下室结构施工完成之后,再用水平支撑或斜撑对四周围护,突击开挖周边支护结构内部分被动土区的土,每挖一层支一层水平横顶撑,直至坑底,最后浇筑该部分结构混凝土(见图 3-23)。本法优点是对支护挡墙受力有利,时间效应小;缺点是大量土方不能直接外运,需集中提升后装车外运。

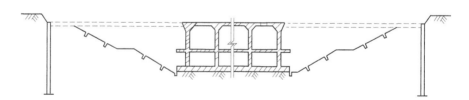

图 3-23　盆式开挖法

3.5.3.5　基坑开挖应注意的问题

基坑开挖,按规定的尺寸合理确定开挖顺序和分层开挖深度,施工应连续进行,尽早完成。挖出的土除预留一部分用作回填外,不得在场地内任意堆放,多余的土运到弃土地区,以免妨碍施工。为防止坑壁滑坡,根据土质情况及基坑深度,在坑顶两边一定距离(一般为 10 m)内不得堆放弃土,在此距离外堆土高度也不得超过 1.5 m;否则,应验算边坡的稳定性。在桩基周围、墙基或围墙一侧,不得堆土过高。在坑边放置有动载机械设备时,也应根据验算结果,离开坑边较远距离,如地质条件不好,还应采取加固措施。为了防止基底土受到浸水或其他原因的扰动,基坑挖好后,应立即做垫层或浇筑基础;否则,挖土时,应在基底标高以上保留 150 ~ 300 mm 厚的土层,待基础施工时再进行挖除。如用机械挖土,为防止基底土被扰动,结构被破坏,不应直接挖到坑底,应根据机械种类,在基底标高以上留出 200 ~ 300 mm,待基础施工前用人工铲平修整。挖土不得挖至基坑的设计标高以下,如个别处超挖,应用与基土相同的土料填补,并夯实到要求的密实度。如用原土填补不能达到要求的密实度,应用碎石类土填补,并仔细夯实。重要部位如被超挖时,可用低强度等级的混凝土填补。

在软土地区开挖基坑时,尚应符合下列规定:

(1)施工前必须做好地面排水和降低地下水位工作,地下水位应降低至基坑底以下0.5~1.0 m后,方可开挖。

(2)施工机械行驶道路应填筑适当厚度的碎石或砾石,必要时应铺设工具式路基箱(板)或梢排等。

(3)相邻基坑开挖时,应遵循先深后浅或同时进行的施工顺序,并应及时做好基础。

(4)在密集群桩上开挖基坑时,应在打桩完成后进行对称挖土,在密集群桩附近开挖基坑(槽)时,应采取措施防止桩基位移。

(5)挖出的土不得堆放在坡顶上或建筑物(构筑物)附近。

3.5.4　土方开挖施工质量检验

3.5.4.1　定位放线的控制

定位放线的控制内容主要为复核建筑物的定位桩、轴线、方位和几何尺寸。根据规划红线或建筑物方格网,按设计总平面图复核建筑物的定位桩。可采用经纬仪及标准钢尺进行检查校对。按设计基础平面图对基坑(槽)的灰线进行轴线和几何尺寸的复核,并检查方向是否符合图纸的朝向。工程轴线控制桩设置离建筑物的距离一般应大于2倍的挖土深度;水准点标高可引测在已建成的沉降已稳定的建(构)物上,或在离建筑物稍远的地方设置水准点并妥善保护。挖土过程中要定期进行复测,校验控制桩的位置和水准点标高。

3.5.4.2　土方开挖的控制

土方开挖的控制内容主要为检查挖土标高、截面尺寸、放坡和排水。土方开挖一般应从上往下分层分段依次进行,随时做成一定的坡势。如果采用机械挖土,深度为5 m以内的浅基坑可一次开挖。在接近设计坑底标高或边坡边界时应预留200~300 mm厚的土层,用人工开挖和修整,边挖边修坡,以保证不扰动土,使标高符合设计要求。遇标高超深时,不得用松土回填,应用砂、碎石或低强度等级混凝土填(夯)实到设计标高;当地基局部存在软弱土层,不符合设计要求时,应与勘察、设计、建设部门共同提出方案进行处理。

3.5.4.3　基坑验收

基坑开挖完毕,应由施工单位、设计单位、监理单位或建设单位、质量监督部门等有关人员共同到现场进行检查、鉴定验槽,核对地质资料,检查地基土是否与工程地质勘察报告、设计图纸要求相符,有无破坏原状土结构或发生较大的扰动现象。一般用表面检查验槽法验槽,必要时采用钎探检查或用洛阳铲进行铲探检查。经检查合格,填写基坑(槽)验收、隐蔽工程记录,及时办理交接手续。

3.5.4.4　土方开挖工程质量检验标准

1. 主控项目

(1)标高。是指挖后的基底标高,用水准仪测量,检查测量记录。

(2)长度、宽度。是指基底的宽度、长度。用经纬仪、拉线尺量检查等,检查测量记录。

（3）边坡。符合设计要求。观察检查或用坡度尺检查。只能坡缓不能陡。

2．一般项目

（1）表面平整度。主要是指基底,用 2 m 靠尺和楔形塞尺检查。

（2）基底土性。符合设计要求。观察检查或土样分析,通常请勘察、设计单位来验槽,形成验槽记录。

土方开挖前检查定位放线、排水和降低地下水位系统,合理安排土方运输车的行走路线及弃土场。施工过程中检查平面位置、水平标高、边坡坡度、压实度、排水、降低地下水位系统,并随时观测周围的环境变化。施工完成后,进行验槽。形成施工记录及检验报告,检查施工记录及验槽报告。表 3-6 为土方开挖工程质量检验标准。

表 3-6　土方开挖工程质量检验标准

项目	序号	检查项目	允许偏差或允许值（mm）					检验方法
			柱基基坑基槽	挖方场地平整		管沟	地（路）面基层	
				人工	机械			
主控项目	1	标高	−50	±30	±50	−50	−50	水准仪
	2	长度、宽度（由设计中心线向两边量）	+200 −50	+300 −100	+500 −150	+100	—	经纬仪、用钢尺量
	3	边坡	设计要求					观察或用坡度尺检查
一般项目	1	表面平整度	20	20	50	20	20	用 2 m 靠尺和楔形塞尺检查
	2	基底土性	设计要求					观察或土样分析

3.5.5　土方工程安全技术

（1）土方工程施工前,必须对场地内的地上和地下管道、电缆及高压水管等情况了解清楚。在特殊危险地区,工程技术观测必须设专人负责,挖土采用人工方法进行。

（2）基坑开挖时,两人开挖操作间距应大于 2.5 m,多台机械开挖,挖土机间距应大于 10 m。挖土应由上而下,逐层进行,严禁采用挖空底脚的施工方法。

（3）基坑开挖应合理放坡。操作时应随时注意土壁变动情况,如发现有裂缝和部分坍塌现象,应及时进行支撑或放坡,并注意支撑的稳固和土壁的变化。

（4）基坑开挖深度超过 3 m 以上时,使用吊装设备吊土,起吊后,坑内操作人员应立即离开吊点的垂直下方,起吊设备距坑边一般不得少于 1.5 m,坑内人员应戴安全帽。

（5）用手推车推土,应铺好道路,卸土回填时,不得放手让车自动翻转。用翻斗汽车运土,运输道路的坡度、转弯半径应符合有关安全规定。

（6）深基坑上下应先挖好阶梯或设置靠梯,或开斜坡道,采取防滑措施,禁止踩踏支撑上下。坑四周应设置安全栏杆或悬挂危险标志。

（7）基坑设置的支撑应经常检查,特别是雨后更应经常检查,如有松动变形现象,及时排除隐患。

（8）坑槽沟边 1 m 内不得堆土、堆料和停放机具；1 m 以外堆土，其高度不宜超过 1.5 m。坑（槽）、沟与附近建筑物的距离不得小于 1.5 m，危险时必须加固。

3.6　土方的填筑与压实

土方填筑前，应对基底进行处理，清除基底上的垃圾、草皮、树根等杂物，排除坑穴中的积水、淤泥等。当填方基底为耕植土或松土时，应将基底压实后进行填土。建筑工程的回填土主要有地基、基坑（槽）、室内地坪、室外场地、管沟和散水等，回填土一定要密实，回填后的土体应满足强度、变形和稳定性方面的要求。

3.6.1　土料填筑的要求

填方土料的选择应符合设计要求，若设计无要求，应符合下列规定：

碎石类土、砂土和爆破石渣，用作表层以下的填料，当填方土料为黏土时，填筑前应检查其含水率是否在控制范围内。含水率大的黏土不宜作为填土用。含有大量有机质的土，吸水后容易变形，承载能力降低。含水溶性硫酸盐大于 5% 的土，在地下水的作用下，硫酸盐会逐渐溶解消失，形成孔洞，影响土的密实性。这两种土以及淤泥、冻土、膨胀土等均不应作为填土使用。

填土应分层进行，并尽量采用同类土填筑。如采用不同类型的土填筑时，应将透水性较大的土层置于透水性较小的土层之下，不能将各种土混杂在一起使用，以免填方内形成水囊。

碎石类土或爆破石渣作填料时，其最大粒径不得超过每层铺土厚度的 2/3；使用振动碾时，不得超过每层铺土厚度的 3/4，铺填时，大块料不应集中，且不得填在分段接头或填方与山坡连接处。

3.6.2　填土压实方法

填土压实方法一般有碾压法、夯实法和振动压实法等。

3.6.2.1　碾压法

碾压法是利用机械滚轮的压力压实土体，使之达到所需的密实度，此法多用于大面积填土工程。碾压机械有光面碾（压路机）、羊足碾和气胎碾。光面碾对砂土、黏性土均可压实；羊足碾需要较大的牵引力，且只宜压实黏性土，如图 3-24 所示。气胎碾是弹性体，其压力均匀，填土压实质量较好。还可利用运土机械进行碾压，也是较经济合理的压实方案，施工时使运土机械行驶路线能大体均匀地分布在填土面积上，并达到一定重复行驶遍数，使其满足填土压实质量的要求。

碾压机械压实填方时，行驶速度不宜过快，一般平碾控制在 2 km/h，羊足碾控制在 3 km/h，否则会影响压实效果。

3.6.2.2　夯实法

夯实法是利用夯锤自由下落的冲击力来夯实土体，主要用于小面积回填土夯实。夯

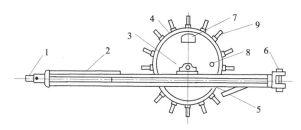

1—前拉头;2—机架;3—轴承座;4—碾筒;
5—铲刀;6—后拉头;7—装砂口;8—水口;9—羊碾头
图 3-24　羊足碾构造示意图

实法分人工夯实和机械夯实两种。常用的夯实机械有夯锤、内燃夯土机和蛙式打夯机等。蛙式打夯机适用于夯实砂性土、湿陷性黄土、杂填土以及含有石块的填土,如图 3-25 所示。

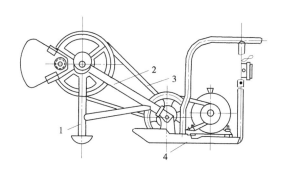

1—夯头;2—夯架;3—三角带;4—底盘
图 3-25　蛙式打夯机示意图

3.6.2.3　振动压实法

振动压实法是将振动压实机械放在土层表面,借助振动机械使压实机械振动,土颗粒在振动力的作用下发生相对位移而达到紧密状态。这种方法主要用于振实非黏性土。

3.6.3　填土压实质量的影响因素

填土压实的质量与许多因素有关,其中主要影响因素有压实功、土的含水率以及每层铺土厚度。

3.6.3.1　压实功的影响

填土压实后的密实度与压实机械在其上所施加的功有一定的关系。当土的含水率一定,在开始压实时,土的密度急剧增加,待到接近土的最大密实度时,虽然压实功增加许多,但土的密度则变化甚小,实际施工中,对于砂土只需碾压或夯击 2 ~ 3 遍,对粉土只需 3 ~ 4 遍,对粉质黏土或黏土只需 5 ~ 6 遍。此外,松土不宜用重型碾压机械直接滚压,否则土层有强烈起伏现象,效率不高。如果先用轻碾压实,再用重碾压实就会取得较好效果。

3.6.3.2　含水率的影响

在同一压实功条件下,填土的含水率对压实质量有直接影响。较为干燥的土,由于颗粒之间的摩阻力较大,因而不易压实。当含水率超过一定限度时,土颗粒之间孔隙由水填充而呈饱和状态,也不能压实。当土的含水率适当时,水起润滑作用,土颗粒之间的摩阻力减少,压实效果好。每种土都有其最佳含水率。土在这种含水率的条件下,使用同样的压实功进行压实,所得到的密度最大,如图 3-26 所示,不同土有不同的最佳含水率,如砂土为 8% ~12%、黏土为 19% ~23%、粉质黏土为 12% ~15%、粉土为 15% ~22%。工地简单检验黏性土含水率的方法一般是以手握成团落地开花为适宜。

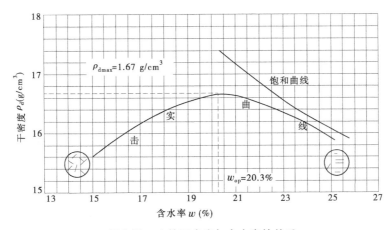

图 3-26　土的干密度与含水率的关系

为了保证填土在压实过程中处于最佳含水率状态,当土过湿时,应予翻松晾干,也可掺入同类干土或吸水性土料;当土过干时,则应预先洒水润湿。

3.6.3.3　铺土厚度的影响

土在压实功的作用下,其应力随深度增加而逐渐减小,如图 3-27 所示,其影响深度与压实机械、土的性质和含水率等有关。铺土厚度应小于压实机械压土时的作用深度,但其中还有最优土层厚度的问题,铺得过厚,要压很多遍才能达到规定的密实度。铺得过薄,则也要增加机械的总压实遍数。最优的铺土厚度应能使土方压实而机械的功耗费用最少。可按照表 3-7 选用。

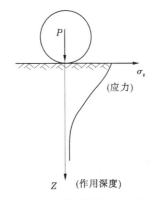

图 3-27　压实作用沿深度变化曲线

上述三个方面因素相互影响。为了保证压实质量,提高压实机械生产效率,应根据土质和压实机械在施工现场进行压实试验,以确定达到规定密实度所需压实遍数、铺土厚度及最优含水率。

3.6.4　填土压实质量检查

填土压实后要达到一定的密实度要求,填土密实度以压实系数表示。压实系数 λ_c 是土的控制干密度与最大干密度的比值。不同的填方工程,设计要求的压实系数不同,一般场地平整,其压实系数为0.9左右,对地基填土,压实系数为0.91~0.97,具体取值视结构类型和填土部位而定,具体要求见第2章。

表 3-7　每层铺土厚度与压实遍数

压实机具	每层铺土厚度(mm)	每层压实遍数(遍)
平碾	250~300	6~8
振动压实机	250~350	3~4
柴油打夯机	200~250	3~4
人工打夯	<200	3~4

填方压实后的密实度应在施工时取样检查,密实度可用环刀法、灌砂法、灌水法测定。基槽、管沟回填,每层按长度20~50 m取样一组;室内填土每层按100~150 m²取样一组;场地平整填土,每层按400~900 m²取样一组。取样部位在每层压实后的下半部。

填方施工结束后,应检查标高、边坡坡度、压实程度等,检验标准应符合表3-8的规定。

表 3-8　填土工程质量检验标准　　　　　　　　　　(单位:mm)

项目	序号	检查项目	允许偏差或允许值					检验方法
			柱基基坑基槽	场地平整		管沟	地(路)面基础层	
				人工	机械			
主控项目	1	标高	-50	±30	±50	-50	-50	水准仪
	2	分层压实系数	设计要求					按规定方法
一般项目	1	回填土料	20	20	50	20	20	用2 m靠尺和楔形塞尺检查
	2	分层厚度及含水率	设计要求					观察或土样分析
	3	表面平整度	20	20	30	20	20	用塞尺或水准仪

第 4 章 基坑支护工程施工技术

随着城市的发展,高层建筑和市政工程大量涌现,需要开挖深基坑。为保证基坑施工、地下结构的安全和周围环境不受损害,需要进行基坑支护、基坑降水工程、基坑监测等工程。基坑工程的成功与否,不仅与设计有关,而且与施工方案有关。大量实践证明,基坑工程事故绝大多数是施工不当造成的,如施工质量不严、基坑超挖、一挖到底、先挖后撑等不良施工方法,往往会发生险情甚至造成事故。因此,基坑工程施工应进行施工组织设计,根据支护形式、地下结构、开挖深度、地质条件、周围环境、工期、气候和地面荷载等有关内容,编写科学可行的施工方案,基坑支护设计与施工应综合考虑工程地质与水文地质条件、基础类型、基坑开挖深度、降排水条件、周边环境对基坑侧壁位移的要求、基坑周边荷载、施工季节、支护结构使用期限等因素,做到因地制宜,因时制宜,合理设计、精心施工、严格监控。

基坑工程是一个庞大的系统工程,主要包括基坑开挖工程、基坑降排水工程、基坑支护工程、基坑监测等内容。本章重点介绍各种支护工程的基本原理、施工工艺等内容。

4.1 概　述

4.1.1 基坑安全等级

基坑工程可根据其重要性分为三个等级,不同等级的基坑设计、施工,其安全系数、变形控制等要求是不一样的。由于侧壁安全等级划分是一个难度很大的问题,很难定量说明,《建筑基坑支护技术规程》(JGJ 120—99)采用了结构安全等级划分的基本方法,按支护结构破坏后果分为很严重、严重及不严重三种情况,分别对应三种安全等级(见表 4-1)。

表 4-1　基坑侧壁安全等级及重要性系数

安全等级	破坏后果	重要性系数 γ_0
一级	支护结构破坏、土体失稳或过大变形对基坑周边环境及地下结构施工影响很严重	1.10
二级	支护结构破坏、土体失稳或过大变形对基坑周边环境及地下结构施工影响一般	1.00
三级	支护结构破坏、土体失稳或过大变形对基坑周边环境及地下结构施工影响不严重	0.90

注:有特殊要求的建筑基坑侧壁安全等级可根据具体情况另行确定。

4.1.2　基坑支护结构类型

基坑工程分为无支护(放坡)开挖、有支护开挖两大类。当施工现场不具备放坡条件,放坡无法保证施工安全,通过放坡及加设临时支撑已经不能满足施工需要时,一般采用支护结构进行临时支挡,以保证基坑的土壁稳定。支护结构的类型有排桩、地下连续墙、水泥土墙、逆作拱墙或采用上述形式的组合等(见表4-2),一般根据基坑周边环境、开挖深度、工程地质与水文地质、施工作业设备和施工季节等条件综合确定。支护结构选型应考虑结构的空间效应和受力特点,采用有利支护结构材料受力性状的形式。软土场地可采用深层搅拌、注浆、间隔或全部加固等方法对局部或整个基坑底土进行加固,或采用降水措施提高基坑内侧被动抗力。

表4-2　支护结构选型

结构形式	适用条件
排桩或地下连续墙	1. 坑侧壁安全等级为一、二、三级; 2. 臂式结构在软土场地中不宜大于5 m; 3. 地下水位高于基坑底面时,宜采用降水、排桩加截水帷幕或地下连续墙
水泥土墙	1. 坑侧壁安全等级宜为二、三级; 2. 泥土桩施工范围内地基土承载力不宜大于150 kPa; 3. 坑深度不宜大于6 m
土钉墙	1. 坑侧壁安全等级宜为二、三级; 2. 坑深度不宜大于12 m; 3. 地下水位高于基坑底面时,应采取降水或截水措施
逆作拱墙	1. 基坑侧壁安全等级宜为二、三级; 2. 淤泥和淤泥质土场地不宜采用; 3. 拱墙轴线的矢跨比不宜小于1/8; 4. 基坑深度不宜大于12 m; 5. 当地下水位高于基坑底面时,应采取降水或截水措施
放坡	1. 基坑侧壁安全等级为三级; 2. 施工场地应满足放坡条件; 3. 可独立或与上述其他结构结合使用; 4. 当地下水位高于基坑底面时,应采取水或截水措施

4.1.2.1　钢板桩

适用条件:施工及场地条件为地下水位较高,附近基坑边无重要建筑物或地下管线,土层条件是淤泥及淤泥质土,开挖深度<10 m。优点:钢板桩是工厂制品,质量及接缝精度均能有一定的排水能力,施工迅速,能重复使用。缺点:打桩挤土时拔出易带出土体,在砂砾层及密砂中施工困难,刚度较排桩与地下连续墙小。适用于地下水位较高、水量不大、软弱地基及深度不太大的基坑。

4.1.2.2　H 型钢桩加横挡板

适用条件:施工及场地条件为地下水位较低,邻近基坑边无重要建筑物或地下管线。土层条件是黏土、砂土。开挖深度小于 25 m。优点:材料采购容易,施工简单迅速,拔桩工作简单,可重复使用。缺点:整体性差,止水性差,打拔桩噪声大,拔桩后留下孔洞需处理,地基中较难施工,地下水位高时需降水。

4.1.2.3　深层搅拌水泥土桩挡墙

适用条件:施工及场地条件为基坑周围不具备放坡条件,但具备挡墙的施工宽度,邻近基坑边无建筑物或地下管线。土层条件为软土、淤泥质土。开挖深度小于 12 m。优点:水泥土实体咬合较好,比较均匀,桩体连续性好,强度较高,既可挡土又可形成隔水帷幕,适用于任何平面形状,施工简便。缺点:坑顶水平位移较大,需要有较大的坑顶宽度。

4.1.2.4　悬臂桩排式挡土结构

适用条件:施工及场地条件为基坑周围不具备放坡条件或重力式挡墙的宽度,邻近基坑边无重要建筑物或地下管线,土层条件为软土地区和一般黏性土,开挖深度小于 4 m(软土地区),小于 10 m(一般黏性土地区)。优点:施工单一,不需支锚系统,基坑深度不大时,从经济性、工期等方面分析为较好的支护结构形式。缺点:对土的性质和荷载较敏感,坑顶水平位移及结构本身变形较大,可选用双排桩或多排桩体系。

4.1.2.5　支撑排桩挡土结构

适用条件:施工及场地条件为基坑平面尺寸较小,或邻近基坑边有深基础建筑物,或基坑用地以外不允许占用地下空间,邻近地下管线需要保护,土层条件不限,开挖深度小于 20 m。优点:受地区条件、土层条件及开挖深度等的限制较小,支撑设施的构架状态单纯,易于现场监测。缺点:挖土工作面不开阔,支撑内力的计算值与实际值常不相符,施工时需采取对策。在以往施工中,往往由于支撑结构不合理,施工质量差而造成事故。

4.1.2.6　锚杆排桩挡土结构

适用条件:施工及场地条件为基坑周围施工宽度狭小,邻近基坑边有深基础建筑物,或基坑用地红线以外允许占用地下空间,土层条件为锚杆的锚固段要求有较好土层,开挖深度小于 30 m。优点:用锚杆取代支撑可直接扩大作业空间,进行机械化施工,开挖深度大时,或开挖平面形状不整齐时,或建筑物地下层高差复杂时,或倾斜开挖而土压力为单侧时采用锚杆较支撑有利。缺点:挖土工作需要分层进行,当基坑用地红线以外不占用地下空间时,需采用拆卸式锚杆。

4.1.2.7　地下连续墙

适用条件:施工及场地条件为基坑周围施工宽度狭小,邻近基坑边有建筑物或地下管线需要保护。土层条件不限,开挖深度小于 60 m。优点:低振动、低噪声、刚度大、整体性小,因此周围地层不致沉陷,地下埋设物不致受损;任何设计强度、厚度或深度均能施工;止水效果好;施工范围可达基坑用地红线,因此可提高基底使用面积,可作为永久结构的一部分。缺点:工期长,造价高,采用稳定液挖掘沟槽,废液及废弃土处理困难,需有大型机械设备,移动困难。

4.1.2.8　土钉墙

适用条件:施工及场地条件是基坑周围不具备放坡条件,邻近基坑边无重要建筑物、深基坑建筑物或地下管线,土层条件为一般黏性土、中密以上砂土,开挖深度小于 15 m。优点:坑壁土通过注浆体、喷射混凝土面层形成复合土体,提高边坡稳定性及承受坡顶荷载的能力,设备简单,施工不需单独占用场地,造价低,振动小,噪声低。缺点:在淤泥或砂卵石中施工困难,土体富含地下水,施工困难,在市区内或基坑周围有需要保护的建筑物时,应慎用土钉墙。

4.1.2.9　环形内支撑桩墙支护结构

适用条件:施工及场地条件是基坑周边施工场地狭窄或有相邻重要建筑物,且基坑尺寸较大,土层条件为可塑以上黏性土,开挖深度小于 20 m。对下列条件,可选用环形内支撑桩墙支护结构:相邻场地有地下建筑物,不宜选用锚杆支护时;为保护场地周边建筑物,基坑支护桩不得有较大内倾变形时;地下水较高时,应设挡土及止水结构。

4.1.2.10　组合式支护结构

适用条件:施工及场地条件是邻近基坑边有重要建筑物或地下管线,基坑周边施工场地狭窄,土层条件不限,开挖深度小于 30 m。单一支护结构形式难以满足工程安全或经济要求时,可考虑组合式支护结构,其形式应根据具体工程条件与要求,确定能充分发挥所选结构单元特长的最佳组合形式。

4.1.2.11　拱圈支护结构

适用条件:施工及场地条件是基坑周围施工宽度狭小,采用排桩支护结构较困难或不经济,邻近基坑边无重要建筑物,土层条件为硬塑黏性土、砂土,开挖深度小于 12 m。优点:结构受力合理,安全可靠,施工方便,工期短,造价低。缺点:拱圈结构只是解决支挡侧压力的问题,不能解决挡水问题,对地下水的处理还需要采取降水、做防水帷幕或坑内明沟排水等方法解决。

4.1.2.12　逆作法或半逆作法支护结构

适用条件:施工及场地条件是基坑周边施工场地狭窄,邻近基坑边有重要建筑物或地下管线,土层条件不限,开挖深度小于 20 m。优点:以地下室的梁板作支撑,自上而下施工,变形小,节省临时支护结构,可以地上、地下同时施工,立体交叉工作,施工速度快,适用于开挖平面不规则、地基高低不平或侧压力不平衡等作业条件下的工程。缺点:挖土施工比较困难,节点处理比较困难。

4.1.2.13　地面水平拉结与支护桩结构

适用条件:施工及场地条件是基坑周围场地开阔,有条件采用预应力钢筋或花兰螺丝拉紧,土层条件为一般黏性土、砂土,开挖深度小于 12 m。在挡土桩上端采用水平拉结,其一端与挡土墙连接,另一端与锚梁或锚桩连接,可以作预应力张拉端,也可以用花兰螺丝拉紧。优点:施工简便,节省支护费用。缺点:因锚梁或锚桩要在稳定区内,因此要有一定的场地。

4.1.2.14　支护结构与坑内土质加固的复合式支挡

适用条件:施工及场地条件是基坑内被动土压力区土质较差,或基坑较深,防止基坑支护结构过大变形或坑底土体隆起,土层条件是可塑黏性土,开挖深度小于 20 m。坑内加固的目的:减少挡土结构水平位移,弥补墙(桩)体插入深度不足。

4.2 排桩墙施工

排桩墙支护结构是指钢筋混凝土预制桩、灌注桩、板桩(钢板桩、钢筋混凝土预制板桩)等类桩型,以一定的排列方式组成的基坑支护结构。

4.2.1 钢筋混凝土排桩墙

4.2.1.1 排桩墙适用条件

钢筋混凝土排桩支护结构常采用灌注桩,它具有施工无噪声、无振动、无挤土、刚度大、抗弯能力强、变形小等特点,多用于基坑安全等级为一级、二级、三级,基坑深度为7~15 m的工程。在土质较好地区,采用悬臂桩;在软土地区,多加内支撑或锚杆支撑。

4.2.1.2 排桩的围护形式

排桩的围护形式与土质情况、土压力大小、地下水位高低有关。常见的围护形式有以下几种。

1.布置形式

1)柱列式排桩围护

当土质较好,地下水位较低时,桩与桩之间可形成土拱作业,以稀疏的灌注桩支挡边坡,如图4-1(a)所示。

2)连续式排桩围护

在软土中一般不能形成土拱,支护桩应连续密排。密排的灌注桩可以相互搭接(见图4-1(b)),或在桩身混凝土强度尚未形成之时,在相邻桩之间做素混凝土树根桩将灌注桩连接在一起(见图4-1(c))。

3)组合式排桩围护

在地下水位较高的软土地区,常用灌注桩排桩与水泥土防渗墙组合形式(见图4-1(d))。

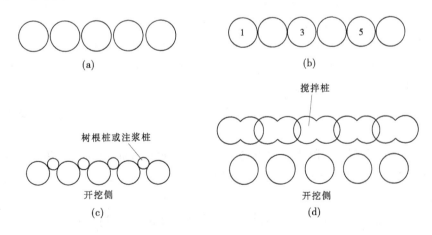

图4-1 排桩围护形式

2. 排桩围护分类

按基坑开挖深度及支挡结构受力情况,排桩围护可分为以下几种:

1)无支撑(悬臂)围护结构

当基坑开挖深度不大,即可利用悬臂作用挡住墙后土体。

2)单支撑结构

当基坑开挖深度较大时,不能采用无支撑围护结构,可以在围护结构顶部附近设置一单支撑(或拉锚)。

3)多支撑结构

当基坑开挖深度较深时,可设置多道支撑,以减少挡墙的内力。

根据上海地区的施工实践,对于开挖深度小于 6 m 的基坑,在场地条件允许的情况下,采用重力式深层搅拌桩挡墙较为理想。当场地受限制时,也可先用 ϕ600 mm 密排悬臂钻孔桩,桩与桩之间可用树根桩密封,也可在灌注桩后注浆或打水泥搅拌桩作防水帷幕。对于开挖深度在 4~6 m 的基坑,根据场地条件和周围环境可选用重力式深层搅拌桩挡墙,或打入预制混凝土板桩或钢板桩,其后注浆或加搅拌桩防渗,顶部设一道围檩和支撑,也可采用 ϕ600 mm 钻孔桩,后面用搅拌桩防渗,顶部设一道圈梁和支撑;对于开挖深度为 6~10 m 的基坑,常采用 ϕ600~1 000 mm 的钻孔桩,后面加深层搅拌桩或注浆防水,并设 2~3 道支撑,支撑道数视土质情况、周围环境及围护结构变形要求而定;对于开挖深度大于 10 m 的基坑,以往常采用地下连续墙,设多层支撑,虽安全可靠,但价格昂贵。近年来则采用 ϕ800~1 000 mm 大直径钻孔灌注桩代替地下连续墙,利用深层搅拌桩防渗,多道支撑、中心岛施工开挖,这种围护结构已成功应用于开挖深度达到 13 m 的基坑。

4.2.1.3　排桩的构造

(1)悬臂式排桩结构桩径不宜小于 600 mm,一般为 0.5~1.1 m;桩间距应根据排桩受力及桩间土稳定条件确定,一般为 1.0~2.0 m;排桩的嵌固深度根据支护结构类型(悬臂式、单支撑、多支撑)计算确定。

当计算确定的悬臂式及单支点支护结构嵌固深度设计值 $h_d < 0.h$ 时,宜取 $h_d = 0.3h$;多支点支护结构嵌固深度设计值小于 $0.2h$ 时,宜取 $h_d = 0.2h$。

当基坑底为碎石土及砂土、基坑内排水且作用有渗透水压力时,侧向截水的排桩、地下连续墙除应满足上述规定外,嵌固深度设计值尚应满足 $h_d \geq 1.2\gamma_0(h - h_{wa})$(其中 h 为基坑开挖深度,h_{wa} 为坑外地下水埋深)。

(2)桩配筋由计算确定,当采用构造配筋时,每根桩不少于 8 根,箍筋采用 ϕ8@100~200 mm。

(3)桩顶部应设钢筋混凝土冠梁连接,冠梁宽度(水平方向)不宜小于桩径,冠梁高度(竖直方向)不宜小于 400 mm。排桩与桩顶冠梁的混凝土强度等级宜大于 C20,当冠梁作为连系梁时可按构造配筋。

(4)基坑开挖后,排桩的桩间土防护可采用钢丝网混凝土护面、砖砌等处理方法,当桩间渗水时,应在护面设泄水孔。当基坑面在实际地下水位以上且土质较好,暴露时间较短时,可不对桩间土进行防护处理。

4.2.1.4　排桩墙的施工工艺

有关钢筋混凝土灌注桩的施工工艺将在第 7 章"桩基础工程施工技术"重点讲述,这里不再赘述。

4.2.2　板桩墙

板桩墙的支护结构主要包括钢筋混凝土预制板桩和钢板桩两类。

4.2.2.1　钢筋混凝土预制板桩

钢筋混凝土预制板桩常采用矩形榫结合形式(见图 4-2),顶部浇筑钢筋混凝土圈梁,中间设置支撑或拉锚,桩尖部分做成三面斜坡以利于打入并能使桩挤紧。这种板桩的槽和榫不能做到全长紧密结合,因为在打入土中时,往往有小块泥沙在槽口内嵌紧,迫使桩逐渐分离。因此,在实际工作中,榫只能在桩脚上部做至 1.5～2.0 m 高度,其余部分槽口留出空隙,使两块板桩合拢后形成孔洞,孔洞内可用水泥浆填塞。预制钢筋混凝土板桩施工简单,造价低廉,往往在工程结束后不再拔出,但打桩时应充分考虑对附近建筑物地基土的影响。

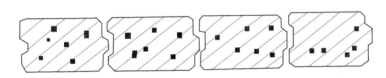

图 4-2　钢筋混凝土预制板桩

4.2.2.2　钢板桩

钢板桩支护结构是将钢板桩打入土层,构成一道连续的板墙,必要时设置支撑或拉锚,抵抗土压力和水压力以保持边坡的稳定。钢板桩承载力大,打设方便,施工速度快,可多次重复使用,综合成本低,因此应用广泛。

1.钢板桩类型

常用钢板桩的类型有型钢加挡板、槽钢钢板桩和热轧锁口钢板桩。

1)型钢加挡板

型钢加挡板的围护由工字钢(或型钢)桩和横挡板组成,再加上围檩、支撑等形成支护体系,如图 4-3 所示。适用于黏土、砂土等土质相对较好且地下水位较低的地基,水位高时要降水。施工时先按一定间距将型钢桩打入地基到预定深度,在挖土的过程中加插横挡板以挡土,施工结束后拔出型钢,在安全条件允许的情况下尽可能回收横挡板。

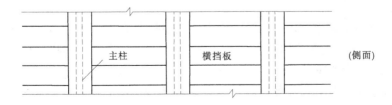

图 4-3　型钢加挡板支护结构示意图

型钢桩加挡板的优点是桩可拔出,成本低,施工方便,但打、拔噪声大,拔桩后留下的空洞要进行处理。

2)槽钢钢板桩

槽钢钢板桩是一种简易的钢板桩围护墙,不能防渗,由槽钢并排或正反口搭接组成,如图4-4所示。

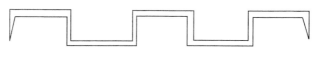

图4-4　槽钢钢板桩

3)热轧锁口钢板桩

热轧锁口钢板桩由热轧型钢组成,用柴油机或振动打桩机打入地基,使其相互连接成钢板桩墙,用来挡水和挡土。常用的热轧锁口钢板桩截面形式有U字形、Z字形、一字形,如图4-5所示。

(a)U字形　　　　　(b)Z字形　　　　　(c)一字形

图4-5　热轧锁口钢板桩截面形式

2.钢板桩的施工工艺

1)钢板桩的施工程序

建筑物定位→板桩定位放线→挖沟槽→安装导向架→沉打钢板桩→拆除导向架支架→第一层支撑位置处开沟槽→安装第一层支架及围檩→挖第一层土→安装第二层支撑及围檩→挖第二层土→重复上述过程→安装最后一层支架及围檩→挖最后一层土(至设计标高)→基础及地下室施工→逐层拆除支撑→回填土→拆除钢板桩。

2)施工准备

(1)钢板桩的平面设置应便于基础施工,即在基础结构边缘之外留有支、拆模板的余地。

(2)钢板桩的平面布置应尽量平直整齐,避免不规则的转角,以便充分利用标准钢板桩和便于设置支撑。

(3)钢板桩施工前,应将桩尖处的凹槽底口封闭,锁口应涂油脂,用于永久性工程时应涂防锈漆。

(4)施工前应对钢板桩进行检验。用于基坑临时支护的钢板桩,主要进行外观检验,包括表面缺陷、长度、宽度、厚度、高度、端头矩形比、平直度和锁口形状等必须符合钢板桩质量标准的要求,否则在打设前应予以矫正。

(5)围檩支架安装。为保证钢板桩垂直打入和打入后的钢板桩墙面平直,应安装围檩支架。支架在平面上有单面和双面之分,在立面上有单层、双层和多层之分,一般常用的是单层双面围檩支架。支架材料可用H型钢、工字钢、槽钢和木材等,支架长度可根据需要和考虑周转而定。

　　3）打桩机械选择

　　钢板桩的打桩机械与其他桩施工类似,可用落锤、蒸汽锤、柴油锤或振动锤等,但以选用三支点导杆式履带打桩机较为适宜,锤重一般以钢板桩重量的 2 倍为宜。为保护桩顶免遭损坏,在桩锤和钢板桩之间应设桩帽。表 4-3 为各种打桩机的适用情况。

表 4-3　各种打桩机的适用情况

机械类别		冲击式打桩机			振动锤	油压式压桩机
		柴油锤	蒸汽锤	落锤		
钢板桩	形式	除小型板桩外所有板桩	除小型板桩外所有板桩	所有形式板桩	所有形式板桩	除小型板桩外所有形式的板桩
	长度	任意长度	任意长度	适宜短桩	很长桩不合适	任意长度
地质条件	软弱粉土	不合适	不合适	合适	合适	可以
	粉土、黏土	合适	合适	合适	合适	合适
	砂层	合适	合适	不合适	可以	可以
	硬土层	可以	可以	不可以	不可以	不合适
施工条件	辅助设施	规模大	规模大	简单	简单	规模大
	发音	高	较高	高	小	几乎没有
	振动	大	大	少	大	无
	贯入能量	大	一般	小	一般	一般
	施工速度	快	快	慢	一般	高
费用		高	高	便宜	一般	高
工程规模		大工程	大工程	简易工程	大工程	大工程

　　4）打桩方式选择

　　（1）单桩打入法。

　　单桩打入法是以一块或两块钢板为一组,从一角开始逐块（组）插打,直至工程结束。这种打入法施工简便,可不停地打,桩机行走路线短,速度快。但单块打入易向一边倾斜,误差积累不易纠正,墙面平直度难以控制。

　　（2）屏风打入法。

　　将 10 ~ 20 块钢板桩组成一个施工段,沿单层围檩插入土中一定深度形成较短的屏风墙（见图 4-6）,然后先将两端钢板桩打入预定深度作为定位桩,严格控制其垂直度,用电焊固定在围墙上,再将中间部分钢板桩按阶梯状打设,如此逐组进行,直至工程结束。这种方法能防止板桩过大的倾斜和扭转;能减少打入的累计倾斜误差,可实现封闭合拢;由于分段施打,不影响邻近钢板桩施工。但桩架要求高度大,施工速度较单桩打入法慢。

　　（3）双层围檩法。

　　在地面上一定高度处离轴线一定距离先筑起双层围檩架,而后将板桩依次在围檩中

全部插好,待四角封闭合拢后,再逐渐按阶梯状
将板桩逐块打至设计标高的方法,如图4-7所示。
这种打入法能保证板桩墙的平面尺寸、垂直度和
平整度。但施工复杂、不经济、施工速度慢,封闭
合拢时需异形桩。

　　5)打桩流水段的划分

　　打桩流水段的划分与桩的封闭合拢有关。
流水段长度大,合拢点就少,相对累积误差大,轴
线位移相应增大,如图4-8(a)、(b)所示;流水段
长度小,则合拢点多,累积误差小,但封闭合拢点
增加,如图4-8(c)所示。一般情况下,应采用后
一种方法。另外,采用先边后角打设方法,可保

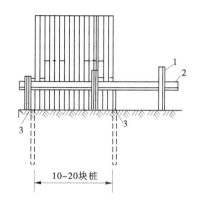

1—围檩桩;2—围檩;3—两端先打入的定位钢板桩
图4-6　屏风式打入法

证端面相对距离,不影响墙内围檩支撑的安装精度,对于打桩累积偏差可在转角外进行轴
线修正。

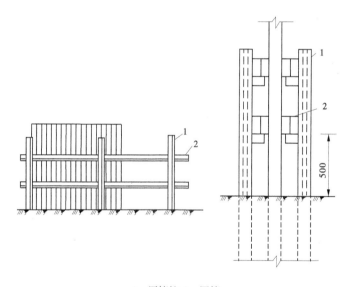

1—围檩桩;2—围檩
图4-7　双层围檩法

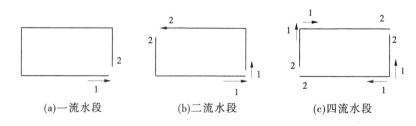

(a)一流水段　　　　　(b)二流水段　　　　　(c)四流水段

图4-8　打桩流水段划分

6）钢板桩打设

将钢板桩吊至插点处进行插桩,插桩时锁口要对准,每插入一块即套上桩帽,轻轻加锤击。在打桩过程中,为保证钢板桩的垂直度,用两台经纬仪在两个方向上加以控制。为防止锁口中心线平面位移,可在打桩方向的钢板桩锁口处设卡板,阻止板桩位移。同时,在围檩上预先算出每块板桩的位置,以便随时检查校正。开始打设的一块、二块板桩的位置和方向应确保精确,以起到样板导向作用,因此每打入 1 m 应测量一次,打至预定深度后应立即用钢筋或钢板与围檩支架焊接固定。

7）钢板桩的封闭合拢

由于板桩墙的设计长度有时不是钢板桩标准宽度的整数倍,或板桩墙的轴线较复杂,或在板桩打入时的倾斜且锁口部有空隙,都会给板桩墙的最终封闭合拢带来困难,往往要采取措施处理。封闭合拢的处理方法主要有异型钢板桩、轴线修整等方法。

（1）异形钢板桩。

在板桩墙的转角处为实现封闭合拢,往往要采取特殊形式的转角桩——异形板桩,如图 4-9 所示。它将钢板桩从背面中心线处切开,再根据选定的断面进行组合而成。由于加工质量难以保证,打入和拔出较困难,所以尽量避免采用。

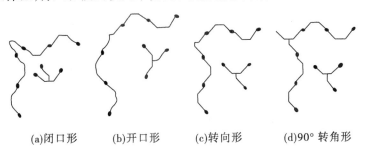

(a)闭口形　　　(b)开口形　　　(c)转向形　　　(d)90° 转角形

图 4-9　异型板桩

（2）轴线修整法。

通过对板桩墙闭合轴线设计长度和位置的调整,实现封闭合拢。封闭合拢处最好选在短边的转角处。

8）钢板桩的拔除

在进行基坑回填时,要拔除钢板桩,以便修整后重复使用。拔除前,要研究钢板桩拔除顺序、拔桩方法及桩孔处理方法。

（1）拔桩顺序。

对于封闭式钢板桩墙,拔桩的开始点离开桩角 5 根以上,必要时还可间隔拔除。拔桩顺序一般与打设顺序相反。

（2）拔桩方法。

拔除钢板桩宜采用振动锤或起重机与振动锤共同拔除。当钢板桩拔不出时,可用振动锤再复打一次,可克服土的黏着力,以便顺利拔出。

（3）桩孔处理方法。

拔桩产生的桩孔,需及时回填以减少对邻近建筑物的影响。处理方法有振动法、挤密法和填入法。

3．质量检验

（1）重复使用的钢板桩检验标准应符合表4-4的规定。

表4-4　重复使用的钢板桩检验标准

序号	检查项目	允许偏差或允许值		检查方法
		单位	数值	
1	桩垂直度			
2	桩身弯曲度	%	<1	用钢尺量
3	齿槽平直光滑度		0.2%L	用钢尺量(L为桩长)
4	桩长度	不小于设计长度		用钢尺量

（2）预制混凝土板桩制作标准应符合表4-5的规定。

表4-5　预制混凝土板桩制作标准

项目	序号	检查项目	允许偏差或允许值		检查方法
			单位	数值	
主控项目	1	桩长度	mm	+10 0	用钢尺量
	2	桩身弯曲度	mm	0.1%L	用钢尺量(L为桩长)
一般项目	1	保护层厚度	mm	±5	用钢尺量
	2	横截面相对两面之差	mm	5	用钢尺量
	3	桩尖对桩轴线的位移	mm	10	用钢尺量
	4	桩厚度	mm	+10 0	用钢尺量
	5	凹凸槽尺度	mm	±3	用钢尺量

4.3　水泥土桩墙施工

4.3.1　水泥土桩墙概念、适用范围

水泥土桩墙是指由水泥土桩相互搭接形成的格栅状、壁状等形式的重力式结构。水泥土桩墙依靠其自重和刚度保护坑壁，一般不设支撑，特殊情况下经采取措施后亦可局部加设支撑。水泥土桩墙有深层搅拌水泥土桩墙、高压旋喷桩墙等类型。

水泥土桩墙既可挡土，又能形成隔水帷幕，施工振动小，噪声低，对周围环境影响小，施工速度快，造价低。水泥土桩墙特别适用于软土地基，开挖深度不大于6 m的基坑支护。

4.3.2　水泥土加固的基本原理

水泥土深层搅拌桩是利用水泥、石灰等材料作为固化剂，通过深层搅拌机械，将软土

和固化剂(浆液或粉体)强制搅拌,利用固化剂和软土之间所产生的一系列物理 – 化学反应,使软土硬结成具有整体性、水稳定性和一定强度的桩体。水泥土加固土的物理 – 化学反应过程与混凝土的硬化机制不同。混凝土的硬化主要是水泥在粗细填充料中进行水解和水化作用,所以凝结速度较快。在水泥加固土时,由于水泥用量很小(仅占被加固土重的 7% ~ 15%),水泥的水解和水化反应完全是在具有一定活性的介质——土的围绕下进行的,所以硬化速度缓慢且作用复杂。因此,水泥加固土的强度增长过程也比混凝土缓慢。

水泥土的加固原理是水泥与土经搅拌后发生一系列的化学反应而逐步硬化,其主要反应如下。

4.3.2.1　水泥的水解和水化反应

普通硅酸盐水泥主要由氧化钙、二氧化硅等氧化物分别组成了不同的水泥矿物(硅酸三钙、硅酸二钙、铝酸三钙等)。用水泥加固软土时,水泥颗粒表面的矿物很快与软土中的水发生水解和水化反应,生成氢氧化钙、含水硅酸钙、含水铝酸钙等化合物。

4.3.2.2　黏土颗粒与水泥水化物的作用

当水泥的各种水化物生成后,有的自身继续硬化,形成水泥石骨架,有的则与其周围具有一定活性的黏土颗粒发生反应。

4.3.2.3　碳酸化反应

水泥水化物中游离的氢氧化钙能吸收水中和空气中的二氧化碳,发生碳酸化反应,生成不溶于水的碳酸钙。

由水泥加固土的机制可见,由于机械的切削搅拌作用,实际上不可避免地会留下一些未被粉碎的大小土团。在拌入水泥后将出现水泥浆包裹土团现象,水泥之间的大孔隙基本上被水泥颗粒填满。所以,加固后的水泥土中形成在大小土团中没有水泥,而周围水泥则较多的情形。只有经过较长的时间,土团内的土颗粒在水泥水解产物渗透作用下,才逐渐改变其性质。因此,水泥土中不可避免地会有强度较大和水稳定性较好的水泥石区和强度较低的土块区。两者在空间相互交替,从而形成一种独特的水泥土结构。可以定性地讲,水泥和土之间的强制搅拌越充分,土块被粉碎得越小,水泥分布到土中越均匀,则水泥土结构强度的离散性越小,其宏观的总体强度也越高。

4.3.3　水泥土深层搅拌桩的结构形式

根据土质条件和支护要求,搅拌桩的平面布置可灵活采用壁状、格栅、块状等结构形式。

4.3.3.1　壁状

壁状即将水泥土搅拌桩相互搭接而成为壁状,如图 4-10 所示。

4.3.3.2　格栅状

若壁状挡土墙的宽度不够时,可加大宽度,做成格栅状支护结构,如图 4-11 所示。格栅状结构,水泥土与其包围的天然土共同形成重力式挡土墙,维持基坑稳定。这种挡土结构目前常采用双头搅拌机进行施工,两个搅拌轴的距离为 500 mm,搅拌桩之间的搭接距离为 200 mm。

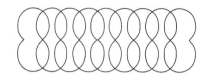

图 4-10　壁状支护结构

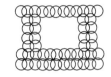

图 4-11　格栅状支护结构

4.3.3.3　块状

块状即将搅拌桩的纵向和横向均相互搭接形成实体,如图 4-12 所示。

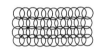

图 4-12　块状支护结构

墙体宽度和插入基坑深度应根据基坑深度、土质情况、周围环境、地面荷载等计算确定。在软土地区,当基坑开挖深度小于 5 时,可按经验 $B = (0.6 \sim 0.8)H$。基坑深度一般控制在 7 m 以内,否则不经济。根据使用要求和受力特性,搅拌桩挡土结构的竖向断面形式如图 4-13 所示。

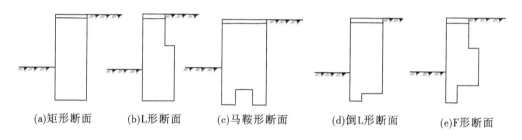

(a)矩形断面　　　(b)L形断面　　　(c)马鞍形断面　　　(d)倒L形断面　　　(e)F形断面

图 4-13　搅拌桩挡土结构的竖向断面形式

4.3.4　水泥土深层搅拌桩的施工工艺

4.3.4.1　施工机械

深层搅拌桩支护,搅拌桩施工可采用湿法(喷浆)、干法(喷粉)施工,目前湿法用得较多。深层搅拌机械按搅拌轴数分为单轴深层搅拌和双轴深层搅拌机。

1. 单轴深层搅拌机

单轴深层搅拌机采用了叶片喷浆方式,即泥浆由中空搅拌轴拌头的叶片沿旋转方向喷入土中,使水泥浆与土体混合较均匀。但因喷浆孔小,只能使用纯水泥浆作为固化剂。

2. 双轴深层搅拌机

双轴深层搅拌机的特点是采用中心管供浆方式,即水泥浆从两根搅拌轴之间的另一根输浆管输出,喷入土中,可适用多种固化剂。

4.3.4.2　施工工艺

深层搅拌机施工顺序:就位→搅拌下沉→配制水泥浆(或水泥砂浆)→喷浆搅拌、提升→重复搅拌下沉→重复搅拌提升直至孔口→关闭搅拌机、清洗→移位。深层搅拌桩施工工艺如图 4-14 所示。

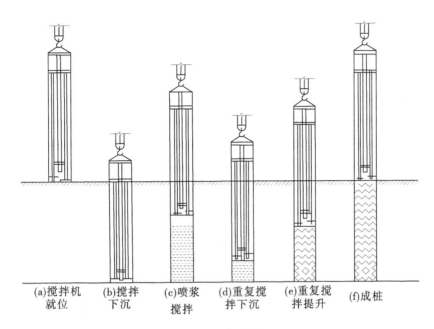

(a)搅拌机　　(b)搅拌　　(c)喷浆　　(d)重复搅　　(e)重复搅　　(f)成桩
　就位　　　　下沉　　　搅拌　　　拌下沉　　　拌提升

图 4-14　深层搅拌桩施工工艺

1. 就位

深层搅拌桩就位时,应对准桩位,保证设备的平整度和导向的垂直度,在施工时不发生倾斜。

2. 搅拌下沉

搅拌机冷却水循环正常后,启动搅拌机电机,放松起重机或桩架的钢丝绳,使搅拌机沿导向架切土搅拌下沉、使土搅动。搅拌下沉时,不宜冲水。当遇到较硬土层下沉过慢时,方可由输浆系统补给适量清水冲水,但应考虑冲水成桩对桩身强度的影响。下沉速度由电机电流监测表控制。

3. 配制水泥浆(或水泥砂浆)

搅拌机下沉至一定深度后,即开始按预定掺入比和水灰比拌制水泥浆,并将水泥浆倒入集料斗备喷。施工中,固化剂应严格按预定的配比拌制。所有使用的水泥都应过筛,制备好的浆液不得离析。

4. 喷浆搅拌、提升

待搅拌头下沉至设计深度后,即开启灰浆泵,使出口压力保持在规定值,水泥浆自动连续喷入地基。搅拌机不停地喷浆和旋转,并按确定的速度提升,直到设计要求的桩顶标高,即完成一次搅拌过程。拌制水泥浆液的罐数、水泥和外掺剂用量以及泵送浆液的时间等应由专人记录;喷浆量及搅拌深度必须采用经国家计量部门认证的监测仪器进行自动记录。成桩要控制搅拌机的提升速度和次数,使之连续均匀,以控制注浆量,保证搅拌均匀,同时泵送必须连续。

5. 关闭搅拌机、清洗

向集料斗中注入适量清水,开启灰浆泵,清洗全部管路中残存的水泥浆,直至基本干净,并将黏附在搅拌头上的软土清洗干净。

4.3.5　减少水泥土挡墙位移的措施

水泥土挡墙水平位移的大小与基坑开挖深度、坑底土性质、基坑底部状况(有无桩基或加固等)、基坑边堆载及基坑边长等因素有关。重力式挡墙的稳定有赖于被动土压力的发挥,而被动土压力只有在墙体位移足够大时才能发挥。在实际工程中,水泥土墙的水平位移往往偏大,有时甚至会影响基坑工程的正常施工或给周围环境(如相邻建筑、地下管线等)造成危害。因此,在水泥土墙围护结构设计中,根据工程特点,采取一定措施,减小水泥土墙的位移是十分必要的。

4.3.5.1　基坑降水

基坑开挖前进行坑内预降水,既可为地下结构施工提供干燥的作业环境,同时对坑内土的固结也十分有利。该方法施工简便、造价低、效果好。对于含水并适宜降水的土层,宜选用此法。

坑内降水井管的布置既要保证坑内地下水降至坑底以下一定的深度,又要防止坑内降水影响坑外地下水位过大变动,造成坑边土体的沉陷。降低地下水位不宜低于水泥土桩墙嵌固深度的 1/2,如图 4-15 所示。坑内预降水时间可按土的渗透性及降水深度确定,一般取 $(20 \sim 30) d$。

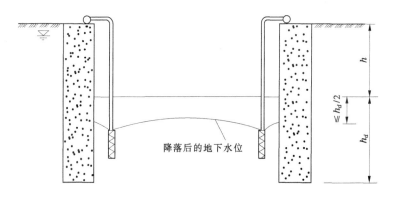

图 4-15　坑内降水

4.3.5.2　墙体加墩或墙体起拱

当基坑边长较长时,可采用局部加墩的形式,这对于减小水泥土墙的位移有一定作用,也有利于墙体稳定。

局部加墩的形式,可根据施工现场的条件及水泥土墙的长度分别采用间隔布置或集中布置的形式,如图 4-16 所示。

1.间隔布置

间隔布置就是每隔 10~20 m,设置一个长度为 3~5 m、宽度为 1~2 m 的加强墩,加强墩仍可采用格栅式布置。

2.集中布置

集中布置就是在基坑长边中央集中布置一个加强墩。局部加墩在设计计算时不计其有利作用,即水泥土墙宽度仍以未加墩处计取。

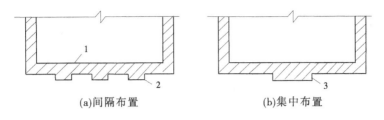

(a)间隔布置　　　　　　　　　　(b)集中布置

1—墙体;2—间隔布置的墩;3—集中布置的墩

图 4-16　墙体加墩平面示意图

墙体起拱有几种情况(见图 4-17):

图 4-17(a)是利用地下结构外形尽可能将带内折角的折线形设计成向外起拱的形状,有利于围护结构的稳定,并可减小位移;

图 4-17(b)是在较长的直线段水泥土墙的设计中,将其设计成为起拱的折线,它对减小位移也有一定作用;

图 4-17(c)采用平面形状为圆弧形的围护结构形状;

图 4-17(d)采用多边形的围护结构、平面形状。

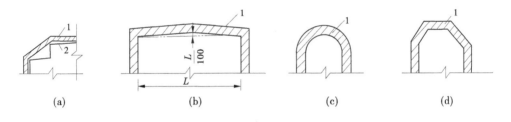

(a)　　　　　　　　(b)　　　　　　　　(c)　　　　　　　　(d)

1—围护墙;2—基础底边线

图 4-17　墙体起拱

4.3.5.3　墙顶插筋

水泥土墙插筋对减少墙体位移有一定作用,特别是采用毛竹插筋或钢筋插筋作用更明显,如图 4-18 所示。插筋的形式通常如下:

(1)插入长 2 m 左右ϕ 12 mm 的钢筋,每根搅拌桩顶部插入一根,以后将其与墙顶压顶面板钢筋绑扎连接。

(2)水泥土墙后或墙前、后插入毛竹或钢管。毛竹长度一般取 6 m 左右,插入坑底以下不小于 1 m 左右,毛竹竹梢直径不宜小于 40 mm。由于毛竹插入较为困难,可用钢管插入,这是因钢管比较直,刚度大,易于插入。

4.3.5.4　坑底加固

当坑底土较软弱,采用上述措施还不能控制水泥土墙的水平位移时,则可采用基坑底部加固法:如采用水泥土搅拌桩、压密注浆等进行坑底加固,其中水泥土搅拌桩加固应用最为广泛,也有工程采用水泥土搅拌桩加桩间注浆的方法,效果很好。

坑底加固的布置可用满堂布置方法,也可采用坑底四周布置方法。满堂布置一般适用于较小的基坑。对大面积基坑,坑底满堂加固的工程量大大增加,不经济。此时,可采

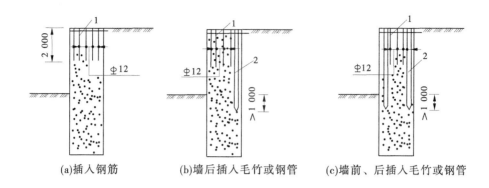

(a)插入钢筋　　　　　(b)墙后插入毛竹或钢管　　　(c)墙前、后插入毛竹或钢管

1—钢筋;2—毛竹或钢管

图 4-18　水泥土墙插筋

用墙前坑底加固方法。墙前坑底加固宽度可取 $(0.4 \sim 0.8)D$,加固深度可取 $(0.5 \sim 1.0)D$,加固区段可以是局部区段,也可以是基坑四周全部,如图 4-19 所示,具体可视坑底土质、周围环境及经济性等决定。

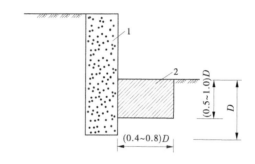

1—水泥土墙;2—坑底加固

图 4-19　坑底加固

4.3.6　质量控制与检验

深层搅拌桩的施工质量可通过施工记录、强度试验和轻便触探进行间接或直接的判断。

4.3.6.1　成桩施工期的质量检查

成桩施工期的质量检查包括力学性能、原材料质量、掺和比的检查等。成桩时,逐根检查桩位、桩底标高、桩顶标高、桩身垂直度、喷浆提升速度、外掺剂掺量、喷浆量均匀度、搭接厚度及搭接施工的间歇时间等。

4.3.6.2　施工记录

施工记录是现场隐蔽工程的施工实录,反映了施工工艺执行情况和施工中发生的各种问题。施工记录应详尽、完善、如实进行并由专人负责。用施工前预定的施工工艺进行对照,很容易判断施工操作是否符合要求。对施工中发生的如停电、机械故障、断浆等问题通过分析记录,也容易判断事故处理是否得当。

4.3.6.3　强度检验

在施工操作符合预定工艺要求的情况下,桩身强度是否满足设计要求是质量控制的关键。在搅拌桩支护的压顶路面浇捣前,可采用钻取水泥土桩芯或静力触探方法检验桩长和桩身强度,或用轻便触探检验桩顶 4 m 范围内桩身强度。钻芯数量不宜少于总桩数的 2% ,且不应少于 5 根,并应根据设计要求取样进行单轴抗压强度试验。

4.3.6.4　基坑开挖期的检测

观察桩体软硬、墙面平整度和桩体搭接及渗漏情况,如不能符合设计要求,应采取必要的补救措施。

4.4　加劲水泥土搅拌墙(SMW)工法施工

加劲水泥土搅拌墙(SMW)工法由日本成辛工业株式会社成功开发。SMW 工法是利用专门的多轴搅拌机就地钻进切削土体,同时在钻头端部将水泥浆液注入土体,经充分搅拌混合后,再将 H 型钢或其他型材插入搅拌桩体内,形成地下连续墙体,利用该墙体直接作为挡土和止水结构。其主要特点是构造简单,止水性能好,工期短,造价低,环境污染小,特别适合城市中的深基坑工程。

4.4.1　SMW 工法的优点及适用范围

4.4.1.1　SMW 工法的优点

(1)施工不扰动邻近土体,不会产生邻近地面下沉、房屋倾斜、道路裂损及地下设施移位等危害。

(2)随着钻掘和搅拌反复进行,可使水泥与土得到充分搅拌,而且墙体全长无接缝,它比传统的连续墙具有更可靠的止水性。

(3)它可在黏性土、粉土、砂土、沙砾土等土层中应用。

(4)成墙厚度为 550 ~ 1 300 mm,常用厚度这 600 mm;成墙最大深度目前为 65 m,视地质条件尚可施工至更深。

(5)所需工期较其他工法短,在一般地质条件下,为地下连续墙的1/3。

(6)废土外运量远比其他工法少。

4.4.1.2　适用范围

SMW 工法具有墙体厚度小、施工速度快、对周边环境影响小、造价低廉等优点,特别适合作为软土地区深基坑的支护结构。

4.4.2　加劲水泥土搅拌墙的基本形式

加劲水泥土搅拌墙桩体与型钢布置常用形式有以下几种。

4.4.2.1　单排水泥土搅拌桩

单排水泥土搅拌桩有隔孔设置、全孔设置、隔孔与全孔设置等,如图 4-20 所示。

4.4.2.2　双排水泥土搅拌桩

双排水泥土搅拌桩有隔孔设置、全孔设置、隔孔与全孔设置等,如图 4-21 所示。

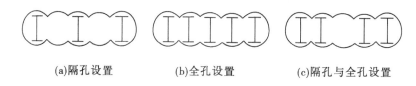

图 4-20　SMW 工法单排水泥土搅拌桩

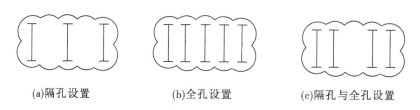

图 4-21　SMW 工法双排水泥土搅拌桩

4.4.3　加劲水泥土搅拌墙施工要点

4.4.3.1　工艺流程

加劲水泥土搅拌墙施工顺序如图 4-22 所示。

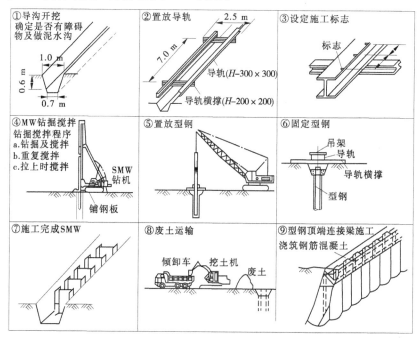

图 4-22　加劲水泥土搅拌墙施工顺序

4.4.3.2　成桩顺序

SMW 搅拌桩施工时有两种成桩顺序,一种是跳槽双孔全套复搅式施工,另一种是单侧挤压式施工。为保证三轴水泥搅拌桩的连续性和接头的施工质量,达到设计要求的防渗要求,主要采用跳槽双孔全套复搅式施工,如图 4-23 所示。图中阴影部分为重复套钻。

顺序 1 为大幅注浆(根桩浆量通过两根浆管打入),顺序 2 为小幅注浆(2 根桩浆量通过两根浆管打入)。但在特殊情况下(如搅拌桩成转角施工或施工间断处),则采用单侧挤压式施工,如图 4-24 所示。

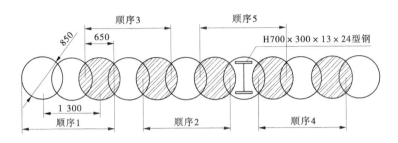

图 4-23　跳槽双孔全套复搅式施工

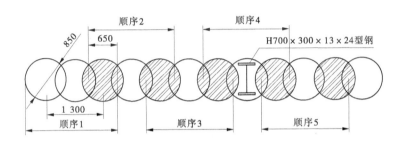

图 4-24　单侧挤压式施工

4.4.3.3　搅拌桩制作

与常规搅拌桩比较,要特别注重桩的间距和垂直度。施工垂直度应小于 1% ,以保证型钢插打起拔顺利,保证墙体的防渗性能。

注浆配比除满足抗渗和强度要求外,尚应满足型钢插入顺利等要求。

4.4.3.4　保证桩体垂直度措施

(1)在铺设道轨枕木处要整平整实,使道轨枕木在同一水平线上。

(2)在开孔之前用水平尺对机械架进行校对,以确保桩体的垂直度达到要求。

(3)用两台经纬仪对搅拌轴纵、横向同时校正,确保搅拌轴垂直。

(4)施工过程中随机对机座四周标高进行复测,确保机械处于水平状态施工,同时用经纬仪经常对搅拌轴进行垂直度复测。

4.4.3.5　保证加固体强度均匀的措施

(1)压浆阶段不允许发生断浆和输浆管道堵塞现象。若发生断桩,则在向下钻进 50 cm 后再喷浆提升,以保证搅拌桩的连续性。桩与桩的搭接时间不宜大于 24 h,若因故超时,搭接施工中必须放慢搅拌速度保证搭接质量。若因时间过长无法搭接或搭接不良,应作为冷缝记录在案,并经监理和设计单位认可后,采取在搭接处补做搅拌桩或旋喷桩等技术措施,确保搅拌桩的施工质量。

(2)采用"二喷二搅"施工工艺,第一次喷浆量控制在 60% ,第二次喷浆量控制在

40% ,严禁桩顶漏喷现象发生。为确保桩顶水泥土的强度,可采用"四喷四搅"施工工艺,喷浆下钻并搅拌两次,浆量达到整根桩浆量的 60% ~80% ,达到设计深度后喷浆搅拌 15 s,然后喷浆提升搅拌两次;达到设计桩顶时,应停止提升,搅拌至少 15 s,以保证桩头均匀密实。同时,严格控制提升和下降的速度,一般下沉速度不大于 1 m/min,提升速度不大于 2 m/min。

(3)搅拌头下沉到设计标高后,开启灰浆泵,将已拌制好的水泥浆压入地基土中,并边喷浆边搅拌 1 ~2 min。

(4)相邻桩的施工间隔时间不能超过 24 h,否则喷浆时要适当多喷一些水泥浆,以保证桩间搭接强度。

(5)预搅时,软土应完全搅拌切碎,以利于与水泥浆的均匀搅拌。

4.4.3.6　型钢的制作与插入起拔

1. 型钢接头处理

型钢焊接时,焊缝应均为坡口满焊,焊好后用砂轮打磨焊缝使之与型钢面一样平。单根型钢中焊接接头不宜超过 2 个,焊接接头的位置应避免在型钢受力较大处(如支撑位置或开挖面附近),相邻型钢的接头竖向位置宜相互错开,错开距离不宜小于 1 m。型钢应在水泥土初凝前插入。插入前应校正位置,设立导向装置,必须采用测量经纬仪双向调整型钢的垂直度。插入过程中,必须吊直型钢,尽量靠自重压沉。若压沉无法到位,再开启振动机下沉至标高。

在型钢插入前,型钢表面应进行除锈,并在干燥条件下涂上一层隔离减摩材料。隔离减摩材料早期应与水泥土有较好的黏结握裹力,提高复合作用,后期黏结握裹力降低或起拔时被剪切破坏,使起拔阻力降低,以利于 H 型钢的拔出。另外,搅拌桩顶制作围檩前,事先用牛皮纸将型钢包裹好进行隔离,以利拔桩。

2. 型钢回收

可采用液压千斤顶组成的起拔器夹持型钢顶升,使其松动,然后采用振动锤,利用振动方式或履带式吊车强力起拔,将 H 型钢拔出。采用边拔型钢边注浆充填空隙的方法施工。

4.4.4　质量标准及安全、环境保护措施

4.4.4.1　质量标准

(1)水泥及外掺剂质量应符合设计要求并附有产品合格证或抽样送检报告。

(2)每根桩的水泥用量应达到设计要求。

(3)桩位定位偏差按图纸不应超过 50 mm。

(4)桩顶、桩底标高应不低于设计值,桩底一般应超深 100 ~200 mm,桩顶应超过 0.5 mm。

(5)桩身垂直度:每根桩施工时应用经纬仪检查导向架和搅拌轴的垂直度,以测定桩身垂直度,垂直度误差不应超过 1% 。

(6)桩径不应小于设计桩径。

(7)用于围护的搅拌桩,其桩与桩的搭接长度不应小于 200 mm,相邻桩体应连续施

工,施工间歇时间不宜超过 12 h。

(8) H 型钢长度误差在 10 mm 之内,垂直度误差不应超过 1%。

(9) H 型钢标高误差不应超过 30 mm,型钢插入平面位置误差不应超过 10 mm。

4.4.4.2　安全、环境保护措施

卸桩架转向、调位时按规定要求进行。遇六级大风时,必须设好缆风绳等加强稳定的措施。现场施工用电要符合规范要求,实现三级用电三级保护,做到一机一箱一闸一漏电开关。拌浆池施工人员在配料时应戴口罩。夜间施工应减少噪声,尽量减少桩机数量。施工时应及时清除弃土废浆,并组织外运,保持良好的施工环境条件。

4.5　地下连续墙施工

地下连续墙是采用专门的挖槽机械,沿着深基础或地下建筑物的周边在地面下分段挖出一条深槽,并就地将钢筋笼吊放入槽内,用导管法浇筑混凝土,形成一个单元槽段,然后在下一个槽段依次施工,两个槽段之间以各种特定的接头方式相互连接,从而形成地下连续墙(见图 4-25)。

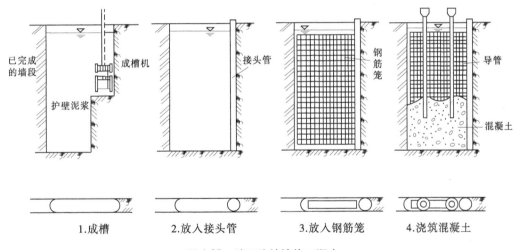

图 4-25　地下连续墙施工顺序

地下连续墙既可以承受侧壁的土压力和水压力,在开挖时起到支护、挡土、防渗等作用,又可将上部结构的荷载传到地基持力层,作为地下建筑和基础的一个部分。目前,地下连续墙已发展有后张预应力、预制装配和现浇等多种形式,应用越来越广。1950 年,首先在意大利米兰的水利工程大坝的防渗墙采用泥浆护壁进行地下连续墙施工(称为米兰法)。20 世纪 70 年代开始,我国在水利、港工和建筑工程中逐渐开始应用。近 10 多年来,我国在地下连续墙的施工设备、工程应用和理论研究上都获得了很大的成就。

4.5.1　地下连续墙的特点

4.5.1.1　地下连续墙的优缺点

地下连续墙的优点有很多,主要有:

（1）施工时振动小,噪声低,非常适用于在城市施工。

（2）墙体刚度大,用于基坑开挖时,极少发生地基沉降或塌方事故。

（3）防渗性能好。

（4）可用于逆作法施工。

（5）占地少,可以充分利用建筑红线以内有限的地面和空间,充分发挥投资效益。

（6）工效高,工期短,质量可靠,经济效益高。

4.5.1.2　地下连续墙的缺点

（1）槽壁坍塌问题。如地下水位急剧上升,护壁泥浆液面急剧下降,土层中有软弱疏松的砂性夹层,泥浆的性质不当或已变质,施工管理不善等均可能引起槽壁坍塌,引起邻近地面沉降,危害邻近工程结构和地下管线的安全。同时也可能使墙体混凝土体积超方,墙面粗糙和结构尺寸超出允许界限。

（2）如果施工方法不当或地质条件特殊,可能出现相邻槽段不能对齐和漏水的问题。

（3）对废泥浆的处理,不但会增加工程费用,如泥水分离技术不完善或处理不当,会造成新的污染。

（4）地下连续墙如果用作临时的挡土结构,比其他方法的费用要高些,不够经济。

地下连续墙围护比排桩和深层搅拌桩围护的造价要高,要根据基坑开挖深度、土质情况和周围环境情况,并经经济比较认为经济合理,才可使用。一般来说,当在软土层中基坑开挖深度大于 10 m,周围相邻建筑或地下管线对沉降与位移要求较高,或用作主体结构的一部分,或采用逆筑法施工时,可采用地下连续墙。

4.5.2　地下连续墙的类型

地下连续墙作为挡土结构,按其支护方式可分为以下几种。

4.5.2.1　自立式挡土墙

在开挖过程中,不需要设置锚杆或支撑等工作,但其应用范围受到开挖深度的限制,最大的自立高度与墙体厚度和地质条件有关。

4.5.2.2　锚定式挡土墙

锚定式挡土墙可使地下连续墙安全挡土高度加大,一般最为合理的是采用多层斜向锚杆,也可以在地下墙的墙顶附近设置拉杆和锚定墙。

4.5.2.3　支撑式挡土墙

支撑式挡土墙在工程中应用较多,与钢板桩支撑相似。通常采用 H 型钢、实腹梁、钢管等构件作为支撑,也常采用主体结构的钢筋混凝土梁作为施工挡土支撑。

4.5.2.4　逆作法

逆作法常用于较深的多层地下室施工。就是利用地下主体结构梁板体系作为挡土结构支撑,逐层进行挖土,逐层进行梁、板、柱体系的施工。与此同时,以柱桩式承重基础承受上部结构重量,在基坑开挖过程中,同时进行上部结构的施工。

4.5.3　地下连续墙构造

（1）墙体混凝土的强度等级不应低于 C20。

（2）受力钢筋应采用Ⅱ级钢筋，直径不宜小于 20 mm。构造钢筋可采用Ⅰ级或Ⅱ级钢筋，直径不宜小于 14 mm。竖向钢筋的净距不宜小于 75 mm。构造钢筋的间距不应大于 300 mm。单元槽段的钢筋笼宜装配成一个整体；必须分段时，宜采用焊接或机械连接。

（3）钢筋的保护层厚度，对临时性支护结构不宜小于 50 mm，对永久性支护结构不宜小于 70 mm。

（4）竖向受力钢筋应有一半以上通长配置。

（5）当地下连续墙与主体结构连接时，预埋在墙内的受力钢筋、连接螺栓或连接钢板，均应满足受力要求。预埋的钢筋应采用Ⅰ级钢筋，直径不宜大于 20 mm。

（6）地下连续墙顶部应设置钢筋混凝土圈梁，梁宽不宜小于墙厚尺寸；梁高不宜小于 500 mm；总配筋率不应小于 0.4%。墙的竖向主筋应锚入梁内。

（7）地下连续墙墙体混凝土的抗渗等级不得小于 0.6 MPa。二层以上地下室不宜小于 0.8 MPa。当墙段之间的接缝不设止水带时，应选用锁口圆弧形、槽形或 V 形等可靠的防渗止水接头，接头面应严格清刷，不得存有夹泥或沉渣。

4.5.4　地下连续墙的施工工艺

在地下工程开挖前，先在地面按建筑物平面筑导墙，用特制挖槽机械在泥浆护壁的情况下，每次开挖一定长度（一个单元槽段）的沟槽，待开挖至设计深度并清除沉积下来的泥渣后，将地面加工好的钢筋骨架（钢筋笼）用起重机吊放入充满泥浆的沟槽内，采用水下浇筑混凝土的方法，由导管向沟槽内筑混凝土，由于混凝土是由沟槽底部开始逐渐向上浇筑，所以随混凝土浇筑泥浆即被置换出来，待混凝土浇至设计标高后，一个单元槽段施工即完毕。各单元槽段之间用特制接头连接成连续的地下钢筋连续墙，成封闭形状，开工挖土时，地下连续墙既可以挡土又可以防水抗渗。如将地下连续墙作为建筑物的地下室外墙，则具有承重作用。

地下连续墙的施工工艺主要包括测量放线、导墙施工、地下墙成槽、清基、钢筋笼吊放、水下混凝土浇筑等（见图 4-26）。

4.5.4.1　导墙的施工

1. 导墙的作用

导墙在地下连续墙施工时有如下作用：

（1）在成槽时起挡土作用。

（2）用来确定成槽位置与单元槽段划分，还可用作测定沉槽精度、标高、水平及垂直等的基准。

（3）用于支承成槽机。

（4）防止泥浆流失及雨水流入槽内等。

2. 导墙的形式

导墙的形式如图 4-27 所示。图 4-27（a）断面最简单，适用于表层土性良好和导墙上荷载较小的情况；图 4-27（b）为应用较多的形式，适用于表层土为杂填土、软黏土等承载力较低的情况，将导墙做成倒 L 形；图 4-27 适用于作用于导墙上的荷载很大的情况，可根据荷载的大小增减其伸出部分的长短。

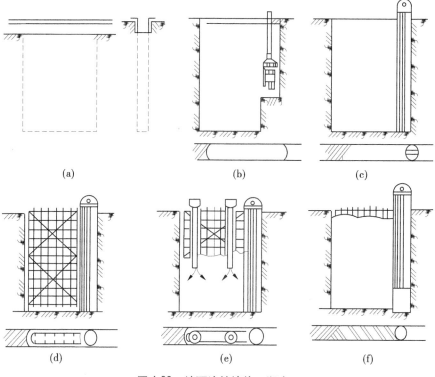

图 4-26　地下连续墙施工顺序

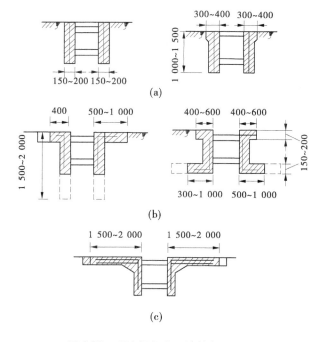

图 4-27　现浇混凝土导墙的断面形式

在确定导墙形式时,应考虑表层土的特性、荷载情况,地下连续墙施工时对邻近建筑物可能产生的影响、地下水位高低及其水位变化情况等。

4.5.4.2　泥浆护壁技术

1.泥浆的组成和作用

地下连续墙用的护壁泥浆主要有膨润土泥浆,其成分为膨润土、水和一些掺和物。膨润土泥浆的通常配合比如表4-6所示。

表4-6　膨润土泥浆的通常配合比

成分	材料名称	通常用量(%)
固体材料	膨润土	6~8
悬溶液	水	100
增黏剂	CMC(甲基纤维素)	0~0.05
分散剂	Na_2CO_3,FCI	0~0.05
加重剂	重晶石粉	必要时才用
防漏材料	石、锯末、化纤材料	必要时才用

泥浆的作用为固壁、携砂、冷却和润滑,其中以固壁作用最为重要。

2.泥浆的性能

1)泥浆密度

泥浆密度是一项极为重要的指标,须严格控制。泥浆密度过大,不但影响混凝土的浇筑,而且由于其流动性差而泥浆循环设备的功率消耗亦大,泥浆密度宜2 h测定一次。一般新制备的泥浆的密度应小于1.05 g/cm^3;在成槽过程中由于泥浆中混入泥土,密度上升,但为了能顺利地浇筑混凝土,希望在成槽结束后槽内泥浆的密度不大于1.15,槽底部泥浆的密度不大于1.25 g/cm^3。

2)泥浆的黏度

泥浆要有一定的黏度,才可确保槽壁稳定。黏度可用漏斗形黏度计进行测定。不同的土质,有无地下水、挖槽方式、泥浆循环方式等对黏度有不同的要求。砂质土中的黏度应大于黏性土的,地下水丰富土层的要大于无地下水土层的。泥浆静止状态下的成槽,尤其是用大型抓斗上下提拉的成槽方式,因为容易使槽壁坍塌,故黏度要大于泥浆循环成槽时的数值。

3)泥浆失水量和泥皮厚度

泥浆在沟槽内受压力差的作用,泥浆中的部分水会渗入土层,这种现象叫泥浆失水,渗失水的数量叫失水量,一般用30 min内在一定压力作用下渗过一定面积的水量表示,单位为mL/30 min。

在泥浆失水时,于槽壁上形成一层固体颗粒的胶结物叫泥皮。泥浆失水量小,泥皮薄而致密,有利于稳定槽壁。

4)泥浆pH

泥浆pH表示泥浆酸碱性的程度。pH=7为中性,pH<7为酸性,pH>7为碱性。膨润土泥浆呈弱碱性,pH 一般为 8 ~ 9.5,pH 越大,碱性越强;pH > 11,泥浆会产生分层现象,失去护壁作用。

5)泥浆胶体率与稳定性

泥浆的胶体率是将 100 mL 泥浆倾入 100 mL 的量筒中,用玻璃片盖上静置 24 h 后,观察量筒上部澄清液的体积。如其澄清液为 5 mL,则该泥浆的胶体率为 95% ,沉淀率为 5% 。泥浆胶体率一般应大于 95% 。

泥浆稳定性又称沉降稳定性,是衡量在地心引力作用下,泥浆是否容易下沉的性质。若下沉速度很小,甚至可略而不计,则称此种分散体系具有沉降稳定性。测定方法是将泥浆注满稳定计(也可用量筒代替),静置 24 h 后,分别量测上下部分的泥浆密度,其上下部分密度的差值用以表示泥浆的稳定性。

3.泥浆的制备

1)材料的选择

膨润土在使用前要了解其化学成分,因为不同的膨润土,泥浆的浓度、外加剂的种类和掺量、泥浆的循环使用次数等亦不同。

一般情况下,钠膨润土比钙膨润土的湿胀性大,但易受阳离子的影响,所以对于水中含有大量阳离子,或在施工过程可能产生阳离子污染时,宜采用钙膨润土。外加剂有分散剂、增黏剂、加重剂与防漏剂。分散剂要选用不增加泥浆失水量的分散剂,如碳酸钠、三(聚)磷酸钠等。

2)泥浆配合比的确定

应首先根据为保持槽壁稳定所需的黏度来确定膨润土的掺量(一般为 6% ~ 9%)和增黏剂 CMC 的掺量(一般为 0.008% ~ 0.013%)。分散剂的掺量一般为 0 ~ 0.5% 。我国常用的分散剂是纯碱。确定泥浆配合比,要根据原材料的特性,参考常用的配合比,通过试配后经过不断修正最后确定适用的配合比。

3)泥浆的制备

泥浆的制备包括泥浆搅拌与沉浆储存。泥浆搅拌机常用的有高速回转式搅拌机和喷射式搅拌机两类。高速回转式搅拌机(亦称螺旋桨式搅拌机)由搅拌机筒和搅拌叶片组成,它以高速回转(1 000 ~ 1 200 r/min)的叶片使泥浆产生激烈的涡流,将泥浆搅拌均匀。喷射式搅拌机是利用喷水射流进行拌和的搅拌方式,可以进行大容量的搅拌。其工作原理是用泵把水喷射成射流状,利用喷嘴附近的真空吸力,把加料器中膨润土吸出与射流进行拌和。用此法拌和泥浆,在泥浆达到设计浓度之前,可以循环进行。即喷嘴喷出的泥浆进入储浆罐,如未达到设计浓度,储浆罐中的泥浆再由泵经喷嘴与膨润土拌和,如此循环直至泥浆达到设计浓度。

4.5.4.3　成槽

成槽是地下连续墙施工中的关键工序。因为槽壁形状基本上决定了墙体外形,所以挖槽的精度又是保证地下连续墙质量的关键之一。同时,成槽约占地下连续墙工期的一半,因此提高其成槽效率也能加快施工进度。

1.槽段长度的选择

地下连续墙施工时,预先沿墙体方向把墙体划分为若干个某种长度的施工单元,这种施工单元称为单元槽段。槽段长度的选择,从理论上说,除去小于成槽机长度的尺寸不能施工外,各种长度均可施工,且愈长愈好。这样能减少地下连续墙的接头数(因为接头是地下连续墙的薄弱环节),从而提高了地下连续墙的防水性能和整体性。但实际上,槽段长度受许多因素的限制,在确定其长度时应综合考虑如下因素。

(1)地质条件。

当土层不稳定时,为防止槽壁坍塌,应减少槽段长度,以缩短成槽时间。

(2)地面荷载。

当附近有高大建筑物或较大的地面荷载时,也应缩减槽段长度,以缩小槽壁的开挖面和暴露时间。

(3)起重机起重能力。

根据起重机的起重能力估算钢筋笼的重量和尺寸,以此计算槽段的长度。此外,划分槽段时尚应考虑槽段之间的接头位置,一般情况下接头应避免设在转角或地下连续墙与内部结构的连接处,以保证地下连续墙有较好的整体性。槽段的长度取 3 ~ 5 m,但也有取 10 m 甚至更长的情况。

2. 槽壁的稳定

地下连续墙施工时,应始终保持槽壁的稳定,自成槽开始至混凝土浇筑完毕,不应发生槽壁坍塌。槽壁稳定主要靠泥浆的静水压力,泥浆护壁仍是目前地下连续墙施工中保持槽壁稳定的主要方法。选用适当的材料和配比,能得到良好性能的泥浆,保持与外压平衡,可保持槽壁稳定。在地下连续墙施工安排中,不可忽视泥浆在槽内放置的时间。所谓放置时间,是指成槽结束到浇注混凝土之前这段时间,一般条件下为 2 ~ 3 天。在这段时间内无须采取特别措施,但要控制泥浆的性质、泥浆液面的高度以及地下水位的变动等,只要没有变化即无问题。如需搁置较长时间,应增加膨润土的掺量,增大密度。同时,应防止沉淀使密度减小,以便使泥浆形成良好的泥皮或渗透沉积层。在搁置时间内,仍需进行泥浆质量控制,注意泥浆液面和地下水位的变化,防止雨水的流入等。

3. 成槽要领

在成槽过程中,要特别注意以下几方面,以保证成槽顺利进行。

(1)确保场地的平整及地表层地基承载力。在作业场地内有成槽机、起重机、混凝土搅拌车等机械的运转,必须确保这些机械的正常运转。

(2)调整并时刻确保成槽机的垂直度。

(3)及时供应质量可靠的护壁泥浆。

(4)预先钻孔导向。对重力式抓斗成槽机,当操作人员无足够的经验或土质不好时,可预先钻孔作导向,这对放置接头管是有利的。

(5)在回填土或极软土层中成槽时,可考虑进行注浆加固,以防止成槽时塌方。

(6)加强槽底清淤工作。清底方法一般有沉淀法和置换法两种。沉淀法是在土渣基本都沉淀到槽底之后再进行清底;置换法是在挖槽结束之后,对槽底进行认真清理,然后在土渣再沉淀之前就用新泥浆把槽内的泥浆置换出来,使槽内泥浆的密度在 1.15 g/cm^{3}以下。

4.5.4.4　钢筋混凝土施工要点

1. 钢筋笼的加工和吊放

根据地下连续墙体钢筋的设计尺寸,再按照槽段的具体情况,来确定钢筋笼的制作图,钢筋笼做好时,尽量按单元槽段组成一个整体;钢筋笼起吊时,顶部要用一根横梁,其长度和钢筋笼尺寸相适应,钢筋笼插入槽段时最重要的是对准单元槽段的中心。

2. 混凝土浇筑

地下连续墙的墙体混凝土是采用直升导管法浇筑水下混凝土方法灌注的。导管与导尾丝扣连接,也可采用像消防用皮管的快速接头,以便于在钢筋笼中顺利升降。

槽段的混凝土是利用混凝土与泥浆的密度差浇下去的,因此必须保证密度差在 1.1 g/cm³ 以上。混凝土的密度是 2.3 g/cm³,槽内泥浆的密度应小于 1.2 g/cm³,若大于 1.2 g/cm³ 就要影响浇筑质量。土要有良好的和易性且不发生离析。

导管的数量与槽段长度有关,槽段长度小于 4 m 时,可使用 1 根导管;大于 4 m 时,应使用 2 根或 2 根以上导管。导管间距根据导管直径确定,使用 150 mm 导管时,间距 2 m;使用 200 mm 导管时,间距 3 m。导管埋入混凝土的深度最小要大于 1.5 m,最大要小于 9 m,仅在当混凝土浇灌到地下连续墙墙顶附近,导管混凝土不易流出的时候,一方面,要降低灌注速度;另一方面,可将导管的埋入深度减为 1 m 左右。如果混凝土再浇筑不下去,可将导管做上下运动,但上下运动的高度不能超 30 cm。在浇灌过程中,导管不能做横向运动,否则会使沉渣或泥浆混入混凝土内。浇筑过程中不能使混凝土溢出或流进槽内。

混凝土要连续灌注。不能长时间中断,一般可允许中断 5~10 min,最大只允许中断 20~30 min,以保持混凝土的均匀性。混凝土搅拌好之后,以 15 h 内浇筑完毕为宜。夏天由于混凝土凝结较快,所以必须在搅拌好之后 1 h 内尽快浇完,否则应掺入适量的缓凝剂。在浇筑过程中,要经常测量混凝土灌注量和上升高度。测量混凝土上升高度可用测锤。由于混凝土上升面一般都不是水平的,所以要在三个以上的位置进行测量。

4.5.4.5　地下连续墙接头施工

为了使地下连续墙槽段与槽段之间很好的连接,保证有良好的止水性和整体性,应根据建造地下连续墙的目的来选择适当的接头形式。

1. 接头管(连锁管)施工

接头管(连锁管)施工是最常用的槽段接头施工方法,其施工顺序如图 4-28 所示。

接头管的直径一般要比墙厚小 50 mm。管身壁

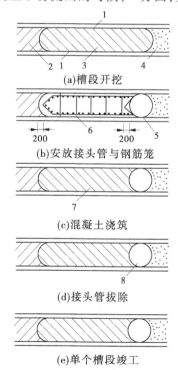

(a)槽段开挖

(b)安放接头管与钢筋笼

(c)混凝土浇筑

(d)接头管拔除

(e)单个槽段竣工

1—导墙;2—已完工的混凝土地下墙;
3—正在开挖的槽段;4—未开挖槽段;
5—接头管;6—钢筋笼;
7—正完工的混凝土地下墙;
8—接头管拔除后的孔洞

图 4-28　接头管施工过程

厚一般为 19~20 mm。每节长度为 5~10 m，在施工现场的高度受到限制的情况下，管长可适当缩短。

为便于今后接头管的起拔，管身外壁必须光滑，还可在管身上涂抹黄油，然后用起重机吊放入槽孔内。开始灌注混凝土 2 h 后，旋转半圆周，或提起 10 cm。一般在混凝土开浇后 3~5 h 开始起拔。具体起拔时间，应根据水泥品种、强度等级、混凝土的初凝时间等来确定。起拔时一般用 30 t 起重机。开始时每隔 20~30 min 提拔一次，每次上拔 30~100 cm。较大工程另备 100 t 或 200 t 千斤顶提升架，为应急之用。

接头管拔出后，已浇好的混凝土半圆形表面上，附着有水泥浆与稳定液混合而成的胶凝物，必须除去，否则接头处止水性更差。

2. 接头箱接头

采用接头箱接头，可以使地下连续墙形成整体接头，接头的刚度较好。接头箱接头的施工方法与接头管的施工方法相似，只是以接头箱代替接头管，如图 4-29 所示。一个单元槽段成槽挖土结束后，吊放接头箱，再吊放钢筋笼。由于接头箱的开口面被焊在钢筋笼端部的钢板封住，因此浇筑的混凝土不能进入接头箱。混凝土初凝后，与接头管一样逐步吊出接头箱，待后一个单元槽段再浇筑混凝土时，由于两相邻单元槽段的水平钢筋交错搭接，从而形成整体接头。

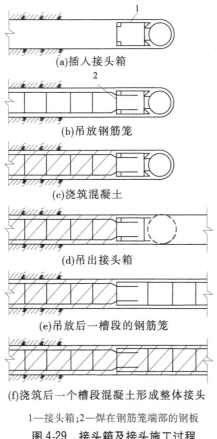

(a)插入接头箱

(b)吊放钢筋笼

(c)浇筑混凝土

(d)吊出接头箱

(e)吊放后一槽段的钢筋笼

(f)浇筑后一个槽段混凝土形成整体接头

1—接头箱;2—焊在钢筋笼端部的钢板

图 4-29 接头箱及接头施工过程

4.6　支撑结构工程施工

　　基坑支护结构主要由承受水压力、土压力的围护墙结构和支撑结构(或土层锚杆)两部分组成,两者组成一个整体,共同承受土体的约束及荷载的作用。当基坑开挖深度较大,悬臂式挡墙的强度和变形不能满足要求时,还要沿围护墙竖向设置支撑点,以减少围护的内力和变形。支撑结构按布置方式分为水平支撑体系、竖向支撑体系和斜向支撑体系;按材料分为钢管支撑、型钢支撑、钢筋混凝土支撑等;按支撑的数量分为无支撑(悬臂)围护结构、单支撑结构和多支撑结构;按支撑的性质分为内支撑系统、外支撑系统,在基坑内对围护结构加设支撑成为内支撑,如图 4-30(a)所示;而在基坑外对围护结构设拉支撑则称为外支撑,主要包括拉锚、锚杆等,如图 4-30(b)所示。

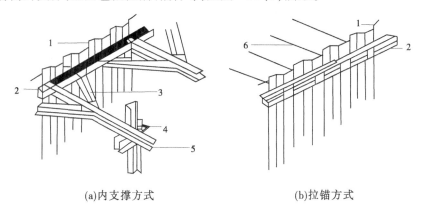

(a)内支撑方式　　　　　　　　　　(b)拉锚方式

1—钢板桩;2—围檩;3—角撑;4—立柱与支撑;5—支撑;6—锚拉杆

图 4-30　钢板桩支护结构

　　内支撑可以直接平衡两端围护结构上所受的侧压力,构造简单,受力明确,安全可靠,易于控制围护结构的变形,但内支撑的设置给基坑内挖土和地下室结构的支模和混凝土的浇筑带来不便,需要通过换撑加以解决。而拉锚设置围护结构的背后为挖土和结构施工创造了空间,但位于软土地区的拉锚变形较难控制,且锚杆有一定长度,在建筑物密集地区如超出建筑红线需专门申请。本节主要介绍内支撑体系的施工。

4.6.1　内支撑体系材料选择

4.6.1.1　钢筋混凝土支撑

　　现浇钢筋混凝土支撑随着挖土的加深,根据设计规定的位置现场支模浇筑而成。其优点是可根据基坑平面形状浇筑成直线、曲线等最优布置形式;支撑结构整体刚度大,安全可靠,可使围护墙变形小,有利于保护周围环境;能够方便地变化构件的截面和配筋,以适应其内力的变化。其缺点是自重大,属于一次支护,不可重复使用;支撑成形和发挥作用的时间较长,因而使围护结构因时间效应而产生的变形增大;拆除相对困难,如用控制爆破拆除,有时周围环境不允许,如用人工拆除则时间较长、劳动强度大。

　　现浇钢筋混凝土支撑的混凝土强度等级多为 C30,截面(高×宽)常见尺寸有 600 mm×

800 mm、800 mm×1 000 mm、800 mm×1 200 mm、1 000 mm×1 200 mm,腰梁截面(高×宽)常见尺寸有 600 mm×800 mm、800 mm×1 000 mm、1 000 mm×1 200 mm,支撑的截面尺寸在高度方向要与腰梁高度相匹配,钢筋要经计算确定。

软土地区有时在同一基坑内会同时应用以上两种支撑。为了控制地面变形、保护好周围环境,上层支撑用混凝土支撑,基坑下部为了加快支撑的装拆、加快施工速度,采用钢支撑。

4.6.1.2 钢结构支撑

钢结构支撑自重小、装拆方便、施工速度快,能尽快发挥支撑作用,减小围护结构因时间效应而增加的变形。由于钢支撑能够重复使用,多为租赁方式,便于专业化施工。同时,在开挖中可以做到随挖随撑,并可施加预应力,还能根据围护结构变形情况及时调整预应力值,以限制围护结构变形的发展。其缺点是整体刚度相对较弱,支撑的间距相对较小,安装节点相对较多,当节点构造不合理或施工方法不当时,往往容易造成节点变形与钢支撑变形,进而造成基坑边坡过大的水平位移。

钢结构支撑常用钢管支撑(多用 ϕ 600 mm 钢管)和型钢支撑(多用 H 型钢)两种类型,截面形式如图 4-31 所示。

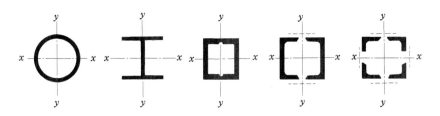

图 4-31　钢支撑截面形式

4.6.2　内支撑体系布置形式

4.6.2.1　水平支撑体系

水平支撑体系由围檩(布置在围护墙内侧,并沿水平方向四周连接的腰梁)、水平支撑和立柱组成,如图 4-32 所示。

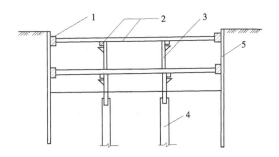

1—腰梁;2—支撑;3—立柱;4—桩;5—围护墙
图 4-32　对撑式内支撑

　　水平支撑体系的平面布置形式如图4-33所示,有贯通基坑全长或全宽的对撑或对撑桁架、位于基坑角部两邻边之间的斜角撑或斜撑桁架、位于对撑或对撑桁架端部的八字撑、由围檩和靠近基坑边的对撑为弦杆的边桁架及支撑之间的边系杆等。有时在同一基坑中混合使用,如角撑加对撑、环梁加边桁(框)架、环梁加角撑等,主要根据基坑的平面形状和尺寸设置最合适的支撑。

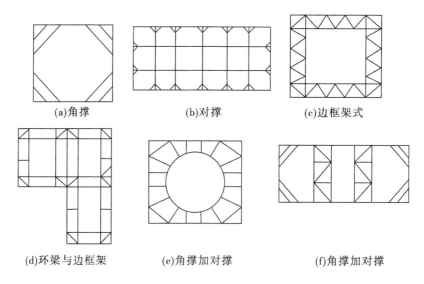

（a)角撑　　　　　　　　（b)对撑　　　　　　　　（c)边框架式

（d)环梁与边框架　　　　（e)角撑加对撑　　　　　（f)角撑加对撑

图4-33　水平支撑体系的平面布置形式

　　水平支撑体系整体性好,水平力传递可靠,平面刚度较大,适合大小、深浅不同的各种基坑,应用范围广泛。水平支撑体系在竖向的布置主要取决于基坑深度、围护墙种类、挖土方式、地下结构各层楼盖和底板的位置等。而随着基坑深度加大,水平支撑层数也相应增多,以确保围护墙受力合理,不易产生过大的弯矩和变形。支撑设置的标高要避开地下结构楼盖的位置,以便于支模和浇筑地下结构时换撑。支撑多数布置在楼盖之下和底板之上,其净距 B 不小于 600 mm。支撑竖向间距还与挖土方式有关,如人工挖土时竖向间距 A 不宜小于 3 m,使用挖掘机挖土时 A 不宜小于 4 m,特殊情况例外,如图4-34所示。

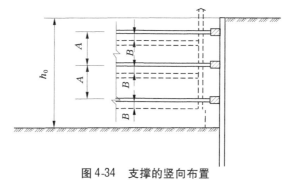

图4-34　支撑的竖向布置

　　支模浇筑地下结构时,在拆除上面一道支撑前,先设换撑,换撑位置都在底板上表面和楼板标高处。当靠近地下室外墙附近楼板有缺失时,为便于传力,在楼板缺失处要临时增设钢支撑。换撑时,需要在换撑(多为混凝土板带或间断的条块)达到设计规定的强度,起支撑作用后才能拆除上面一道支撑。

4.6.2.2　竖向支撑体系

竖向支撑体系的布置形式如图 4-35 所示,由围檩、竖向斜撑、斜撑基础、水平连系杆和立柱等组成。

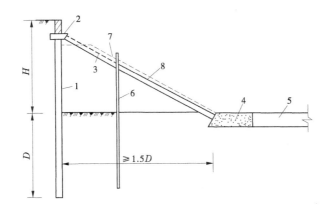

1—围护墙;2—檩条;3—斜撑;4—斜撑基础;5—基础压杆;6—立柱;7—土坡;8—连系杆

图 4-35　竖向支撑体系的布置形式

竖向斜撑体系要求土方采取"盆式"开挖,即先开挖中部土方至设计标高,浇筑加厚垫层或承台,沿四周预留一定宽度和高度的土坡,分段间隔开挖出斜撑位置,待斜撑安装后,再挖除该斜撑所在段的四周土坡,浇筑垫层。基坑变形受到土坡和斜撑基础变形影响,一般适用于环境保护要求不高、开挖深度不大的基坑。对于平面尺寸较大、形状复杂的基坑,采用竖向支撑体系可以获得较好的经济效果。

4.6.3　内支撑体系构造

4.6.3.1　钢筋混凝土支撑应符合的要求

钢筋混凝土支撑应符合下列要求:

(1)钢筋混凝土支撑构件的混凝土强度等级不应低于 C20。

(2)钢筋混凝土支撑体系在同一平面内应整体浇注,基坑平面转角处的腰梁连接点应按刚节点设计。

4.6.3.2　钢结构支撑应符合的要求

钢结构支撑应符合下列要求:

(1)钢结构支撑构件的连接可采用焊接或高强螺栓连接。

(2)腰梁连接节点宜设置在支撑点的附近,且不应超过支撑间距的 1/3。

(3)钢腰梁与排桩、地下连续墙之间宜采用不低于 C20 的细石混凝土填充;钢腰梁与钢支撑的连接节点应设加劲板。

(4)支撑拆除前,应在主体结构与支护结构之间设置可靠的换撑传力构件或回填夯实。

(5)钢支撑的端头与冠梁或腰梁的连接应符合以下规定:

支撑端头应设置厚度不小于 10 mm 的钢板作封头端板,端板与支撑杆件满焊,焊缝厚度及长度能承受全部支撑力或与支撑力等强度,必要时,增设加劲肋板;肋板数量、尺寸应满足支撑端头局部稳定要求和传递支撑力的要求;支撑端面与支撑轴线不垂直时,可在冠梁或腰梁上设置预埋铁件或采取其他构造措施以承受支撑与冠梁或腰梁间的剪力。

(6)钢支撑预加压力的施工应符合下列要求:

支撑安装完毕后,应及时检查各节点的连接状况,经确认符合要求后方可施加预压力,预压力的施加应在支撑的两端同步对称进行;预压力应分级施加,重复进行,加至设计值时,应再次检查各连接点的情况,必要时应对节点进行加固,待额定压力稳定后锁定。

4.6.4 内支撑体系施工

4.6.4.1 钢结构支撑施工

1. 钢结构支撑施工工艺

根据支撑布置图在围护墙上定出围檩位置→在围护墙上设置围檩托架或吊杆→安装围檩→在基坑立柱上焊支撑托架→安装横向水平支撑→安装纵向水平支撑→对支撑预加压力→用夹具或电焊固定纵横支撑交叉处及支撑与立柱相交处→用细石混凝土填充围檩和支护墙的空隙。

2. 钢结构支撑施工要点

围檩的作用一是将墙上承受的土压力、水压力等外荷载传递到支撑上,二是加强围护墙体的整体性。钢支撑用 H 型钢或双拼槽钢等做成,通过锚固于墙内的吊筋或设于围护墙上的钢牛腿加以固定,如图 4-36 所示。

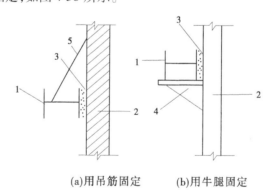

(a)用吊筋固定 　　(b)用牛腿固定

1—腰梁;2—支护墙;3—塞填细石混凝土;4—钢牛腿;5—吊筋

图 4-36 钢腰梁固定

钢围檩分段长度不宜小于支撑间距的 2 倍,拼装点尽量靠近支撑点。围檩安装后与围护墙间的空隙要用细石混凝土填塞,钢支撑与围檩可用电焊等连接。

当基坑平面尺寸较大、支撑长度超过 15 m 时,在支撑交叉点处可设立柱,以防支撑弯曲或失稳破坏,施工时立柱桩应准确定位以防偏离支撑交叉部位。立柱可为四个角钢组成的格构式钢柱、圆钢管或型钢。由于基坑开挖结束、浇注底板时支撑立柱不能拆除,因此基坑开挖面以上立柱宜做成格构式,以利于基础底板钢筋通过,同时便于和支撑构件连接。基坑开挖面以下可采用直径小于 650 mm 的钻孔桩,或采用与开挖面以上立柱截面相同的钢管或 H 型钢桩。当为钻孔灌注桩时,其上部钢立柱在桩内的埋入长度不应小于钢立柱长边的 4 倍,并与桩内钢筋笼焊接。

立柱设置时,应先焊好立柱支撑托架,再依次安装角撑、横向水平支撑(短方向)、纵向水平支撑。支撑端头应设置厚度不小于 10 mm 的钢板做封头端板,端板与支撑杆件满焊,必要时增设加劲肋板,如图 4-37(a)所示。

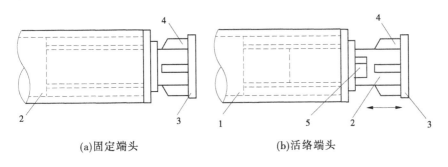

(a)固定端头　　　　　　　　　(b)活络端头

1—钢管支撑;2—活络头;3—端头封板;4—肋板;5—钢楔

图 4-37　钢支撑端部构造

为便于对钢支撑预加压力,端部可做成活络头,如图 4-37(b)所示。活络头应考虑千斤顶的安装及千斤顶顶压后钢楔的施工。钢支撑的施工与使用过程中均应考虑气温变化对支撑工作状态的影响,应对钢支撑内力进行监控,随时调整钢楔或支撑头,使支撑与围檩保持紧密接触状态。

对钢支撑预加压力是钢支撑施工中很重要的措施之一,它可大大减少支护墙体的侧向位移,并可使支撑受力均匀。施加预压力的方法有两种:一种是用千斤顶在围檩与支撑交接处加压,在缝隙处塞进钢楔锚固,然后撤去千斤顶;另一种是用特制的千斤顶作为支撑的一个部件,安装在支撑上,预加压力后留在支撑上,待挖土结束支撑拆除前卸荷。

预加压力应分级施加,重复进行,加至设计值时,应再次检查各连接点的情况,必要时应对节点进行加固,待额定压力稳定后予以锁定。预加压力宜控制在支撑力设计值的40% ~60%。当预压力取用支撑力设计值的 80% 以上时,应防止围护结构外倾、损坏和对坑外环境的影响。

根据场地条件、起重设备能力和具体的支撑布置,尽可能在地面把构件拼装成较长安装段,以减少基坑内的拼装节点。对多年使用的钢支撑,应通过认真检查确认其尺寸等符合使用要求方能使用。钢围檩的坑内安装段长度不宜小于相邻 4 个支撑点之间的距离。拼装点宜设置在主支撑点位置附近。

4.6.4.2　现浇钢筋混凝土支撑结构施工

混凝土支撑也多采用钢立柱。腰梁与支撑整体浇筑,在同一平面内形成整体。位于围护墙顶部的冠梁,多与围护墙体整浇,位于桩身处的腰梁也通过桩身预埋筋和吊筋加以固定,如图 4-38 所示。混凝土腰梁的截面宽度要不小于支撑截面高度,腰梁截面高度(水平方向尺寸)由计算确定,一般不小于腰梁水平计算跨度的 1/8。腰梁与围护墙间不留空隙,完全紧贴。

按设计工况,当基坑挖土至规定深度时,平整、压实支撑部位的地基,及时浇筑混凝土

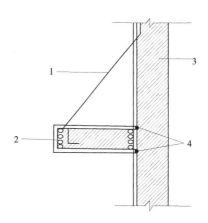

1—吊筋;2—钢筋混凝土腰梁;3—支护墙;4—与预埋筋连接

图4-38　钢筋混凝土腰梁的固定

垫层或砌筑混凝土支撑的砖胎模,施工钢筋混凝土支撑(若考虑爆破拆除则宜预留药眼)和腰梁,减少变形。养护至设计规定强度(一般不小于设计强度的80%),在对混凝土支撑妥善保护的条件下开挖至下一层混凝土支撑的垫层标高。重复工序,直至土方开挖完毕。支撑的受力钢筋在腰梁内锚固长度要不小于30 d(d 为钢筋直径)。支撑和腰梁浇筑时的底模在挖土开始后要及时去除,以防坠落伤人。支撑若穿越外墙,要设止水片。在浇筑地下室结构时如要换撑,底板楼板的混凝土强度需要达到不小于设计强度的80%以后方可进行。

4.6.5　质量检验

施工中应严格控制开挖及支撑程序和时间,对支撑的位置、每层开挖深度、预加顶力、围檩与围护体、围檩与支撑的密贴度应做周密检查,并应满足表4-7的要求。

表4-7　钢及钢筋混凝土支撑系统质量检验标准

项目	序号	检查项目	允许偏差或允许值		检查方法
			单位	数值	
主控项目	1	支撑位置:标高	mm	±30	用水准仪
		平面	mm	±100	用钢尺量
	2	预加顶力	kN	±50	油泵读数或传感器
一般项目	1	围檩标高	mm	±30	用水准仪
	2	立柱桩	设计要求		按规定
	3	立柱位置:标高	mm	±30	用水准仪
		平面	mm	±50	用钢尺量
	4	开挖超深(开槽放支撑不在此范围)	mm	<200	用水准仪
	5	支撑安装时间	设计要求		用钟表估测

4.7 土层锚杆工程施工

随着基坑深度与宽度的增大,悬臂式围护或内撑式支护结构越来越不经济。采用拉锚式的外支撑,可明显减小围护结构尺寸、降低造价、改善施工条件、加快施工进度。

围护结构的外支撑系统,由杆件和锚固体组成,根据拉锚体系的设置方式及位置不同,可分为锚定式支护结构和锚杆式支护结构两类(见图4-39)。

(a)锚定   (b)锚杆

图4-39 外支撑系统

4.7.1 锚定式支护结构施工

锚定式支撑是沿基坑外地表水平设置,水平拉杆一端与挡墙顶部连接,另一端锚固在锚定上,用于承受挡墙传递的土压力、水压力和附加荷载产生的侧压力。拉杆通过开沟浅埋于地表下,以免影响地面交通,锚定应位于滑动面之外,防止基坑整体滑动,引起支护结构的整体失稳。

拉杆通常采用粗钢筋或钢绞线,根据使用时间长短和周围环境情况,事先对拉杆采取防腐措施,拉杆中间设置紧固器,将墙拉紧之后即可进行开挖施工。

锚定式支撑经济可行,施工简单。整个围护系统均在基坑开挖前完成,不影响基坑开挖,施工质量容易保证。适用于土质较好、开挖深度不大、基坑周围有较开阔施工场地时的基坑支护。

4.7.2 土层锚杆施工

4.7.2.1 土层锚杆的类型及特点

在锚杆式支护结构中,锚杆的一端与工程结构或挡土墙连接,另一端锚固在地基的土层中。土层锚杆的作用是将支护结构所承受的荷载传递到稳定的地基土上,从而维护支护结构的稳定。在深基坑支护工程中,采用单层或多层锚杆,可防止支护结构变形过大,并给基坑土方开挖和基础工程的施工带来极大的方便。

1.锚杆的分类

(1)锚杆按使用要求分为临时性锚杆(一般使用两年以下)和永久性锚杆(一般使用两年以上)。深基坑支护中的锚杆绝大多数为临时性锚杆。

(2)锚杆按受力特点分为普通锚杆(不施加预应力)、预应力锚杆。预应力锚杆,就是事先施加一定的预应力,以减少基坑的侧向变形。深基坑支护中的锚杆绝大多数为预应力锚杆。

2. 土层锚杆的优点

(1)用锚杆代替内支撑。它设置在围护墙的背后,因而在基坑内有较大的空间,有利于开挖施工。

(2)锚杆施工机械及设备的作业空间不大,因此可为各种地形及场地所选用。

(3)锚杆的设计拉力可由抗拔试验来确定,因此可保证设计有足够的安全度。

(4)锚杆可采用预应力,以控制结构的变形量。

(5)施工的噪声、振动小。

4.7.2.2　土层锚杆的构造

土层锚杆通常由锚头(包括台座、承压板和锚具等)、套管、钢拉杆和锚固体等组成(见图 4-40)。

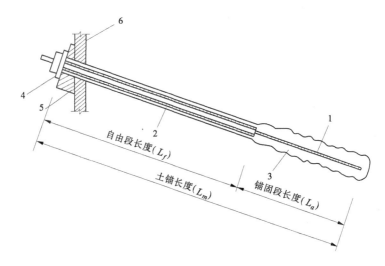

1—锚杆;2—钻孔;3—锚固体;4—承压板;5—台座;6—围护结构

图 4-40　土层锚杆的组成

锚杆全长以土的主动滑动面为界,分为自由段(非锚固段)与锚固段。从构造上要求,自由段长度不宜小于 5 m,锚固段长度不宜小于 4 m。自由段在土的主动滑动面内,处于不稳定土层中,该段锚杆的拉杆与周围土体不黏结(可套入套管),一旦土层有滑动时可自由伸缩,其作用是将锚头所承受的荷载传递到处于主动滑动面外的锚固段去。锚固体与周围土体结合牢固,能将锚杆所承受的荷载分布到周围土层中。

锚固体的形式有圆柱形、扩大端部形及连续球形三种(见图 4-41)。对于拉力不大,临时性挡土结构可采用圆柱形锚固体;锚固于沙质土、硬黏土层并要求较高的拉力时,可采用端部扩大头形锚固体;锚固于淤泥质土并要求较大承载力时,可采用连续球形锚固体。

4.7.2.3　土层锚杆的布置

锚杆布置内容包括锚杆孔径、锚固区位置、锚杆层数、锚杆间距、锚杆倾角等。

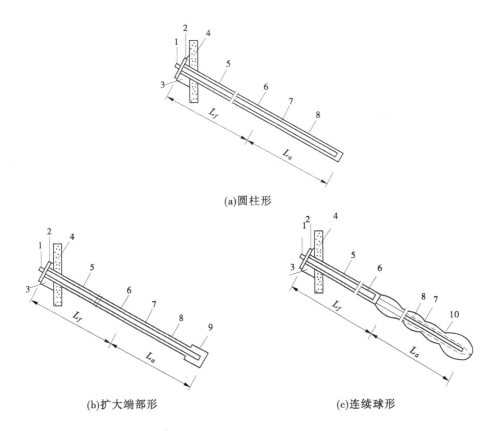

(a)圆柱形

(b)扩大端部形　　　　　　　　　(c)连续球形

1—锚具;2—承压板;3—台座;4—围护结构;5—钻孔;6—注浆防腐处理;
7—预应力钢筋;8—圆柱形锚固体;9—端部扩大头;
10—连续球体;L_f—自由段长度;L_a—锚固段长度

图 4-41　锚固体形式

1. 锚杆孔径

土层锚杆钻孔直径不宜小于 100 mm,需要注意的是,大孔径锚杆并不一定经济,因为大孔径的机械能量要求大,一般需要重型机械,重量大,所需占用场地面积大,插入钢筋困难。

2. 锚固区位置

锚固区应当设置在主动区压力楔破裂面以外,深度不宜小于 5 ~ 6 m,上覆土层厚度不小于 4 m,宜布置在离现有建筑物基础不小于 5 ~ 6 m 的距离处。

3. 锚杆层数

在锚杆式支护结构中,锚杆的层数可根据支护结构的截面和其所承受的荷载,通过计算确定。显然,锚杆层数少,则使挡墙弯矩增大,从而使挡墙截面面积加大,影响支护结构造价。相反,锚杆层数多,则锚杆用量多,工期长,使锚杆造价增加,因此锚杆层数应与支护结构综合考虑确定。

4. 锚杆间距

锚杆上下层垂直间距不宜小于 2 m,水平间距不宜小于 1.5 m,以免产生群锚效应而降低抗拔力。

5．锚杆倾角

锚杆的倾角宜为 15°～25°，且不应大于 45°。倾角愈大，则锚杆抵抗侧压力的有效水平分力愈小，而无效的垂直分力便愈大，并增加支护结构底部的压力，当支护结构底部土质不好时会造成不利影响。倾角太小时，则使钻孔和注浆等施工难度增大且影响成孔质量。在允许的倾角范围内，锚杆倾角主要根据地层情况，优化选取，尽量使锚固体位于土质较好的土层内，以提高锚杆的抗拔力。

如果锚杆布置的范围超出了本工程的建筑红线，则应取得有关方面的同意。

4.7.2.4　土层锚杆施工

土层锚杆的施工过程包括钻孔、安放钢拉杆、灌浆和张拉锚固等，如图 4-42 所示。在基坑开挖至锚杆预设标高时，按图示施工顺序进行，然后循环进行第二层土的施工。

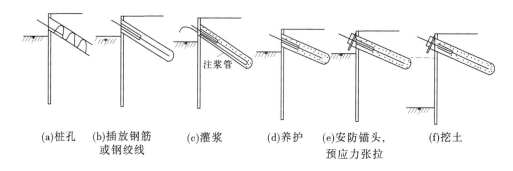

(a)桩孔　(b)插放钢筋　(c)灌浆　(d)养护　(e)安防锚头，　(f)挖土
　　　 或钢绞线　　　　　　　　　 预应力张拉

图 4-42　锚杆施工顺序示意图

1．钻孔

土层锚杆施工用的钻孔机械按工作原理可分为旋转式钻机、冲击式钻机和旋转冲击式钻机。旋转式钻机适用于一般黏性土及砂土土层，冲击式钻机适用于岩层，旋转冲击式钻机适用于各类土层。

成孔方法常用的有螺旋钻孔干作业法、清水循环钻进法和潜钻成孔法。成孔方法中，清水循环钻进法是应用较多的一种成孔工艺。其特点是把钻孔过程中的钻进、出渣、固壁和清孔工序一次完成，可防止塌孔，不留残土，软硬土层都能适用。

土层锚杆长度一般在 10 m 以上，有的达 30 m 甚至更长。钻孔直径一般为 90～130 mm，孔道细而长。钻孔时要求：孔壁顺直，不得坍塌和松动，以便安设钢拉杆和灌浆；钻孔应使用清水，不得使用泥浆护壁，以免在孔壁上形成泥皮，降低锚杆承载能力。

2．锚杆的制作与安放

作用于支护结构上的荷载是通过拉杆传递给锚固体，再传递给锚固土层的。土层锚杆材料有粗钢筋、高强钢丝束和钢绞线。当土层锚杆承载力较小时，一般采用粗钢筋；当承载力较大时，一般选用钢丝束和钢绞线。

制作锚杆需要切断机、电焊机和对焊机等。用钢筋制作时，为了承受荷载需要采用的是 2 根以上的钢筋组成的钢筋束时，应将所需要长度的拉杆点焊成束，间隔 2～3 m 点焊一点。为了使拉杆能放置在钻孔中心，拉杆应平直，除锈除油，并按防腐要求进行防腐处理,拉杆自由段用塑料套管包裹。

为了将钢拉杆安放在孔道中心,并防止穿入孔道时搅动孔壁,沿钢拉杆全长每隔 5 ~ 25 m 安设一个定位器。安放钢拉杆时速度要均匀,要防止扭曲,防止扰动孔壁。灌浆管宜与钢拉杆绑在一起放入孔内,灌浆管距孔底一般为 1 500 mm。

3. 灌浆

灌浆是土层锚杆施工的一个重要工序。灌浆方法有一次灌浆法和二次灌浆法两种。灌浆材料一般用水泥浆或水泥砂浆,浆体应按设计配制,一次灌浆宜选用水灰比为 0.45 ~ 0.5 的水泥浆,或灰砂比为 1∶1 ~ 1∶2,水灰比为 0.38 ~ 0.45 的水泥砂浆。二次高压注浆宜使用水灰比为 0.45 ~ 0.55 的水泥浆,如表 4-8 所示。

表 4-8　土层锚杆注浆浆液配合比(重量比)

注浆次序	浆液	42.5 级硅酸盐水泥	水	砂($d < 0.5$ mm)	早强剂
第一次	水泥砂浆	1	0.4	0.3	0.035
第二次	水泥浆			—	

一次灌浆法时只用一根灌浆管,利用灌浆泵进行灌浆,待水泥浆流出孔口时,将孔口封堵,再以 0.4 ~ 0.66 MPa 压力进行补灌,稳压数分钟后灌浆结束。

二次灌浆法时要用两根灌浆管,分别用于一次灌浆和二次灌浆。随一次浆灌入,一次灌浆管可逐步拔出,待一次灌浆量完后即可收回。在第一次灌浆的浆体强度达到 5 MPa 后,再以 2.5 ~ 5.0 MPa 的压力进行二次高压灌浆,使浆液冲破第一次的浆体,向锚固体与土的接触面之间扩散,增大锚固体的锚固强度,使锚杆的承载力得到明显提高。

4. 张拉与锚固

土层锚杆灌浆后,当锚固体强度大于 15 MPa 并达到设计强度等级的 75% 后,方可进行张拉。张拉顺序应采用“跳张法”,即隔二拉一,以减少邻近锚杆间的相互影响。张拉前应取设计拉力值的 0.1 ~ 0.2 倍预拉 1 ~ 2 次,使各部位接触紧密,杆体完全平直。锚杆张拉控制应力不应超过锚杆杆体强度标准值的 0.75 倍。正式张拉时,宜分级加载,张拉至设计荷载的 0.9 ~ 10 倍后,再按设计要求锚固锁定。

4.7.2.5　锚杆试验

锚杆的锚固质量直接关系到基坑围岩或边坡的稳定,必须对锚杆的锚固质量进行检测、控制。锚杆拉拔试验属于传统的锚杆锚固质量静力法检测。进行拉拔试验时,将液压千斤顶放在托板和螺母之间,拧紧螺母,施加一定的预应力,然后用手动液压泵加压,同时记录液压表和位移计上的对应度数,当压力或者位移读数达到预定值时,或者当压力计读数下降而位移计读数迅速增大时,停止加压。测试后,可整理出锚杆的荷载—位移曲线,进而分析得出锚杆的锚固质量。

《建筑基坑支护技术规程》(JGJ 120—2012)将锚杆试验分为基本试验、验收试验和蠕变试验三种。

1. 基本试验

基本试验的主要目的是确定锚固体与岩土间黏结强度特征值、锚杆设计参数和施工工艺。基本试验最大的试验荷载不宜超过锚杆杆体承载力标准值的 0.9 倍。在施工情况已知的条件下,锚杆基本试验的地质条件、锚杆材料和施工工艺等应与工程锚杆一致。

2. 验收试验

锚杆施工完毕后,应进行锚杆试验。试验锚杆不应少于 3 根,用作试验的锚杆参数、材料及施工工艺应与工程锚杆相同。锚杆验收试验时,锚杆的数量取每种类型锚杆总数的 5%(自由段位于Ⅰ、Ⅱ、Ⅲ类岩石内时,取总数的 3%)且均不得少于 5 根。验收试验的锚杆应随机抽样,质监、监理、业主或设计单位对质量有疑问的锚杆也应抽样做验收试验。当验收锚杆不合格时,应按锚杆总数的 30% 重新抽检,若再有锚杆不合格时应全数检验。

3. 蠕变试验

对于塑性指数大于 17 的软土层和蠕变明显的岩体中的锚杆,还应进行蠕变试验,以观察锚杆在一定荷载下随时间的蠕变特性。

4.8　土钉墙支护施工

钉墙是采用土钉加固的基坑侧壁土体与护面等组成的支护结构。土钉墙支护是在基坑开挖过程中将较密排列的细长杆件土钉置于原位土体中,并在坡面上喷射钢筋网混凝土面层。通过土钉、土体和喷射混凝土面层的共同工作,形成复合土体。土钉墙支护充分利用土层介质的自承力,形成自稳结构,承受较小的变形压力,土钉承受主要拉力,喷射混凝土面层调节表面应力分布,体现整体作用。同时,由于土钉排列较密,通过高压注浆扩散后使土体性能提高。土钉墙的做法与矿山加固坑道用的喷锚网加固岩体的做法类似,因此也称为喷锚网加固边坡或喷锚网挡墙,《建筑基坑支护技术规程》(JGJ 120—2012)将此正式定名为土钉墙。土钉墙支护见图 4-43。

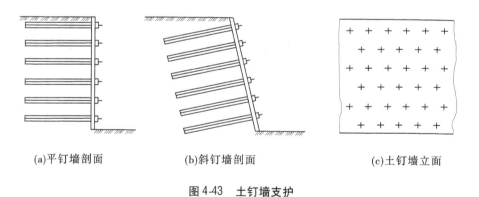

　(a)平钉墙剖面　　　　　　(b)斜钉墙剖面　　　　　　　(c)土钉墙立面

图 4-43　土钉墙支护

4.8.1　土钉墙的特点

20 世纪 70 年代,德国、法国、美国等国就开始了土钉墙的研究和运用,我国首次应用土钉技术是 20 世纪 80 年代在山西柳湾煤矿边坡稳定工程中。土钉支护是在土体内放置一定长度和密度的土钉体,与被加固土体、混凝土护面固结后而共同工作,以弥补并增强土体的强度,限制其位移,增强坡体的稳定性。

土钉墙应用于基坑开挖支护和挖方边坡稳定有以下特点：

(1)形成土钉复合体,显著提高边坡整体稳定性和承受边坡超载的能力。

(2)施工设备简单,由于钉长一般比锚杆的长度小得多,不加预应力,所以设备简单。

(3)随基坑开挖逐层分段开挖作业,不占或少占单独作业时间,施工效率高,占用周期短。

(4)施工不需单独占用场地,对现场狭小、放坡困难,有相邻建筑物的情况,有优越性。

(5)土钉墙成本较其他支护结构显著降低。

(6)施工噪声、振动小,不影响环境。

(7)土钉墙本身变形很小,对相邻建筑物影响不大。

土钉墙支护结构适用于地下水位以上或降水后的人工填土、黏性土和弱胶结砂土坑支护或边坡加固。基坑深度不大于 12 m。不宜用于含水率丰富的细砂、淤泥质土和卵石层。不得用于没有自稳能力的淤泥和饱和软弱土层。

4.8.2　土钉墙的构造要求

(1)土钉墙的墙面坡度不宜大于 1:0.1。

(2)土钉外露端部和层面有效连接在一起,设承压板和加强筋。

(3)土钉长度宜为开挖深度的 0.5 ~ 1.2 倍,土钉的间距宜为 0.6 ~ 1.2 m,土钉与水平面夹角为 10°~ 20°。

(4)土钉宜选用 HRB、HRB400 级螺纹钢筋,直径 16 ~ 32 mm,钻孔直径 70 ~ 120 mm。

(5)面层喷射混凝土强度等级不宜低于 C20。

(6)喷射混凝土面层厚度宜为 80 ~ 200 mm,通常采用 100 mm。

(7)喷射混凝土面层中配钢筋网,采用 HPB235 级钢筋、直径 6 ~ 10 mm,间距 150 ~ 300 mm,钢筋网搭接长度大于 300 mm。

(8)注浆材料水泥净浆或水泥砂浆,其强度不低于 M10。

(9)当地下水位高于基坑底面时,应采取降水或截水措施;土钉墙墙顶应采用砂浆或混凝土护面,坡顶和坡脚应设排水措施,坡面上可根据具体情况设置泄水孔。

4.8.3　土钉墙施工工艺

(1)开挖工作面后修整坡面→埋设喷射混凝土厚度控制标志→喷射第一层混凝土→钻孔、安设土钉、注浆→绑扎钢筋网、安设连接件→喷射第二层混凝土→设置坡顶、坡面和坡脚排水系统(见图 4-44)。

(2)基坑开挖和土钉墙施工应按设计要求自上而下分段分层进行。在机械开挖后,应辅以人工修整坡面。基坑开挖时,每层开挖的最大高度取决于该土体可以直立而不坍塌的能力,一般取与土钉竖向间距相同,以便土钉施工。纵向开挖长度主要取决于施工流程的相互衔接,一般为 10 m 左右。

(3)土钉墙施工是随着工作面开挖而分层施工的,上层土钉砂浆及喷射混凝土面层达到设计强度的 70% 后,方可开挖下层土方,进行下层土钉施工。土钉施工工序为定位、

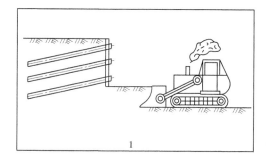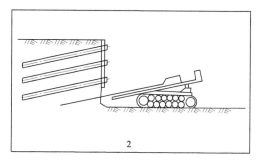

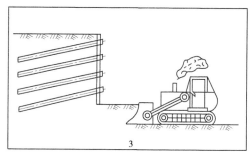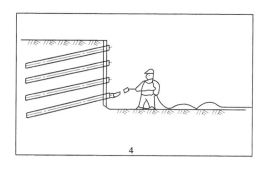

图 4-44　土钉墙施工顺序

成孔、插钢筋及注浆等。

（4）成孔方法通常采用螺旋钻、冲击钻等钻机钻孔，其孔径为 100～120 mm；人工成孔时，孔径为 70～100 mm。成孔完毕应尽快插入钢筋并注浆，以防塌孔。土钉成孔施工宜符合下列规定：

①孔深允许偏差：±50 mm；②孔径允许偏差：±5 mm；③孔距允许偏差：±100 mm；④成孔倾角偏差：±5%。

（5）注浆是采用注浆泵将水泥浆或水泥砂浆注入孔内，使之形成与周围土体黏结密实的土钉。注浆时，注浆管应插至距孔底 250～500 mm 处，孔口部位宜设置止浆塞及排气管，以保证注浆密实。

①注浆材料宜选用水泥浆或水泥砂浆；水泥浆的水灰比宜为 0.5，水泥砂浆配合比宜为 1∶1～1∶2（质量比），水灰比宜为 0.38～0.45。

②水泥浆、水泥砂浆应拌和均匀，随拌随用，一次拌和的水泥浆、水泥砂浆应在初凝前用完。

③注浆前，应将孔内残留或松动的杂土清除干净；注浆开始或中途停止超过 30 min 时，应用水或稀水泥浆润滑注浆泵及其管路。

④注浆时，注浆管应插至距孔底 250～500 mm 处，孔口部位宜设置止浆塞及排气管。

⑤土钉钢筋应设定位支架。

（6）土钉墙也有采用将钢筋直接打入（不钻孔）、不注浆的土钉。

（7）在坡面上喷射第一层混凝土支护前，土坡面层必须干燥，坡面虚土应予以清除，以保证面层质量。

（8）挂网应在喷射第一层混凝土后铺设,钢筋与第一层喷射混凝土的间隙不小于 20 mm。

（9）喷射混凝土作业应分段进行。同一分段内喷射顺序应自下而上,一次喷射厚度不小于 40 mm。施工时,喷头与受喷面应保持垂直,距离为 0.6～1 m。混凝土终凝 2 h 后,应喷水养护。

4.8.4　施工质量措施

（1）严格按土钉墙工艺流程进行施工,严把工序质量关,每个工序岗位人员先自行检查合格,然后施工员、质检员进行抽检,层层负责,严把质量关。

（2）对土钉主体用材和挂网用材,要有厂家质保书。

（3）对注浆用和喷射用水泥,要有厂家质保书,并提供成分化验单。喷混凝土采用早强型硅酸盐水泥 R42.5。

（4）喷射混凝土用砂应采用坚硬耐久的中、粗砂。

（5）喷射混凝土用石应采用坚硬耐久的卵石或碎石,石子最大粒径不宜超过 8 mm。

（6）喷射混凝土、注浆用水,不应含有影响水泥正常凝结与硬化的有害杂质,不使用污水及酸性水。

（7）喷射面层外观要平整,应无侵入净空、空鼓、开裂、露筋。

（8）铺设钢筋网前,应先调直钢筋。钢筋网网格尺寸应符合设计要求,网格为正方形布置。钢筋网搭接可采用焊接或绑扎。

（9）施工中要及时收集资料,认真填写各项原始记录。按设计要求进行认真检查、核对。

（10）根据土钉墙工艺的要求,严格控制注浆、喷射混凝土配合比。

4.8.5　土钉墙质量检测

（1）土钉采用抗拉试验检测承载力,同一条件下,试验数量不宜少于土钉总数的 1%,且不应少于 3 根。

（2）墙面喷射混凝土厚度应采用钻孔检测,钻孔数宜每 100 m^2 墙面积一组,每组不应少于 3 点。

4.9　逆作拱墙施工

逆作拱墙结构是将基坑开挖成圆形、椭圆形等弧形平面,并沿基坑侧壁分层逆作钢筋混凝土拱墙,利用拱的作用将垂直于墙体的土压力转化为拱墙内的切向力,以充分利用墙体混凝土的受压强度。墙体内力主要为压应力,因此墙体可做得较薄,多数情况下不用锚杆或内支撑就可以满足强度和稳定的要求。

逆作拱墙支护技术是自上而下分多道分段逆作施工的水平闭合拱圈及非闭合拱圈挡土结构,当基坑的一边或多边不能够起拱时,可采用能够水平传力的钢筋混凝土直墙(水平向配置连通的主钢筋)加型钢内撑的混合支护体系。拱形结构主要以承受压应力为主,拱内弯矩较小,该项技术是利用高层建筑地下室基坑平面形状通常是闭合的多边形的特点,而土压力是随深度而线性变化的分布荷载,没有集中力,因而可以采用圆形、椭圆形、蛋形或由几条二次外凸曲线围成的闭合拱圈来支护基坑,当基坑周边并非均有条件起拱的情况下,可在有条件起拱的坑边采用拱圈支护,在没有斜起拱的坑边采用钢筋混凝土直墙加型钢内支撑支护结构。

4.9.1　逆作拱墙支护的特点

4.9.1.1　受力结构合理,安全可靠度高

拱结构以受压为主,拱内弯矩很小,采用拱圈挡土结构支护深基坑时,拱圈具有自动调节和平衡作用于拱圈上的土压力的能力,因而挡土结构本身强度破坏或失稳的可能性很小,并且坑口的水平位移也很小,从而提高了基坑支护的安全和基坑周边建筑物及道路管网的安全。

4.9.1.2　经济合理,大幅度节省支护费用

逆作拱墙支护技术采用水平环向拱支护深基坑,因此这种支护结构不需要嵌固至基坑底以下,而仅支护基坑开挖高度的一部分或全部,从而可大幅度节省建筑材料,支护造价较低,一般仅为挡土桩支护造价的30% ~60%,经济合理。

4.9.1.3　节省工期,施工方便快捷

逆作拱墙支护结构是自上而下分多道与基坑挖土同步交叉进行,拱墙施工本身独占的工期很少,逆作拱墙的施工是紧贴基坑壁做一条弯曲的钢筋混凝土地梁,施工非常方便,与采用挡土桩支护方案相比,一般可以节省1 ~3 个月基坑开挖期。

4.9.1.4　改善劳动条件,避免环境污染

逆作拱墙的施工如同施工一个超大口径的人工挖孔桩,大开口露天作业,劳动条件较好。而采用挡土桩会因打桩而产生机械噪声或泥浆污染,人工挖孔桩的深井作业空气流通很差等,从而带来各种环境污染和恶劣的劳动条件。

逆作拱墙采用逆作法施工,没有嵌固深度,基坑侧壁安全等级宜为三级,适宜于开挖深度较浅的基坑,一般不宜大于 12 m。这种支护形式不阻水防渗,地下水位高于基坑底面时,应采取降水或截水措施。逆作拱墙能缩短施工工期、节约投资。淤泥和淤泥质土场地不宜采用逆作拱墙。

4.9.2　逆作拱墙支护的构造

(1)钢筋混凝土拱墙结构的混凝土强度等级不宜低于 C25。

(2)拱墙截面宜为 Z 字形,拱壁的上、下端宜加肋梁;当基坑较深且一道 Z 字形拱墙的支护高度不够时,可由数道拱墙叠合组成,沿拱墙高度应设置数道肋梁,其竖向间距不宜大于 2.5 m。当基坑边坡地较窄时,可不加肋梁但应加厚拱壁。

(3)拱墙结构水平方向应通长双面配筋,总配筋率不应小于 0.7%。

(4)圆形拱墙壁厚不应小于 400 mm,其他拱墙壁厚不应小于 500 mm。

(5)拱墙结构不应作为防水体系使用。

4.9.3　逆作拱墙支护的施工要点

（1）拱曲线沿曲率半径方向的误差不得超过 ±40 mm。

（2）拱墙水平方向施工的分段长度不应超过 12 m，通过软弱土层或砂层时分段长度不宜超过 8 m。

（3）拱墙在垂直方向应分道施工，每道施工的高度视土层的直立高度而定，不宜超过 2.5 m；上道拱墙合拢且混凝土强度达到设计强度的 70% 后，才可进行下道拱墙施工。

（4）上、下两道拱墙的竖向施工缝应错开，错开距离不宜小于 2 m。

（5）拱墙施工宜连续作业，每道拱墙施工时间不宜超过 36 h。

（6）当采用外壁支模时，拆除模板后应将拱墙与坑壁之间的空隙填满夯实。

（7）基坑内积水坑的设置应远离坑壁，距离不应小于 3 m。

（8）当对逆作拱墙施工质量有怀疑时，宜采用钻芯法进行检测，检测数量为 100 m² 墙面为一组，每组不应少于 3 点。

4.10　基坑监测与基坑信息化施工

4.10.1　基坑开挖监测

基坑开挖应根据设计要求进行监测，实施动态设计和信息化施工。基坑开挖前应做出系统的开挖监控方案，监控方案应包括监控目的、监控报警值、监控方法及精度要求、监测点的布置、监测周期、工序管理和记录制度以及信息反馈系统等。

4.10.1.1　深基坑工程监测的目的

将现场检测结果用于信息化反馈优化设计，使设计达到优质安全、经济合理和施工快捷的目的，当前国内外挡土支护结构设计水平处于 1/3 靠理论、1/3 靠经验、1/3 靠信息控制的状态；将监测结果与预测值相比较，以判断原施工工艺和施工参数是否符合预期要求，以修改、调整、确定和优化下一步施工参数，做好信息化施工；将监测结果与理论预测值相比较，用反分析法推导出较接近实际的理论公式，完善设计分析，用以指导其他类似工程。

4.10.1.2　基坑开挖监测内容

基坑开挖监测内容包括支护结构的内力和变形，地下水位变化及周边建（构）筑物、地下管线等市政设施的沉降和位移等。基坑工程监测项目可按表 4-9 选择。

（1）监测点的布置应满足监控要求，从基坑边缘以外 1~2 倍开挖深度范围内的需要保护物体均应作为监控对象。位移观测基准点数量不应少于两点，且应设在影响范围之外。

（2）监测项目在基坑开挖前应测得初始值，且不应少于两次。基坑监测项目的监控报警值应根据监测对象的有关规范及支护结构设计要求确定。

（3）各项监测的时间间隔可根据施工进度确定。当变形超过有关标准或监测结果变化速率较大时，应加密观测次数。当有事故征兆时，应连续监测。

（4）基坑开挖对邻近建（构）筑物的变形监控应考虑基坑开挖造成的附加沉降与原有沉降的叠加。

表 4-9　基坑工程监测项目

监测项目	基坑侧壁安全等级		
	一 级	二 级	三 级
支护结构水平位移	应测	应测	应测
周围建筑物、地下管线变形	应测	应测	宜测
地下水位	应测	应测	宜测
桩、墙内力	应测	宜测	可测
锚杆拉力	应测	宜测	可测
支撑轴力	应测	宜测	可测
立柱变形	应测	宜测	可测
土体分层竖向位移	应测	宜测	可测
支护结构界面上侧压力	宜测	可测	可测

注：基坑侧壁安全等级应根据《建筑基坑支护技术规程》（JGJ 120—2012）确定。

对挤土桩，当周边环境保护要求严格，布桩较密时，应对打桩过程中造成的土体隆起和位移，临桩桩顶标高及桩位、孔隙水压力等进行监测。

（5）基坑开挖监测过程中，应根据设计要求提交阶段性监测结果报告，工程结束时应提交完整的监测报告，报告内容应包括：①工程概况；②监测项目和各测点的平面布置图和立面布置图；③采用仪器设备和监测方法；④监测数据处理方法和监测结果过程曲线；⑤监测结果评价。

4.10.2　基坑工程信息化施工

基坑工程是一个系统工程，它涉及地质、水文及气象等条件，土力学、结构、施工组织和管理等学科的各个方面。在基坑开挖过程中，土体性状和支护结构的受力状况都在不断变化，恰当地模拟这种变化是工程实践所需要的。但用传统的固定不变的介质本构模型及参数来描述不断变化的土体性状是不合适的。

信息化施工是将系统工程运用于施工的一种现代化施工管理方法，包括信息采集、反馈、反分析、控制与决策等方面的内容。充分利用现场量测的信息识别介质本构模型，修正计算参数，依据基坑的当前性状对后续性状进行预测预报，更好地追踪土体受力的实际性状。

4.10.2.1　监测方案的编制

基坑工程监测工作作为信息化施工的一部分，应首先编制监测方案，主要内容如下。

1. 工程概况

简要说明和介绍工程概况，特别是与监测有关的情况；工程业主、设计单位、监理单位和施工单位;工程地点、地下结构状况、基坑尺寸、基坑面积和开挖深度等;基坑支护结构形式、尺寸、围护结构形式、尺寸、插入深度以及支撑形式、截面尺寸和标高等;周围环境情况,主要包括周围建筑物、市政道路与地下管线情况;基坑工程施工方案及进度情况等。

2. 监测目的及监测项目

基坑工程监测目的有两个:一是保证基坑工程的正常施工,确保支护结构的稳定和安全;二是保护基坑周围环境,包括确保基坑周围建筑物、构筑物、道路及地下管线等的安全与正常使用。基坑工程的监测项目可根据基坑工程的等级与现场条件,由监测单位会同业主、设计、施工与市政管理等单位确定。

3. 测点布置

应根据理论预估的基坑开挖引起的应力场和位移场情况和工程经验,分轻重缓急,抓住关键部位进行布点。做到重点监测项目配套,使监测数据能综合反映支护结构受力、变形情况及对周围环境的影响程度。如某些基坑可能分段开挖施工,就可以在首先开挖的施工区段布置监测点,率先实施监测,掌握基坑变形和受力数据,尽早反馈基坑安全度,如有问题马上采取施工措施,完善施工组织设计。

4. 测点埋设

测点埋设包括监测点的标志及传感器的选择、率定,监测点的埋设方案的确定。量测支护结构应力、应变的传感器,应在支护结构施工时同时进行。其他监测点可在基坑开挖前及时埋设,使其能测到可靠初始值。

5. 测试仪器及测试方法

测试仪器设备及相应的精度,主要测试方法,内业资料的处理。监测数据的采集、分析和整理可采用电脑辅助管理,以加快现场监测信息的反馈速度。

6. 监测实施

安排人员和组织落实措施。基坑工程监测一般有两个阶段:第一阶段为基坑开挖至基础底板完成,第二阶段为基础底板完成至地下室结构出 ±0.000 后回填土。监测频率应根据不同的施工阶段、不同工况和监测项目确定,一般对基坑的稳定和安全起控制的监测项目及主要的地下管线和建筑物,在基坑开挖阶段,一般应每天监测 1 次。当工况不变,监测数据稳定时,可适当降低监测频率,为每周 3 次左右;当监测值达到报警值或变化速率加快或出现危险事故征兆时,应增加观测频率。第二阶段,监测频率可适当降低。

4.10.2.2 监测项目的报警值

监测项目的报警值(监控值)的确定非常重要,一般应根据支护结构计算的设计值和周围环境情况,事先确定相应监测项目的报警值。如支护结构的位移变形和受力情况,周围环境的沉降位移在报警值允许范围以内,可以认为支护结构周围环境是安全的,工程施工可照常进行;否则,应调整施工组织设计,采取施工措施和相应的加固措施以确定基坑工程施工的安全。报警值的确定需在安全和经济之间找到一个平衡,如报警值控制太严会给施工带来不便,施工技术措施要加强,经济投入要增加;反之,如报警值控制太宽,会对支护结构和周围环境的安全带来威胁。

一般情况下,报警值的确定原则为:根据支护结构设计计算,使报警值小于设计值;对需要保护的地下管线等市政设施应满足保护对象的主管部门提出的要求;对需要保护的建筑物应根据各类建筑物对变形的承受能力,确定控制标准,满足现行规范、规程的相应要求。

上海地区基坑变形的报警值与设计值如表 4-10 所示。表 4-10 中列出了一二级基坑变形的报警值和设计值。三级基坑可按一级(或者二级)基坑的标准控制,当环境条件许可时,可适当放宽。

表 4-10　一、二级基坑变形的设计和监测的控制

工程等级	墙顶位移(mm)		墙体最大位移(mm)		地面最大沉降(mm)		变化速率(mm/d)
	监控值	设计值	监控值	设计值	监控值	设计值	监控值
一级	30	50	50	80	30	50	≤2
二级	60	100	80	120	60	100	≤3

第 5 章　降水工程与排水工程

在基坑施工过程中,当开挖的基坑底面低于地下水位时,地下水会不断渗入坑内,如果没有采取降水措施,会使施工条件恶化。为了保持基坑干燥,创造良好的施工条件,防止由于水的浸泡发生边坡塌方和地基承载力下降,必须做好基坑的排水、降水工作。

5.1　地下水类型及运动规律

5.1.1　地下水类型

地下水是赋存在地表以下岩土空隙中的水,主要来源于大气降水、冰雪融水、地面流水、湖水及海水等,经土壤渗入地下形成。根据埋藏条件,可以把地下水划分为包气带水、潜水和承压水三类(见图 5-1);根据含水层空隙性质不同,可以将地下水划分为孔隙水、裂隙水和岩溶水三类。按这两种分类,可以组合成九种不同类型的地下水,如表 5-1 所示。

图 5-1　地下水埋藏示意图

表 5-1　地下水分类

埋藏条件	含水介质类型		
	孔隙水	裂隙水	岩溶水
包气带水	土壤水 局部黏性土隔水层上季节性存在的重力水(上层滞水)过路及悬留毛细水及重力水	裂隙岩层浅部季节性存在的重力水及毛细水	裸露岩溶化层上部岩溶通道中季节性存在的重力水
潜水	各类松散沉积物浅部的水	裸露于地表的各类裂隙岩层中的水	裸露于地表的岩溶化岩层中的水

埋藏条件	含水介质类型		
	孔隙水	裂隙水	岩溶水
承压水	山间盆地及平原松散沉积物深部的水	组成构造盆地、向斜构造或单斜断块的被掩覆的各类裂隙岩层中的水	组成构造盆地、向斜构造或单斜断块的被掩覆的岩溶化岩层中的水

5.1.1.1　包气带水

地表到地下水面之间的岩土空隙中既有空气,又含有地下水,这部分地下水称为包气带水。包气带水存在于包气带中,其中包括土壤水和上层滞水。

上层滞水是局部或暂时储存于包气带中局部隔水层或弱透水层之上的重力水(见图 5-1)。这种局部隔水层或弱透水层在松散堆积物地区可能由黏土、亚黏土等组成的透镜体组成;在基岩裂隙介质中可能由局部地段裂隙不发育或裂隙被充填所造成;在岩溶介质中则可能是差异性溶蚀使局部地段岩溶发育较差或存在非可溶岩透镜体。

由于上层滞水的埋藏最接近地表,因而它和气候、水文条件的变化密切相关。上层滞水主要接受大气降水和地表水的补给,而消耗于蒸发和逐渐向下渗透补给潜水,其补给区与分布区一致。上层滞水的水量一方面取决于补给来源,即气象、水文因素,同时还取决于下伏隔水层的分布范围。通常其分布范围较小,因而不能保持常年有水,水量随季节性变化较大。但当气候湿润,隔水层分布范围较大、埋藏较深时,也可赋存相当水量。因此,在缺水地区可以利用它来做小型生活用水水源地,或暂时性供水水源。由于距地表近,补给水入渗途径短,所以易受污染,作水源地时,应注意水质问题。另外,上层滞水危害工程建设,常突然涌入基坑危及施工安全,应考虑采取排水的措施。

5.1.1.2　潜水

潜水主要是埋藏在地表以下第一个连续稳定的隔水层以上、具有自由水面的重力水。一般存在于第四系散堆积物的孔隙中(孔隙潜水)及出露于地表的基岩裂隙和溶洞中(裂隙潜水和岩溶潜水)。潜水的自由水面称为潜水面。潜水面上每一点的绝对(或相对)高程称为潜水位。潜水水面至地面的距离称为潜水的埋藏深度。由潜水面往下到隔水层顶板之间充满了重力水的岩层,称为潜水含水层,其间距离则为含水层厚度。

5.1.1.3　承压水

充满于两个隔水层(弱透水层)之间的含水层中承受水压力的地下水,称为承压水(见图 5-2)。承压含水层上部的隔水层(弱透水层)称为隔水顶板,下部的隔水层(弱透水层)称为隔水底板。隔水顶底板之间的距离为承压含水层厚度。承压水多埋藏在第四系以前岩层的孔隙中或层状裂隙中,第四系堆积物中亦有孔隙承压水存在。

承压性是承压水的一个重要特征。图 5-2 表示一个基岩向斜盆地。含水层中心部分埋设于隔水层之下,是承压区;两端出露于地表,为非承压区。含水层从出露位置较高的补给区获得补给,向另一侧出露位置较低的排泄区排泄。由于来自出露区地下水的静水压力作用,承压区含水层不但充满水,而且含水层顶面的水承受大气压强以外的附加压强。当钻孔揭穿隔水顶板时,钻孔中的水位将上升到含水层顶部以上一定高度才静止下

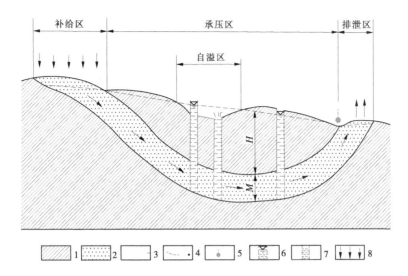

1—隔水层;2—含水层;3—潜水位及承压水侧压水位;4—地下水流向;

5—泉;6—钻孔;7—自喷井;8—大气降水补给;H—承压高度;M—含水层厚度

图 5-2 承压剖面示意图

来。钻孔中静止水位到含水层顶面之间的距离称为承压高度,这就是作用于隔水顶板的以水柱高度表示的附加压强。井中静止水位的高程就是承压水在该点的测压水位。测压水位高于地表的范围是承压水的自溢区,在这里井孔能够自喷出水。

5.1.1.4 孔隙水

孔隙水广泛分布于第四纪松散沉积物中,其分布规律主要受沉积物的成因类型控制。孔隙水最主要的特点是其水量在空间分布上连续性好,相对均匀。孔隙水一般呈层状分布,同一含水层中的水有密切的水力联系,具有统一的地下水面,一般在天然条件下呈层流运动。

5.1.1.5 裂隙水

埋藏于基岩裂隙中的地下水称为裂隙水。裂隙的密集程度、张开程度、连通情况和充填情况等直接影响裂隙水的分布、运动和富集。由于岩石中裂隙大小悬殊,分布不均匀,所以裂隙水的埋藏、分布和水动力性质都不均习。在某些方向上裂隙的张开程度和连通性较好,那么这些方向上的裂隙导水性强,水力联系好,常成为裂隙水径流的主要通道。在另一些方向上裂隙闭合,导水性差,水力联系也差,径流不畅。所以,裂隙岩石的导水性呈现明显的各向异性。裂隙水的不均匀性是其同孔隙水的主要区别。裂隙水根据裂隙成因不同,可分为风化裂隙水、成岩裂隙水与构造裂隙水。

1. 风化裂隙水

风化裂隙水一般分布于暴露基岩的风化带中,风化带厚度一般为 20~30 m。在潮湿地区上部强风化带,由于被化学风化产生的次生矿物充填,其富水性反而比下部中等风化带差。风化裂隙水多为潜水,水质好,但水量不丰富,可作为小型供水水源。地形低洼处,当风化带被不透水的土层覆盖时常形成承压裂隙水,有时承压水头还比较高,对工程建设有危害。

2.成岩裂隙水

岩石在成岩过程中,由于冷凝、固结、脱水等作用而产生的原生裂隙,一般见于岩浆岩和变质岩中。成岩裂隙发育均匀,呈层状分布,多形成潜水。当成岩裂隙岩层上覆不透水层时,可形成承压水。如玄武岩成岩裂隙常以柱状节理形式发育,裂隙宽,连通性好,是地下水赋存的良好空间,水量丰富,水质好,是很好的供水水源。

3.构造裂隙水

岩石构造裂隙是在构造应力作用下产生的裂隙,存在于其中的地下水为构造裂隙水。构造裂隙水可呈层状分布,也可呈脉状分布,可形成潜水,也可形成承压水。断层带是构造应力集中释放造成的断裂。大断层常延伸数十千米至数百千米,断层带宽数百米。发育于脆性岩层中的张性断层,中心部分多为疏松的构造角砾岩,两侧张裂隙发育,具有良好的导水能力。当这样的断层沟通含水层或地表水体时,断层带兼具储水空间、集水廊道与导水通道的能力,对地下工程建设危害较大,必须给予高度重视。

5.1.1.6 岩溶水

赋存并运移于岩溶化岩层(石灰岩、白云岩)中的水称为岩溶水(喀斯特水)。它可以是潜水,也可以是承压水。岩溶水的补给是大气降水和地表水,其运动特征是层流和紊流、有压流与无压流、明流与暗流、网状流与管道流并存。岩溶常沿可溶岩层的构造裂隙带发育,通过水的溶蚀,常形成管道化岩溶系统,并把大范围的地下水汇集成一个完整的地下河系。因此,岩溶水在某种程度上带有地表水系的特征:空间分布极不均匀,动态变化强烈,流动迅速,排泄集中。岩溶水分布地区易发生地面塌陷,给工程建设带来很大危害,应予以注意。

5.1.2　地下水运动规律

土是一种松散的固体颗粒集合体,土体内具有相互连通的孔隙。在水头差作用下,水就会从水位高的一侧流向水位低的一侧,这种现象就是水在土体中的渗流现象,而土允许水透过的性能称为土的渗透性。

5.1.2.1 达西定律

由于土体中孔隙的形状和大小极不规则,因而水在其中的渗透是一种十分复杂的水流现象。人们用和真实水流属于同一流体的、充满整个含水层(包括全部的孔隙和土颗粒所占据的空间)的假想水流来代替在孔隙中流动的真实水流来研究水的渗透规律,这种假想水流具有以下性质:

(1)它通过任意断面的流量与真实水流通过同一断面的流量相等。

(2)它在某一断面上的水头应等于真实水流的水头。

(3)它在土体体积内所受到的阻力应等于真实水流所受到的阻力。

1856年,法国工程师达西利用如图5-3所示的试验装置对均质砂土进行了大量的试验研究,得出了层流条件下的渗透规律:水在土中的渗透速度与试样两端面间的水头损失成正比,而与渗径长度成反比,即:

$$V = \frac{q}{A} = Ki = K\frac{\Delta h}{L} \tag{5-1}$$

式中　　V——断面平均渗透流速,cm/s;

　　　　q——单位时间的渗出水量,cm³/s;

　　　　A——垂直于渗流方向试样的截面面积,cm²;

　　　　K——反映土的渗透性大小的比例常数,称为土的渗透系数,cm/s 或 m/d;

　　　　i——水力梯度或水力坡降,表示沿渗流方向单位长度上的水头损失,无量纲;

　　　　Δh——试样上下两断面间的水头损失,cm;

　　　　L——渗径长度,cm。

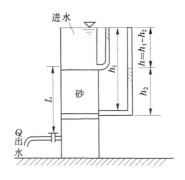

图 5-3　达西渗透试验装置

5.1.2.2　渗透系数

渗透系数是反映土的透水性能强弱的一个重要指标,常用它来计算井和基坑的渗流量。渗透系数只能通过试验直接测定。试验可在实验室或现场进行。一般来说,现场试验比室内试验得到的结果要准确些。因此,对于重要工程常需进行现场测定。

实验室测定渗水系数的常用方法有常水头法和变水头法。前者适用于粗粒土(沙质土),后者适用于细粒土(黏质土和粉质土)。影响土体渗透性的因素很多,主要有土的粒度成分及矿物成分、土的结构构造和土中气体、水的温度等。

1. 土的粒度成分及矿物成分的影响

土的颗粒大小、形状及级配影响土中孔隙大小及其形状,因此影响土的渗透性。土粒越细、越浑圆、越均匀时,渗透性就越大。砂土中含有较多粉土或黏性土颗粒时,其渗透性就会大大降低。土中含有亲水性较大的黏土矿物或有机质时,因为结合水膜厚度较大,会阻塞土的孔隙,土的渗透性降低。土的渗透性还和水中交换阳离子的性质有关系。

2. 土的结构构造的影响

天然土层通常不是各向同性的,因此不同方向,土的渗透性也不同。如黄土具有竖向大孔隙,所以竖向渗透系数要比水平向的大得多。在黏性土中,如果夹有薄的粉砂层,它的水平向渗透系数要比竖向的大得多。

3. 土中气体的影响

当土中孔隙存在密闭气泡时,会阻塞水的渗流,从而降低了土的渗透性。这种密闭气泡有时是由于溶解于水中的气体分离出来而形成的,因此水的含气量也影响土的渗透性。

4. 水的温度

水温对土的渗透性也有影响,水温愈高,水的动力黏滞系数 η 愈小,渗透系数 K 值愈

大。试验时,某一温度下测定的渗透系数,应按下式换算为标准温度 20 ℃ 下的渗透系数,即:

$$K_{20} = K_T \frac{\eta_T}{\eta_{20}} \qquad (5-2)$$

式中　　K_T、K_{20}——T ℃ 和 20 ℃ 时土的渗透系数;

　　　　η_T、η_{20}——T ℃ 和 20 ℃ 时水的动力黏滞系数,见《土工试验规程》(SL 237—1999)。总之,对于粗粒土,主要因素是颗粒大小、级配、密度、孔隙比以及土中封闭气泡的存在;对于黏性土,则较为复杂。黏性土中所含矿物、有机质以及黏土颗粒的形状、排列方式等都影响其渗透性。不同土的渗透系数变化范围见表 5-2。

表 5-2　不同土的渗透系数变化范围

土的类别	渗透系数 K		土的类别	渗透系数 K	
	m/d	cm/s		m/d	cm/s
黏土	<0.005	$<6 \times 10^{-6}$	细砂	1.0~5	$1 \times 10^{-3} \sim 6 \times 10^{-3}$
粉质黏土	0.05~0.1	$6 \times 10^{-6} \sim 1 \times 10^{-4}$	中砂	5~20	$6 \times 10^{-3} \sim 2 \times 10^{-2}$
粉土	0.1~0.5	$1 \times 10^{-4} \sim 6 \times 10^{-4}$	粗砂	20~50	$2 \times 10^{-2} \sim 6 \times 10^{-2}$
黄土	0.25~0.5	$3 \times 10^{-4} \sim 6 \times 10^{-4}$	圆砾	50~100	$6 \times 10^{-2} \sim 1 \times 10^{-1}$
粉砂	0.5~1.0	$6 \times 10^{-4} \sim 1 \times 10^{-3}$	卵石	100~500	$1 \times 10^{-1} \sim 6 \times 10^{-1}$

5.2　地下水对地基基础工程的影响

地下水对地基基础工程设计、施工尤为重要,地下水对地基基础影响巨大,基坑涌水不利于工程施工,地下水常常是产生滑坡、地面沉降、建筑物浮起、流土、管涌的主要原因。一些地下水还腐蚀建筑材料。若对地下水处理不当,还可能产生不良影响,甚至出现工程事故。必须高度重视地下水对地基基础工程施工的影响。

5.2.1　地下水的浮托作用

当建筑物基础底部位于地下水位以下时,地下水将对基础产生浮力。对于刚竣工的箱形基础、未蓄水的水池、油罐,如浮力大于基础重量,会使基础浮起或造成破坏。基础发生浮力破坏的案例较多,在地基基础工程设计中应进行抗浮验算。

如果基础位于粉土、砂性土、碎石土和节理裂隙发育的岩石地基上,则按地下水位100% 计算浮力;如果基础位于节理裂隙不发育的岩石地基上,则按地下水位 50% 计算浮力;如果基础位于黏性土地基上,浮力较难确定,应结合地区经验考虑。

5.2.2　基坑突涌

当基坑下伏有承压含水层时,开挖基坑减少了底部隔水层的厚度。当隔水层厚度较薄经受不住水头压力时,承压水会冲破基槽,这种工程地质现象称为基坑突涌。图 5-4 表示基槽在黏土层中开挖深度为 D，黏土剩余厚度为 h_0，黏土层下为卵石层，具有承压水，承压水位高出卵石层顶面 h。此时，黏土层底部单位面积上受到承压水的浮托力为 $\gamma_w h$，黏土层底层单位面积上的土压力为 γh_0，必须保证黏土层底面土压力大于浮托力，即 $\gamma h_0 > \gamma_w h$，变形如下：

$$h_0 \geqslant \frac{\gamma_w}{\gamma} h \tag{5-3}$$

式中　γ——土的重度；

γ_w——水的重度。

为避免基坑突涌的发生，必须满足 $h_0 > \dfrac{\gamma_w}{\gamma} h$；否则，应当采取人工措施降低地下水位，以保证槽底安全。

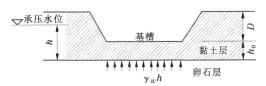

图 5-4　承压水对基底土层的浮托作用

5.2.3　地下水位升降

随着地下水位的升降，土体的重度、含水率、压缩性、抗剪强度等指标随之变化，因此地下水的升降对地基基础的影响巨大。

5.2.3.1　水位上升

地下水位上升，土的含水率增加，使黏性土软化，压缩性增大，地基承载力降低。对于湿陷性黄土地基，产生湿陷变形，产生不均匀沉降；膨胀土地基吸水膨胀，引起基础破坏。地下水位的上升会给地下室的防水造成压力，如某大学一幢五层教学楼的地下室，因防水层质量差，夏季雨水下渗，临近河道倒灌，造成地下室积水深达 30 cm，无法使用，翻修以后仍然漏水，十分潮湿。

5.2.3.2　水位下降

在基坑降水过程中，地下水位大幅度下降，土的重度由有效重度变为天然重度，土中自重应力增加，会产生附加沉降，严重危害周围建筑物的安全。我国相当一部分城市由于过量开采地下水，出现了地表大面积沉降、地面塌陷等严重问题。在进行基坑开挖时，如降水过深、时间过长，则常引起坑外地表下沉，从而导致邻近建筑物开裂、倾斜。

对于形成年代已久的天然土层，其在自重应力作用下的变形早已稳定。但当地下水位发生下降或土层为新近沉积或地面有大面积人工填土时，土中的自重应力会增大（见图 5-5），这时应考虑土体在自重应力增量作用下的变形。地下水位下降后，新增加的自重应力将使土体本身产生压缩变形。由于这部分自重应力的影响深度很大，因此所造成的地面沉降量往往很大。

（1）对于黏性土、粉土，土层最终沉降量计算公式为：

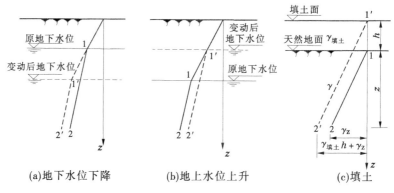

(a)地下水位下降　　　　　(b)地上水位上升　　　　　(c)填土

------- 变化后的自重应力；　　　—— 变化前的自重应力

图 5-5　由于填土或地下水位升降引起自重应力的变化

$$s = \frac{a_v}{1 + e_0}\Delta p \cdot h \tag{5-4}$$

（2）对于砂土,土层最终沉降量计算公式为:

$$s = \frac{\Delta p}{E}h \tag{5-5}$$

式中　　s——土层最终沉降量,cm;

　　　　a_v——压缩系数,1/kPa;

　　　　e_0——初始孔隙比;

　　　　Δp——由于地下水下降施加于土层上的平均荷载,kPa;

　　　　h——计算土层厚度,cm;

　　　　E——砂层的弹性模量,kPa。

【例 5-1】　某地基为粉质黏土, $e_0 = 0.78$, $a_v = 0.35 \times 10^{-3}$ 1/kPa, $\gamma_{sat} = 18$ kN/m³,厚度 8 m,以下为密实的砾石。地下水位在地表,由于工程需要,需大面积降低地下水位 5 m,估算由于降水而产生的沉降量。

解　（1）地下水位降低后,土层分为两部分,地下水位以上 $h_1 = 5$ m,地下水位以下 $h_2 = 3$ m。

（2）$h_1 = 5$ m, $\Delta p = \frac{1}{2}\gamma_w h = \frac{1}{2} \times 10 \times 5 = 25$(kPa), $s_1 = \frac{0.35 \times 10^{-3}}{1 + 0.78} \times 25 \times 500 =$ 2.46(cm); $h_2 = 3$ m, $\Delta p = \gamma_w h = 10 \times 5 = 50$(kPa), $s_2 = \frac{0.35 \times 10^{-3}}{1 + 0.78} \times 50 \times 300 = 2.95$(cm)。

（3）总沉降量 $s = s_1 + s_2 = 2.46 + 2.95 = 5.41$(cm)。

5.2.4　渗透力

水在土体中流动时,会引起水头损失。这表明水在土中流动会引起能量的损失,这是由于水在土体孔隙中流动时,力图带动土颗粒而引起能量消耗。根据作用力与反作用力,土颗粒阻碍水流流动,给水流以作用力,那么水流也必然给土颗粒以某种拖曳力,将渗透水流施加于单位土体内土粒上的拖曳力称为渗透力。

渗透力大小按下式计算：

$$j = \gamma_w i \tag{5-6}$$

式中　γ_w——水的重度，kN/m^3；

　　　i——水力坡度。

从式(5-6)可知，渗透力的大小与水力坡降成正比，其作用方向与渗流(或流线)方向一致，是一种体积力，常以 kN/m^3 计。

在渗流情况下，由于渗透力的存在，土体内部受力情况发生变化。由于渗透力的方向与渗流作用方向一致，它对土体的稳定性有很大的影响。

5.2.4.1　地基渗流

图 5-6 为基坑支护板桩截水。基坑开挖中的支护板桩，在两侧水头差的作用下，地下水从高处向低处流动，在土体内产生渗透力。在渗流进口处(基坑外)，渗流自上而下，渗透力与土重方向一致，渗透力起增大重量作用，对土体稳定有利；渗流的逸出口(基坑内)，渗透力方向自下而上，与土重方向相反，渗透力起减轻土的有效重力的作用，土体极可能失去稳定，产生渗透破坏，这就是引起渗透变形的根本原因。渗透力越大，渗流对土体稳定性的影响就越大。因此，在基坑开挖中，必须考虑渗透力的影响。

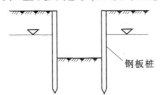

图 5-6　基坑支护板桩截水

5.2.4.2　边坡渗流

在边坡、堤坝、围堰工程中，在上下游水头差作用下，地下水从边坡流出，从而产生渗透力，对边坡产生影响。正常挡水情况下，堤坝上游边坡，水渗入堤坝内，渗透力方向与坡面方向相反，渗透力对边坡稳定有利；堤坝下游坡，渗流为顺坡出流，渗透力与坡面方向一致，渗透力增大了下滑力，使得边坡稳定性降低；水位突然下降或坑深低于地下水位的基坑边坡等情况，水自坡面渗出，渗透力与坡面方向一致，渗透力增大了下滑力，使得边坡稳定性降低(见图 5-7)。在正常蓄水情况下，要验算下游边坡稳定性，在水位突然下降情况下，要验算上游边坡的稳定性。

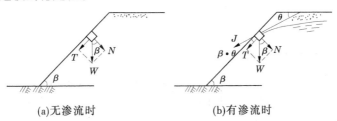

(a)无渗流时　　　　　　　　(b)有渗流时

图 5-7　无黏性土坡的稳定性

对于均质的无黏性土土坡,无论是干坡还是在完全浸水条件下,由于无黏性土土粒间缺少黏结力,因此只要位于坡面上的单元土粒能够保持稳定,则整个土坡就是稳定的。

1. 无水作用时

安全系数计算公式为:

$$F_s = \frac{\tan\varphi}{\tan\beta} \qquad (5\text{-}7)$$

式中　　F_s——安全系数;

　　　　φ——土的内摩擦角;

　　　　β——坡角。

由式(5-7)可见,对于均质的无黏性土坡,理论上只要坡角小于土的内摩擦角,土坡就是稳定的。F_s 等于 1 时,土坡处于极限平衡状态,此时的坡角 β 就等于无黏性土的内摩擦角 φ,常称为静止角或休止角。

2. 有水作用时

堤坝水位突然下降,或坑深低于地下水位的基坑边坡等情况,都会在土坡中形成渗透力,使得边坡稳定性降低。安全系数计算公式为:

$$F_s = \frac{\gamma'\tan\varphi}{\gamma_{sat}\tan\beta} \qquad (5\text{-}8)$$

式中　　γ_{sat}——土的饱和重度,kN/m^3;

　　　　γ'——土的有效重度,kN/m^3,$\gamma' = \gamma_{sat} - \gamma_w$。

式(5-8)与没有渗流作用的式(5-7)相比,无黏性土坡的稳定性要比无渗流情况下的安全系数约低 1/2。也就是说,无渗流时,$\beta \leqslant \varphi$,土坡是稳定的;有渗流作用时,坡度必须减缓,即坡角 $\beta \leqslant \tan^{-1}(\frac{1}{2}\tan\varphi)$ 才能保持稳定。

【**例 5-2**】　一均质无黏性土土坡,其饱和重度 $\gamma_{sat} = 20~kN/m^3$,内摩擦角 $\varphi = 30°$,若要求这个土坡的稳定安全系数 $F_s = 1.3$,试问在一般无水情况和有平行于坡面渗流情况下的土坡坡角应为多少?

解　由式(5-7)可以求得 $\tan\beta = \dfrac{\tan\varphi}{F_s} = \dfrac{\tan 30°}{1.3} = 0.444$,在一般情况下土坡所需的坡角 $\beta = 24°$,由式(5-8)可以求得 $\tan\beta = \dfrac{\gamma'\tan\varphi}{\gamma_{sat}F_s} = \dfrac{20-10}{20} \times \dfrac{\tan 30°}{1.3} = 0.222$,有平行于坡面渗流时土坡的坡角 $\beta = 12.5°$,从计算结果可知,有平行于坡面渗流时的坡角几乎比一般情况要小一半。

5.2.5　渗透变形破坏

由于渗透水流将土体中的细颗粒冲出、带走,使局部土体产生移动导致土体的变形,这类问题常称为渗透变形问题。这类问题如不及时加以纠正,会破坏整个建筑物。渗透变形主要包括流土和管涌。

5.2.5.1　流土

正常情况下,土体中各个颗粒之间都是相互紧密结合的,并具有较强的制约力。但在向上渗流作用下,局部土体表面会隆起或颗粒群同时发生移动而流失,这种现象称为流土,又称为流沙。它主要发生在地基或土坝下游渗流逸出处而不发生于土体内部,基坑或渠道开挖时所出现的流沙现象是流土的一种常见形式。在图 5-8(a)中,由于细砂层的承压水作用,当基坑开挖至细砂层时,在渗透力作用下,细砂向上涌出,出现大量流土,引起房屋地基不均匀变形,上部结构开裂,影响了正常使用。如图 5-8(b)所示为河堤覆盖层下流沙涌出的现象,由于覆盖层下有一强透水砂层,当堤内、外水头差大,弱透水层薄弱处则被冲溃,大量砂土涌出,危及河堤的安全。流土常发生在颗粒级配均匀的细砂、粉砂和粉土等土层中,在饱和的低塑性黏性土中,当受到扰动时,也会发生流土。

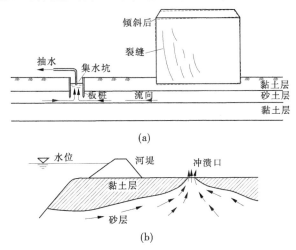

图 5-8　流土危害

流土的临界水力坡度按下式计算:

$$i_{cr} = \frac{\gamma'}{\gamma_w} = \frac{\gamma_{sat} - \gamma_w}{\gamma_w} = \frac{\gamma_{sat}}{\gamma_w} - 1 \tag{5-9}$$

流土一般发生在渗流的逸出处,因此只要将渗流逸出处的水力坡降,即逸出坡降 i 求出,就可判别流土的可能性:

(1)当 $i < i_{cr}$ 时,土处于稳定状态;

(2)当 $i = i_{cr}$ 时,土处于临界状态;

(3)当 $i > i_{cr}$ 时,土处于流土状态。

在设计时,为保证建筑物的安全,通常将逸出坡降限制在容许坡降 $[i]$ 之内,即

$$i < [i] = \frac{i_{cr}}{F_s} \tag{5-10}$$

式中　F_s——安全系数,常取 1.5 ~ 2.0。

5.2.5.2　管涌

在渗流力的作用下,土中的细颗粒在粗颗粒形成的孔隙中被移去并被带出,在土体内形成贯通的渗流管道,这种现象称为管涌。开始土体中的细颗粒沿渗流方向移动并不断流失,继而较粗颗粒发生移动,从而在土体内部形成管状通道,带走大量砂粒,最后地基被破坏。

5.2.6　地下水对基础的侵蚀性

在某些地区存在不良地质环境时,例如含有化学物的工业废水渗入地区,硫化矿、煤矿废水渗入地区,沿海地区,地下水质对混凝土和钢筋有侵蚀性,对建筑物产生破坏。地下水的侵蚀性分为以下三种。

5.2.6.1　结晶性侵蚀

结晶性侵蚀是指地下水中硫酸根离子会在混凝土孔隙中形成易膨胀的结晶化合物,如石膏体积增加为原体积的 1 ~ 2 倍,硫酸铝体积增加为原体积的 2.5 倍,造成混凝土胀裂。当地下水中 pH ≤ 5,且硫酸根离子(SO_4^{2-}) ≥ 500 mg/L 或 pH > 6.5 且硫酸根离子(SO_4^{2-}) ≥ 1 500 mg/L 量,可判定为结晶性侵蚀。根据经验,重盐渍土及海水侵入地区、硫化矿及煤矿水渗入区、地层中含有石膏地区、含有大量硫酸盐、镁盐的工业废水渗入地区,易发生结晶性侵蚀。

5.2.6.2　分解性侵蚀

分解性侵蚀是指地下水中 pH 过低和侵蚀性 CO_2 含量过多时对混凝土的侵蚀。在弱透水层中,当 pH ≤ 4,或在强透水层中 pH ≤ 4,或侵蚀性 CO_2 ≥ 1 500 mg/L 时,均可判定为分解性侵蚀。

5.2.6.3　结晶分解复合性侵蚀

结晶分解复合性侵蚀是指同时具有上述两种侵蚀的性质。

《岩土工程勘察规范》(GB 50021—2001)(2009 年版)规定,岩土工程勘察报告必须提供水质、土质分析报告。如地下水具有侵蚀性,基础材料不能采用普通硅酸盐水泥,而应采用抗硫酸盐水泥,以保证基础的安全。各种侵蚀性的具体判别标准见《岩土工程勘察规范》(GB 50021—2001)(2009 年版)有关内容。

5.3　地下水控制及常见质量问题

近年来,由于各种原因,我国基坑工程事故时有发生,这些基坑工程事故主要表现为支护结构产生较大位移、支护结构破坏、基坑塌方及大面积滑坡、基坑周围道路开裂和塌陷、与基坑相邻的地下设施变位以至于破坏、邻近的建筑物开裂甚至倒塌等,大部分基坑事故都与地下水有关,因此在基坑工程施工中必须对地下水进行控制。

5.3.1　地下水控制方法

在基坑开挖中,为提供地下工程作业条件,确保基坑边坡稳定,基坑周围建筑物、道路及地下设施安全,对地下水进行控制是基坑支护设计必不可少的内容。地下水控制的设计和施工应满足支护结构设计要求,应根据场地及周边工程地质条件、水文地质条件和环境条件并结合基坑支护和基础施工方案综合分析、确定。地下水控制是指为保证支护结构施工、基坑挖土、地下室施工及基坑周边环境安全而采取的排水、降水、截水或回灌措施。

地下水控制可以集水明排、降水、截水和回灌等方法单独或组合使用,具体方法可按表 5-3 选用。在选择降水方法上,是按颗粒粒度成分确定降水方法,大体上中粗砂以上粒径的土用水下开挖或堵截法,中砂和细砂颗粒的土用井点法和管井法,淤泥或黏土用真空法和电渗法。

表 5-3 地下水控制方法适用条件

名称		土类	渗透系数（m/d）	降水深度（m）	水文地质特征
集水明排			< 0.5	< 2	上层滞水或水量不大的潜水
降水	真空井点	填土、粉土、黏性土、砂土	0.1 ~ 20.0	单级 < 6 多级 < 20	
	喷射井点				
	电渗井点	黏性土	0.1 ~ 20.0	< 20	
	管井	粉土、砂土、碎石土、可溶岩、破碎带	< 0.1	按井类型确定	含水丰富的潜水、承压水、裂隙水
			1.0 ~ 200.0	> 5	
截水		黏性土、粉土、砂土、碎石土、岩溶岩	不限	不限	
回灌		填土、粉土、砂土、碎石土	0.1 ~ 200.0	不限	

5.3.2　地下水控制常见质量问题

基坑地下水引发的工程事故,通常发生在挡土结构、基坑底部、基坑周围等部位。

5.3.2.1　发生在挡土结构上的事故

（1）挡土结构如果存在质量问题（如空洞、蜂窝、裂缝等）,在一定水压力作用下,水会携带粉砂、粉土、黏粒等细颗粒,从挡土结构背后流入基坑内,如果情况严重,则会造成坑壁塌滑,酿成重大的工程事故。

（2）挡土结构的平面转折处发生潜蚀现象。水泥土挡土结构,在墙后的水土压力下,由于拉力的作用,在转角处容易被拉开而漏水造成潜蚀现象。

（3）由于水土压力计算不当而造成事故。《建筑基坑支护技术规程》（JGJ 120—2012）规定:土压力计算有水土分算、水土合算两种方法,对颗粒较大的无黏性土（砂土、粉土）按水土分算计算;对黏性土按水土合算计算。挡土结构在墙后的水土压力作用下产生较大的变形,在实际施工过程中,由于水平不透水层的存在,以及垂直向渗透系数较小的特点,使实际水压力比设计水压力偏大,造成挡土结构产生较大的水平变形。

（4）在淤泥、淤泥质土地区,当支护结构采用预制桩的打桩或压桩成桩时,如果基坑降水措施不力,形成的超静孔隙水压力短期内不易消散,基坑开挖时将改变土体应力平衡,造成淤泥流动并引起桩的水平位移。

5.3.2.2　发生在基坑底部的事故

由于地下水引起的,发生在基坑底部的事故主要如下:

（1）地下水位以下的粉土、粉砂夹层往往是引起流沙的主要物质,在支护结构内外水头差的作用下,产生较大的渗透力。在基坑底处,产生的渗透力方向向上,如渗透力大于土的浮重度,则产生流沙现象。

以武汉地区为例,在填土层和上部黏土层中的粉土、粉砂夹层,含有大量的上层滞水、潜水。在以往的勘察过程中,对这些粉土、粉砂夹层未能做详细的研究,没有正确反映其水文地质特征,因而未引起设计、施工的足够重视。

(2)基坑下存在承压水层时,如果底板的不透水层厚度较薄,在承压水头作用下,有可能冲毁底板而产生突涌。

(3)降排水井的位置不当,也有可能引发基底产生流沙。如济南某工程,基坑设计开挖深度12 m,地基土为粉土、粉质黏土,潜水位6 m左右。由于基坑周围建筑物密集,采用土钉墙支护,在基坑中间设三眼降水井。当基坑开挖至9 m时,基坑南侧产生滑坡,土钉被拔出或拉断,产生重大工程事故。产生这次事故的主要原因有三个:一是降水井位置设计错误,在基坑内降水,产生的渗透力对边坡稳定不利;二是事故发生的当天,在基坑周围堆放了大量的建筑材料,引起了附加土压力;三是工期紧,基坑开挖速度过快,支护速度跟不上。

5.3.2.3　基坑周围发生的事故

(1)在软土地区,抽降地下水引起基坑周围欠固结土发生沉降。深基坑降水时,会带出大量土颗粒,同时使欠固结土产生沉降,加上基坑挖土卸荷,基坑周围一定范围内产生沉降变形、水平位移、倾斜,导致建筑物裂缝、地下管线错位、开裂以及边坡破坏等事故。

(2)井水干涸。如果基坑降水为承压水,大量抽取地下水,会引起附近的地下水位大幅度下降,水井出水困难,甚至出现干涸现象。

(3)造成地下水质恶化。在近海岸处存在淡水与海咸水的自然平衡状态,如果抽取地下淡水,导致海咸水入侵,会引起水质恶化。

(4)在淤泥、淤泥质土地区,当支护结构采用预制桩的打桩或压桩成桩时,如果基坑降水措施不力,形成的超静孔隙水压力短期内不易消散,基坑开挖将改变土体应力平衡,造成淤泥流动并引起桩的水平位移。

5.3.2.4　自然环境引发的事故

(1)基坑开挖施工时间跨度大,坡体没有进行防水处理,坡顶未设排水沟,当遇到大雨天气时,由于雨水下渗,增大了主动土压力和水压力,轻则冲刷墙后土体,威胁附近建筑物,重则冲垮挡土结构,造成土体滑坡。如深圳市在一场暴雨后,30 余幢高层建筑基坑支护结构遭到不同程度的破坏。

(2)三北(东北、华北、西北)地区的基坑越冬施工时,应考虑边坡冻胀破坏。在寒冷季节,如果上层滞水疏干不彻底,边坡会严重冻胀,冻胀力会破坏挡土结构。

5.4　基坑明沟排水工程

人工降低地下水位的方法基本分为两大类,即基坑明沟排水和井点降水。本节主要介绍基坑明沟排水。

5.4.1　基坑明沟排水的适用范围

明沟排水又叫表面排水,当挖土接近地下水位时,沿坑周围挖排水沟,并在坑内设置一个或几个集水井,如图 5-9 所示。渗入坑内的地下水经排水沟汇集于集水井内,用水泵抽出坑外,然后开挖基坑中间部分的土方。当挖到排水沟底附近时,再加深排水沟和集水井。

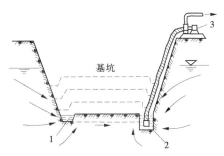

1—排水沟;2—集水井;3—水泵

图 5-9　基坑内明沟排水

明沟排水是从基坑四周开挖排水沟,四角设置集水井,直接从集水井中抽取地下水,从而达到降低地下水位的目的。集水明排可单独采用,亦可与其他方法结合使用。单独使用时,降水深度不宜大于 5 m,否则在坑底容易产生软化、泥化,坡脚出现流沙、管涌,边坡塌陷,地面沉降等问题。与其他方法结合使用时,其主要功能是收集基坑中和坑壁局部渗出的地下水和地表水。基坑明沟排水设施简单、成本低、管理方便,适用于以下条件:

(1)地下水为上层滞水,或为弱含水的基岩裂隙水,渗水量不大。

(2)基坑较浅,降水深度不大。

(3)排水场区附近无地表水体直接补给。

(4)含水层土质稳定,坑壁稳定,不会产生流沙、管涌等不良影响。

5.4.2　基坑明沟排水布置

排水沟和集水井应设置在基础的轮廓线以外,并距基础边缘一定距离,排水沟和集水井应经常保持一定的高差,集水井底一般比排水沟低 0.4 ~ 0.5 m,排水沟底又比挖土面低 0.3 ~ 0.4 m。排水沟边缘应离坡脚不小于 0.3 m,排水沟底宽不小于 0.3 m,坡度为 0.001 ~ 0.005。集水井设在地下水的上游,井的容量至少要保证当水泵停止抽水 10 ~ 15 min 后不致使井水溢出,集水井的直径一般为 70 ~ 80 cm,深度 80 ~ 100 cm,井底铺设 30 cm 厚的碎石、卵石作为反滤层。

当渗水量较大,施工场地比较宽敞时,可在坑外距离坑边 3 ~ 6 m 处开挖大型排水沟,沟底至少要比基坑底面低 0.5 ~ 1 m,使地下水流到集水井内,然后用水泵连续抽水,把水引到施工场地以外,以保证基坑干燥施工,如图 5-10 所示。

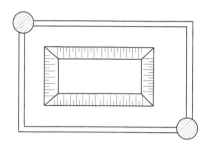

图 5-10　基坑外明沟排水

5.4.3　基坑排水量计算

沟、井截面根据排水量确定,排水量 V 应满足下式要求:

$$V \geqslant 1.5Q \tag{5-11}$$

式中　Q——基坑总涌水量,m^3/d。

涌水量的确定方法有很多,考虑到各地区水文地质条件不同,尽可能通过试验和当地经验的方法确定,当地经验不足时,也可简化为圆形基坑用大井法计算。

5.4.3.1　基坑等效半径

当基坑为圆形时,基坑等效半径应取为圆半径,当基坑为非圆形时,等效半径可按下列规定计算。

(1)矩形基坑等效半径可按下式计算:

$$r_0 = 0.29(a + b) \tag{5-12}$$

式中　a、b——基坑的长、短边长,m。

(2)不规则块状基坑等效半径可按下式计算:

$$r_0 = \sqrt{A/\pi} \tag{5-13}$$

式中　A——基坑面积,m^2。

5.4.3.2　影响半径

基坑抽水后,导致水位下降,井周围附近含水层的水向井内流动,形成一个以抽水井为中心的水位下降漏斗,这个水位下降漏斗的半径叫作影响半径。降水井影响半径宜通过试验或根据当地经验确定,当基坑侧壁安全等级为二、三级时,可按下列经验公式计算。

(1)对潜水含水层,降水井影响半径为

$$R = 2S\sqrt{KH} \tag{5-14}$$

式中　K——渗透系数,m/d;

　　　H——潜水含水层厚度,m;

　　　S——基坑水位降深,m;

　　　R——降水影响半径,m。

(2)对承压含水层,降水井影响半径为

$$R = 10S\sqrt{K} \tag{5-15}$$

5.4.3.3　潜水完整井基坑涌水量

均质含水层潜水完整井基坑涌水量可按下列规定计算(见图 5-11):

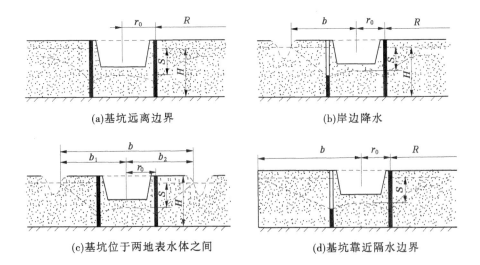

(a)基坑远离边界　　　　　　　　　　　(b)岸边降水

(c)基坑位于两地表水体之间　　　　　(d)基坑靠近隔水边界

图 5-11　均质含水层潜水完整井基坑涌水量计算简图

（1）当基坑远离边界时，涌水量可按下式计算：

$$Q = 1.366K\frac{(2H-S)S}{\lg(1+\dfrac{R}{r_0})} \tag{5-16}$$

式中　Q——基坑涌水量，$\mathrm{m^3/d}$；

　　　K——渗透系数，m；

　　　H——潜水含水层厚度，m；

　　　S——基坑水位降深，m；

　　　R——降水影响半径，m；

　　　r_0——基坑等效半径，m。

（2）当在岸边降水时，涌水量可按下式计算：

$$Q = 1.366K\frac{(2H-S)S}{\lg\dfrac{2R}{r_0}} \tag{5-17}$$

（3）当基坑位于两个地表水体之间或位于补给区与排泄区之间时，涌水量可按下式计算：

$$Q = 1.366K\frac{(2H-S)S}{\lg\left[\dfrac{2(b_1+b_2)}{\pi r_0}\cos\dfrac{\pi(b_1-b_2)}{2(b_1+b_2)}\right]} \tag{5-18}$$

（4）当基坑靠近隔水边界时，涌水量可按下式计算：

$$Q = 1.366K\frac{(2H-S)S}{2\lg(R+r_0)-\lg r_0(2b+r_0)}\quad(b'<0.5R) \tag{5-19}$$

5.4.3.4　承压水完整井涌水量

均质含水层承压水完整井涌水量可按下列规定计算（见图 5-12）。

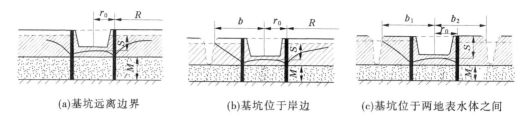

(a)基坑远离边界　　　　　　(b)基坑位于岸边　　　　　　(c)基坑位于两地表水体之间

图5-12　均质含水层承压水完整井基坑涌水量计算图

（1）当基坑远离边界时，涌水量可按下式计算：

$$Q = 2.73K \frac{MS}{\lg(1 + \frac{R}{r_0})} \tag{5-20}$$

（2）当基坑位于河岸边时，涌水量可按下式计算：

$$Q = 2.73K \frac{mS}{\lg \frac{2b}{r_0}} \quad (b < 0.5R) \tag{5-21}$$

（3）当基坑位于两个地表水体之间或位于补给区与排泄区之间时，涌水量可按下式计算：

$$Q = 2.73K \frac{mS}{\lg\left[\frac{2(b_1 + b_2)}{\pi r_0} \cos \frac{\pi(b_1 - b_2)}{2(b_1 + b_2)}\right]} \tag{5-22}$$

潜水非完整井、承压非完整井基坑用水量计算见《建筑基坑支护技术规程》（JGJ 120—2012）有关规定。

5.5　基坑降水工程

在地下水位高的地区开挖较深的基坑，如无能挡水的支护结构，多数要降水。对软土地区的深基坑，即便设有挡水的支护结构，基坑外的地下水不会流入基坑，但为了便于机械挖土，亦多需在挖土前进行坑内降水，同时降水后能提高被动土压力，有利于支护结构的稳定和减小变形。其中，井点降水是使用较多的地下水控制方法：在基坑开挖前，预先在基坑四周埋设一定数量下部带滤管的井点管，在基坑开挖前和开挖过程中，利用抽水设备不断抽取地下水，使地下水位降至坑底以下，不使地下水在基坑开挖过程中流入坑内。

井点降水一般有轻型井点、喷射井点、电渗井点、管井井点和深井井点等，根据土的渗透系数、降水深度、设备条件及经济比较等因素确定，参照表5-4选用。降水井宜在基坑外缘采用封闭式布置，井间距应大于15倍井管直径，在地下水补给方向应适当加密；当基坑面积较大、开挖较深时，也可在基坑内设置降水井。其深度应根据设计降水深度、含水层的埋藏分布和降水井的出水能力确定，设计降水深度在基坑范围内不宜小于基坑底面以下0.5 m。

表 5-4　各类井点的适用范围

井点类别	土层渗透系数(m/d)	降低水位深度(m)
单层轻型井点	0.1~50	2~6
多层轻型井点	0.1~50	6~12(由井点层数而定)
喷射井点	0.1~2	8~20
电渗井点	<0.1	根据选用的井点确定
管井井点	20~200	3~5
深井井点	10~250	>15

5.5.1　轻型井点

5.5.1.1　轻型井点的组成

轻型井点降水系统沿基坑周围以一定的间距埋入井点管(下端为滤管),在地面上用水平铺设的集水总管将各井点管连接起来,在一定位置设置离心泵和水力喷射器,离心泵驱动工作水,当水流通过喷嘴时形成局部真空,地下水在真空吸力的作用下经滤管进入井点管,然后经集水总管排出,使原有地下水降至坑底以下(见图 5-13)。轻型井点系统由井点管、连接管、集水总管及抽水设备等组成。

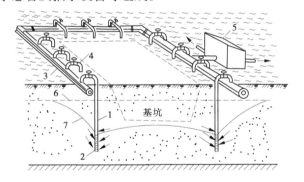

1—井点管;2—滤管;3—总管;4—弯管;5—水泵房;6—原有地下水位线;7—降低后地下水位线

图 5-13　轻型井点降水法示意图

1. 井点管

井点管长度一般为 5~7 m,用 ϕ33~55 mm 的钢管,井点管的下端装有滤管。滤管直径常与井点管直径相同,长度为 1.0~1.7 m,管壁上钻有 ϕ12~18 mm 的星棋状排列的滤孔。管壁外包两层滤网,内层为细滤网,采用 30~50 孔/cm 的黄铜丝布或生丝布,外层为粗滤网,采用 8~10 孔/cm 的铁丝布或尼龙丝布。为避免滤孔淤塞,在管壁与滤网间用铁丝绕成螺旋形隔开,滤网外面再围一层 8 号粗铁丝保护网。滤管下端放一个锥形铸铁头以利井管插埋,井点管的上端用弯管接头与总管相连(见图 5-14)。

2. 连接管与集水总管

连接管用胶皮管、塑料透明管或钢管弯头制成,直径为 38~55 mm。每个连接管均宜装设阀门,以便检查井点。集水总管一般用 ϕ 100～127 mm 的钢管分布连接,每节约长 4 m,其上装有与井点管相连接的短接头,间距为 0.8 m、1.2 m、1.6 m。

3. 抽水设备

早期的轻型井点抽水设备,使用化工行业中抽吸真空的抽气设备——往复式活塞机械真空泵,例如由 V5、V6、W3 组成,现在多采用射流泵井点。

5.5.1.2 轻型井点布置

1. 平面布置

轻型井点系统的平面布置,主要取决于基坑的平面形状和开挖深度,应尽可能将要施工的建筑物基坑面积内各主要部分都包围在井点系统之内。

根据基坑(槽)形状,轻型井点可采用单排布置(见图 5-15(a))、双排布置(见图 5-15(b))、环形布置(见图 5-15(c)),当土方施工机械需进出基坑时,也可采用 U 形布置(见图 5-15(d))。

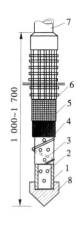

1—钢管;2—管壁上小孔;
3—塑料管;4—细滤网;5—粗
滤网;6—粗铁丝保护网;
7—井点管;8—铸铁头
图 5-14 滤管构造

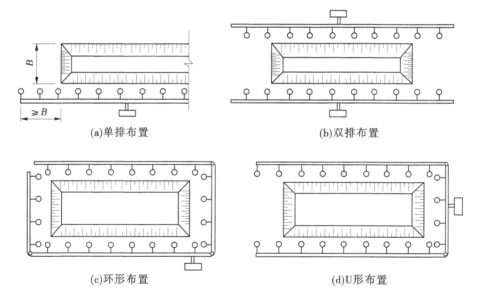

(a)单排布置

(b)双排布置

(c)环形布置

(d)U形布置

图 5-15 轻型井点平面布置

开挖窄而长的沟槽时,可按线状井点布置。如沟槽宽度大于 6 m,且降水深度不超过 5 m,可用单排线状井点,布置在地下水流的上游一侧,两端适当地加以延伸,延伸宽度以不小于沟槽为宜。如开挖宽度大于 6 m 或土质不良,则可用双排线状井点。

当基坑面积较大时,宜采用环状井点,有时宜可布置成 U 形,以利挖土机和运土机车辆出入基坑。井点管距离基坑壁一般可取 0.7～1.0 m,以防局部发生漏气。井点管间距一般为 1.2～2.0 m,由计算或经验确定。为充分利用泵的抽水能力,集水总管标高宜尽可能接近地下水位线,并沿抽水水流方向留有 0.25% ~ 0.5% 的土坡仰角。在确定井点管数量时,应考虑在基坑四角部分适当加密。

2. 剖面布置

轻型井点管剖面布置如图 5-16 所示。井点管需要的埋设深度 H(不包括滤管)可按下式计算:

$$H \geqslant H_1 + h + iL \qquad (5-23)$$

式中　　H_1——井点管埋设面至基坑底的距离,m;

　　　　h——降低后的地下水位至基坑中心底的距离,m,一般不应小于 0.5 m;

　　　　i——地下水降落坡度,环状井点为 1/10,单排井点为 1/4 ~ 1/5;

　　　　L——井点管至群井中心的水平距离,m。

根据式(5-23)算出的井点管埋设深度 H,小于降水深度 6 m 时,则可用一级轻型井点;H 值稍大于 6 m 时,如果设法降低井点总管的埋设面后可满足降水要求,仍可采用一级井点降水。当一级井点系统达不到降水深度要求时,可采用二级井点,即先挖去第一级井点所疏干的土,然后在其底部装置第二级井点,使降水深度增加,如图 5-17 所示。

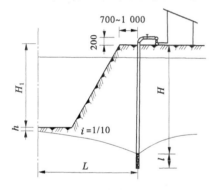

图 5-16　轻型井点管剖面布置

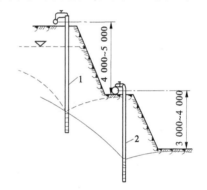

1——一级井点降水;2——二级井点降水

图 5-17　二级轻型井点

5.5.1.3　轻型井点设计要点

轻型井点设计计算的目的,是求出基坑要求降低水位深度时,每天排出的地下水流量,确定井点管的数量、间距与布置,选择抽水设备。

1. 基坑总涌水量 Q

根据具体工程的地质条件、地下水分布、基坑及其周围环境情况,选用相应的涌水量计算公式进行轻型井点系统总涌水量的计算。

2. 单根井点管出水量 q

单根井点管出水量可由下式确定:

$$q = 120\pi r l \sqrt[3]{K} \qquad (5-24)$$

式中　　r——滤管半径,m;

　　　　l——滤管长度,m;

　　　　K——渗透系数,m/d。

3. 确定井点管的数量 n

井点管最少数量由下式确定：

$$n = 1.1 \frac{Q}{q} \qquad\qquad (5\text{-}25)$$

式中　Q——总涌水量,$\mathrm{m^3/d}$;

　　　q——单井出水量,$\mathrm{m^3/d}$。

4. 求井点管的间距 D

井点管的间距由下式确定：

$$D = \frac{L}{n} \qquad\qquad (5\text{-}26)$$

式中　L——总管长度,m。

求出的井点管间距应大于15倍滤管直径,以防由于井管太密而影响抽水效果,间距一般为 1.2~2.0 m,并应尽可能符合总管接头的间距模数(1.2 m、1.6 m、2.0 m等)。

5.5.1.4 轻型井点的施工

轻型井点的施工一般包括准备工作、井点管的埋设、井点的连接与试抽、井点的运转管理、井点监测及井点拆除等。

1. 准备工作

根据工程情况与地质条件,确定降水方案,进行轻型井点的设计计算。根据设计准备所需的井点设备、动力装置、井点管、滤管、集水总管及必要的材料。施工现场准备工作包括排水沟的开挖、泵站的处理等。对于在抽水影响半径范围内的建筑物及地下管线应设置监测基准点,并准备好防止沉降的措施。

2. 井点管的埋设

井点管的埋设一般用水冲法进行,并分为冲孔与埋管填料两个过程,如图5-18所示。冲孔时,先用起重设备将 $\phi 50 \sim 70$ mm 的冲管吊起并插在井点埋设位置上,然后开动高压水泵,将土冲松。冲孔时,冲管应垂直插入土中,并做上下左右摆动,以加速土体松动,边

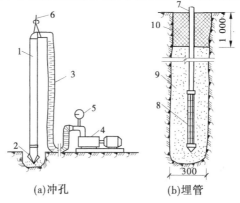

(a)冲孔　　　　　　(b)埋管

1—冲管;2—冲嘴;3—胶管;4—高压水泵;5—压力表;
6—起重机吊钩;7—井点管;8—滤管;9—粗砂;10—黏土封口

图 5-18　井点管的埋设

冲边沉。冲孔深度宜比滤管底深 0.5~1.0 m,以防冲管拔出时,部分土颗粒沉淀于孔底而触及滤管底部。

在埋设井点时,冲孔是重要一环,冲水压力不宜过大或过小。当冲孔达到设计深度时,须尽快降低水压。井孔冲成后,应立即拔出冲管,插入井点管,并在井点管与孔壁之间迅速填灌砂滤层,以防孔壁塌土。砂滤层一般选用干净粗砂,填灌均匀,并添至滤管顶上1.0~1.5 m,以保证水流通畅。井点填好砂滤料后,需用黏土封好井点管与孔壁间的上部空间,以防漏气。

3. 连接与试抽

将井点管、集水总管与水泵连接起来,形成完整的井点系统,安装完毕,需进行试抽,以检查是否有漏气现象。开始正式抽水后,一般不希望停抽。若时抽时止,滤网易堵塞,也易抽出土颗粒,使水混浊,并引起附近建筑物由于土颗粒流失而下沉开裂。正常的降水是细水长流、出水澄清。

4. 井点的运转管理

井点运行后要连续工作,应准备双电源以保证连续抽水。真空度是判断井点系统是否良好的尺度,一般应不低于 55.3~66.7 kPa。如真空度不够,通常是由于管路漏气,应及时修复。

5. 井点监测

(1)流量观测。流量观测可用流量表或堰箱。当发现流量过大而水位降低缓慢甚至降不下去时,可考虑改用流量较大的水泵;如流量较小而水位降低却较快,则可改用小型水泵以免离心泵无水发热,并可节约电力。

(2)地下水位观测。地下水位观测井的位置和间距可按设计需要位置布置,可用井点管作为观测井。在开始抽水时,每隔 4~8 h 测 1 次,以观测整个系统的降水效果。3 d后或降水达到预定标高前,每日观测 1~2 次。地下水位降到预定标高后,可数日或一周测一次,若遇下雨,须加密观测。

(3)孔隙水压力观测。观测孔隙水压力变化,可判断边坡的稳定性。孔隙水压力观测一般每天 1 次。在有异常情况时,如发现边坡有裂缝、基坑周围发生较大沉降等,须加密观测,每天不少于 2 次。

(4)沉降观测。在抽水影响范围内的建筑物和地下管线,应进行沉降观测。观测次数一般每天 1 次,在异常情况下须加密观测,每天不少于 2 次。

6. 井点拆除

地下室或地下结构物竣工后并将基坑回填后,方可拆除井点系统。拔出井点管多借助于倒链、起重机等。所留孔洞用砂或土填塞,对地基有防渗要求时,地面下 2 m 可用黏土填塞密实。

【例 5-3】　某基坑工程如图 5-19 所示,尺寸为 30 m × 50 m,深 4 m,地下水位在自然地面以下 0.5 m,地基为中砂,不透水层在地面下 20 m,含水层的渗透系数 $K = 18$ m/d,基坑边坡为 1:0.5,要求进行轻型井点降水系统设计与布置。

解　基坑为矩形,井点系统布置为环状,井点管距坑边缘距离为 0.5 m,滤水管长 1.2 m,直径为 38 mm。

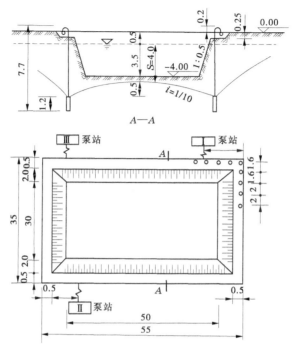

图 5-19　环形井点平面与剖面　（单位：m）

1. 井点管长度

$H_1 = 4$ m，h 取 0.5 m，i 取 $\frac{1}{10}$，$L = \frac{30}{2} + (0.5 \times 4 + 0.5) = 17.5$（m）。

代入 $H \geqslant H_1 + h + iL = 4 + 0.5 + \frac{1}{10} \times 17.5 = 6.25$（m）。

考虑井点管露出地面部分，取 0.25 m，因此井点管长度确定为 6.5 m。

2. 基坑涌水量计算

（1）基坑中心点处要求的水位降深 s。

取降水后地下水位位于坑底以下 0.5 m，$s = 4 - 0.5 + 0.5 = 4$（m）。

（2）含水层厚度 H 及井点管至不透水层的距离 h。

$H = 20 - 0.5 = 19.5$（m），$h = 20 - 6.25 = 13.75$（m），$h_m = \frac{H + h}{2} = 16.625$（m）。

（3）影响半径 R。

$R = 2S \sqrt{KH} = 2 \times 4 \times \sqrt{19.5 \times 18} = 149.88$（m）。

（4）基坑等效半径 r_0。

$r_0 = \sqrt{\frac{A}{\pi}} = \sqrt{\frac{55 \times 35}{3.14}} = 24.8$（m）。

（5）基坑涌水量 Q。

由于不透水层在地面下 20 m，为无压非完整井，根据《建筑基坑支护技术规程》（JGJ 120—2012）中无压非完整井涌水量公式为：

$$Q = 1.366K \frac{H^2 - h_m^2}{\lg(1 + \frac{R}{r_0}) + \frac{h_m - l}{l}\lg(1 + 0.2\frac{h_m}{r_0})}$$

$$= 1.366 \times 18 \times \frac{19.5^2 - 16.625^2}{\lg(1 + \frac{149.88}{24.8}) + \frac{16.625 - 1.2}{1.2}\lg(1 + 0.2 \times \frac{16.625}{24.8})}$$

$$= 1\,647.5(\text{m}^3/\text{d})$$

3. 单井出水量 q

$$q = 120\pi r l \sqrt[3]{K} = 120 \times 3.14 \times 0.019 \times 1.2 \times \sqrt[3]{18} = 22.51(\text{m}^3/\text{d})$$

4. 井点管数量 n

$$n = 1.1\frac{Q}{q} = 1.1 \times \frac{1\,647.5}{22.51} = 80.51(\text{根})$$

5. 井点间距 D

$$D = \frac{L}{n} = \frac{2 \times (35 + 55)}{80.51} = 2.24$$

考虑到井点管间距应符合 0.4 m 的模数,且四角井管应加密,最后可取井点管间距在四周中间部分为 2.0 m,角部分适当加密至 1.6 m,如图 5-19 所示。

6. 选择抽水设备

选用 JSJ 射流泵,降水 6 m 后,排水量 25 m³/d,即 $Q' = 600$ m³/d,则抽水泵数量为

$$n = \frac{Q}{Q'} = \frac{1\,647.5}{600} = 2.7(\text{台}),\text{采用 3 台水泵}。$$

5.5.2　喷射井点

5.5.2.1　喷射井点组成

当基坑开挖所需降水深度超过 6 m 时,一级的轻型井点就难以收到预期的降水效果,这时如果场地许可,可以采用二级甚至多级轻型井点以增加降水深度,达到设计要求。但是这样一来会增加基坑土方施工工程量、增加降水设备用量并延长工期,二来也扩大了井点降水的影响范围而对环境不利。为此,可考虑采用喷射井点。

根据工作流体的不同,以压力水作为工作流体的为喷水井点;以压缩空气作为工作流体的为喷气井点,两者的工作原理是相同的。

喷射井点系统主要由喷射井点、高压水泵(或空气压缩机)和管路系统组成。喷射井管由内管和外管组成,在内管的下端装有喷射扬水器与滤管相连。当喷射井点工作时,由地面高压离心水泵供应的高压工作水经过内外管之间的环行空间直达底端,在此处,工作流体由特制内管的两侧进水孔至喷嘴喷出,在喷嘴处由于断面突然收缩变小,使工作流体具有极高的流速(30~60 m/s),在喷口附近造成负压(形成真空),将地下水经过滤管吸入,吸入的地下水在混合室与工作水混合,然后进入扩散室,水流在强大压力的作用下把地下水同工作水一同扬升出地面,经排水管道系统排至集水池或水箱,一部分用低压泵排走,另一部分供高压水泵压入井管外管内作为工作水流。如此循环作业,将地下水不断从

井点管中抽走,使地下水逐渐下降,达到设计要求的降水深度(见图5-20)。

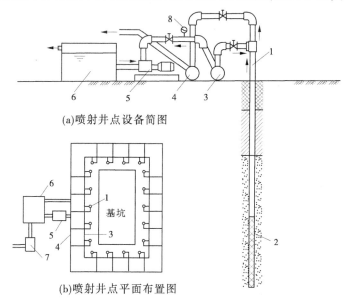

(a)喷射井点设备简图

(b)喷射井点平面布置图

1—喷射井管;2—滤管;3—供水总管;4—排水总管;5—高压离心水泵;6—水池;7—排水泵;8—压力表

图5-20　喷射井点降水

喷射井点用作深层降水,在粉土、极细砂和粉砂中较为适用。在较粗的砂粒中,由于出水量较大,循环水流就显得不经济,这时宜采用深井泵。一般一级喷射井点可降低地下水位8~20 m,甚至20 m以上。

5.5.2.2　喷射井点施工

喷射井点的结构及施工应符合下列要求:

(1)井点的外管直径宜为73~108 mm,内管直径为50~73 mm,过滤器直径为89~127 mm,井孔直径不宜大于600 mm,孔深应比滤管底深1 m以上。过滤器的结构与真空井点的相同。喷射器混合室直径可取14 mm,喷嘴直径可取6.5 mm,工作水箱不应小于10 m³。

(2)工作水泵可采用多级泵,水压宜大于0.75 MPa。

(3)井孔的施工与井管的设置方法与真空井点的相同。

(4)井点使用时,水泵的起动泵压不宜大于0.3 MPa,正常工作水压力宜为$0.25P_0$(扬水高度),正常工作水流量宜取单井排水量。

5.5.3　电渗井点

在黏土和粉质黏土中进行基坑开挖施工,由于土体的渗透系数较小,为加速土中水分向井点管中流入,提高降水施工的效果,除应用真空产生抽吸作用外,还可加用电渗井点。电渗井点一般与轻型井点或喷射井点结合使用,是利用轻型井点或喷射井点管本身作为阴极,金属棒(钢筋、钢管、铝棒等)作为阳极。通入直流电(采用直流发电机或直流电焊机)后,带有负电荷的土粒即向阳极移动(电泳作用),而带有正电荷的水则向阴极方向集中,产生电渗现象。在电渗与井点管内的真空双重作用下,强制黏土中的水由井点管快速排出,井点管连续抽水,从而使地下水位逐渐降低(见图 5-21)。

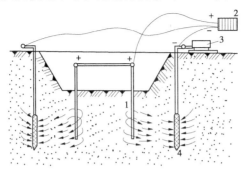

1—金属棒;2—发电机;3—水泵;4—井点管

图 5-21　电渗井点降水

对于渗透系数较小(小于 0.1 m/d)的饱和黏土,特别是淤泥和淤泥质黏土,单纯利用井点系统的真空产生的抽吸作用可能较难使降水从土体中抽出排走,利用黏土的电渗现象和电泳作用特性,一方面,加速土体固结,增加土体强度;另一方面,可以达到较好的降水效果。

(1)电渗排水井点管,可采用套管冲枪成孔埋设。

(2)阳极应垂直埋设,严禁与相邻阴极相碰。阳极入土深度应比井点管深 50 cm,外露地面以上 20~40 cm。

(3)阴阳极间距为 0.8~1.5 m,并成平行交错排列。阴阳极的数量宜相等,必要时阳极数量可多于阴极。

(4)为防止电流从土表面通过,降低电渗效果,通电前应将阴阳极间地面上的金属和其他导电物处理干净,涂一层沥青,以减少电耗。

(5)在电渗降水时,应采用间歇通电,即通电 24 h 后停电 2~3 h,再通电,以节约电能和防止土体电阻加大。

5.5.4　管井井点

当土层地下涌水量大,渗透系数大于 20 m/d,轻型井点不易解决降水问题时,可采用管井井点进行降水。管井井点是沿基坑每隔一定距离设置一个管井,每个管井单独用一台水泵不断地抽水,以降低地下水位。

管井井点的设备主要是由管井、吸水管及水泵组成的,如图 5-22 所示。管井可用钢管管井和混凝土管管井等。钢管管井的管身采用直径为 150~250 mm 的钢管,其过滤部分采用钢筋焊接骨架外缠镀锌铁丝并包滤网(孔眼为 1~2 mm),过滤长度为 2~3 m。混凝土管管井的内径为 400 mm,分实管与过滤管两种,过滤管的孔隙率为 20%~25%,吸水管可采用直径为 50~100 mm 的钢管或胶管,其下端应沉入管井抽吸时的最低水位以下,为了启动水泵和防止在水泵运转中突然停泵发生水流倒灌,在吸水管底安装逆止阀。管井井点的水泵可采用潜水泵或单级离心泵。

滤水井管的埋设可采用泥浆护壁钻孔法成孔。孔径应比井管直径大 200 mm 以上。

井管下沉前要进行清孔,并保持滤网的畅通。井管与土壁之间用粗砂或小砾石填充作为过滤层。

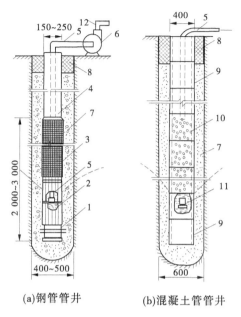

(a)钢管管井　　　　　　(b)混凝土管管井

1—沉砂管;2—钢筋焊接骨架;3—滤网;4—管身;5—吸水管;6—离心泵;
7—小砾石过滤层;8—黏土封口;9—沉砂管(混凝土实管);
10—混凝土过滤管;11—潜水泵;12—出水管
图 5-22　管井井点降水示意图

5.6　基坑降水对环境的影响及防护措施

5.6.1　基坑降水对环境的影响

　　基坑工程中对场区地下水处理采用排降法较阻挡法的最大缺陷是会引起邻近建筑物的不均匀沉降。由于每个井点周围的水位降低是呈漏斗状分布,整个基坑周围的水位降落必然是近大远小呈曲面分布。水位降低一方面减小了土中地下水对地上建筑物的浮托力,使软弱土层受压缩而沉降;另一方面,孔隙水从土中排出,土体固结变形,本身就是压缩沉降过程。地面沉降量与地下水位降落量是对应的,地下水位降落的曲面分布必然引起邻近建筑物的不均匀沉降。当不均匀沉降达到一定程度时,邻近建筑物就会裂缝、倾斜甚至倒塌。因此,配合基坑边坡支护进行降水设计和施工,必须高度重视降水对邻近建筑物的影响,把不均匀沉降限制在允许的范围内,以确保基坑及周围建筑物的安全。为防止或减少降水对周围环境的影响,避免产生过大的地面沉降,可采取下列技术措施:

　　(1)由于基坑周围的水位降落曲线随降水要求、降水方法和具体方案的不同而差别较大,因此不要提出过高的降水深度,在满足基本降水要求的前提下,对各种降水方法应进行分析和比较,筛选最佳的降水方案。

（2）在降水井点与重要建筑物之间设置回灌井、回灌沟,降水的同时降水回灌其中,使靠近基坑的建筑物一侧地下水位降落大大减小,从而控制地面沉降。

（3）减缓降水速度,使建筑物沉降均匀。在邻近建筑物一侧将井点间距加大以及调小抽水设备的阀门等,减小出水量以达到降水速度减缓的目的。

（4）提高降水工程施工质量,严格控制出水的含砂土量,以防止地下砂土流失掏空,导致地面建筑物开裂。

（5）布设观测井和沉降、位移、倾斜等观测点,进行定时观察、记录、分析,随时掌握水位降低和基坑周围建筑物变化动态。同时,还要了解抽水量和含砂量。做到心中有数,发现问题及时采取措施,预防事故发生。

5.6.2　基坑降水须考虑的因素

在采取上述处理方法对基坑进行降水处理时,对选择的降水方法还应该考虑以下因素。

5.6.2.1　场地条件及该建筑物设计施工资料

场地条件制约着降水方案的制订,它主要包括场地四周已有建筑物的高度、分布、结构和离拟建工程的距离;地基四周的地下设施(包括给排水管道、光纤电缆、供气管道等);向外抽水排水通道以及供电情况等。有关设计施工资料包括基坑开挖尺寸和分布;地下建筑物施工的有关要求等。这些条件决定了所采用的降水方法和具体的设计施工方案,也决定了具体保证周边建筑物和地下设施安全的实施措施。

5.6.2.2　地质情况

了解地基土分层地质柱状图及地质剖面图、各层岩土的物理力学性质、地下水类型及埋藏情况、水文地质情况、水质分析结果,特别是土层的渗透性。土的渗透系数取决于土的形成条件、颗粒级配、胶体颗粒含量和土的结构等因素,因此场区土层的不同深度和不同方位的渗透系数是不同的。渗透系数计算结果的真实性,势必直接影响降水方案的选择。由于影响渗透系数的因数复杂,一般勘察报告提供的数值多是室内试验数据,误差往往较大,只能供降水设计时参考,对重要工程应做现场抽水试验加以确定。

5.6.2.3　场地地下水情况

潜水储存于地表与第一层不透水层之间,是无压力重力水,可向四周渗透。从工程实践来看,潜水大多来源于大气降水和地下埋设的上下水管道破裂漏水,主要积存于地表下杂填土和老建筑物被冲刷淘空的地基中。承压水储存于两个不透水层之间的含水层中,若水充满此含水层,则水具有压力。所以,要根据地质和水文资料,搞清楚场区各处透水层和不透水层向下沿深度的分布厚度和变化情况;掌握场区各处承压静止水位埋深,混合静止水位埋深和它们的年变化幅度及水位标高;查明场地地下水补给源的方位、距离和透水层的联系情况;搞清楚地下水层是否与江、河、湖、海等无限水源连通;不论是潜水还是承压水,若与无限水源连通,都会造成降水困难甚至降水无效。

5.7 截水与地下水回灌

当因降水而危及基坑及周边环境安全时,宜采用截水或回灌方法。截水后,基坑中的水量或水压较大时,宜采用基坑内降水。

5.7.1 截水帷幕

截水帷幕是指用于阻截与减少基坑侧壁及基坑底地下水流入基坑而采用的连续止水体。截水帷幕又称为止水帷幕。

5.7.1.1 截水帷幕的类型

截水帷幕的形式主要有深层搅拌桩、高压喷射灌浆、灌注桩、地下连续墙、连续排桩等,其中前两者较为常用,后两种为挡土兼挡水结构。

常用的挡水帷幕主要包括以下几类

1. 钢板桩

钢板桩作为挡水帷幕的有效程度取决于板桩之间的止口锁合程度及钢板桩的长度。一般在板缝易漏水,因此钢板桩挡水帷幕只能阻挡较小水流,水中小工程的施工,可在四周打设钢板桩,进行水下挖土,然后水下浇筑混凝土以止水,而水下混凝土封闭必须能承受上升的压力。对于一般基坑工程,还需结合降水或其他挡水措施,以增强挡水效果。

2. 水泥搅拌桩

水泥搅拌桩相互搭接形成挡水帷幕是近年来常用的挡水措施。水泥搅拌桩桩身渗流系数极小,可以达到较好的挡水效果。当水泥搅拌桩间搭接处间断施工时,可能造成搭接处结合不严密而漏水,这可以通过合理组织施工或采取局部注浆措施来进行防治。

3. 地下连续墙

地下连续墙墙身为钢筋混凝土,挡水效果好,我国首次应用地下连续墙便是作为水库截水防渗之用。但地下连续墙造价昂贵,作为挡水帷幕一般仅在超大型重要工程中采用。在基坑工程中,地下连续墙一般作为支护墙体,同时起到挡水的作用。地下连续墙用于挡水时,需要注意其槽段间接头处的质量,以防止漏水;必要时,可采取局部注浆措施以加强挡水效果。

4. 注浆挡水帷幕

沿基坑边采用压密注浆形成密闭挡水帷幕可起到截流地下水以防止流沙的目的。注浆材料可以采用水泥浆或化学浆液。

5. 冻结法

采用冻结法将基坑周围或坑底土体一定范围内地下水冻结,一方面,起到加固土体,同时作为支护的作用;另一方面,达到挡水以防流沙的目的。

5.7.1.2 截水帷幕设计要点

(1)截水帷幕的厚度应满足基坑防渗要求,截水帷幕的渗透系数宜小于 1.0×10^{-6} cm/s。

(2)落底式竖向截水帷幕应插入下卧不透水层,其插入深度可按下式计算:

$$l = 0.2h - 0.5b \tag{5-27}$$

式中　　l——帷幕插入不透水层的深度,m;

　　　　h——作用水头,m;

　　　　b——帷幕厚度,m。

(3)当地下含水层渗透性较强、厚度较大时,可采用悬挂式竖向截水与坑内井点降水相结合,或采用悬挂式竖向截水与水平封底相结合的方案。

(4)截水帷幕施工方法、工艺和机具的选择应根据场地工程地质、水文地质及施工条件等综合确定。施工质量应满足《建筑地基处理技术规范》(JGJ 79—2012)的有关规定。

5.7.2　地下水回灌

基础开挖或降水后,不可避免地要造成周围地下水位的下降,从而使该地段的地面建筑和地下构筑物因不均匀沉降而受到不同程度的损伤。为减少这类影响,可对保护区内采取回灌措施。当建筑物离基坑远,且为均匀透水层,中间无隔水层时,则可采用最简单、最经济的回灌沟的方法;当建筑物离基坑近,且为弱透水层或者有隔水层时,则必须用回灌井或回灌砂井。

(1)回灌井与抽水井之间应保持一定的距离,当回灌井与抽水井距离过小时,水流彼此干扰大,透水通道易贯通,很难使水位恢复到天然水位附近。根据华东地区、华南地区许多工程经验,当回灌井与抽水井的距离大于等于6 m时,则可保证有良好的回灌效果。

(2)为了在地下形成一道有效阻渗水幕,使基坑降水的影响范围不超过回灌井的范围,阻止地下水向降水区流失,保持已有建筑物所在地原有的地下水位仍处于原有平衡状态,以有效地防止降水的影响。合理确定回灌井的位置和数量是十分重要的。一般而言,回灌井平面布置主要根据降水井和被保护物的位置确定。回灌井的数量根据降水井的数量来确定。

(3)回灌井的埋设深度应根据降水层的深度和降水曲面的深度而定,以确定基坑施工安全和回灌效果。

(4)回灌水量应根据实际地下水位的变化及时调节,既要防止回灌水量过大而渗入基坑影响施工,又要防止回灌水量过小,使地下水位失控影响回灌效果。因此,要求在基坑附近设置一定数量的水位观测孔,定时进行观测和分析,以便及时调整回灌水量。

(5)回灌水一般通过水箱中的水位差自灌注入回灌井中,回灌水箱的高度可根据回灌水量来配置,即通过调节水箱高度来控制回灌水量。

(6)回灌砂井中的砂必须是纯净的中粗砂,不均匀系数和含水率均应保证砂井有良好的透水性,使注入的水尽快向四周渗透。需要回灌的工程,回灌井和降水井是一个完整的系统,只有使它们共同有效地工作,才能保证地下水位处于某一动态平衡,其中任一方失效都会破坏这种平衡,要求回灌与降水在正常施工中必须同时启动、同时停止、同时恢复。

第6章　浅基础工程施工技术

6.1　浅基础概述

地基与基础是建筑物的重要组成部分,建筑物的全部荷载都由它下面的地层来承受,受建筑物影响的那一部分地层称为地基,直接承受荷载的地层是持力层,持力层以下为下卧层。基础是位于建筑物墙、柱、底梁以下,尺寸经适当的扩大后,将结构所承受的各种作用传递到地基上的结构组成部分。

6.1.1　按基础的埋深分类

基础按其埋置深度可分为浅基础和深基础。通常将基础的埋置深度小于基础的宽度,且只需要采用正常的施工方法(如明挖施工)就可以建造起来的基础称为浅基础。浅基础设计按通常的方法验算地基承载力和地基沉降时,不考虑基础底面以上土的抗剪强度对地基承载力的作用,也不考虑基础侧面与土之间的摩擦阻力。深基础包括桩基、沉井基础和地下连续墙等,其设计方法与浅基础不同,主要利用基础将荷载向深部土层传递,设计时需要考虑基础侧壁的摩擦阻力对基础稳定性的有利作用,施工方法及施工机械较为复杂。

6.1.2　按基础的受力特点分类

6.1.2.1　无筋扩展基础

无筋扩展基础又称为刚性基础,通常由砖、石、素混凝土、灰土和三合土等材料构成。这些材料都具有较好的抗压性能,但抗拉强度、抗剪强度却不高,因此设计时必须保证基础内的拉应力和剪应力不超过材料强度的设计值。通常是通过限制基础的构造来实现这一目标,即基础的外伸宽度与基础高度的比值不大于无筋扩展基础台阶宽高比的允许值。这样,基础的相对高度通常都比较大,几乎不会发生挠曲变形,所以此类基础被称为刚性基础或刚性扩展基础。

无筋扩展基础因材料特性不同,有不同的适用性。用砖、石及素混凝土砌筑的基础一般适用于六层及六层以下的民用建筑和砌体承重厂房。在我国的华北和西北比较干燥的地区,灰土基础广泛应用于五层及其以下的民用建筑。在南方常用的三合土及四合土(水泥、石灰、砂、骨料按1∶1∶5∶10或1∶1∶6∶12配比)基础,一般适用于不超过四层的民用建筑。另外,由于刚性基础的稳定性好、施工简便、能承受较大的竖向荷载,只要地基能满足要求,石材及混凝土常是桥梁、涵洞和挡土墙等首选的基础材料。

6.1.2.2　钢筋混凝土基础

钢筋混凝土基础又称为柔性基础,钢筋混凝土基础具有较强的抗弯、抗剪能力,适合于荷载大且有力矩荷载的情况或地下水以下,常做成扩展基础、条形基础、筏形基础、箱形基础等形式。钢筋混凝土基础有很好的抗弯能力,能发挥钢筋的抗弯性能及混凝土抗压性能,适用范围十分广泛。

根据上部结构特点,荷载大小和地质条件不同,钢筋混凝土基础有以下结构形式。

1. 钢筋混凝土扩展基础

钢筋混凝土扩展基础一般指钢筋混凝土墙下条形基础、单独基础和钢筋混凝土柱下独立基础。钢筋混凝土扩展基础的抗弯性能和抗剪性能良好,适用于竖向荷载较大、地基承载力不高及承受水平力和力矩荷载的情况。

1) 柱下单独基础

单独基础是柱子基础的基本形式,如图 6-1 所示,基础材料通常用混凝土或钢筋混凝土,混凝土强度等级不低于 C15。荷载不大时,也可用砖石砌体,并用混凝土墩与柱子相联结。柱子荷载的偏心距不大时,基础底面常为方形;偏心距大时,则为矩形。预制柱下的钢筋混凝土基础一般做成杯口基础,如图 6-2 所示。

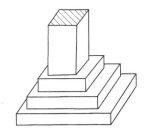 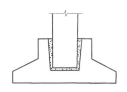

图 6-1　柱下单独基础　　　　　　　图 6-2　杯口基础

2) 墙下单独基础

为避免地基土变形对墙体的影响,或当建筑物较轻,作用在墙上的荷载不大,基础又需要做在较深的好土层上时,做条形基础不经济,可将墙体砌筑在基础梁上,采用墙下单独基础,如图 6-3 所示。砖墙砌在单独基础上边的钢筋混凝土过梁上,过梁的跨度一般为 3 ~ 5 m。

3) 墙下条形基础

条形基础是墙基础的主要形式,如图 6-4 所示,它常用砖石和钢筋混凝土建造。

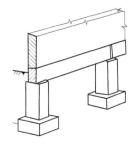 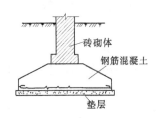

图 6-3　墙下单独基础　　　　　　　图 6-4　墙下条形基础

2. 柱下条形基础及十字交叉条形基础

当在软弱地基上设计单独基础时,基础底面积可能很大,以致彼此相接近,甚至碰在一起,这时可将柱子基础联结起来做成柱下钢筋混凝土条形基础,如图 6-5 所示,使各个柱子支承在一个共同的条形基础上,这有利于减轻不均匀沉降对建筑物的影响。

如果地基很软,需要进一步扩大基础底面积或为了增强基础的刚度以调整不均匀沉降时,可在纵横两个方向上都采用钢筋混凝土条形基础,则称为十字交叉条形基础。十字交叉条形基础具有较大的整体刚度,在多层厂房、荷载较大的多层及高层框架结构基础中常被采用。

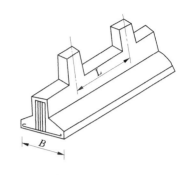

图 6-5　柱下条形基础

3.筏形基础

如果地基特别软弱,而荷载又很大,十字交叉条形基础的底面积还是不能满足要求,或地下水常在地下室的地坪以上以及使用上有要求时,为了防止地下水渗入室内,往往需要把整个房屋(或地下室)底面做成一片连续的钢筋混凝土板作为基础,此类基础称为筏形基础,也称为满堂基础,见图 6-6。

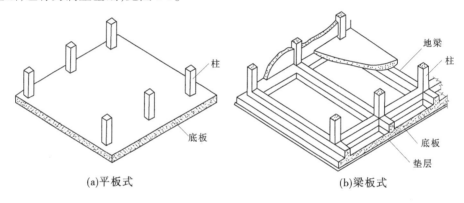

(a)平板式　　　　　　　　　　(b)梁板式

图 6-6　筏形基础

柱下筏形基础常有平板式和梁板式两种形式。平板式基础是在地基上做成一块等厚的钢筋混凝土底板,柱子通过柱脚支承在底板上。当柱荷载较大时,可局部加大柱下板厚以防止板被冲切破坏;当柱距较大,柱荷载相差较大时,板内将产生较大弯矩,宜采用梁板式基础。梁板式基础又分下梁板式和上梁板式基础,下梁板式基础底板、顶板平整,可作建筑物底层地面。

筏形基础,特别是梁板式筏形基础整体刚度较大,能很好地调整不均匀沉降。对于有地下室的房屋、高层建筑或本身需要可靠防渗底板的结构物,是理想的基础形式。

4.壳体基础

壳体基础一般适用于水塔、烟囱、料仓和中小型高炉等高耸的构筑物的基础。实际应用最多的是正圆锥形及其组合形式的壳体基础。

5.箱形基础

为了使基础具有更大的刚性,以减少建筑物的相对弯曲,可将基础做成由顶板、底板及若干纵横隔墙组成的箱形基础。它是筏形基础的进一步发展,一般由钢筋混凝土建造,基础顶板与底板之间的空间可作为地下室,因此其空间利用率高。其主要特点是刚性大,而且挖去的土方多,有利于减少基础底面的附加压力,因而适用于地基软弱土层厚、荷载大和建筑面积不太大的重要建筑物。

由顶、底板和纵、横墙形成的结构整体性使箱基具有比筏形基础更大的空间刚度,用以抵抗地基或荷载分布不均匀引起的差异沉降和架越不太大的地下洞穴。此外,箱基的抗震性能较好。目前,在高层建筑中多采用箱形基础。箱基形成的地下室可以提供多种使用功能。冷藏库和高温炉体下的箱基的隔热传导作用可防止地基土的冻胀和干缩。高层建筑物的箱基可作为商店、库房、设备层和人防之用。

6.1.3 按构成基础的材料分类

基础材料的选择决定着基础的强度、耐久性和经济效果,应按照就地取材、充分利用当地资源的原则,并满足技术经济要求进行考虑。

常用的基础材料有砖石、混凝土(包括毛石混凝土)、钢筋混凝土等。此外,在我国农村还有利用灰土、三合土等作为基础材料。

6.1.3.1 砖基础

就强度和抗冻性来说,砖不能算是优良的基础材料。砖基础在干燥而较温暖的地区较为适用,在寒冷而潮湿的地区不甚理想。但是由于砖的价格较低,所以应用比较广泛。为保证砖基础在潮湿和霜冻条件下坚固耐久,砖的强度等级不应低于 MU7.5,砌砖砂浆应按《砌体结构设计规范》(GB 50003—2011)规定进行选用。

6.1.3.2 毛石基础

在产石料的地区,毛石是比较容易取得的一种基础材料。地下水位以上的毛石砌体可以采用水泥、石灰和砂子配制的混合砂浆砌筑,在地下水位以下则要采用水泥沙浆砌筑。砂浆强度等级按规范规定采用。

6.1.3.3 混凝土和毛石混凝土基础

混凝土的强度、耐久性和抗冻性都比较好,是一种较好的基础材料。有时为了节约水泥,可以在混凝土中掺入毛石,形成毛石混凝土,其强度虽然比混凝土的有所降低,但仍比砖石砌体的高,所以也得到了广泛的使用。

当基础遇到有侵蚀性地下水时,对混凝土的成分要严加选择,否则可能会影响基础的耐久性。

6.1.3.4 灰土基础

早在 1 000 多年前,我国就开始采用灰土作为基础材料,而且有不少还完整地保存到现在。这说明在一定条件下,灰土的耐久性是良好的。灰土用石灰和黄土(或黏性土)混合而成。石灰以块状生石灰为宜,经消化 1 ~ 2 天,用 5 ~ 10 mm 的筛子过筛后使用。土料一般以粉质黏土为宜,若用黏土,则应采取相应措施,使其达到一定的松散程度。土在使用前也应过筛(10 ~ 20 mm 的筛孔)。石灰和土的体积比一般为 3:7 或 2:8,拌和均匀,并加适量的水分层夯实,每层虚铺 220 ~ 250 mm,夯至 150 mm 为一步。施工时,注意基坑保持干燥,防止灰土早期浸水。

6.1.3.5　三合土基础

在我国有的地方也常用三合土基础,其体积比一般为 1∶3∶6 或 1∶2∶4(石灰∶砂子∶骨料)。施工时,每层虚铺 220 mm,夯至 150 mm。三合土基础的强度与骨料有关,矿渣最好,碎砖次之,碎石及河卵石不易夯打结实,质量较差。

6.1.3.6　**钢筋混凝土基础**

钢筋混凝土是较好的基础材料,其强度、耐久性和抗冻性都很好,能很好地承受弯矩。目前在基础工程中,钢筋混凝土是一种广泛使用的建筑材料。

基础设计的第一步是选取适合于工程实际条件的基础类型。选取基础类型应根据各类基础的受力特点、适用条件,综合考虑上部结构的特点,地基土的工程地质条件和水文地质条件以及施工的难易程度等因素,经比较优化,确定一种经济、合理的基础形式。

选择基础方案应该遵循由简单到复杂的原则,即在简单经济的基础形式不能满足要求的情况下,再寻求复杂、合理的基础类型。只有在不能采用浅基础的情况下,才考虑运用桩基础等深基础形式,以避免浪费。

6.2　无筋扩展基础施工

无筋扩展基础又称为刚性基础,通常采用混凝土、毛石混凝土、砖、毛石、灰土和三合土等材料建造。这些材料具有较高的抗压性能,但其抗拉强度、抗剪强度都不高,因此设计时必须使基础主要承受压应力,并保证在基础内产生的拉应力和剪应力都不超过材料强度的设计值。无筋扩展基础具有能就地取材、价格较低、施工方便等优点,广泛适用于层数不多的民用建筑和轻型厂房。

6.2.1　无筋扩展基础设计要点

无筋扩展基础所用材料有一个共同的特点,就是材料的抗压强度较高,而抗拉、抗弯、抗剪强度较低。在地基反力作用下,基础下部的扩大部分像倒悬臂梁一样向上弯曲,如悬臂过长,则易发生弯曲破坏(见图 6-7)。为保证基础不受破坏,基础的高度必须满足下式:

$$H_0 \geqslant (b - b_0)/2\tan\alpha$$

式中　　b ——基础底面宽度;

　　　　b_0 ——基础顶面的墙体宽度或柱脚宽度;

　　　　H_0 ——基础高度;

　　　　$\tan\alpha$ ——基础台阶宽高比($b_2 : H_0$),其允许值可按表 6-1 选用。

无筋扩展基础设计时,应先确定基础埋深,按地基承载力条件计算基础底面宽度,再根据基础所用材料,按宽高比允许值确定基础台阶的宽度与高度。从基底开始向上逐步缩小尺寸,使基础顶面至少低于室外地面 0.1 m,否则应修改设计。

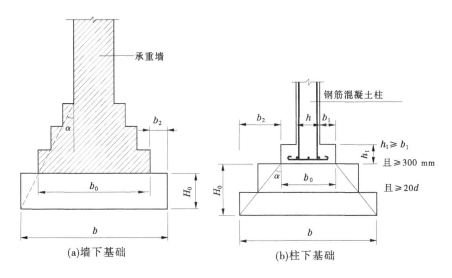

图6-7 无筋扩展基础构造示意图

表6-1 无筋扩展基础台阶宽高比的允许值

基础材料	质量要求	台阶宽高比的允许值		
		$P_k \leqslant 100$	$100 < P_k \leqslant 200$	$200 < P_k \leqslant 300$
混凝土基础	C15 混凝土	1:1.00	1:1.00	1:1.25
毛石混凝土基础	C15 混凝土	1:1.00	1:1.25	1:1.50
砖基础	砖不低于 MU10、砂浆不低于 M5	1:1.50	1:1.50	1:1.50
毛石基础	砂浆不低于 M5	1:1.25	1:1.50	—
灰土基础	体积比为3:7或2:8的灰土,其最小干密度:粉土为 1.55 g/cm³、粉质黏土为1.50 g/cm³、黏土为1.45 g/cm³	1:1.25	1:1.50	—
三合土基础	体积比为1:2:4～1:3:6(石灰:砂:骨料),每层约虚铺220 mm,夯至150 mm	1:1.50	1:1.20	—

注:1. P_k 为荷载效应标准组合时基础底面处的平均压力值,kPa。

2. 阶梯形毛石基础的每阶伸出宽度,不宜大于 200 mm。

3. 当基础由不同材料叠合组成时,应对接触部分进行抗压验算。

4. 基础底面处的平均压力值超过 300 kPa 的混凝土基础,尚应进行抗剪验算。

6.2.2 砖基础施工

砖基础的剖面为阶梯形大放脚(见图6-8)。各部分的尺寸应符合砖的模数,其砌筑方式有"两皮一收"和"二一间隔收"两种。"两皮一收"是指每砌两皮砖,收进1/4砖长

(60 mm);"二一间隔收"是指底层砌两皮砖,收进 1/4 砖长,再砌一皮砖,收进 1/4 砖长,以上各层依此类推。

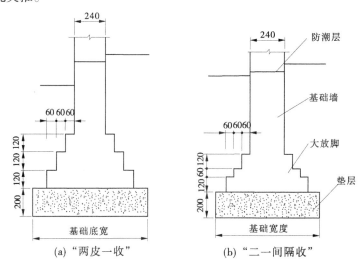

(a)"两皮一收"　　　　　　　　(b)"二一间隔收"

图 6-8　砖基础构造示意图

6.2.2.1　施工准备

1.材料及主要机具

(1)砖的品种、强度等级必须符合设计要求,并应规格一致。烧结普通砖按抗压强度等级分为 MU30、MU25、MU20、MU15、MU10 五个等级。

(2)砂浆的品种、强度等级必须符合设计要求。砌筑砂浆划分为 M20、M15、M10、M7.5、M5.0、M2.5 六个强度等级。砂浆拌和使用时,如出现泌水现象,应在砌筑前再次拌和。对于高强度和潮湿环境中的砖砌体,应优先选用水泥砂浆砌筑。

(3)主要机具包括垂直运输设备(如井字架、龙门架、卷扬机、附壁式升降机、塔式起重机等)、砂浆拌制运输机具(砂浆搅拌机、推车、灰斗、砖夹具、筛子等)、砌筑工具(大铲、瓦刀、刨锛、摊灰尺、铺灰器、线锤、托线板(靠尺)、皮数杆等)。

2.作业条件

(1)基槽:混凝土或灰土地基均已完成,并办完隐检手续。

(2)已放好基础轴线及边线,立好皮数杆(一般间距 15～20 m,转角处均应设立),并办理隐检手续。

(3)根据皮数杆最下面一层砖的底标高,用拉线检查基础垫层表面标高,如第一层砖的灰缝大于 20 mm,应先用细石混凝土找平,严禁在砌筑砂浆中掺细石代替或用砂浆垫平。

(4)常温施工时,黏土砖必须在砌筑的前一天浇水湿润,一般以水浸入砖四边 1.5 cm 为宜。

(5)砂浆配合比已经实验室确定,现场准备好砂浆试模(6 块为一组)。

6.2.2.2　操作工艺

工艺流程:拌制砂浆→确定组砌方法→排砖撂底→砌筑→抹防潮层。每项工序操作结束后,应及时办理检查手续,检查合格后方能进行下一道工序。

1. 拌制砂浆

(1)砂浆配合比应采用质量比,并由实验室确定,水泥计量精度为 ±2% ,砂、掺合料为 ±5% 。

(2)宜用机械搅拌,投料顺序为砂→水泥→掺合料→水,搅拌时间不少于 1.5 min。

(3)砂浆应随拌随用,一般水泥砂浆和水泥混合砂浆须分别在拌成后 3 h 和 4 h 内使用完,不允许使用过夜砂浆。

2. 确定组砌方法

(1)组砌方法应正确,砖基础一般采用满丁满条砌法。

(2)里外咬槎,上下层错缝,采用"三一砌砖法"(一铲灰、一块砖、一挤揉),严禁用水冲砂浆灌缝的方法。

3. 排砖撂底

(1)基础大放脚的撂底尺寸及收退方法必须符合设计图纸规定。如一层一退,里外均应砌丁砖;如二层一退,第一层为条砖,第二层砌丁砖。

(2)大放脚的转角处应按规定放七分头,其数量为一砖半厚墙放三块,二砖墙放四块,依此类推。

4. 砌筑

(1)砖基础砌筑前,基础垫层表面应清扫干净,洒水湿润。先盘墙角,每次盘角高度不应超过五层砖,随盘随靠平、吊直。

(2)砌基础墙应挂线,240 mm 墙单面挂线,370 mm 及以上墙应双面挂线。

(3)基础标高不一致或有局部加深部位,应从最低处往上砌筑,应经常拉线检查,以保持砌体通顺、平直,防止砌成"螺丝"墙。

(4)基础大放脚砌至基础上部时,要拉线检查轴线及边线,保证基础墙身位置正确。同时,还要对照皮数杆的砖层及标高,如有偏差,应在水平灰缝中逐渐调整,使墙的层数与皮数杆一致。

(5)暖气沟挑檐砖及上一层压砖均应用丁砖砌筑,灰缝要严实,挑檐砖标高必须正确。

(6)各种预留洞、埋件、拉结筋按设计要求留置,避免后剔凿而影响砌体质量。

(7)变形缝的墙角应按直角要求砌筑,先砌的墙要把舌头灰刮尽,后砌的墙可采用缩口灰,掉入缝内的杂物随时清理。

(8)安装管沟和洞口过梁时,其型号、标高必须正确,底灰饱满。

5. 抹防潮层

将墙顶活动砖重新砌好,清扫干净,浇水湿润,随即抹防水砂浆。设计无规定时,一般厚度为 15 ~ 20 mm,防水粉掺量为水泥质量的 3% ~ 5% 。

6.2.2.3　质量验收

1. 一般规定

(1)有冻胀环境和条件的地区,地面以下或防潮层以下的砌体不宜采用多孔砖。

(2)砖砌体应提前 1 ~ 2 d 浇水润湿。

（3）当采用铺浆法砌筑时,铺浆长度不得超过 750 mm;施工期间气温超过 30 ℃时,铺浆长度不得超过 500 mm。

（4）多孔砖的孔洞应垂直于受压面砌筑。

（5）施工时砌的蒸压砖的产品龄期不应小于 28 d。

（6）竖向灰缝不得出现透明缝、瞎缝和假缝。

（7）施工临时间断处补砌时,必须将接槎处表面清理干净,浇水润湿,并填实砂浆,保持灰缝平直。

2. 主控项目

（1）砖和砂浆的强度等级必须符合设计要求。

（2）砌体水平灰缝的砂浆饱满度不得小于 80% 。

（3）砖砌体的转角处和交接处应同时砌筑,严禁无可靠措施的内外墙基础分砌施工。对不能同时砌筑而又必须留置的临时间断处应砌成斜槎,斜槎水平投影长度不应小于高度的 2/3。

（4）非抗震设防及抗震设防烈度为 6 度、7 度地区的临时间断处,当不能留斜槎时,除转角处外可留直槎,但必须做成凸槎。留直槎时,应加设拉结钢筋,拉结钢筋的数量为每 120 mm 墙厚放置 1 Φ 6 mm 拉结钢筋（120 mm 厚墙放置 2 Φ 6 mm 拉结钢筋）,间距沿墙高不应超过 500 mm,埋入长度从留槎处算起每边均不应小于 500 mm。对抗震设防烈度 6 度、7 度的地区,不应小于 1 000 mm,末端应有 90°弯钩。

（5）砖砌体的位置及垂直度允许偏差应符合表 6-2 的规定。

表 6-2　砖砌体的位置及垂直度允许偏差

序号	项目		允许偏差（mm）	检验方法
1	轴线位置偏移		10	用经纬仪和尺检查或用其他测量仪器检查
2	垂直度	每层	5	用 2 m 托线板检查
		全高（mm） ≤10	10	用经纬仪、吊线和尺检查,或用其他测量仪器检查
		>10	20	

3. 一般项目

（1）砖基础组砌方法应正确,上下错缝,内外搭砌。

（2）砖基础的灰缝应横平竖直,厚薄均匀。水平灰缝厚度宜为 10 mm,但不应小于 8 mm,也不应大于 12 mm。

（3）砖砌体的一般尺寸允许偏差应符合表 6-3 的规定。

6.2.2.4　砖基础施工常见问题

（1）砂浆配合比不准。

散装水泥和砂都要每车过磅,计量要准确,搅拌时间要达到规定的要求。

（2）冬期不得使用无水泥配制的砂浆。

（3）基础墙身位移。

大放脚两侧边收退要均匀,砌到基础墙身时,要拉线找正墙的轴线和边线;砌筑时,保持墙直。

表 6-3　砖砌体的一般尺寸允许偏差

序号	项目		允许偏差（mm）	检验方法	抽检数量
1	基础顶面和楼面标高		±15	用水平仪和尺检查	不应少于 5 处
2	表面平整度	清水墙、柱	5	用 2 m 靠尺和楔形塞尺检查	有代表性自然间 10%，且不应少于 5 处
		混水墙、柱	8		
3	门窗洞口高、宽(后塞口)		±5	用尺检查	检验批洞口的 10%，且不应少于 5 处
4	外墙上下窗口偏移		20	以底层窗口为准，用经纬仪或吊线检查	检验批的 10%，且不应少于 5 处
5	水平灰缝平直度	清水墙	7	拉 10 m 线和尺检查	有代表性自然间 10%，但不应少于 3 间，每间不应少于 2 处
		混水墙	10		
6	清水墙游丁走缝		20	用吊线和尺检查，以每层第一皮砖为准	有代表性自然间 10%，但不应少于 3 间，每间不应少于 2 处

（4）墙面不平。

一砖半墙必须双面挂线，一砖墙单面挂线；舌头灰要随砌随刮平。

（5）水平灰缝不平。

盘角时，灰缝要掌握均匀，每层砖都要与皮数杆对平，通线要绷紧穿平。砌筑时，要左右照顾，避免接槎处接得高低不平。

（6）皮数杆不平。

抄平放线时，要细致认真；钉皮数杆的木桩要牢固，防止碰撞松动。皮数杆立完后，要复验，确保皮数杆标高一致。

（7）埋入砌体中的拉结筋位置不准。

应随时注意正在砌的皮数，保证按皮数杆标明的位置放拉结筋，其外露部分在施工中不得弯折，并保证其长度符合设计要求。

（8）留槎不符合要求。

砌体的转角和交接处应同时砌筑，否则应砌成斜槎。

（9）有高低台的基础应先砌低处，并由高处向低处搭接，如设计无要求，其搭接长度不应小于扩大部分的高度。

（10）砌体临时间断处的高差过大。高差一般不得超过一步架的高度。

6.2.3　毛石基础

毛石基础是用毛石与砂浆砌筑而成的。毛石用平毛石和乱毛石，其强度等级不低于

MU20。砂浆一般采用水泥砂浆或水泥混合砂浆。毛石基础的断面有阶梯形和梯形等形状,如图6-9所示。毛石基础的顶面宽度应比墙厚大200 mm,即每边宽出100 mm。台阶的高度一般控制在300~400 mm,上一级台阶最外边的石块至少压砌下面石块的1/2。台阶宽高比要符合刚性基础允许值。

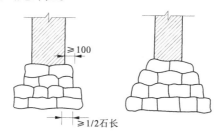

图6-9 毛石基础的断面形状

6.2.3.1 材料要求

(1)石材应质地坚实,无风化剥落和裂缝。

(2)毛石应呈块状,其中部厚度不宜小于150 mm。

(3)毛石表面的污垢、水锈等杂质,在砌筑前应清除干净。

(4)砂浆按配合比进行搅拌,随拌随用。砂浆稠度为3~5 cm。

(5)水泥一般采用32.5级或42.5级普通硅酸盐水泥或矿渣硅酸盐水泥。

6.2.3.2 砌筑施工注意要点

(1)砌筑前,应先检查基槽的尺寸、标高,观察是否有受冻、水泡等异常情况。

(2)在基底弹出毛石基础底宽边线,在基础转角处、交接处立皮数杆。皮数杆上应标明石块规格及灰缝厚度,砌阶梯形基础时还应标明每一台阶高度。在皮数杆间拉准线。

(3)砌筑时,应先砌转角处及交接处,再依线砌中间部分。要分批卧砌,并注意上下错缝、内外搭砌,不得采用外面侧立石块、中间填心的砌筑方法。每层灰缝的厚度宜为20~30 mm,砂浆应饱满。

(4)基础外墙转角、横纵墙交接处及基础最上一层,应选用较大的平毛石砌筑。毛石基础每天砌筑高度不应超过1.2 m。

(5)每天应在当天砌好的砌体上铺一层灰浆,表面应粗糙。夏季施工时,对刚砌完的砌体,应用草袋覆盖养护5~7 d,避免风吹、日晒、雨淋。毛石基础全部砌完后,要及时在基础两边均匀分层回填、分层夯实。

(6)整个基础砌筑完后,及时组织检查验收和监督认证。当确认合格后,应立即回填土。

6.2.3.3 质量验收

1.一般规定

(1)石砌体的灰缝厚度控制:毛料石和粗料石不宜大于20 mm,细料石砌体不宜大于5 mm。

(2)砂浆初凝后,如需要移动已砌筑的石块,应将原砂浆清理干净,重新铺浆砌筑。

(3)砌筑毛石基础的第一皮石块应坐浆并将大面向下,砌筑料石基础的第一皮石块应用丁砌层坐浆砌筑,以保证基石与垫层黏结紧密,保证传力均匀和石块稳定。

(4)受力重要的部位及每个楼层(包括基础)砌体的顶面,应用较大的平毛石砌筑。

2. 主控项目

(1)石材及砂浆强度等级必须符合设计要求。

(2)砂浆饱满度不应小于80%。

(3)石砌体的轴线位置及垂直度允许偏差应符合表6-4的规定。

表6-4　石砌体的轴线位置及垂直度允许偏差

序号	项目		允许偏差(mm)						检验方法
			毛石砌体		料石砌体				
					毛石料		粗石料		细石料	
			基础	墙	基础	墙	基础	墙	墙、柱	
1	轴线位置		20	15	20	15	15	10	10	用经纬仪和尺检查,或用其他测量仪器检查
2	墙面垂直度	每层		20		20		10	7	用经纬仪、吊线和尺检查,或用其他测量仪器检查
3		全高		30		30		25	20	

3. 一般项目

基础的组砌形式应符合以下规定:

(1)内外搭砌,上下错缝,拉结石、丁砌石交错设置。

(2)毛石墙拉结石每0.7 m²墙面不应少于1块。

6.2.4　灰土和三合土基础施工

灰土基础是用熟石灰与黏性土拌和均匀,然后分层夯实而成。灰土的体积配合比一般用2∶8或3∶7(石灰∶土),其28 d强度可达1 MPa。一般适用于地下水位较低、基槽经常处于较为干燥状态的基础。

6.2.4.1　施工工艺

灰土和三合土基础的施工工艺为:基槽清理→底夯→灰土拌和→控制虚土厚度→机械夯实→质量检查→逐皮交替完成。

(1)灰土的配合比除设计有特殊要求外,一般为2∶8或3∶7(体积比)。基础垫层灰土必须标准过筛,严格执行配合比。必须拌和均匀,至少翻拌两次,拌好的灰土颜色一致。

(2)灰土施工时,应适当控制含水率,工地检验方法是用手将灰土紧握成团,两指轻捏即碎为宜。如土料水分过多或不足,应晾干或洒水润湿。

(3)灰土铺摊厚度为200 ~ 250 mm。

(4)灰土分段施工时,不得在墙角、柱基及承重墙下接缝。上下两层灰土的接缝距离不得大于500 mm。当灰土基础标高不同时,应做成阶梯形。接槎时,应将槎子垂直切齐。

6.2.4.2　质量要求

(1)灰土基础的允许偏差见表6-5。

表 6-5　灰土基础的允许偏差

项次	项目	允许偏差(mm)	检验方法
1	顶面标高	±15	用水准仪或拉线和尺检查
2	表面平整度	15	用2 m靠尺和楔形塞尺检查

（2）基底的土质必须符合设计要求。

（3）灰土的干密度或贯入度必须符合设计要求和施工规范的规定。

（4）配料正确、拌和均匀，虚铺厚度符合规定，夯压密实，表面无松散和起皮。

（5）分层留槎位置、方法正确，接槎密实、平整。

三合土基础是由消石灰、砂、碎砖(石)和水拌匀后分层铺设夯实而成的。其体积配合比应按设计规定，一般用 1∶2∶4 或 1∶3∶6(消石灰∶砂∶碎砖)。施工时，先将石灰和砂用水在池内调成浓浆，将碎砖材料倒在拌板上加浆搅拌，虚铺厚度第一层为 220 mm，以后每层 200 mm，并分别夯至 150 mm，直到设计标高，三合土基础厚度不应小于 500 mm。

6.2.5　混凝土和毛石混凝土基础施工

混凝土基础一般用 C10 以上的素混凝土做成。毛石混凝土基础是在混凝土基础中埋入 25%～30%(体积比)未风化的毛石形成的，用于砌筑的石块直径不宜大于 300 mm。混凝土基础的每阶高度不应小于 250 mm，一般为 300 mm，毛石混凝土基础的每阶高度不应小于 300 mm。

6.3　钢筋混凝土基础施工

钢筋混凝土基础适用于上部结构荷载大、地基较软弱、需要较大底面尺寸的情况。将上部结构传来的荷载通过向侧边扩展成一定底面积，使作用在基底的压应力等于或小于地基土的允许承载力，而基础内部的应力应同时满足材料本身的强度要求，这种起到压力扩散作用的基础称为扩展基础，也称为柔性基础。一般工业与民用建筑在基础设计中多采用钢筋混凝土基础，它造价低、施工简便。常用的浅基础类型有单独基础、条形基础、杯口基础、筏形基础和箱形基础等。

6.3.1　钢筋混凝土单独基础施工

钢筋混凝土单独基础如图 6-10 所示，基础的剖面形式有台阶形、锥形和杯口形基础三种。轴心受压柱下基础的底面形状为正方形，而偏心受压柱下基础的底面形状为矩形。钢筋混凝土单独基础主要有以下两种类型：

（1）柱下单独基础。

单独基础是柱子基础的主要类型。现浇柱下钢筋混凝土基础的截面可做成阶梯形或锥形，预制柱下的基础一般做成杯口形。

（2）墙下单独基础。

墙下单独基础是当上层土质松软，而在不深处有较好的土层时，为了节约基础材料和减少开挖土方量而采用的一种基础形式。砖墙砌在单独基础上边的钢筋混凝土地梁上，地梁的跨度一般为 3 ~ 5 m。

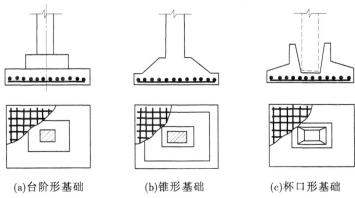

(a)台阶形基础　　　　(b)锥形基础　　　　(c)杯口形基础

图 6-10　钢筋混凝土单独基础

6.3.1.1　构造要求

柱下钢筋混凝土单独基础,除应满足墙下钢筋混凝土条形基础的一般要求外,尚应满足如下一些要求:

(1)矩形单独基础底面的长边与短边的比值 $l/b \leqslant 2$,一般取 1 ~ 1.5。

(2)阶梯形基础每阶高度一般为 300 ~ 500 mm。基础的阶数可根据基础总高度 H 设置,当 $H \leqslant 500$ mm 时,宜分为一级;当 500 mm $< H \leqslant 900$ mm 时,宜分为二级;当 $H > 900$ mm 时,宜分为三级。

(3)锥形基础的边缘高度,一般不宜小于 200 mm,也不宜大于 500 mm;锥形坡度角一般取 25°,最大不超过 35°;锥形基础的顶部每边宜沿柱边放出 50 mm。

(4)柱下钢筋混凝土单独基础的受力钢筋应双向配置。当基础边长大于 2.5 m 时,基础底板受力钢筋可缩短为 $0.9 l'$ 交替布置,其中 l' 为基础底面边长。

(5)对于现浇柱基础,如基础与柱不同时浇注,则柱内的纵向钢筋可通过插筋锚入基础中,插筋的根数和直径应与柱内纵向钢筋相同。当基础高度 $H \leqslant 900$ mm 时,全部插筋伸至基底钢筋网上面,端部弯直钩;当基础高度 $H > 900$ mm 时,将柱截面四角的钢筋伸到基底钢筋网上面,端部弯直钩,其余钢筋按锚固长度确定,锚固长度 l_m 可按下列要求采用: ①轴心受压及小偏心受压,$l_m \geqslant 15 d$(d 为钢筋直径);②大偏心受压,当柱混凝土不低于 C20 时,$l_m \geqslant 25 d$(d 为钢筋直径)。

插入基础的钢筋,上下至少应有两道箍筋固定。插筋与柱的纵向受力钢筋绑扎搭接时的最小搭接长度 l_d 可按表 6-6 采用。

表 6-6　插筋与柱的纵向受力钢筋绑扎搭接时的最小搭接长度 l_d

钢筋类型	受力情况	
	受拉	受压
HPB235	30d	20d
HRB335	35d	25d

注:1. 位于受拉区的搭接长度不应小于 25 mm。

　　2. 位于受压区的搭接不应小于 200 mm。

　　3. d 为钢筋直径。

6.3.1.2　单独基础施工要点

（1）基坑应进行验槽，局部软弱土层应挖去，用灰土或沙砾分层回填夯实至基底相平。基坑内浮土、积水、淤泥、垃圾、杂物应清除干净。验槽后，地基混凝土应立即浇筑，以免地基土被扰动。

（2）垫层达到一定强度后，在其上弹线、支模。铺放钢筋网片时，底部用与混凝土保护层同厚度的水泥砂浆垫塞，以保证位置正确。

（3）在浇筑混凝土前，应清除模板上的垃圾、泥土和钢筋上的油污等杂物，模板应浇水加以湿润。

（4）基础混凝土宜分层连续浇筑完成。阶梯形基础的每一台阶高度内应分层浇捣，每浇筑完一台阶应稍停 0.5～1.0 h，待其初步获得沉实后，再浇筑上层，以防止下台阶混凝土溢出，在上台阶根部出现烂脖子时，台阶表面应基本抹平。

（5）锥形基础的斜面部分模板应随混凝土浇捣分段支设并顶压紧，以防模板上浮变形，边角处的混凝土应注意捣实。严禁斜面部分不支模，用铁锹拍实。

（6）基础上有插筋时，要加以固定，保证插筋位置正确，防止浇捣混凝土发生移位。混凝土浇筑完毕，外露表面应覆盖洒水养护。

6.3.2　条形基础施工

6.3.2.1　条形基础构造

基础为连续的长条形状时称为条形基础。条形基础一般用于墙下，也可用于柱下。当建筑采用墙承重结构时，通常将墙底加宽形成墙下条形基础；当建筑采用柱承重结构，在荷载较大且地基较软弱时，为了提高建筑物的整体性，防止出现不均匀沉降，可将柱下基础沿一个方向连续设置成条形基础。这种基础的抗弯和抗剪性能良好，可在竖向荷载较大、地基承载力不高以及承受水平力和力矩等荷载情况下使用。因高度不受台阶宽高比的限制，因此适宜于需要"宽基浅埋"的场合。

1．墙下钢筋混凝土条形基础

条形基础是承重墙基础的主要形式。当上部结构荷载较大而土质较差时，可采用钢筋混凝土建造，墙下钢筋混凝土条形基础一般做成无肋式；如地基在水平方向上压缩性不均匀，为了增加基础的整体性，减少不均匀沉降，也可做成肋式的条形基础（见图 6-11）。

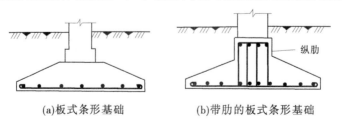

(a)板式条形基础　　　　　　　(b)带肋的板式条形基础

图 6-11　墙下钢筋混凝土条形基础

（1）梯形截面基础的边缘高度，一般不宜小于 200 mm；梯形坡度 $i \leqslant 1:3$。基础高度小于 250 mm 时，可做成等厚度板。

（2）基础下的垫层厚度宜为 100 mm。

（3）底板受力钢筋的最小直径不宜小于 8 mm，间距不宜大于 200 mm 和小于 100 mm。当有垫层时，混凝土的保护层净厚度不宜小于 35 mm，无垫层时不宜小于 70 mm。纵向分布筋，直径 6 ~ 8 mm，间距 250 ~ 300 mm。

（4）混凝土强度等级不宜低于 C15。

（5）当地基软弱时，为了减小不均匀沉降的影响，基础截面可采用带肋梁的板，肋梁的纵向钢筋和箍筋按经验确定。

2. 柱下钢筋混凝土条形基础

柱下钢筋混凝土条形基础是由一根梁或交叉梁及其横向伸出的翼缘板组成的。其横断面一般呈 T 形。基础截面下部向两侧伸出的部分叫作翼板，中间梁腹部分叫作肋梁。其构造除满足一般扩展基础的构造要求外，尚应满足下列要求（见图6-12）：

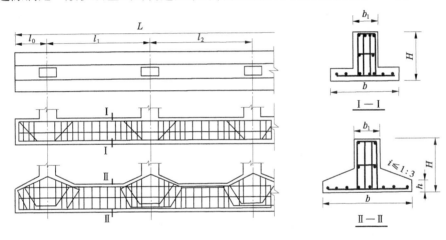

图6-12　柱下钢筋混凝土独立基础

（1）其截面一般为倒 T 形，底板伸出部分称为翼板，中间部分称为肋梁。翼板厚度 h 不宜小于 200 mm，当 h 为 200 ~ 250 mm 时，翼板可做成等厚度；当 h 大于 250 mm 时，可做成坡度小于或等于1:3的变厚度板。

（2）肋梁的高度按计算确定，可取 1/8 ~ 1/4 柱距。翼板的宽度 b 按地基承载力计算确定，肋梁宽 b_1 应比该方向柱截面稍大些。为调整底面形心位置，减小端部基底压力，可挑出悬臂，在基础平面布置允许的条件下，其长度宜小于第一跨距的 1/4 ~ 1/3。

（3）基础肋梁的纵向受力钢筋按内力计算确定，一般上、下双层配置，直径不小于 10 mm，配筋率不宜小于 0.2%。梁底纵向受拉主筋通常配置 2 ~ 4 根，且其面积不应少于纵向钢筋总面积的 1/3，弯起筋及箍筋按弯矩及剪力图配置。翼板受力筋按计算配置，直径不小于 10 mm，间距为 100 ~ 200 mm。箍筋直径为 $\phi 6$ ~ 8 mm，在距支座轴线（0.25 ~ 0.30）l（l 为柱距）范围内箍筋应加密布置。当肋宽 $b \leqslant 350$ mm 时，用双肢箍；当 350 mm < $b \leqslant 800$ mm 时，用 4 肢箍；当 $b > 800$ mm 时，用 6 肢箍。

（4）混凝土强度等级不低于 C20，素混凝土垫层一般采用 C10 或 C15，厚度不小于 100 mm。

6.3.2.2　条形基础施工

（1）在混凝土浇灌前应先行验槽，基坑尺寸应符合设计要求，应挖去局部软弱土层，用沙或沙砾回填、夯实，与基底相平。

在地基或基土上浇筑混凝土时，应清除淤泥和杂物，并应有排水和防水措施。对干燥性土，应用水湿润；对未风化的岩石，应用水清洗，但其表面不得留有积水。

（2）垫层混凝土在验槽后应立即浇灌，以保护地基。当垫层素混凝土达到一定强度后，在其上弹线、支模、铺放钢筋。

（3）钢筋上的泥土、油污，模板内的垃圾、杂物应清除干净。木模板应浇水湿润，缝隙应堵严，基坑积水应排除干净。

（4）混凝土自高处倾落时，其自由倾落高度不宜超过 2 m，如高度超过 2 m，应设料斗、串筒、斜槽、溜管，以防止混凝土产生分层离析。

（5）混凝土宜分段分层灌注，每层厚度应符合表 6-7 的规定。各段各层间应互相衔接，每段长 2～3 m，使逐段逐层呈阶梯形推进，并注意先使混凝土充满模板边角，然后浇灌中间部分。

表 6-7　混凝土浇灌层的厚度

捣实混凝土的方法		灌注层的厚度（mm）
插入式振捣		振动器作用部分长度的 1.25 倍
表面振捣		200
人工捣固	在基础、无筋混凝土或配筋稀疏的结构中	250
	在配筋密列的结构中	150
轻骨料混凝土	插入式振捣	300
	表面振捣（振动时需加荷）	200

（6）混凝土应连续浇筑，以保证结构良好的整体性。如必须间歇，间歇时间不应超过表 6-8 的规定。如时间超过规定，应设置施工缝，并应待混凝土的抗压强度达到 1.2 N/mm² 以上时才允许继续灌注，以免已浇筑的混凝土结构因振动而受到破坏。在继续浇筑混凝土前，应将施工缝接槎处混凝土表面的水泥薄膜（约 1 mm）和松动石子或软弱混凝土清除，并用水冲洗干净，充分湿润，且不得积水，然后铺 15～25 mm 厚水泥砂浆或先灌一层减半石子混凝土，或在立面涂刷 1 mm 厚水泥浆，再正式继续浇筑混凝土，并仔细捣实，使其紧密结合。

表 6-8　浇筑混凝土的允许间歇最长时间　　　　　　　　　　（单位：min）

混凝土强度等级	气温	
	不高于 25 ℃	高于 25 ℃
不高于 C30	210	180
高于 C30	180	150

6.3.3　杯口基础施工

杯口基础常用作钢筋混凝土预制柱基础,基础中预留凹槽(杯口),然后插入预制柱,临时固定后,即在四周空隙中灌细石混凝土,如图 6-13 所示。

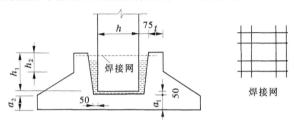

图 6-13　杯口基础

6.3.3.1　构造要求

(1)柱的插入深度 h_1 可按表 6-9 选用,并应满足锚固长度的要求(一般为 20 倍纵向受力钢筋直径)和吊装时柱的稳定性(不小于吊装时柱长的 0.05 倍)的要求。

表 6-9　柱的插入深度 h_1　　　　　　　　　　　　　　　(单位:mm)

柱的类别	矩形或工字形柱				单肢柱	双肢柱
	$h < 500$	$500 \leq h < 800$	$800 \leq h < 1\,000$	$h \geq 1\,000$		
h	$(1 \sim 1.2)h$	h	$0.9h$ 且 ≥ 800	$0.8h$ 且 $\geq 1\,000$	$1.5d$ 且 ≥ 500	$(1/3 \sim 2/3)h_a$ 或 $(1.5 \sim 1.8)h_b$

注:1. h 为柱截面长边尺寸;d 为管柱的外直径;h_a 为双肢柱整个截面长边尺寸;h_b 为双肢柱整个截面短边尺寸。

2. 柱轴心受压或小偏心受压时,h_1 可以适当减少;偏心距 $e_0 > 2h$(或 $e_0 > 2d$)时,h_1 可以适当加大。

(2)基础的杯底厚度和杯壁厚度,可按表 6-10 采用。

表 6-10　基础的杯底厚度和杯壁厚度　　　　　　　　(单位:mm)

柱截面长边尺寸 h	杯底厚度 a_1	杯壁厚度 t
$h < 500$	≥ 150	$150 \sim 200$
$500 \leq h < 800$	≥ 200	≥ 200
$800 \leq h < 1\,000$	≥ 200	≥ 300
$1\,000 \leq h < 1\,500$	≥ 250	≥ 350
$1\,500 \leq h < 2\,000$	≥ 300	≥ 400

注:1. 双肢柱的 a_1 值,可适当加大。

2. 当有基础梁时,基础梁下的杯壁厚度应满足其支承宽度的要求。

3. 柱子插入杯口部分的表面应尽量凿毛。柱子与杯口之间的空隙,应用细石混凝土(比基础混凝土强度等级高一级)密实充填,其强度达到基础设计强度等级的 70% 以上(或采取其他相应措施)时,方能进行上部吊装。

(3)当柱为轴心或小偏心受压,且 $t/h_2 \geq 0.65$ 时,或大偏心受压且 $t/h_2 \geq 0.75$ 时,杯壁可不配筋;当柱为轴心或小偏心受压且 $0.5 \leq t/h_2 < 0.65$ 时,杯壁可按表 6-11 和图 6-14 构造配筋;当柱为轴心或小偏心受压且 $t/h_2 < 0.5$ 时,或大偏心受压且 $t/h_2 < 0.75$ 时,按

计算配筋。

表 6-11   杯壁构造配筋

柱截面长边尺寸(mm)	< 1 000	1 000 ≤ h < 1 500	1 500 ≤ h < 2 000
钢筋直径(mm)	8 ~ 10	10 ~ 12	12 ~ 16

注:表中钢筋置于杯口顶部,每边两根。

（4）预制钢筋混凝土柱(包括双肢柱)和高杯口基础的连接与一般杯口基础构造的相同。

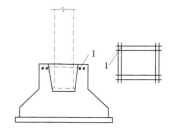

1—钢筋焊网或钢筋箍
图 6-14   杯壁内配筋示意图

6.3.3.2   施工要点

杯口基础除参照钢筋混凝土基础的施工要点外,还应注意以下几点:

（1）混凝土应按台阶分层浇筑,对高杯口基础的高台阶部分按整段分层浇筑。

（2）杯口模板可做成两半式的定型模板,中间各加一块楔形板。拆模时,先取出楔形板,然后分别将两半杯口模板取出。为便于周转,宜做成工具式的,支模时杯口模板要固定牢固并压浆。

（3）浇筑杯口混凝土时,应注意四侧要对称均匀进行,避免将杯口模板挤向一侧。

（4）施工时,应先浇筑杯底混凝土并振实,注意在杯底一般有 50 mm 厚的细石混凝土找平层,应仔细留出。待杯底混凝土沉实后,再浇筑杯口四周混凝土,基础浇捣完毕。在混凝土初凝后,终凝前将杯口模板取出,并将杯口内侧表面混凝土凿毛。

（5）施工高杯口基础时,可采用后安装杯口模板的方法施工,即当混凝土浇捣接近杯口底时,再安装固定杯口模板,继续浇筑杯口四周混凝土。

6.3.4   筏形基础施工

当地质条件差、上部荷载大时,可将部分或整个建筑范围的基础连在一起,其形式犹如倒置的楼板,又似筏子,因此称为筏形基础,又称为满堂基础。筏形基础由钢筋混凝土底板、梁等组成,适用于地基承载力较低而上部结构荷载很大的场合。其外形和构造像倒置的钢筋混凝土楼盖,整体刚度较大,能有效地将各柱子的沉降调整得较为均匀。筏形基础根据是否有梁可分为平板式和梁板式两种。筏形基础适用于地基土质软弱又不均匀、有地下水或当柱子和承重墙传来的荷载很大的情况。

6.3.4.1   构造要求

1. 强度等级

筏形基础的混凝土强度等级不应低于 C30。当有地下室时应采用防水混凝土,防水混凝土的抗渗等级应根据地下水的最大水头与防渗混凝土厚度的比值,按现行《地下工程防水技术规范》(GB 50108)选用,但不应小于 0.6 MPa,必要时宜设架空排水层。

2. 墙体

采用筏形基础的地下室,应沿地下室四周布置钢筋混凝土外墙,外墙厚度不应小于 250 mm,内墙厚度不应小于 200 mm。墙的截面设计除满足承载力要求外,尚应考虑变形、抗裂及防渗等要求。墙体内应设置双面钢筋,竖向水平钢筋的直径不应小于 12 mm,间距不应大于 300 mm。

3. 板厚

筏形基础底板的厚度均应满足受冲切承载力、受剪切承载力的要求。12 层以上建筑的梁板式筏形基础的板厚不宜小于 400 mm,且板厚与最大双向板格的短边之比不小于 1/20。

6.3.4.2　施工要点

筏形基础施工工艺流程:基底土质验槽→施工垫层→在垫层上弹线抄平→基础施工。

(1)基坑开挖时,若地下水位较高,应采取明沟排水、人工降水等措施,使地下水位降至基坑底下不少于 500 mm,保证基坑在无水情况下进行开挖和基础结构施工。

(2)开挖基坑应注意保持基坑底土的原状结构,尽量不要扰动。当采用机械开挖基坑时,在基坑底面设计标高以上保留 200～400 mm 厚的土层,采用人工挖除并清理平整。如不能立即进行下道工序施工,应预留 100～200 mm 厚土层,在下道工序施工前挖除,以防止地基土被扰动。在基坑验槽后,应立即浇筑垫层。

(3)当垫层达到一定强度后,在其上弹线,支模,铺放钢筋、连接柱的插筋。

(4)在浇筑混凝土前,清除模板和钢筋上的垃圾、泥土等杂物,木模板浇水加以湿润。

(5)混凝土浇筑方向应平行于次梁长度方向,对于平板式筏形基础,则应平行于基础长边方向。

混凝土应一次浇灌完成,若不能整体浇灌完成,则应留设施工缝。施工缝留设位置:当平行于次梁长度方向浇筑时,应留在次梁中部 1/3 跨度范围内;对平板式筏形基础可留设在任何位置,但施工缝应平行于底板短边且不应在柱脚范围内,如图 6-15 所示。在施工缝处继续浇灌混凝土时,应将施工缝表面松动石子等清扫干净,并浇水湿润,铺上一层水泥浆或与混凝土成分相同的水泥砂浆,再继续浇筑混凝土。

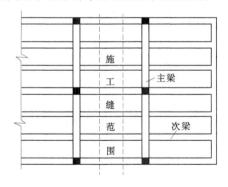

图 6-15　筏形基础施工缝位置

对于梁板式筏形基础,梁高出底板部分应分层浇筑,每层浇筑厚度不宜超过 200 mm。混凝土应浇筑到柱脚顶面,留设水平施工缝。

(6)基础浇筑完毕,表面应覆盖和洒水养护,并防止浸泡地基。待混凝土强度达到设计强度的 25% 以上时,即可拆除梁的侧模。

(7)当混凝土基础达到设计强度的 30% 时,应进行基坑回填。基坑回填应在四周同时进行,并按基底排水方向由高到低分层进行。

(8)在基础底板上埋设好沉降观测点,定期进行观测、分析,并且做好记录。

6.3.5　箱形基础施工

箱形基础是由钢筋混凝土底板、顶板、外墙以及一定数量的内隔墙构成的封闭箱体,如图6-16所示,基础中部可在内隔墙开门洞作地下室。该基础具有整体性好、刚度大,调整不均匀沉降能力及抗震能力强,可消除因地基变形使建筑物开裂的可能性,减少基底处原有地基自重应力,降低总沉降量等特点。适用作为软弱地基上的面积较小、平面形状简单、上部结构荷载大且分布不均匀的高层建筑物的基础和对沉降有严格要求的设备基础或特种构筑物基础。

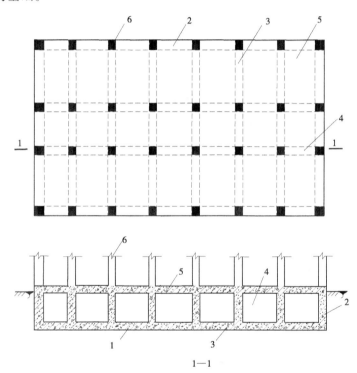

1—底板;2—外墙;3—内墙隔墙;4—内纵隔墙;5—顶板;6—柱

图 6-16　箱形基础

6.3.5.1　构造要求

(1)箱形基础在平面布置上尽可能对称,以减少荷载的偏心距,防止基础过度倾斜。

(2)混凝土强度等级不应低于 C20,基础高度一般取建筑物高度的 1/8 ~ 1/12,不宜小于箱形基础长度的 1/16 ~ 1/18,且不小于 3 m。

(3)底、顶板的厚度应满足柱或墙冲切验算要求,并根据实际受力情况通过计算确定。底板厚度一般取隔墙间距的 1/8 ~ 1/10,为 300 ~ 1 000 mm,顶板厚度为 200 ~ 400 mm,内墙厚度不宜小于 200 mm,外墙厚度不应小于 250 mm。

(4)为保证箱形基础的整体刚度,平均每平方米基础面积上墙体长度应不小于 400

mm，或墙体水平截面面积不得小于基础面积的1/10，其中纵墙配置量不得小于墙体总配置量的3/5。

6.3.5.2　施工要点

（1）基坑开挖，如地下水位较高，应采取措施降低地下水位至基坑底以下500 mm处，并尽量减少对基坑底土的扰动。当采用机械开挖基坑时，在基坑底面以下200～400 mm厚的土层，应用人工挖除并清理，基坑验槽后，应立即进行基础施工。

（2）施工时，基础底板、内外墙和顶板的支模、钢筋绑扎和混凝土浇筑，可分块进行，其施工缝的留设位置和处理应符合钢筋混凝土工程施工及验收规范的有关要求，外墙接缝应设止水带。

（3）基础的底板、内外墙和顶板宜连续浇筑完毕。为防止出现温度收缩裂缝，一般应设置贯通后浇带，带宽不宜小于800 mm，在后浇带处钢筋应贯通，顶板浇筑后，相隔2～4周，用比设计强度提高一级的细石混凝土将后浇带填灌密实，并加强养护。

（4）基础施工完毕，应立即进行回填。停止降水时，应验算基础的抗浮稳定性，抗浮稳定系数不宜小于1.2，如不能满足，应采取有效措施，如继续抽水直至上部结构荷载加上后能满足抗浮稳定系数要求，或在基础内灌水或加重物等，防止基础上浮或倾斜。

6.4　减少地基不均匀沉降危害的措施

6.4.1　不均匀沉降的危害及产生原因分析

地基不均匀沉降的产生有以下几方面的原因。

6.4.1.1　地质条件

地质条件主要包括土层极其软弱和不均匀。土层软弱会引起地基较大的沉降和差异沉降。由于不同的土层的压缩性不同，在压缩层范围内土层不均匀，也会引起基础的不均匀沉降。如果土层软弱且不同土层之间压缩模量差异较大，就会引起地基较大的不均匀沉降。

6.4.1.2　上部结构荷载的不均匀

如相邻部分之间层高相差悬殊等，会造成上部结构荷载分布不均匀，引起地基的不均匀沉降。

6.4.1.3　邻近建筑物的影响

邻近建筑物会在建筑物的一侧引起较大的附加应力，使建筑物地基产生不均匀沉降。

6.4.1.4　其他原因

如建筑物一侧大面积堆载、开挖深基坑等也会引起建筑物地基的不均匀沉降。

6.4.2　减少地基不均匀沉降的措施

6.4.2.1　建筑措施

（1）在满足使用和其他要求的前提下，建筑平面布置宜规则、对称，并应具有良好的整体性；建筑的立面和竖向剖面宜简单、规则。体型规则的建筑物，基底应力也比较均匀，圈梁容易拉通,整体刚度好,即使沉降较大,建筑物也不易产生裂缝和损坏。而对于立面上有高差或者荷载不均匀的建筑物,由于作用在地基上荷载的突变,建筑物高低相接处出现过大的差异沉降,常造成建筑物的轻、低部分倾斜或开裂破坏。

(2)控制建筑物的长高比及合理布置纵横墙。砖石承重的建筑物,当其长度与高度之比较小时,建筑物的刚度好,能有效防止建筑物开裂。根据建筑实践经验,当基础沉降量大于 120 mm 时,建筑物的长高比不宜大于 2.5。合理布置纵横墙是增强建筑物刚度的重要措施之一,纵横墙布置时砖石承重结构的纵横墙应尽量贯通,横墙间距适当,一般不大于建筑物宽度的 1.5 倍为妥,纵横墙最好不转折或少转折,可提高建筑物的整体性。

(3)设置沉降缝。用沉降缝将建筑物从屋面到基础分割成若干个独立的沉降单元,则使得建筑物的平面变得简单、长高比减小,从而有效减轻地基的不均匀沉降。因此,应考虑在平面图形复杂的转折处、层高不同处或荷载显著不同的部位、地基土的压缩性有显著不同处或在地基处理方法不同处及分期建筑的交界处设置沉降缝。沉降缝应有足够宽度,缝内一般不填充材料,以便充分发挥其作用。

(4)考虑相邻建筑物的影响。建筑物荷载不仅使建筑物地基土产生压缩变形,而且由于基底压力扩散的影响,在相邻范围内的土层也将产生压缩变形。这种变形随着相邻建筑物距离的增加而逐渐减小,由于软弱地基的压缩性很高,当两建筑物之间距离较近时,常常造成邻近建筑物的倾斜或损坏。为此应使建筑物之间相隔一定距离,距离应满足《建筑地基基础设计规范》(GB 50007—2011)的要求。

(5)建筑物标高的控制与调整。确定建筑物各部分的标高,应考虑沉降引起的变化。根据具体情况,可采取相应的措施。例如室内地坪,应根据预估的沉降量予以提高;建筑物各部分(或设备之间)有联系时,可将沉降量大者的标高适当提高;建筑物与设备之间,应留有足够的净空;当建筑物有管道通过时,管道上方应预留足够尺寸的空洞,或采用柔性的管道接头。

6.4.2.2　结构措施

(1)增强建筑物的刚度和强度。如前所述,控制建筑物的长高比和适当加密横墙可增加建筑物的刚度和整体性。此外,结构处理时应在砌体中设置圈梁,以增强建筑物的整体性,这样即使建筑物有较大的沉降,也不致产生过大的挠曲变形,它在一定程度上能防止或减少裂缝的出现,即使出现了裂缝也能阻止裂缝的发展。

(2)减轻或调整建筑物的荷载。尽量采用自重轻的结构形式,如采用轻钢结构、预应力混凝土结构以及轻型屋面等。对于砖石承重的房屋,墙身重量所占总荷载的比重较大,因此,宜选用空心砖、轻质混凝土墙板等轻质墙体材料。设置地下室或半地下室也是减小建筑物沉降的有效措施,通过挖除的土重能抵消一部分作用在地基上的附加压力,从而减小建筑物的沉降。

(3)上部结构采用静定结构体系。当发生不均匀沉降时,在静定结构体系中,构件不致引起很大的附加应力,因此在软弱地基上的公共建筑物、单层工业厂房、仓库等,可考虑采用静定结构体系,以减轻不均匀沉降产生的不利后果。

6.4.2.3　地基和基础措施

(1)地基基础设计应以控制变形值为主,设计单位必须进行基础最终沉降量和偏心距离的验算。基础最终沉降量应当控制在规定的限值以内。在建筑物体形复杂,纵向刚度较差时,基础的最终沉降量必须在 15 mm 以内,偏心距应当控制在 15‰以内。

(2)3~6 层民用建筑基础设计时,可采用薄筏基础,上部结构采用轻型结构,利用软土上部的“硬壳”层作为基础的持力层,可减少施工期间对软土的扰动。

(3)当天然地基不能满足建筑物沉降变形控制要求时,必须采取技术措施。例如,可采用打预制钢筋混凝土短桩、砂井真空预压、深层搅拌桩、新型碎石桩等方法进行技术处理。

(4)基础设计时,应有意识地加强基础的刚度和强度。基础在建筑物的最下面,对建筑物的整体刚度影响很大,特别是当建筑物产生正向挠曲时,受拉区在其下部,因此必须保证基础有足够的刚度和强度。为此应根据地基软弱程度和上部结构的不同情况,可采用钢筋混凝土十字交叉条形基础或筏形基础、肋筏基础,有时甚至采用箱形基础。

(5)同一建筑物尽量采用同一类型的基础并埋置于同一土层中,当采用不同的基础形式时,上部结构必须断开,尤其是地震区,因为地震中软土上各类地基的附加下沉量是不同的。

6.4.2.4　施工措施

(1)砂浆的品种、强度等级必须符合设计要求。影响砂浆强度的因素是计量不准,原材料质量不合格;塑化材料(如石灰膏)的稠度不准而影响渗入量;砂浆试块的制作和养护方法不当。解决的办法是:加强原材料的进场验收,严禁将不合格的材料用于建筑工程上。对计量器具进行检测,并对计量工作派专人进行监控;将石灰膏调成标准稠度后称量,或测出其实际稠度后进行换算。

(2)砖的品种、强度必须符合设计要求,砌体组砌形式一定要根据所砌部位的受力性质和砖的规格来确定。一般采用一顺一丁,上下顺砖错缝的砌筑方法,以大大提高砌筑墙体的整体性;当利用半砖时,应将半砖分散砌于墙中,同时也要满足搭接 1/4 砖长的要求。

(3)正确设置拉结筋。砖墙砌筑前,应事先按标准加工好拉结筋,以免工人拿错钢筋;使用前对操作工人进行技术交底;一般拉结筋按三个 0.5 m 设置,即埋入墙内 0.5 m,伸出墙外 0.5 m,上下间距 0.5 mm。抗震构造柱埋入长 1 m。半砖墙放 1 根,一砖墙放 2 根,考虑到水平灰缝为 8~12 mm,为保证水平灰缝饱满度,拉结筋选用 Φ 6 mm。

(4)不准任意留直槎甚至阴槎,构造柱马牙槎不标准将直接影响墙体的整体性和抗震性。因此,要加强对操作工人的教育,不能图省事影响质量;构造柱马牙槎高度,不宜超过标准砖五皮,多孔砖不宜三皮;转角及抗震设防地区临时间断处不得留直槎;严禁在任何情况下留阴槎。

(5)加强建筑物的沉降检测。施工期间,施工单位必须按设计要求及规范标准埋设专用水准点和沉降观测点。沉降观测包括从施工开始,整个施工期间和使用期间对建筑物进行的沉降观测,并以实测资料作为建筑物地基基础工程质量检查的依据之一。

第7章　桩基础工程施工技术

7.1　桩基础概述

当地基浅层土质不良,采用浅基础无法满足结构物对地基强度、变形、稳定性的要求时,往往需要采用深基础方案。深基础有桩基础、沉井基础、地下连续墙等几种类型,其中应用最广泛的是桩基础。桩基础具有较长的应用历史,我国很早就成功地使用了桩基础,如南京的石头城、上海的龙华塔及杭州湾海堤等。随着工业技术和工程建设的发展,桩的类型、成桩工艺、桩的设计理论及检测技术均有迅速的发展,已广泛地应用于高层建筑、桥梁、港口和水利工程中。

7.1.1　桩基础的组成与作用

桩基础由若干根桩和承台两部分组成。桩基础的作用是将承台以上结构物传来的荷载通过承台,由桩传至较深的地基持力层中去,承台将各桩连成整体共同承担荷载。桩是基础中的柱形构件,其作用在于穿过软弱的土层,把桩基坐落在密实或压缩性较小的地基持力层上,各桩所承担的荷载由桩侧土的摩阻力及桩端土的端阻力来承担。

桩基础具有以下特点:

(1)承载力高、稳定性好、沉降量小;

(2)耗材少、施工简单;

(3)在深水河道中,避免水下施工。

7.1.2　桩基础的适用性

桩基础适宜在下列情况下采用:

(1)荷载较大,地基上部土层软弱,适宜的地基持力层位置较深,采用浅基础或人工地基在技术、经济上不合理时。

(2)不允许地基有过大沉降和不均匀沉降的高层建筑或其他重要的建筑物。

(3)重型工业厂房和荷载很大的建筑物,如仓库、料仓等。

(4)作用有较大水平力和力矩的高耸建筑物(烟囱、水塔等)的基础。

(5)河床冲刷较大、河道不稳定或冲刷深度不易计算,如采用浅基础施工困难或不能保证基础安全时。

(6)需要减弱其振动影响的动力机器基础。

(7)在可液化地基中,采用桩基础可增加结构的抗震能力,防止砂土液化。

7.1.3　桩基设计原则

《建筑桩基技术规范》(JGJ 94—2014)规定,建筑桩基设计与建筑结构设计一样,应采用以概率论为基础的极限状态设计方法,以可靠度指标来衡量桩基的可靠度,采用分项系数的表达式进行计算。桩基的极限状态分为两类:

(1)承载能力极限状态:对应于桩基达到最大承载能力导致整体失稳或发生不适于继续承载的变形;

(2)正常使用极限状态:对应于桩基达到建筑物正常使用所规定的变形值或达到耐久性要求的某项限值。

根据桩基破坏造成建筑物的破坏后果(危及人的生命、造成经济损失、产生社会影响)的严重性,桩基设计时应按表7-1确定设计等级。

表 7-1　建筑桩基设计等级

设计等级	建筑类型
甲级	(1)重要的建筑; (2)30 层以上或高度超过 100 m 的高层建筑; (3)体型复杂且层数相差超过 10 层的高低层(含纯地下室)连体建筑; (4)20 层以上框架－核心筒结构及其他对差异沉降有特殊要求的建筑; (5)场地和地基条件复杂的 7 层以上的一般建筑及坡地、岸边建筑; (6)对相邻既有工程影响较大的建筑
乙级	除甲级、丙级以外的建筑
丙级	场地和地基条件简单、荷载分布均匀的 7 层及 7 层以下的一般建筑

7.1.4　桩基础类型

随着科学技术的发展,在工程实践中已形成了各种类型的桩基础,各种桩型在构造和桩土相互作用机制上都不相同,各具特点。因此,了解桩的类型、特点及适用条件,对桩基础设计非常重要。

7.1.4.1　按承台与地面相对位置分类

桩基一般由桩和承台组成,根据承台与地面的相对位置,将桩基划分为高承台桩和低承台桩两种。

1.高承台桩

承台底面位于地面(或冲刷线)以上的桩称为高承台桩。

高承台桩由于承台位置较高,可避免或减少水下施工,施工方便。由于承台及桩身露出地面的自由长度无土来承担水平外力,在水平外力的作用下,桩身的受力情况较差,内力位移较大,稳定性较差。

近年来,由于大直径钻孔灌注桩的采用,桩的刚度、强度都很大,因而高承台桩在桥梁基础工程中得到了广泛应用。另外,在海岸工程、海洋平台工程中都采用高承台桩。

2. 低承台桩

承台底面位于地面(冲刷线)以下的桩称为低承台桩。

低承台桩的受力、桩内的应力和位移、稳定性等方面均较好,因此在建筑工程中应用广泛。

7.1.4.2 按桩数及排列方式分类

在桩基设计时,当承台范围内布置 1 根桩时,称为单桩基础;当布置的桩数超过 2 根时,称为多桩基础;根据桩的布置形式,多桩基础又分为单排桩和多排桩两类。

1. 单排桩

桩基础除承担垂直荷载 N 外,还承担风荷载、汽车制动力、地震荷载等水平荷载 H。单排桩是指与水平外力 H 相垂直的平面上,只布置一排桩,该排的桩数多于 1 根的桩基础。如条形基础下的桩基,沿纵向布置桩数较多,但如果基础宽度方向上只布置一排桩,则称为单排桩。

2. 多排桩

多排桩是指与水平外力 H 相垂直的平面上,由多排桩组成,而每一排又有许多根桩组成的桩基础。如筏板基础下的桩基,在基础宽度方向上只布置多排,而在基础长度方向上,每一排又布置多根桩,这种桩基就是多排桩。

7.1.4.3 按桩的承载性能分类

桩在竖向荷载作用下,桩顶荷载由桩侧摩阻力和桩端阻力共同承担,而桩侧摩阻力、桩端阻力的大小及分担荷载的比例是不相同的。传统上认为摩擦桩只有侧摩阻力,而端承桩只有端阻力,显然不符合实际。《建筑桩基技术规范》(JGJ 94—2014)根据桩的受力条件及桩侧摩阻力和桩端阻力的发挥程度及分担比例,将桩基分为端承型桩和摩擦型桩两大类和四个亚类,见图 7-1。

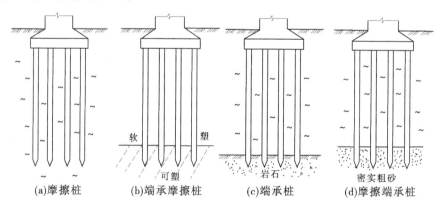

(a)摩擦桩　　(b)端承摩擦桩　　(c)端承桩　　(d)摩擦端承桩

图 7-1　按桩的承载性能分类

1. 摩擦型桩

在竖向荷载作用下,桩顶荷载全部或主要由桩侧阻力承担,这种桩称为摩擦型桩。根据桩侧阻力分担荷载大小,又分为摩擦桩和端承摩擦桩两个亚类。

(1)摩擦桩:当土层很深,无较硬的土层作为桩端持力层,或桩端持力层虽然较硬,但桩的长径比很大,传递到桩端的轴力很小,桩顶的荷载大部分由桩侧摩阻力分担,桩端阻力可忽略不计,这种桩称为摩擦桩。见图7-1(a)。

(2)端承摩擦桩:当桩的长径比不大,桩端有较坚硬的黏性土、粉土和砂土时,除桩侧阻力外,还有一定的桩端阻力,这种桩称为端承摩擦桩。见图7-1(b)。

2. 端承型桩

在竖向荷载作用下,桩顶荷载全部或主要由桩端土来承担,桩侧摩阻力相对于桩端阻力而言较小,或可忽略不计的桩称为端承型桩。根据桩端阻力发挥的程度及分担的比例不同,又可分为摩擦端承桩和端承桩两个亚类。

(1)端承桩:是指当桩的长径比较小(一般小于10),桩穿过软弱土层,桩底支承在岩层或较硬土层上,桩顶荷载大部分由桩端土来支承,桩侧阻力可忽略不计。见图7-1(c)。

(2)摩擦端承桩:是指桩端进入中密以上的砂土、碎石类土或中、微风化岩层,桩顶荷载由桩侧摩阻力和桩端阻力共同承担,但主要由桩端阻力承担。见图7-1(d)。

7.1.4.4　按施工方法分类

按施工方法不同,桩可分为预制桩和灌注桩两大类。

1. 预制桩

预制桩是指预先制成的桩,以不同的沉桩方式(设备)沉入地基内达到所需要的深度。预制桩具有以下特点:可大量工厂化生产、施工速度快,适用于一般土地基,但对于较硬地基,施工困难。预制桩沉桩有明显的排土作用,应考虑对邻近结构的影响,在运输、吊装、沉桩过程中应注意避免损坏桩身。

按不同的沉桩方式,预制桩可分为以下三种。

1)打入桩(锤击桩)

打入桩是通过桩锤将预制桩沉入地基,这种施工方法适用于桩径较小,地基土为可塑状黏土、砂土、粉土地基的情况。对于含有大量漂卵石的地基,施工较困难。打入桩伴有较大的振动和噪声,在城市建筑密集区施工,应考虑对环境的影响。主要设备包括桩架、桩锤、动力设备、起吊设备等。

2)振动法沉桩

振动法沉桩是将大功率的振动打桩机安装在桩顶,一方面,利用振动以减少土对桩的阻力;另一方面,利用向下的振动力使桩沉入土中。这种方法适用于可塑状的黏性土和砂土。

3)静力压桩

静力压桩是借助桩架自重及桩架上的压重,通过液压或滑轮组提供的静力将预制桩压入土中。它适用于可塑、软塑态的黏性土地基,对于砂土及其他较坚硬的土层,由于压桩阻力过大而不宜采用。静力压桩在施工过程中无噪声、无振动,并能避免锤击时桩顶及桩身的破坏。

2. 灌注桩

灌注桩是现场地基钻孔,然后浇注混凝土而形成的桩。它与预制桩相比,具有以下特点:

(1)不必考虑运输、吊桩和沉桩过程中对桩产生的内力;

(2)桩长可按土层的实际情况适当调整,不存在吊运、沉桩、接桩等工序,施工简单;

（3）无振动和噪声。

灌注桩的种类很多,按成孔方法不同,可分为以下几种。

1）钻孔灌注桩

钻孔灌注桩是在预定桩位,用成孔机械排土成孔,然后在桩孔中放入钢筋笼,灌注混凝土而形成桩体。钻孔灌注桩施工设备简单、操作方便,适用于各种黏性土、砂土地基,也适用于碎石、卵石土和岩层地基。

2）挖孔灌注桩

依靠人工（部分用机械配合）挖出桩孔,然后浇注混凝土所形成的桩称为挖孔灌注桩。它的特点是不受设备的限制,施工简单,场区各桩可同时施工,挖孔直径较大,可直接观察地层情况,孔底清孔质量有保证。为确保施工安全,挖孔深度不宜太深。挖孔灌注桩一般适用于无水或渗水量较小的地层,对可能发生流沙或较厚的软黏土地基,施工较为困难。

3）冲孔灌注桩

利用钻锥不断地提锥、落锥反复冲击孔底土层,把土层中的泥沙、石块挤向四周或打成碎渣,利用掏渣筒取出,形成冲击钻孔。

冲击钻孔适用于含有漂卵石、大块石的土层及岩层,成孔深度一般不宜超过 50 m。

4）冲抓孔灌注桩

用兼有冲击和抓土作用的冲抓锥,通过钻架,由带离合器的卷扬机操纵。靠冲锥自重冲下使抓土瓣张开插入土中,然后由卷扬机提升锥头收拢抓土瓣将土抓出。冲抓成孔具有以下特点:

（1）对地层适应性强,尤其适用于松散地层;

（2）噪声小、振动小,可靠近建筑物施工;

（3）设备简单,用套管护壁不会缩径;

（4）用抓斗可直接抓取软土、松散砂土,遇到特大漂卵石、大石块时,可换用冲击钻头破碎,再用抓斗取土。

5）沉管灌注桩

沉管灌注桩是将带有桩靴的钢管,用锤击、振动等方法将其沉入土中,然后在钢管中放入钢筋笼,灌注混凝土,形成桩体。桩靴有钢筋混凝土和活瓣式两种,前者是一次性的桩靴,后者沉管时桩尖闭合,拔管时张开。沉管灌注桩适用于黏性土、砂土地基。由于采用了套管,可以避免钻孔灌注桩的塌孔及泥浆护壁等弊端,但桩体直径较小。在黏性土中,由于沉管的排土挤压作用对邻桩有挤压影响,挤压产生的孔隙水压力易使拔管时出现混凝土桩缩颈现象。

6）爆扩桩

成孔后,在孔内用炸药爆炸扩大孔底,浇注混凝土而形成的桩,称为爆扩桩。这种桩扩大了桩底与地基土的接触面积,提高了桩的承载力。爆扩桩适用于持力层较浅、黏性土地基。

7.1.4.5　按组成桩身的材料分类

按组成桩身的材料不同,桩可分为木桩、钢筋混凝土桩、钢桩。

1. 木桩

木桩是古老的预制桩,它常由松木、杉木等制成。其直径一般为 160～260 mm,桩长一般为 4～6 m。木桩的优点是自重小,加工制作、运输、沉桩方便,但它具有承载力低、材料来源困难等缺点,目前已不大采用,只在临时性小型工程中使用。

2. 钢筋混凝土桩

钢筋混凝土预制桩常做成实心的方形、圆形,或是做成空心管桩。预制长度一般不超过 12 m,当桩长超过一定长度后,在沉桩过程中需要接桩。

钢筋混凝土灌注桩的优点是承载力大,不受地下水位的影响,已广泛地应用到各种工程中。

3. 钢桩

钢桩即用各种型钢做成的桩,常见的有钢管桩和工字型钢桩。钢桩的优点是承载力高,运输、吊桩和沉桩方便,但具有耗钢量大、成本高、易锈蚀等缺点,适用于大型、重型设备基础。目前,我国最长的钢管桩达 88 m。

7.1.4.6 按桩的使用功能分类

按使用功能不同,桩可分为竖向抗压桩、竖向抗拔桩、水平受荷桩及复合受荷桩。

1. 竖向抗压桩

竖向抗压桩主要是承受竖向下压荷载的桩,应进行竖向承载力计算,必要时还需计算桩基沉降、验算下卧层承载力以及负摩阻力产生的下拉荷载。

2. 竖向抗拔桩

竖向抗拔桩主要是承受竖向上拔荷载的桩,应进行桩身强度和抗裂计算以及抗拔承载力验算。

3. 水平受荷桩

水平受荷桩主要是承受水平荷载的桩,应进行桩身强度和抗裂验算以及水平承载力验算和位移验算。

4. 复合受荷桩

复合受荷桩是承受竖向、水平向荷载均较大的桩,应按竖向抗压桩及水平受荷桩的要求进行验算。

7.1.4.7 按桩径大小分类

按桩径大小不同,桩可分为小直径桩、中等直径桩、大直径桩。

1. 小直径桩

小直径桩为 $d \leqslant 250$ mm。由于桩径较小,施工机械、施工场地及施工方法一般较为简单。多用于基础加固(树根桩或静压锚杆托换桩)和复合基础。

2. 中等直径桩

中等直径桩为 250 mm $< d <$ 800 mm。这类桩在工业与民用建筑中大量应用,成桩方法和工艺繁杂。

3. 大直径桩

大直径桩为 $d \geqslant 800$ mm。近年来发展较快,常用于高重型建筑物基础。

关于桩基础,有以下几个概念应予以明确:

（1）桩基——由设置于岩土中的桩和与桩顶联结的承台共同组成的基础或由柱与桩直接联结的单桩基础；

（2）复合桩基——由基桩和承台下地基土共同承担荷载的桩基础；

（3）基桩——桩基础中的单桩；

（4）复合基桩——单桩及其对应面积的承台下地基土组成的复合承载基桩。

7.2　混凝土预制桩施工

由于钢筋混凝土预制桩坚固耐用，不受地下水和潮湿变化的影响，可按要求制作成各种需要的断面和长度，而且能承受较大的荷载，所以在建筑工程中应用较广。钢筋混凝土预制桩有实心桩和空心管桩两种。实心桩为便于制作，通常做成方形截面，边长一般为200～450 mm。管桩是在工厂以离心法成型的空心圆桩，其断面直径一般为400 mm、500 mm等。单节桩的最大长度取决于打桩架的高度，一般不超过30 m。如桩长超过30 m，可将桩分节（段）制作，在打桩时采用接桩的方法接长。

钢筋混凝土预制桩所用混凝土强度等级一般不宜低于C30。主筋配置根据桩断面大小及吊装验算来确定，直径通常采用12～25 mm（一般配置4～8根钢筋），箍筋直径采用6～8 mm（间距不大于200 mm），在桩顶和桩尖处应加强配筋。钢筋混凝土预制桩如图7-2所示。

钢筋混凝土预制桩施工包括预制、起吊、运输、堆放、沉桩、接桩等过程。

7.2.1　桩的预制、起吊、运输和堆放

7.2.1.1　桩的预制

桩的预制视具体情况而定。较长的桩，一般情况下在打桩现场附近设置露天预制厂进行预制。如果条件许可，也可以在打桩现场就地预制。较短的桩（10 m以下）多在预制厂预制，也可在现场预制。预制场地必须平整夯实，不应产生浸水湿陷和不均匀沉陷。桩的预制方法有叠浇法、并列法、间隔法等。叠浇预制桩的层数一般不宜超过4层，上下层之间、邻桩之间、桩与底模和模板之间应做好隔离层。其制作程序为：现场布置→场地地基处理、整平→场地地坪浇筑混凝土→支模→绑扎钢筋、安设吊环→浇筑混凝土→养护至设计强度的30%拆模→支间隔端头模板、刷隔离剂、绑钢筋→浇筑间隔桩混凝土→同法间隔重叠制作第二层桩→养护至设计强度的70%起吊→达100%设计强度后运输、打桩。

钢筋混凝土预制桩的钢筋骨架的主筋连接宜采用对焊，接头位置应按规范要求相互错开。桩钢筋应严格保证位置正确，桩尖应对准纵轴线，纵向钢筋顶部保护层不应过厚。

预制桩的混凝土浇筑应由桩顶向桩尖连续浇筑，严禁中断。上层桩或邻桩的浇筑，应在下层桩或邻桩混凝土达到设计强度等级的30%以后方可进行。接桩的接头处要平整，使上、下桩能相互贴合对准，浇筑完毕应覆盖洒水养护不少于7 d。如果用蒸汽养护，在蒸养后，尚应适当自然养护30 d后方可使用。

7.2.1.2　桩的起吊、运输和堆放

钢筋混凝土预制桩在桩身混凝土达到设计强度等级的70%后方可起吊，达到设计强

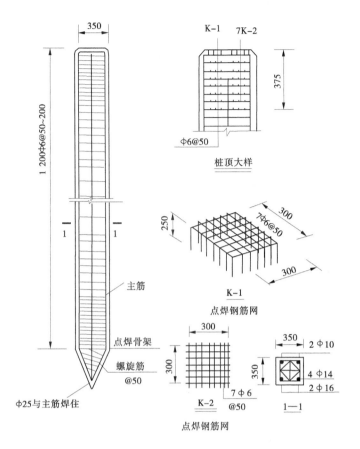

图 7-2 钢筋混凝土预制桩

度等级的 100% 后方能运输和打桩。如提前起吊,必须做强度和抗裂度验算,并采取必要的措施。起吊时,吊点位置应符合设计规定。无吊环且设计又未进行规定时,绑扎点的数量和位置根据桩长确定,并应符合起吊弯矩最小的原则。常见的几种吊点的合理位置如图 7-3 所示。起吊前,在吊索与桩之间应加衬垫,起吊应平稳提升,防止撞击和受震动。

桩的运输根据施工需要、打桩进度和打桩顺序确定。通常采用随打随运的方法以减少二次搬运。运桩前应检查桩的质量,桩运到现场后还应进行观测复查,运桩时的支点位置应与吊点位置相同。

桩堆放时,要求地面平整坚实,排水良好,不得产生不均匀沉陷。垫木的位置应与吊点的位置错开,各层垫木应垫在同一垂直线上,堆放的层数不宜超过 4 层,不同规格的桩应分别堆放,以方便施工。

7.2.1.3 预制桩制作的质量要求

预制桩制作的质量除应符合有关规范的允许偏差规定外,还应符合下列要求:

(1)桩的表面应平整、密实,掉角的深度不应超过 10 mm,且局部蜂窝和掉角的缺损总面积不得超过该桩表面全部面积的 0.5%,并不得过分集中。

(2)混凝土收缩产生的裂缝深度不得大于 20 mm,宽度不得大于 0.25 mm;横向裂缝长度不得超过边长的一半(圆桩或多角形桩不得超过直径或对角线的 1/2)。

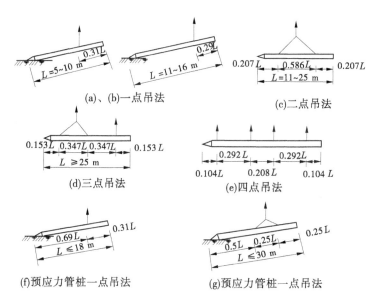

图 7-3　吊点的合理位置

（3）桩顶和桩尖处不得有蜂窝、麻面、裂缝和掉角。

7.2.2　打桩前的准备工作

7.2.2.1　清除障碍物、平整场地

打桩前，应清除高空、地上和地下的障碍物（如地下管线、旧房屋的基础、树木等）。在打桩机进场及移动范围内，场地应平整坚实，地面承载力满足施工要求。施工场地及周围应保持排水通畅。

此外，为避免打桩振动对周围建筑物的影响，打桩前还应对现场周围一定范围内的建筑物做全面检查，如有危房或危险的构筑物，必须予以加固，以防产生裂缝甚至倒塌。

7.2.2.2　准备材料机具，接通水、电源等

施工前，应布置好水、电线路，准备好足够的填料及运输设备。

7.2.2.3　打桩试验

打桩试验的目的是检验打桩设备及工艺是否符合要求，了解桩的贯入度、持力层强度及桩的承载力，以确定打桩方案。

7.2.2.4　确定打桩顺序

打桩顺序直接影响打桩工程质量和施工进度。确定打桩顺序时，应综合考虑桩的规格、桩的密集程度、桩的入土深度和桩架在场地内的移动是否方便。

当桩较密集（桩距小于 4 倍桩的直径）时，打桩应采用自中央向两侧打或自中央向四周打的打桩顺序，如图 7-4（a）、（b）所示，避免自外向里，或从周边向中间打，以免中间土体被挤密，桩难打入，或虽勉强打入而使邻桩侧移或上冒。由一侧向单一方向进行的逐排打法，如图 7-4（c）所示，桩架单向移动，打桩效率高，但这种打法易使土体向一个方向挤压，地基土挤压不均匀，会导致后打的桩打入深度逐渐减小，最终将引起建筑物不均匀沉

降。因此,这种打桩顺序适用于桩距大于 4 倍桩径时的打桩施工。

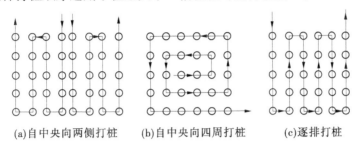

　　(a)自中央向两侧打桩　　(b)自中央向四周打桩　　(c)逐排打桩

图7-4　打桩顺序

　　打桩顺序确定后,还需要考虑打桩机是往后退打还是往前顶打。当打桩桩顶标高超出地面时,打桩机只能采取往后退打的方法,此时,桩不能事先都布置在地面上,只能随打随运。当打桩后,桩顶标高在地面以下时(有时采用送桩器将桩送入地面以下),打桩机则可以采取往前顶打的方法进行施工。这时,只要现场许可,所有的桩都可以事先布置好,避免二次搬运。当桩设计的打入深度不同时,打桩顺序宜先深后浅;当桩的规格尺寸不同时,打桩顺序宜先大后小,先长后短。

7.2.2.5　抄平放线、定桩位

　　为了控制桩顶标高,在打桩现场或附近需设置水准点(其位置应不受打桩影响),数量不少于两个。根据建筑物的轴线控制桩,确定桩基轴线位置(偏差不得大于 20 mm)及每个桩的桩位,将桩的准确位置测设到地面上,当桩不密时可用小木桩定位,桩较密时可用龙门板(标志板)定位。

7.2.3　预制桩施工

　　预制桩按打桩设备和打桩方法,可分为锤击法、振动法、水冲法、静力压桩法等施工方法。

7.2.3.1　锤击法

　　打桩也称锤击沉桩,是钢筋混凝土预制桩最常用的沉桩方法。它是靠打桩机的桩锤下落到桩顶产生的冲击能而将桩沉入土中的一种沉桩方法。这种方法施工速度快,机械化程度高,适用范围广,但在施工时极易产生挤土、噪声和振动等现象。

　　1.打桩机具

　　打桩用的机具主要包括桩锤、桩架及动力装置三部分。

　　1)桩锤

　　桩锤是将桩打入土中的主要机具,有落锤、汽锤和柴油锤。

　　(1)落锤一般由生铁铸成,重 5 ~ 15 kN。其构造简单,使用方便,落锤高度可随意调整,但打桩速度慢(6 ~ 20 次/min),效率低,对桩的损伤较大,适用于在黏土和含砾石较多的土中打桩。

　　(2)汽锤是以蒸汽或压缩空气为动力的一种打桩机具,包括单动汽锤和双动汽锤。单动汽锤是用高压蒸汽或压缩空气推动升起汽缸达到顶部,然后排出气体,锤体自由下落,夯击桩顶,将桩沉入土中。单动汽锤重 15 ~ 150 kN,落距较小,不易损坏桩头,打桩速

度和冲击力均较落锤的(20~80 次/min)大,效率较高,适用于打各种类型的桩。双动汽锤重 6~60 kN,冲击频率高(100~200 次/min),打桩速度快,冲击能量大,工作效率高,不仅适用于一般打桩工程,还可用于打斜桩、水下打桩和拔桩。

(3)柴油锤分为导杆式、活塞式和管式三种。柴油锤是一种单缸内燃机,它利用燃油爆炸产生的力,推动活塞上、下往复运动进行沉桩。柴油锤冲击部分重为 1~60 kN,每分钟锤击 40~70 次。柴油锤多用于打设木桩、钢板桩和钢筋混凝土桩,不适用于在软土中打桩。

桩锤的类型根据施工现场情况、机具设备的条件及工作方式和工作效率等因素进行选择。桩锤的重量,根据现场工程地质条件、桩的类型、桩的密集程度及施工条件来选择。

2)桩架

桩架的作用是吊桩就位、悬吊桩锤、打桩时引导桩身方向并保证桩锤能沿着所要求方向冲击。选择桩架时,应考虑桩锤的类型、桩的长度和施工条件等因素。常用桩架基本形式有两种:一种是沿轨道或滚杠行走移动的多功能桩架,另一种是装在履带式底盘上可自由行走的履带式桩架。

多功能桩架由立柱、斜撑、回转工作台、底盘及传动机构等组成。它的机动性和适应性较大,在水平方向可做 360°回转,导架可伸缩和前后倾斜。底盘下装有铁轮,可在轨道上行走。这种桩架适用于各种预制桩和灌注桩施工。

履带式桩架以履带式起重机为底盘,增加了立柱、斜撑、导杆等。其行走、回转、起升的机动性好,使用方便,适用范围广,适用于各种预制桩和灌注桩施工。

3)动力装置

落锤以电源为动力,再配置电动卷扬机、变压器、电缆等。蒸汽锤以高压饱和蒸汽为驱动力,配置蒸汽锅炉、蒸汽绞盘等。汽锤以压缩空气为动力源,需配置空气压缩机、内燃机等。柴油锤的桩锤本身有燃烧室,不需外部动力装置。

2.打桩施工

打桩机就位后,将桩锤和桩帽吊起固定在桩架上,使锤底高度高于桩顶,用桩架上的钢丝绳和卷扬机将桩提升就位。当桩提升到垂直状态后,送入桩架导杆内,稳住桩顶后,先使桩尖对准桩位,扶正桩身,然后将桩下放插入土中。这时桩的垂直度偏差不得超过0.5%。

桩就位后,在桩顶放上弹性衬垫,扣上桩帽,待桩稳定后,即可脱去吊钩,再将桩锤缓慢落放在桩帽上。桩锤底面、桩帽上下面及桩顶应保持水平,桩锤、桩帽(送桩)和桩身中心线应在同一轴线上。在锤重作用下,桩将沉入土中一定深度,待下沉稳定后,再次校正桩位和垂直度,然后开始打桩。

打桩宜重锤低击。开始打入时,采用小落距,使桩能正常沉入土中;当桩入土一定深度,桩尖不易发生偏移时,再适当增大落距,正常施打。重锤低击,桩锤对桩头的冲击小,回弹也小,因而桩身反弹小,桩头不易损坏。锤击能量大部分用以克服桩身摩擦力和桩尖阻力,因此桩能较快地打入土中。由于重锤低击的落距小,因而可提高锤击频率,打桩速度快,效率高,对于较密实的土层,如砂或黏土,较容易穿过。当采用落锤或单动汽锤时,落距不宜大于 1 m;采用柴油锤时,应使桩锤跳动正常,落距不超过 1.5 m。

打桩时速度应均匀,锤击间歇时间不应过长,并应随时观察桩锤的回弹情况。如桩锤经常回弹较大,桩的入土速度慢,说明桩锤太轻,应更换桩锤;如桩锤发生突发的较大回弹,说明桩尖遇到障碍,应停止锤击,找出原因并处理后继续施打;打桩时,还要随时注意贯入度的变化,如贯入度突增,说明桩尖或桩身遭到破坏。打桩是隐蔽工程,施工时应对每根桩的施打做好原始记录,作为分析处理打桩过程中出现的质量事故和工程验收时鉴定桩的质量的重要依据。

打桩完毕后,应将桩头或无法打入的桩身截去,以使桩顶符合设计标高。

3. 送桩、接桩

1)送桩

桩基础一般采用低承台桩基,承台底标高位于地面以下。为了减少预制桩的长度可用送桩的办法将桩打入地面以下一定的深度。送桩下端宜设置桩垫,厚薄要均匀,如桩顶不平可用麻袋或厚纸垫平。送桩的中心线应与桩身中心线吻合方能进行送桩,送桩深度一般不宜超过 2 m。

2)接桩

钢筋混凝土预制桩由于受施工条件、运输条件等因素的影响,单根预制桩一般分成数节制作,分节打入,现场接桩。为避免继续打桩时使桩偏心受压,接桩时,上、下节桩的中心偏差不得大于 10 mm。常用的接桩方法有焊接法、硫黄胶泥锚接法等。

焊接法接桩如图 7-5 所示。一般在桩头距地面 1 m 左右时进行焊接。制桩时,由于在桩的端部预埋角钢和钢板,接桩时将上节桩用桩架吊起,对准下节桩头,用点焊将四角连接角钢与预埋钢板临时焊接,然后检查平面位置及垂直度,合格后即进行焊接。焊缝要连续饱满。施焊时,应两人同时对称地进行,以防止节点温度变形不匀而引起桩身的歪斜。预埋钢板表面应清洁,接头间隙不平处用铁片塞密焊牢。接桩处的焊缝应自然冷却 10 ~ 15 min 后才能打入土中。外露铁件应刷防腐漆。焊接法接桩适用于各类土层,但消耗钢材较多,操作较烦琐,工效较低。

硫黄胶泥锚接法又称为浆锚法,如图 7-6 所示。制桩时,在上节桩的下端面预埋四根用螺纹钢筋制成的锚筋,下节桩上端面预留四个锚筋孔。接桩时,首先将上节桩的锚筋插入下节桩的锚孔(直径为锚筋直径的 2.5 倍),上、下节桩间隙 200 mm 左右,安设好施工夹箍(由四块木板,内侧用人造革包裹 40 mm 厚的树脂海绵块而成),将熔化的硫黄胶泥注满锚筋孔内并使之溢满桩面 10 ~ 20 mm 厚,然后缓慢放下上节桩,使上、下桩胶结。当硫黄胶泥冷却并拆除施工夹箍后,即可继续压桩或打桩。硫黄胶泥锚接法接桩节约钢材,操作简单,施工速度快,适用于在软弱土层中打桩。

硫黄胶泥是一种热塑冷硬性胶结材料,它由胶结材料、细骨料、填充料和增韧剂熔融搅拌混合而成。其质量配合比(百分比):硫黄:水泥:粉砂:聚硫780 胶 = 44:11:44:1,或硫黄:石英砂:石墨粉:聚硫甲胶 = 60:34.3:5:0.7。

7.2.3.2　振动法

振动法沉桩与锤击法沉桩的施工方法基本相同,其不同之处是用振动桩机代替锤打桩机施工。振动桩机主要由桩架、振动锤、卷扬机和加压装置等组成。振动法沉桩是利用振动机,将桩与振动机连在一起,振动机产生的动力通过桩身使土体振动,减弱土体对桩

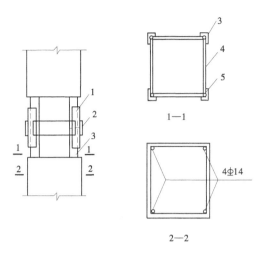

1—连接角钢;2—拼接钢板;3—与主筋焊接的角钢;4—钢筋与角钢;5—主筋

图 7-5　焊接法接桩节点构造

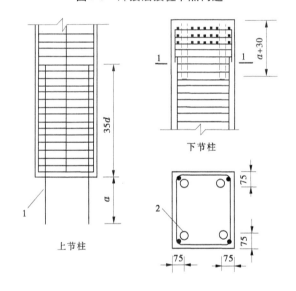

1—锚筋;2—锚筋孔

图 7-6　浆锚法接桩节点构造

的阻力,使桩能较快沉入土中。该法不但能将桩沉入土中,还能利用振动将桩拔出。经验证明,此法对 H 型钢桩和钢板桩拔出效果良好。在砂土中沉桩效率较高,在黏土地区效率较差,需用功率大的振动器。

7.2.3.3　水冲法

水冲法沉桩施工,就是在待沉桩身两对称旁侧,插入两根用卡具与桩身连接的平行射水管,管下端设喷嘴。沉桩时利用高压水,通过射水管喷嘴射水,冲刷桩尖下的土体,使土松散而流动,减少桩身下沉的阻力。同时射入的水流大部分又沿桩身返回地面,因而减少了土体与桩身间的摩擦力,使桩在自重或加重的作用下沉入土中。此法适用于坚硬土层和砂石层。一般水冲法沉桩与锤击法沉桩或振动法沉桩结合使用,则更能显示其功效。当桩尖水冲沉至离设计标高 1~2 m 处时,停止冲水,改用锤击或振动将桩沉到设计标高。水冲法沉桩施工时,对周围原有建筑物的基础和地下设施等易产生沉陷,因此不适用于在密集的城市建筑物区域内施工。

7.2.3.4　静力压桩法

静力压桩法是在软土地基上,利用静力压桩机或液压压桩机用无振动的静压力(自重和配重)将预制桩压入土中的一种沉桩新工法,在我国沿海软土地基上较为广泛地采用。与锤击法沉桩相比,它具有施工无噪声、无振动、节约材料、降低成本、提高施工质量、沉桩速度快等特点,特别适宜于扩建工程和城市内桩基工程施工。

7.2.4　打桩施工质量控制

打桩施工质量控制包括两个方面:一是能否满足贯入度或标高的要求;二是桩的位置偏差是否在允许范围之内。

当桩尖位于坚硬、硬塑的黏土、碎石土、中密以上的砂土或风化岩等土层时,以贯入度控制为主,桩尖进入持力层深度可用桩尖标高做参考。桩尖位于其他软土层时,以桩尖设计标高控制为主,贯入度可做参考。打桩时,如控制指标已符合要求,而其他的指标与要求相差较大时,应会同有关单位研究处理。贯入度应通过试桩确定或做打桩试验并与有关单位研究确定。

贯入度是指每锤击一次桩的入土深度,在打桩过程中常指最后贯入度,即最后一击桩的入土深度。施工中一般采用最后 3 阵每阵 10 击桩的平均入土深度作为最后贯入度。测量最后贯入度应在下列条件下进行:桩锤的落距应符合规定;桩帽和弹性衬垫正常;锤击没有偏心;桩顶没有破坏或破坏处已凿平。

7.2.5　打桩中常见的问题与处理

打桩施工中常会产生打坏、打歪、打不下去等问题。产生这些问题的原因是多方面的,有工艺操作上的原因,有桩的制作质量上的原因,也有土层变化复杂等原因,必须具体情况具体分析处理。

7.2.5.1　桩顶、桩身被打坏

一般是桩顶四边和四角被打坏,或者顶面被打碎,甚至桩顶钢筋全部外露,桩身断折。出现桩顶、桩身被打坏的原因及处理方法如下:

(1)打桩时,桩顶直接受到冲击而产生很高的局部应力,如桩顶混凝土不密实,主筋过长,桩顶钢筋网片配置不当,则遭锤击后桩顶被打碎引起混凝土剥落。因此,在制作时桩顶混凝土应认真捣实,主筋不能过长并应严格按设计要求设置钢筋网片,一旦桩角打坏,则应凿平再打。

(2)由于制桩时主筋设置不准确,桩身混凝土保护层太厚,锤击时直接受冲击的是素混凝土,因此保护层容易剥落。

(3)由于桩顶不平、桩帽不正,打桩时处于偏心受冲击状态,局部应力增大,使桩损坏。在制作时,桩顶面与桩轴线应严格保持垂直,施打前,桩帽要安放平整,衬垫材料要选

择适当。打桩时,要避免打歪后仍继续打,一经发现歪斜应及时纠正。

(4)因过打使桩体破坏。在打桩过程中如出现下沉速度慢而施打时间长,锤击次数多或冲击能量过大时,称为过打。过打发生的原因是:桩尖穿过坚硬层,最后贯入度定得过小,锤的落距过大。混凝土的抗冲击强度只有其抗压强度的 50%,如果桩身混凝土反复受到过度的冲击,就容易破坏。此时,应分析地质资料,判断土层情况,改善操作方法,采取有效措施解决。

(5)桩身混凝土强度等级不高。主要原因是砂、石含泥量较大,养护龄期不够等使混凝土未达到要求的强度等级就进行施打,致使桩顶、桩身打坏。对桩身打坏的处理,可加钢夹箍用螺栓拉紧焊接补强。

7.2.5.2　打歪

由于桩顶不平、桩身混凝土凸肚、桩尖偏心、接桩不正或土中有障碍物或者打桩时操作不当(如初入土时,桩身就歪斜而未纠正即施打)等均可将桩打歪。为防止把桩打歪,可采取以下措施:

(1)桩机导架必须校正两个方向的垂直度。

(2)桩身垂直,桩尖必须对准桩位,同时桩顶要正确地套入桩锤下的桩帽内,并保证在同一垂直线上,使桩能够承受轴心锤击而沉入土中。

(3)打桩开始时采用小落距,待入土一定深度后,再按要求的落距将桩连续锤击入土中。

(4)注意桩的制作质量和桩的验收检查工作。

(5)设法排除地下障碍物。

7.2.5.3　打不下去

如出现初入土 1~2 m 就打不下去,贯入度突然变小、桩锤严重回弹现象,可能是遇到旧的灰土或混凝土基础等障碍物,必要时应彻底清除或钻透后再打,或者将桩拔出,适当移位再打。如桩已入土很深,突然打不下去,可能有以下原因:

(1)桩顶、桩身已被打坏。

(2)土层中夹有较厚的砂层、其他的硬土层或孤石等障碍。

(3)打桩过程中,因特殊原因中断打桩,停歇时间过长,由于土的固结作用,桩难以打入土中。

7.2.5.4　桩上浮

一桩打下,邻桩上升(也称浮桩)叫桩上浮,这种现象多发生在软土中。当桩沉入土中时,若桩的布置较密,打桩顺序又欠合理,由于桩身周围的土体受到急剧的挤压和扰动,靠近地面的部分将在地表面隆起和产生水平位移。土体隆起产生的摩擦力将使已打入的桩上浮,或将邻桩拉断,或引起周围土坡开裂、建筑物裂缝。因此,当桩距小于 4 倍桩径(或边长)时,应合理确定打桩顺序。

7.3　预应力混凝土管桩施工

预应力混凝土管桩是指预应力高强混凝土管桩(代号 PHC)、预应力混凝土管桩(代号 PC)和预应力混凝土薄壁管桩(代号 PTC)。预应力混凝土管桩基础,因其在施工中具有低噪声、无污染、施工快等特点,在工程上越来越得到广泛应用。

7.3.1　预应力混凝土管桩优缺点

7.3.1.1　优点

(1)单桩承载力高。由于挤压作用,管桩承载力要比同样直径的沉管灌注桩或钻孔灌注桩的高。

(2)设计选用范围广。

预应力混凝土管桩规格较多,一般的厂家可生产 φ300~600 mm 管桩,个别厂家可生产 φ800 mm 及 φ1 000 mm 管桩。单桩承载力达到 600~4 500 kN,适用于多层建筑及 50 层以下的高层建筑。在同一建筑物基础中,可根据柱荷载的大小采用不同直径的管桩,以充分发挥每根桩的承载能力,使桩长趋于一致,保持桩基沉降均匀。

(3)对持力层起伏变化大的地质条件适应性强。因为管桩桩节长短不一,通常以 4~16 m 为一节,搭配灵活,接长方便,在施工现场可随时根据地质条件的变化调整接桩长度,节省用桩量。

(4)运输吊装方便,接桩快捷。管桩节长一般在 13 m 以内,桩身又有预压应力,起吊时用特制的吊钩勾住管桩的两端就可方便地吊起来。接管采用电焊法,两个电焊工一起工作,φ500 mm 的管桩,一个接头 20 min 左右可焊好。

(5)成桩长度不受施工机械的限制,管桩成桩后的长度,大部分桩长一般为 5~60 m,管桩搭配灵活,成桩长度可长可短,不像沉管灌注桩受施工机械的限制,也不像人工挖孔桩那样,成桩长度受地质条件的限制。

(6)施工速度快,工效高,工期短。管桩施工速度快,一台打桩机每台班至少可打 7~8 根桩,可完成 20 000 kN 以上承载力的桩基工程。管桩工期短,主要表现在以下三个方面:①施工前期准备时间短,尤其是 PHC 桩,从生产到使用的最短时间只需三四天;②施工速度快,一栋 2 万~3 万 m² 建筑面积的高层建筑,1 个月左右便可完成沉桩;③检测时间短,两三个星期便可测试检查完毕。

(7)桩身耐打,穿透力强。因为管桩桩身强度高,加上有一定的预应力,桩身可承受重型柴油锤成百上千次的锤击而不破裂,而且可穿透 5~6 m 的密集砂层。从目前应用情况看,如果设计合理,施工收锤标准定得恰当,施打管桩的破损率一般不会超过 1%,有的工地甚至打不坏一根桩。

(8)施工文明,现场整洁。管桩工地机械化施工程度高,现场整洁,不会发生钻孔灌注桩工地泥浆满地流的脏污情况,也不会出现人工挖孔桩工地到处抽水和堆土运土的忙乱景象。

(9)监理检测方便。尤其是采用闭口桩尖,桩身质量及沉桩长度可用直接手段进行监测,难以弄虚作假,使得业主放心,也可减轻监理工作强度。

7.3.1.2　缺点

(1)用柴油锤施打管桩时,震动剧烈,噪声大,挤土量大,会造成一定的环境污染。采用静压法施工可解决震动剧烈和噪声大的问题,但挤土作用仍然存在。

（2）打桩时送桩深度受限制,在深基坑开挖后截去余桩较多,但用静压法施工,送桩深度可加大,余桩就较少。

（3）在石灰岩作持力层、"上软下硬、软硬突变"等地质条件下,不宜采用锤击法施工。

7.3.2　施工准备

7.3.2.1　场地要求

（1）施工场地的动力供应,应与所选用的桩机机型、数量的动力需求相匹配,其供电电缆应完好,以确保其正常供电和安全用电。

（2）施工场地已经平整,其场地坡度应在10%以内,并具有与选用的桩机机型相适应的地基承载力,以确保在管桩施工时地面不致沉陷过大或桩机倾斜超限,影响预应力混凝土管桩的成桩质量。

（3）施工场地下的旧建筑物基础、旧建筑物的混凝土地坪,在预应力混凝土管桩施工前,予以彻底清除。场地下不应有尚在使用的水、电、气管线。

（4）场地的边界与周边建(构)筑物的距离,应满足桩机最小工作半径的要求,且对建(构)筑物应有相应的保护措施。

（5）对施工场地的地貌,由施工单位复测,做好记录;监理人员应旁站监督,并对测量成果核查、确认。

7.3.2.2　桩机的选型及测量用仪器

（1）监理工程师应要求施工方提交进场设备报审表,并对选用设备认真核查。桩机的选型一般按5～7倍管桩极限承载力取值。桩机的压力表应按要求检定,以确保夹桩及压力控制准确。按设计如需送桩,应按送桩深度及桩机机型,合理选择送桩杆的长度,并应考虑施工中可能的超深送桩。

（2）建筑物控制点的测量,宜采用有红外线测距装置的全站仪施测,而桩位宜采用J2经纬仪及钢尺进行测量定位。控制桩顶标高的仪器,选择水准仪即可。测量仪器应有相应的检定证明文件。

7.3.2.3　对施工单位组织机构及相关施工文件的审查

（1）审查施工单位质量保证体系是否建立健全,管理人员是否到岗。

（2）审查施工组织设计(施工技术方案)内容是否齐全,质量保证措施、工期保证措施和安全保证措施是否合理、可行,并对其进行审批。

（3）核查其施工设备、劳力、材料及半成品是否进场,是否满足连续施工的需要。

（4）审查开工条件是否具备,条件成熟时批准其开工。

7.3.2.4　对预应力混凝土管桩的质量监控

（1）检查管桩生产企业是否具有准予其生产预应力管桩的批准文件。

（2）检查管桩混凝土的强度、钢筋力学性能、管桩的出厂合格证及管桩结构性能检测报告。

（3）对预应力管桩在现场进行全数检查:①检查管桩的外观,有无蜂窝、露筋、裂缝;应色感均匀、桩顶处无孔隙;②对管桩尺寸进行检查:桩径(±5 mm)、管壁厚度(±5 mm)、桩尖中心线(<2 mm)、顶面平整度(10 mm)、桩体弯曲(<1/1 000L);③管桩强度

等级必须达到设计强度的 100%,并且要达到龄期;④管桩堆放场地应坚实、平整,以防不均匀沉降造成损桩,并采取可靠的防滚、防滑措施;⑤管桩现场堆放不得超过四层。

7.3.2.5　管桩桩位的测量定位

(1)管桩桩位的定位工作,宜采用 J2 经纬仪及钢尺进行,其桩位的放样误差,对单排桩≤10 mm,群桩≤20 mm。

(2)管桩桩位应在施工图中对其逐一编号,做到不重号、不漏号。

(3)管桩桩位经测量定位后,应按设计图进行复核,监理对桩位的测量要进行旁站监督。做到施工单位自检,总承包方复检,监理单位对测量定位成果进行检查(简称"两检一核")无误后共同验收。

7.3.3　预应力管桩的施工

7.3.3.1　施工工艺

桩位测量定位→桩机就位→吊桩→对中→焊桩尖→压第一节桩→焊接接桩→压第 n 节桩→送桩→终压→(截桩)。

7.3.3.2　压桩

(1)压桩顺序应遵循减少挤土效应,避免管桩偏位的原则。一般来说,应注意:先深后浅,先大后小;应尽量避免桩机反复行走,扰动地面土层;循行线路经济合理,送桩、喂桩方便。工程桩施工中,对有挤压情况造成测放桩位偏移,应督促施工单位经常复核。

(2)压好第 1 节桩至关重要。首先要调平机台,管桩压入前要准确定位、对中,在压桩过程中,宜用经纬仪和吊线锤在互相垂直的两个方向监控桩的垂直度,其垂直度偏差不宜大于 0.5% 。监理工程师应督促施工方测量人员对压桩进行全程监控测量,并随时对桩身进行调整、校正,以保证桩的垂直度。

(3)合理调配管节长度,尽量避免接桩时桩尖处于或接近硬持力层。每根桩的管桩接头数不宜超过 4 个;同一承台桩的接头位置应相互错开。

(4)在压桩过程中,应随时检查压桩压力、压入深度,当压力表读数突然上升或下降时,应停机对照地质资料进行分析,查明是否碰到障碍物或产生断桩等情况。如设计中对压桩压力有要求,其偏差应在 ±5% 以内。

(5)遇到下列情况之一时,应暂停压桩,并及时与地质、设计、业主等有关方研究、处理:①压力值突然下降,沉降量突然增大;②桩身混凝土剥落、破碎;③桩身突然倾斜、跑位,桩周涌水;④地面明显隆起,邻桩上浮或位移过大;⑤按设计图要求的桩长压桩,压桩力未达到设计值;⑥单桩承载力已满足设计值,压桩长度未达到设计要求。

(6)按设计要求或施工组织设计,在预应力管桩施工前,宜在场地上先行施工沙袋桩,袋装砂井施工完成后进行管桩施压,不得交叉作业。沙袋桩的布置及密度应满足地基深层竖向排水和减弱挤土效应的要求,其桩长宜低于地下水位以下,且大于预应力桩的1/2。

(7)桩压好后桩头高出地面的部分应及时截除,避免机械碰撞或将桩头用作拉锚点。截除应采用锯桩器截割,严禁用大锤横向敲击或扳拉截断。

(8)对需要送桩的管桩,送至设计标高后,其在地面遗留的送桩孔洞,应立即回填覆盖,以免桩机行走时引起地面沉陷。

（9）预应力管桩的垂直度偏差应不大于1%。

（10）应随机检查施工单位的压桩记录,并抽查其压桩记录的真实性。

7.3.3.3　接桩

（1）接桩时,上下节桩段应保持顺直,错位偏差不应大于2 mm。

（2）管桩对接前,上下端板表面应用铁刷子清刷干净,坡口处应刷至露出金属光泽。

（3）为保证接桩的焊接质量,电焊条用E43,应具有出厂合格证。电焊工应持证上岗,方可操作。施焊时,宜先在坡口周边先行对称点焊4～6点,再分层施焊,施焊宜由两个焊工对称进行。

（4）焊接层数不得小于3层,内层焊渣必须清理干净后,方可在外层施焊。焊缝应饱满连续,焊接部分不得有咬边、焊瘤、夹渣、气孔、裂缝、漏焊等外观缺陷,焊缝加强层宽度及高度均应大于2 mm。

（5）应尽可能缩小接桩时间,焊好的桩接头应自然冷却后,方可继续压桩,自然冷却时间应＞8 min。焊接接桩应按隐蔽工程进行验收。

7.3.3.4　终压

（1）正式压桩前,应按所选桩机型号对预应力管桩进行试压,以确定压桩的终压技术参数。

（2）其终压的技术参数一般采用双控,根据设计要求,采用以标高控制为主、送桩压力控制为辅或者相反。应视设计要求和工程的具体情况确定。

（3）终压后的桩顶标高,应用水准仪认真控制,其偏差为±50 mm。

7.3.4　注意事项

（1）加强预应力管桩的进场检查验收工作。

（2）压桩施工过程中,应对周围建筑物的变形进行监测,并做好原始记录。

（3）对群桩承台压桩时,应考虑挤土效应。对长边的桩,宜由中部开始向两边压桩;对短边的桩,可由一边向另一边逐桩施压。

（4）如地质报告表明,地基土中孤石较多,对有孤石的桩位,采取补勘措施,探明其孤石的大小、位置。对小孤石也可采取用送桩杆引孔的措施。

（5）土方开挖时,应加强对管桩的成品保护。如用机械开挖土方,更应加强保护。土方开挖,宜在压桩后,不少于15 d进行。

（6）雨季施工预应力管桩,其场地内宜设置排水盲沟,并在场地外适当位置设集水井,随时排出地表水,使场地内不集水、不软化、无泥浆。操作人员应有相应的防雨用具。各种用电设施,要检查其用电安全装置的可靠性、有效性,防止漏电或感应电荷可能危及操作人员的安全。

（7）预应力管桩施工结束后,应对桩基做承载力检验及桩体质量检测。承载力检测的桩数不应小于总数的1%,且不应少于3根。其桩体质量检测不应少于总数的20%,且不应少于10根。

7.4　钻孔灌注桩施工

钻孔灌注桩按照施工方法不同,可分为干作业钻孔灌注桩和泥浆护壁钻孔灌注桩两种。

7.4.1　干作业钻孔灌注桩

干作业钻孔灌注桩是先用钻机在桩位处钻孔,然后在孔内放入钢筋骨架,再灌注混凝土而成的桩。干作业钻孔灌注桩适用于地下水位以上的填土层、黏性土层、粉土层、砂土层和粒径不大的砾砂层的桩基础施工。目前多使用螺旋钻机成孔,螺旋钻机分长螺旋钻机和短螺旋钻机两种。

7.4.1.1　长螺旋钻机成孔

长螺旋钻机成孔是用长螺旋钻机的螺旋钻头,在桩位处就地切削土层,被切土块钻屑随钻头旋转,沿着带有长螺旋叶片的钻杆上升,输送到出土器后自动排出孔外运走。

长螺旋钻成孔速度的快慢主要取决于输土是否通畅,而钻具转速的高低对土块钻屑输送的快慢和输土消耗功率的大小都有较大影响,因此合理选择钻进速度是成孔工艺的关键。步履式长螺旋钻机如图 7-7 所示。

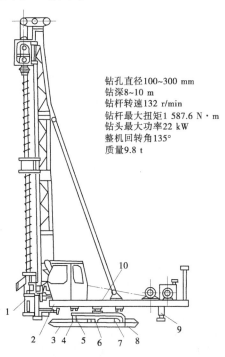

钻孔直径100~300 mm
钻深8~10 m
钻杆转速132 r/min
钻杆最大扭矩1 587.6 N·m
钻头最大功率22 kW
整机回转角135°
质量9.8 t

1—出土筒;2—上盘;3—下盘;4—回转滚轮;5—行走滚轮;
6—钢丝滑轮;7—行走油缸;8—中盘;9—支腿;10—回转中心轴

图 7-7　步履式长螺旋钻机

在钻孔时,采用中高转速、低扭矩、少进刀的工艺,可使螺旋叶片之间保持较大的空间,能自动输土、钻进阻力小、钻孔效率高。

7.4.1.2　短螺旋钻机成孔

短螺旋钻机成孔是用短螺旋钻机的螺旋钻头,在桩位处就地切削土层,被切土块钻屑随钻头旋转,沿着带有数量不多的螺旋叶片的钻杆上升,积聚在短螺旋叶片上,形成"土柱",此后靠提钻、反转、甩土,将钻屑散落在孔周。一般每钻进 0.5 ~ 1.0 m 就要提钻甩土一次。一般为正转钻进,反转甩土,反转转速为正转转速的若干倍。短螺旋钻成孔的钻进效率不如长螺旋钻机高,但短螺旋钻成孔省去了长孔段输送土块钻屑的功率消耗,其回转阻力矩小。在大直径或深桩孔的情况下,采用短螺旋钻施工较为合适。

当钻孔达到预定钻深后,必须在原深处进行空转清土,然后停止转动,提起钻杆。在空转清土时不得加深钻进,提钻时不得回转钻杆。

7.4.1.3　施工中应注意的问题

干作业钻孔灌注桩成孔后,先吊放钢筋笼,再浇筑混凝土。钢筋笼吊放时,要缓慢并保持竖直,防止钢筋笼偏斜和刮土下落,钢筋笼放到预定深度后,要将上端妥善固定。

灌注混凝土宜用机动小车或混凝土泵车,应防止压坏桩孔。混凝土坍落度一般为8 ~ 10 cm,强度等级不小于C20,应注意调整砂率,掺减水剂和粉煤灰等掺合料,以保证混凝土的和易性及坍落度。混凝土灌至接近桩顶时,应测量桩身混凝土顶面的标高,避免超长灌注,并保证在凿除浮浆层后,桩顶标高和质量能符合设计要求。

7.4.2　泥浆护壁钻孔灌注桩

泥浆护壁钻孔灌注桩是指先用钻孔机械进行钻孔,在钻孔过程中为了防止孔壁坍塌,向孔中注入循环泥浆(或注入清水造成泥浆)保护孔壁,钻孔达到要求深度后,进行清孔,然后安放钢筋骨架,进行水下灌注混凝土而成的桩。其工艺流程如图7-8所示。

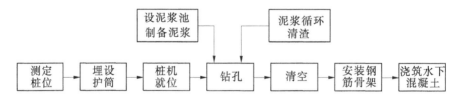

图 7-8　泥浆护壁钻孔灌注桩工艺流程

7.4.2.1　埋设护筒

护筒的作用是固定桩孔位置,保护孔口,提高桩孔内的泥浆水头,防止塌孔。一般用 3 ~ 5 mm 的钢板或预制混凝土圈制成,其内径应比钻头直径大 100 ~ 200 mm。安设护筒时,其中心线应与桩中心线重合,偏差不大于 50 mm。护筒应设置牢固,其顶面宜高出地面0.4 ~ 0.6 m,它的入土深度,在砂土中不宜小于1.5 m,在黏土中不宜小于1 m,并应保持孔内泥浆液面高出地下水位1 m以上。在护筒顶部还应开设1 ~ 2个溢浆口,便于泥浆溢出而流回泥浆池,进行回收和循环。护筒与坑壁之间的空隙应用黏土填实,以防漏水。

7.4.2.2　泥浆制备

泥浆是泥浆护壁钻孔施工方法不可缺少的材料,在成孔过程中的作用是:护壁、挟渣、冷却和润滑,其中以护壁作用最为主要。由于泥浆的密度比水大,泥浆在孔内对孔壁产生一定的静水压力,相当于一种液体支撑,可以稳定土壁,防止塌孔。同时,泥浆中胶质颗粒在泥浆压力下,渗入孔壁表面孔隙中,形成一层透水性很低的泥皮,避免孔内壁漏水并保持孔内有一定的水压,有助于维护孔壁的稳定。泥浆还具有较高的黏性,通过循环,泥浆可使切削破碎的土石渣屑悬浮起来,随同泥浆排出孔外,起到挟渣、排土的作用。此外,由于泥浆循环作冲洗液,因而对钻头有冷却和润滑作用,可减轻钻头的磨损。

制备泥浆的方法应根据土质的实际情况而定。在成孔过程中,要保持孔内泥浆的一定密度。在黏土和粉土层钻孔时,可注入清水以原土造浆护壁,泥浆密度可取 $1.1 \sim 1.3$ g/cm³;在砂和沙砾等容易塌孔的土层中钻孔时,则应采用制备的泥浆护壁。泥浆制备应选用高塑性黏土或膨润土,泥浆密度保持在 $1.3 \sim 1.5$ g/cm³。造浆黏土应符合下列技术要求:胶体率不低于 90%,含砂率不大于 8%。成孔时,由于地下水稀释等使泥浆密度减小时,可添加膨润土来增大密度。

7.4.2.3　成孔方法

泥浆护壁成孔灌注桩成孔方法有冲击钻成孔法、冲抓锥成孔法、潜水电钻成孔法和回转钻机成孔法四种。

1. 冲击钻成孔

冲击钻成孔是利用卷扬机悬吊冲击锤连续上、下冲击,将硬质土层或岩层破碎成孔,部分碎渣泥浆挤入孔壁,大部分用掏渣筒提出。冲击钻成孔机示意如图 7-9 所示。冲击钻孔机有钢丝式和钻杆式两种,钢丝式钻头为锻钢或铸钢,式样有"十"字形和"3"翼形,锤的质量为 $0.5 \sim 3.0$ t,用钢桩架悬吊,卷扬机作动力,钻孔孔径有 800 mm、1 000 mm、1 200 mm 等几种。

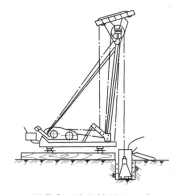

图 7-9　冲击钻孔机示意

冲孔时,在孔口设护筒,然后冲孔机就位,冲锤对准护筒中心,开始低锤密击(锤高为 $0.4 \sim 0.6$ m),并及时加入块石与黏土泥浆护壁,使孔壁挤压密实,直至孔深达护筒下 $3 \sim 4$ m 后,才可加快速度,将锤高提至 $1.5 \sim 2.0$ m 以上进行正常冲击,并随时测定和控制泥浆比重。每冲击 $3 \sim 4$ m,掏渣一次。

冲击钻成孔设备简单、操作方便,适用于孤石的砂卵石层、坚实土层、岩层等成孔,亦能克服流沙层。所成孔壁坚实、稳定、塌孔少,但掏泥渣较费工时,不能连续作业,成孔速度较慢。

2. 冲抓锥成孔

冲抓锥成孔是用卷扬机悬吊冲抓锥头,其内有压重铁块及活动抓片,当下落时抓片张开,钻头冲入土中,然后提升钻头,抓头闭合抓土,提升至地面卸土,循环作业直至形成所需桩孔。冲抓锥头如图 7-10 所示。其成孔直径为 $450 \sim 600$ mm,成孔深度为 $5 \sim 10$ m。该设备简单、操作方便,适用于一般较松散的黏土、粉质黏土、砂卵石层及其他软质土层成孔,所成孔壁完整,能连续作业,生产效率高。

3. 潜水电钻成孔

潜水电钻成孔是用潜水电钻机构中密封的电动机、变速机构,直接带动钻头在泥浆中旋转削土,同时用泥浆泵压送高压泥浆(或用水

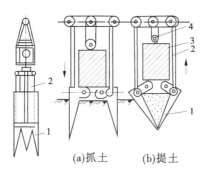

(a)抓土　　　(b)提土

1—抓片;2—连杆;3—压重;4—滑轮组

图 7-10　冲抓锥头

泵压送清水),使从钻头底端射出与切碎的土颗粒混合,然后不断由孔底向孔口溢出,或用砂石泵或空气吸泥机采用反循环方式排泥渣,如此连续钻进、排泥渣,直至形成所需深度的桩孔。潜水钻机钻孔示意图如图 7-11 所示。

潜水钻机成孔直径 500 ~ 1 500 mm,深 20 ~ 30 m,最深可达 50 m,适用于在地下水位较高的软土层、淤泥、黏土、粉质黏土、砂土、砂夹卵石及风化页岩层中使用。

潜水电钻成孔前,孔口应埋设直径比孔径大 200 mm 的钢板护筒,一般高出地面 30 cm 左右,埋深 1 ~ 1.5 m,护筒与孔壁间缝隙用黏土填实,以防漏水塌口。钻进速度在黏性土中不大于 1

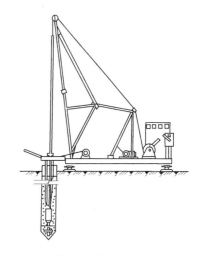

图 7-11　潜水钻机钻孔示意图

m/ min,较硬土层则以钻机的跳动、电机不超负荷为准,钻孔达到设计深度后应进行清孔、设置钢筋笼。清孔可用循环换浆法,即让钻头继续在原位旋转,继续注水,用清水换浆,使泥浆密度在 1.1 g/cm³ 左右。当孔壁土质较差时,用泥浆循环清孔,使泥浆密度在 1.15 ~ 1.25 g/cm³,清孔过程中应及时补给稀泥浆,并保持浆面稳定。该法具有设备定型、体积小、移动灵活、维修方便、无噪声、无振动、钻孔深、成孔精度和效率高、劳动强度低等特点,但需设备较复杂,施工费用较高。

4.回转钻机成孔

回转钻机是由动力装置带动钻机回转装置,再经回转装置带动装有钻头的钻杆转动,钻头切削土体而形成桩孔。按泥浆循环方式不同,回转钻机可分为正循环回转钻机和反循环回转钻机。

正循环回转钻机成孔工艺为:从空心钻杆内部空腔注入的加压泥浆或高压水,由钻杆底部喷出,裹挟钻削出的土渣沿孔壁向上流动,由孔口排出后流入泥浆池,见图 7-12。

反循环回转钻机成孔工艺为:反循环作业的泥浆或清水是由钻杆与孔壁间的环状间隙流入钻孔,由于吸泥泵的作用,在钻杆内腔形成真空,钻杆内、外的压强差使得钻头下裹挟土渣的泥浆,由钻杆内部空腔上升返回地面,再流入泥浆池。反循环工艺中的泥浆向上流动的速度较大,能挟带较多的土渣,见图7-13。

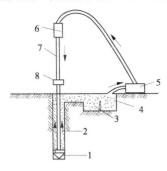

1—钻头;2—泥浆循环方向;3—沉淀池;4—泥浆池;
5—泥浆泵;6—水龙头;7—钻杆;8—钻机回转装置

图7-12　正循环回转钻机成孔工艺

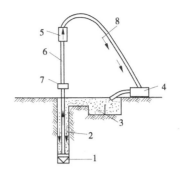

1—钻头;2—新泥浆流向;3—沉淀池;4—砂石泵;
5—水龙头;6—钻杆;7—钻机回转装置;8—混合液流向

图7-13　反循环回转钻机成孔工艺

7.4.2.4　验孔和清孔

成孔后,即进行验孔和清孔。验孔是用探测器检查桩位、直径、深度和孔道情况。清孔即清除孔底沉渣、淤泥浮土,以减少桩基的沉降量,提高承载能力。

泥浆护壁成孔清孔时,对于土质较好不易坍塌的桩孔,可用空气吸泥机清孔,气压为0.5 MPa,使管内形成强大高压气流向上涌,同时不断地补足清水,被搅动的泥渣随气流上涌,从喷口排出,直至喷出清水。对于稳定性较差的孔壁,应采用泥浆循环法清孔或抽筒排渣,清孔后的泥浆相对密度应控制在1.15～1.25。原土造浆的孔,清孔后泥浆密度应控制在1.1左右。清孔时,必须及时补充足够的泥浆,并保持浆面稳定。

7.4.2.5　安放钢筋笼

钢筋笼应预先在施工现场制作。吊放钢筋笼时,要防止扭转、弯曲和碰撞,要吊直扶稳、缓缓下落,避免碰撞孔壁,并防止塌孔或将泥土杂物带入孔内。钢筋笼放入后应校正轴线位置、垂直度。钢筋笼定位后,应在4 h内浇筑混凝土,以防塌孔。

7.4.2.6　水下浇筑混凝土

在灌注桩、地下连续墙等基础工程中,常要直接在水下浇筑混凝土。其方法是利用导管输送混凝土并使之与环境水隔离,依靠管中混凝土的自重,使管口周围的混凝土在已浇筑的混凝土内部流动、扩散,以完成混凝土的浇筑工作,如图7-14所示。

在施工时,先将导管放入孔中(其下部距离底面约100 mm),用麻绳或铅丝将球塞悬吊在导管内水位以上0.2 m处,然后浇筑混凝土,当球塞以上导管和盛料漏斗装满混凝土后,剪断球塞吊绳,混凝土靠自重推动球塞下落,冲向基底,并向四周扩散。球塞冲出导管,浮至水面,可重复使用。冲入基底的混凝土将管口包住,形成混凝土堆。同时,不断地将混凝土注入导管中,管外混凝土面不断被管内的混凝土挤压上升。随着管外混凝土面的上升,导管也逐渐提升(到一定高度,可将导管顶段拆下)。但不能提升过快,必须保证导管下端始终埋入混凝土内,其最大埋置深度不宜超过5 m。混凝土浇筑的最终高程应高于设计标高约100 mm,以便清除强度低的表层混凝土(清除应在混凝土强度达到2～2.5 N/mm^{2}后进行)。

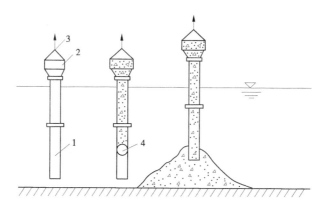

1—导管;2—承料漏斗;3—提升机具;4—球塞

图 7-14　导管法浇筑水下混凝土

导管由每段长度为 1.5 ~ 2.5 m(脚管为 2 ~ 3 m)、管径 200 ~ 300 mm、厚 3 ~ 6 mm 的钢管用法兰盘加止水胶垫用螺栓连接而成。承料漏斗位于导管顶端,漏斗上方装有振动设备,以防混凝土在导管中阻塞。提升机具用来控制导管的提升与下降,常用的提升机有卷扬机、电动葫芦、起重机等。球塞可用软木、橡胶、泡沫塑料等制成,其直径比导管内径小 15 ~ 20 mm。

每根导管的作用半径一般不大于 3 m,所浇筑混凝土覆盖面积不宜大于 30 m²,当面积过大时,可用多根导管同时浇筑。混凝土浇筑应从最深处开始,相邻导管下口的标高差不应超过导管间距的 1/15 ~ 1/20,并保证混凝土表面均匀上升。

导管法浇筑水下混凝土的关键:一是保证混凝土的供应量应大于导管内混凝土必须保持的高度和开始浇筑时导管埋入混凝土堆内必需的埋置深度所要求的混凝土量;二是严格控制导管提升高度,且只能上、下升降,不能左右移动,以避免造成管内返水事故。

7.4.3　施工中常见问题及处理

7.4.3.1　孔壁坍塌

钻孔过程中,如发现排出的泥浆中不断出现气泡,或泥浆突然漏失,这表示有孔壁坍塌现象。孔壁坍塌的主要原因是土质松散,泥浆护壁不好,护筒周围未用黏土紧密填封以及护筒内水位不高。钻进时如出现孔壁坍塌,首先应保持孔内水位并加大泥浆比重以稳定钻孔的护壁。如坍塌严重,应立即回填黏土,待孔壁稳定后再钻。

7.4.3.2　钻孔偏斜

钻杆不垂直,钻头导向部分压短、导向性差,土质软硬不一,或者遇上孤石等,都会引起钻孔偏斜。防止措施有:除钻头加工精确,钻杆安装垂直外,操作时还要注意经常观察。钻孔偏斜时,可提起钻头,上下反复扫钻几次,以便削去硬土。如纠正无效,应于孔中部回填黏土至偏孔处 0.5 m 以上重新钻进。

7.4.3.3　孔底虚土

干作业施工中,由于钻孔机械结构所限,孔底常残存一些虚土,它来自扰动残存土、孔壁坍落土以及孔口落土。施工时,孔底虚土较规范大时必须清除,因虚土影响承载力。目前,常用的治理虚土的方法是用 20 kg 重铁饼人工辅助夯实,但效果不理想。

7.4.3.4　断桩

水下灌注混凝土桩的质量除混凝土本身质量外,是否断桩是鉴定其质量的关键,预防时要注意三方面问题:一是力争首批混凝土浇灌一次成功;二是分析地质情况,研究解决对策;三是要严格控制现场混凝土配合比。

7.5　沉管成孔灌注桩施工

7.5.1　沉管成孔灌注桩类型及适用条件

沉管成孔灌注桩又称为套管成孔灌注桩或打拔管灌注桩。它是采用振动打桩法或锤击打桩法,将带有活瓣式桩尖或预制混凝土桩尖的钢制桩管沉入土中,然后边浇筑混凝土边振动,或边锤击边拔出钢管而形成的灌注桩。若配有钢筋,则应在规定标高处吊放钢筋骨架。沉管成孔灌注桩整个施工过程在套管护壁条件下进行,因而不受地下水位高低和土质条件的限制。可穿越一般黏性土、粉土、淤泥质土、淤泥、松散至中密的砂土及人工填土等土层,不宜用于标准贯入击数 $N > 12$ 的砂土、$N > 15$ 的黏性土及碎石土。沉管成孔灌注桩的施工过程,如图 7-15 所示。

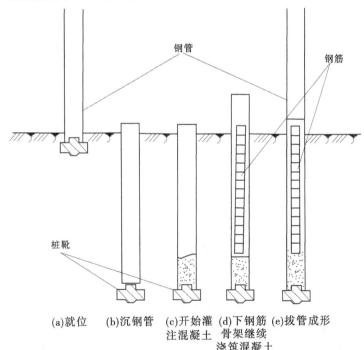

图 7-15　沉管灌注桩的施工过程

沉管成孔灌注桩按成孔方式分为锤击沉管灌注桩、振动沉管灌注桩、振动冲击沉管灌注桩、内夯沉管灌注桩、静压沉管灌注桩等。

7.5.2　锤击沉管灌注桩施工

利用锤击沉桩设备沉管、拔管时，称为锤击沉管灌注桩。锤击沉管灌注桩施工应根据土质情况和荷载要求，分别选用单打法、复打法或反插法。

7.5.2.1　施工要求

锤击沉管灌注桩施工应符合下列规定：

（1）群桩基础的基桩施工，应根据土质、布桩情况，采取削减负面挤土效应的技术措施，确保成桩质量。

（2）桩管、混凝土预制桩尖或钢桩尖的加工质量和埋设位置应与设计相符，桩管与桩尖的接触应有良好的密封性。

7.5.2.2　操作控制要求

灌注混凝土和拔管的操作控制应符合下列规定：

（1）沉管至设计标高后，应立即检查和处理桩管内的进泥、进水和吞桩尖等情况，并立即灌注混凝土。

（2）当桩身配置局部长度钢筋笼时，第一次灌注混凝土应先灌至笼底标高，然后放置钢筋笼，再灌至桩顶标高。第一次拔管高度应以能容纳第二次灌入的混凝土量为限，不应拔得过高。在拔管过程中，应采用测锤或浮标检测混凝土面的下降情况。

（3）拔管速度应保持均匀，一般土层拔管速度宜为 1 m/min；在软弱土层和软硬土层交界处，拔管速度宜控制在 0.3～0.8 m/min。

（4）采用倒打拔管的打击次数，单动汽锤不得少于 50 次/min，自由落锤轻击（小落距锤击）不得少于 40 次/min；在管底未拔至桩顶设计标高之前，倒打和轻击不得中断。

7.5.2.3　充盈系数要求

混凝土的充盈系数不得小于1.0；对于充盈系数小于1.0 的桩，应全长复打，对可能断桩和缩颈桩，应采用局部复打。成桩后的桩身混凝土顶面应高于桩顶设计标高 500 mm以内。全长复打时，桩管入土深度宜接近原桩长，局部复打应超过断桩或缩颈区 1 m 以上。

7.5.2.4　全长复打桩施工要求

全长复打桩施工时应符合下列规定：

（1）第一次灌注混凝土应达到自然地面。

（2）拔管过程中，应及时清除粘在管壁上和散落在地面上的混凝土。

（3）初打与复打的桩轴线应重合。

（4）复打施工必须在第一次灌注的混凝土初凝之前完成。

7.5.2.5　坍落度要求

混凝土的坍落度宜采用 80～100 mm。

施工时，用桩架吊起桩管，对准预先埋设在桩位处的预制钢筋混凝土桩尖，然后缓缓放下桩管套入桩尖压入土中。桩管上部扣上桩帽，并检查桩管、桩尖与桩锤是否在同一垂直线上，若桩管垂直度偏差小于 0.5%桩管高度，即可用锤打击桩管。

初打时应低锤轻击，并观察桩管是否有偏移。无偏移时，方可正常施打。当桩管打入至要求的贯入度或标高后,应检查管内有无泥浆或渗水,测孔深后,在管内放入钢筋笼,便可以将混凝土通过灌注漏斗灌入桩管内,待混凝土灌满桩管后,开始拔管。拔管过程应对桩管进行连续低锤密击,使钢管得到冲击振动,以振密混凝土。拔管速度不宜过快,第一次拔管高度应控制在能容纳第二次所灌入的混凝土量为限,不宜拔得过高,应保证管内不少于 2 m 高度的混凝土。在拔管过程中,应检查管内混凝土面的下降情况,拔管速度对一般土层以 1.0 m/min 为宜。拔管过程应向桩管内继续加灌混凝土,以满足灌注量的要求。灌入的混凝土从搅拌到最后拔管结束,不得超过混凝土的初凝时间。

为了提高桩的质量或使桩径增大,提高桩的承载能力,可采用一次复打扩大灌注桩。复打桩施工是在单打施工完毕、拔出桩管后,及时清除黏附在管壁和散落在地面上的泥土,在原桩位上第二次安放桩尖,以后的施工过程则与单打灌注桩相同。复打扩大灌注桩施工时应注意,复打施工必须在第一次灌注的混凝土初凝以前全部完成,桩管在第二次打入时应与第一次轴线相重合,且第一次灌注的混凝土应达到自然地面,不得少灌。

7.5.3　振动沉管灌注桩

利用振动沉桩设备沉管、拔管时,称为振动沉管灌注桩。振动沉管桩架与锤击沉管灌注桩相比,振动沉管灌注桩更适合于稍密及中密的碎石土地基施工。施工时,振动冲击锤与桩管刚性连接,桩管下端设有活瓣式桩尖。活瓣式桩尖应有足够的强度和刚度,活瓣间缝隙应紧密。先将桩管下端活瓣闭合,对准桩位,徐徐放下桩管压入土中,然后校正垂直度,即可开动振动器沉管。由于桩管和振动器是刚性连接的,沉管时由振动冲击锤形成竖直方向的往复振动,使桩管在激振力作用下以一定的频率和振幅产生振动,减少了桩管与周围土体间的摩擦阻力。当强迫振动频率与土体的自振频率相同时,土体结构因共振而破坏,桩管受加压作用而沉入土中。

7.5.3.1　振动沉管灌注桩的施工方法

振动沉管灌注桩可采用单振法、复振法和反插法施工。

1. 单振法

单振法施工时,在桩管灌满混凝土后,开动振动器,先振动 5 ~ 10 s,再开始拔管。边振边拔,每拔 0.5 ~ 1.0 m,停拔 5 ~ 10 s,但保持振动,如此反复,直至桩管全部拔出。

2. 复打法

复打法施工适用于饱和黏土层。其施工方法与锤击沉管灌注桩施工方法相同,相当于进行了两次单振施工。

3. 反插法

反插法施工是在桩管灌满混凝土后,先振动再开始拔管,每次拔管高度 0.5 ~ 1.0 m,反插深度 0.3 ~ 0.5 m,在拔管过程中分段添加混凝土,保持管内混凝土面始终不低于地表面或高于地下水位 1.0 m 以上,拔管速度应小于 0.5 m/min。如此反复进行,直至桩管拔出地面。反插法能使混凝土的密实度增加,宜在较差的软土地基施工中采用。

7.5.3.2　振动沉管灌注桩施工程序

振动沉管灌注桩施工可以边拔管、边振动、边灌注混凝土、边成形。

(1)振动沉管打桩机就位。

将桩管对准桩位中心,把桩尖活瓣合拢(当采用活瓣桩尖时)或桩管对准预先埋设在桩位上的预制桩尖(当采用钢筋混凝土、铸铁和封口桩尖时),放松卷扬钢丝绳,利用桩机和桩管自重,把桩尖竖直地压入土中。

(2)振动沉管。

开动振动锤,同时放松滑轮组,使桩管逐渐下沉,并开动加压卷扬机。当桩管下沉达到要求后,便停止振动器的振动。

(3)灌注混凝土。

利用吊斗向桩管内灌入混凝土。

(4)边拔管、边振动、边灌注混凝土。

当混凝土灌满后,再次开动振动器和卷扬机。一面振动,一面拔管;在拔管过程中,一般要向桩管内继续加灌混凝土,以满足灌注量的要求。

(5)放钢筋笼或插筋,成桩。

7.5.4　内夯沉管灌注桩施工

(1)当采用外管与内夯管结合锤击沉管进行夯压、扩底、扩径时,内夯管应比外管短100 mm,内夯管底端可采用闭口平底或闭口锥底(见图7-16)。

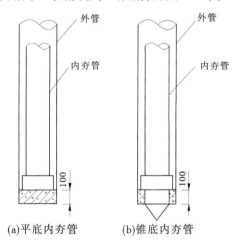

图7-16　内外管及管塞

(2)外管封底可采用干硬性混凝土、无水混凝土配料,经夯击形成阻水、阻泥管塞,其高度可为100 mm。当内、外管间不会发生间隙涌水、涌泥时,亦可不采用上述封底措施。

(3)桩端夯扩头平均直径可按下列公式估算:

一次夯扩:

$$D_1 = d_0 \sqrt{\frac{H_1 + h_1 - C_1}{h_1}} \tag{7-1}$$

二次夯扩:

$$D_2 = d_0 \sqrt{\frac{H_1 + H_2 + h_2 - C_1 - C_2}{h_2}} \tag{7-2}$$

式中　　D_1、D_2——第一次、第二次夯扩扩头平均直径,m;

　　　　d_0——外管直径,m;

　　　　H_1、H_2——第一次、第二次夯扩工序中,外管内灌注混凝土面从桩底算起的高度,m;

　　　　h_1、h_2——第一次、第二次夯扩工序中,外管从桩底算起的上拔高度,m,分别可取 $H_1/2$,$H_2/2$;

　　　　C_1、C_2——第一次、第二次夯扩工序中,内外管同步下沉至离桩底的距离,均可取为 0.2 m(见图 7-17)。

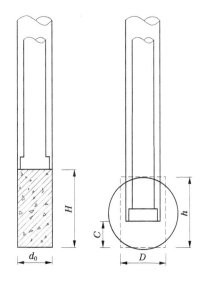

图 7-17　扩底端

　　(4)桩身混凝土宜分段灌注,拔管时内夯管和桩锤应施压于外管中的混凝土顶面,边压边拔。

　　(5)施工前宜进行试桩,并应详细记录混凝土的分次灌注量、外管上拔高度、内管夯击次数、双管同步沉入深度,并应检查外管的封底情况,有无进水、涌泥等,经核定后可作为施工控制依据。

7.5.5　沉管成孔灌注桩施工常见问题和处理方法

　　沉管成孔灌注桩施工时常发生断桩,缩颈桩,吊脚桩,桩尖进水、进泥沙等问题,产生原因及处理措施如下。

7.5.5.1　断桩

　　断桩指桩身裂缝呈水平方向或略有倾斜且贯通全截面,常见于地面以下 1 ~ 3 m 不同软硬土层交接处。产生的原因主要是桩距过小,桩身混凝土终凝期间强度低,邻桩沉管时使土体隆起和挤压,产生横向水平力和竖向拉力,使混凝土桩身断裂。避免断桩的措施有:布桩不宜过密,桩间距以不小于 3.5 m 为宜;当桩身混凝土强度较低时,可采用跳打法施工;合理安排打桩顺序。

7.5.5.2　缩颈桩

　　缩颈桩亦称瓶颈,指桩身局部直径小于设计直径。常出现在饱和淤泥质土中。产生的主要原因是:在含水率高的黏性土中沉管时,土体受到强烈扰动挤压,产生很高的孔隙水压力,桩管拔出后,水压力作用在所浇筑的混凝土桩身上,使桩身局部直径缩小;桩间距过小,邻近桩沉管施工时挤压土体使所浇筑混凝土桩身缩颈;施工过程中拔管速度过快,管内形成真空吸力,且管内混凝土量少且和易性差,使混凝土扩散性差,导致缩颈。避免缩颈的主要措施有:经常观测管内混凝土的下落情况,严格控制拔管速度;采取"慢拔密振"或"慢拔密击"的方法;在可能产生缩颈的土层施工时,采用反插法可避免缩颈。当出现缩颈时,可用复打法进行处理。

7.5.5.3 吊脚桩

吊脚桩指桩底部的混凝土隔空或混入的泥沙在桩底部形成松软层的桩。产生的原因主要是:预制桩尖强度不足,在沉管时被打坏而挤入桩管内,拔管时振动冲击未能将桩尖压出,拔管至一定高度时,桩尖才落下,但又被硬土层卡住,未落到孔底而形成吊脚桩;振动沉管时,桩管入土较深并进入低压缩性土层,灌完混凝土开始拔管时,活瓣式桩尖被周围土体包围而不张开,拔至一定高度时才张开,而此时孔底部已被孔壁回落土充填而形成吊脚桩。避免出现吊脚桩的措施是:严格检查预制桩尖的强度和规格。沉管时,可用吊砣检查桩尖是否进入桩管或活瓣是否张开。对已出现的吊脚现象,应将桩管拔出,桩孔回填后重新沉入桩管。

7.5.5.4 桩尖进水、进泥沙

常见于地下水位高、含水率大的淤泥、粉砂土层中。产生的原因是:活瓣式桩尖合拢后有较大的间隙;预制桩尖与桩管接触不严密;桩尖打坏等。预防的措施是:对缝隙较大的活瓣式桩尖应及时修复或更换;预制桩尖的尺寸和配筋应符合设计要求,混凝土强度等级不得低于 C30,在桩尖与桩管接触处缠绕麻绳或垫衬,将二者接触处封严。当出现桩尖进水或进泥沙时,可将桩管拔出,修复桩尖缝隙,用砂回填桩孔后再重新沉管。如地下水量大,当桩管沉至接近地下水位时,可灌注 $0.05 \sim 0.1 \ m^3$ 混凝土封底,将桩管底部的缝隙用混凝土封住,灌 1 m 高的混凝土后,再继续沉管。

7.6 人工挖孔灌注桩施工

7.6.1 人工挖孔桩灌注的适用条件

人工挖孔灌注桩是指桩孔采用人工挖掘方法进行成孔,然后安放钢筋笼,浇筑混凝土而成的桩。人工挖孔灌注桩结构上的特点是单桩的承载能力高,受力性能好,既能承受垂直荷载,又能承受水平荷载。人工挖孔灌注桩具有机具设备简单,施工操作方便,占用施工场地小,无噪声、无振动、不污染环境,对周围建筑物影响小,施工质量可靠,可全面展开施工,工期缩短,造价低等优点,因此得到广泛应用。

人工挖孔灌注桩适用于土质较好,地下水位较低的黏土、亚黏土及含少量砂卵石的黏土层等地质条件。可用于高层建筑、公用建筑、水工结构(如泵站、桥墩)做桩基,起支承、抗滑、挡土之用。对软土、流沙及地下水位较高,涌水量大的土层不宜采用。

7.6.2 人工挖孔灌注桩的施工机具及构造要求

7.6.2.1 人工挖孔灌注桩的施工机具

(1)电动葫芦或手动卷扬机、提土桶及三脚支架。

(2)潜水泵:用于抽出孔中积水。

(3)鼓风机和输风管:用于向桩孔中强制送入新鲜空气。

(4)镐、锹、土筐等挖土工具,若遇坚硬土层或岩石,还应配风镐等。

(5)照明灯、对讲机、电铃等。

7.6.2.2　一般构造要求

桩直径一般为 800 ~ 2 000 mm,最大直径可达 3 500 mm。桩埋置深度一般在 20 m 左右,最大可达 40 m。底部采取不扩底和扩底两种方式,扩底直径(1.3 ~ 3.0)d(d 为桩径),最大扩底直径可达 4 500 mm。一般采用一柱一桩,当采用一柱两桩时,两桩中心距不应小于 3d,两桩扩大头净距不小于 1 m,上下设置不小于 0.5 m,桩底宜挖成锅底形,锅底中心比四周低 200 mm,根据试验,它比平底桩可提高承载力 20% 以上。桩底应支承在可靠的持力层上。支承桩大多采用构造配筋,配筋率以 0.4% 为宜,配筋长度一般为 1/2 桩长,且不小于 10 m;用于抗滑、锚固,挡土桩的配筋,按全长或 2/3 桩长配置,由计算确定。箍筋采用螺旋箍筋或封闭箍筋,不小于 Φ 8@200 mm,在桩顶 1.0 m 范围内间距加密 1 倍,以提高桩的抗剪强度。当钢筋笼长度超过 4.0 m 时,为加强其刚度和整体性,可每隔 2.0 m 设一道 Φ 16 ~ 20 mm 焊接加强筋。钢筋笼长超过 10 m 需分段拼接,拼接处应用焊接。

7.6.3　施工工艺

人工挖孔灌注桩常采用现浇混凝土护壁,也可采用钢护筒或采用沉井护壁等。采用现浇混凝土护壁时的施工工艺过程如下:

(1)测定桩位、放线。

(2)开挖土方。采用分段开挖,每段高度取决于土壁的直立能力,一般为 0.5 ~ 1.0 m,开挖直径为设计桩径加上两倍护壁厚度。挖土顺序是自上而下,先中间、后孔边。

(3)支撑护壁模板。模板高度取决于开挖土方每段的高度,一般为 1 m,由 4 ~ 8 块活动模板组合而成。护壁厚度不宜小于 100 mm,一般取 D/10 + 5 cm(D 为桩径),且第一段井圈的护壁厚度应比以下各段增加 100 ~ 150 mm,上下节护壁可用长为 1 m 左右 Φ 6 ~ 8 的钢筋进行拉结。

(4)在模板顶放置操作平台。平台可用角钢和钢板制成半圆形,两个合起来即为一个整圆,用来临时放置混凝土和浇筑混凝土用。

(5)浇筑护壁混凝土。护壁混凝土的强度等级不得低于桩身混凝土强度等级,应注意浇捣密实。根据土层渗水情况,可考虑使用速凝剂。不得在桩孔水淹没模板的情况下浇护壁混凝土。每节护壁均应在当日连续施工完毕。上下节护壁搭接长度不小于 50 mm。

(6)拆除模板继续下一段的施工。一般在浇筑混凝土 24 h 之后便可拆模。当发现护壁有蜂窝、孔洞、漏水现象时,应及时补强、堵塞,防止孔外水通过护壁流入桩孔内。当护壁符合质量要求后,便可开挖下一段的土方,再支模浇筑护壁混凝土,如此循环,直至挖到设计要求的深度并按设计进行扩底。

(7)安放钢筋笼、浇筑混凝土。孔底有积水时应先排除积水再浇混凝土,当混凝土浇至钢筋的底面设计标高时再安放钢筋笼,继续浇筑桩身混凝土。

7.6.4　人工挖孔灌注桩施工常见问题及处理方法

7.6.4.1　地下水

地下水是深基础施工中的常见问题,它给人工挖孔桩施工带来许多困难。含水层中的水在开挖时破坏了其平衡状态,使周围的静态水充入桩孔内,从而影响了人工挖孔桩的正常施工。如果遇到动态水压土层施工,不仅开挖困难,连护壁混凝土也易被水压冲刷穿透,发生桩身质量问题。如遇到细砂、粉砂土层,在压力水的作用下,也极易发生流沙和井漏现象。处理方法有以下几种:

(1)地下水量不大时,可选用潜水泵抽水,边抽水边开挖,成孔后及时浇筑相应段的混凝土护壁,然后继续下一段的施工。

(2)水量较大,用水泵抽水也不易开挖时,应从施工顺序考虑,采取对周围桩孔同时抽水,以减少开挖孔内的涌水量,并采取交替循环施工的方法。

(3)对不太深的挖孔灌注桩,可在场地四周合理布置统一的轻型管井降水分流。基础平面占地较大时,也可增加降水管井的排数。

(4)抽水时环境影响。有时施工周围环境特殊,一是周围基础设施等较多,不允许无限制抽水;二是周围有江河、湖泊、沼泽等,不可能无限制达到抽水目的。因此,在抽水前均要采取可靠措施。最有效的方法是截断水源,封闭水路。桩孔较浅时,可用板桩封闭;桩孔较深时,用钻孔压力灌浆形成帷幕挡水,以保证在正常抽水时,达到正常开挖。

7.6.4.2　流沙

人工挖孔在开挖时,如遇细砂、粉砂层地质,加上地下水的作用,极易形成流沙,严重时会发生井漏,造成质量事故,因此要采取可靠的措施进行处理。

(1)流沙情况较轻时,可缩短这一循环的开挖深度,将正常的 1 m 左右一段,缩短为 0.5 m,以减少挖层孔壁的暴露时间,及时进行护壁混凝土灌注。当孔壁塌落、有泥沙流入而不能形成桩孔时,可用编织袋装土逐渐堆堵,形成桩孔的外壁,并控制保证内壁满足设计要求。

(2)流沙情况较严重时,常用办法是下钢套筒,钢套筒与护壁用的钢模板相似,以孔外径为直径,可分成 4~6 段圆弧,再加上适当的肋条,相互用螺栓或钢筋环扣连接,在开挖 0.5 m 左右,即可分片将套筒装入,深入孔底不少于 0.2 m,插入上部混凝土护壁外侧不小于 0.5 m,装后即支模浇注护壁混凝土。若放入套筒后流沙仍上涌,可采取突击挖出后即用混凝土封闭孔底的方法,待混凝土凝结后,将孔心部位的混凝土清凿以形成桩孔。也可将此种方法应用到已完成的混凝土护壁的最下段钻孔,使孔位倾斜至下层护壁以外,打入浆管,压力浇注水泥浆,提高周围及底部土体的不透水性。

7.6.4.3　淤泥质土层

遇到淤泥质土层等软弱土层时,一般可用木方、木板模板等支挡,缩短开挖深度,并及时浇注混凝土护壁。支挡木方要沿周边打入底部不少于 0.2 m 深,上部嵌入上段已浇好的混凝土护壁后面,可斜向放置,双排布置互相反向交叉,能达到很好的支挡效果。

7.6.4.4　桩身混凝土的浇筑

1.消除水的影响

(1)孔底积水。浇筑桩身混凝土主要应保证其符合设计强度,保证混凝土的均匀性、密实性,防止孔内积水影响混凝土的配合比和密实性。

(2)孔壁渗水。可在桩身混凝土浇筑前采用防水材料封闭渗漏部位。对于出水量较大的孔,可用木楔打入,周围再用防水材料封闭,或在集中漏水部分嵌入泄水管,装上阀门,在施工桩孔时打开阀门让水流出,浇筑桩身混凝土时再关闭。

2. 保证桩身混凝土的密实性

桩身混凝土的密实性是保证混凝土达到设计强度的必要条件。为保证桩身混凝土浇筑的密实性,一般采用串流筒下料及分层振捣浇筑的方法,其中浇筑速度是关键,即力求在最短时间内完成一个桩身混凝土浇筑。对于深度大于 10 m 的桩,可依靠混凝土自身落差形成的冲击力及混凝土自身重量的压力而使其密实,这部分混凝土即可不用振捣。经验证明,桩身混凝土能满足均匀性和密实性。

7.6.4.5　合理安排施工顺序

在可能条件下,先施工较浅的桩孔,后施工较深的桩孔。在含水层或有动水压力的土层中施工,应先施工外围(或迎水部位)的桩孔,这部分桩孔混凝土护壁完成后,可保留少量桩孔先不浇筑桩身混凝土,而作为排水井,以方便其他孔位施工,保证桩孔的施工速度和成孔质量。

7.6.5　施工注意事项

(1)桩孔开挖,当桩净距小于 2 倍桩径且小于 2.5 m 时,应采用间隔开挖。排桩跳挖的最小施工净距不得小于 4.5 m,孔深不宜大于 40 m。

(2)每段挖土后必须吊线检查中心线位置是否正确,桩孔中心线平面位置偏差不宜超过 50 mm,桩的垂直度偏差不得超过 1%,桩径不得小于设计直径。

(3)防止土壁坍塌及流沙。挖土如遇到松散或流沙土层,可减少每段开挖深度(取 0.3 ~ 0.5 m)或采用钢护筒、预制混凝土沉井等作护壁,待穿过此土层后再按一般方法施工。流沙现象严重时,应采用井点降水处理。

(4)浇筑桩身混凝土时,应注意清孔及防止积水,桩身混凝土应一次连续浇筑完毕,不留施工缝。为防止混凝土离析,宜采用串筒来浇筑混凝土,当地下水穿过护壁流入量较大无法抽干时,则应采用导管法浇筑水下混凝土。

(5)必须制定好安全措施。

①施工人员进入孔内必须戴安全帽,孔内有人作业时,孔上必须有人监督防护。

②孔内必须设置应急软爬梯供人员上下井;使用的电动葫芦、吊笼等应安全可靠,并配有自动卡紧保险装置;不得用麻绳和尼龙绳吊挂或脚踏井壁凸缘上下;电动葫芦使用前,必须检验其安全起吊能力。

③每日开工前,必须检测井下的有毒有害气体,并有足够的安全防护措施。桩孔开挖深度超过 10 m 时,应有专门向井下送风的设备,风量不宜少于 25 L/s。

④护壁应高出地面 200 ~ 300 mm,以防杂物滚入孔内,孔周围要设 0.8 m 高的护栏。

⑤孔内照明要用 12 V 以下的安全灯或安全矿灯。使用的电器必须有严格的接地、接零和漏电保护器。

7.7　灌注桩后注浆技术

7.7.1　灌注桩后注浆

钻孔灌注桩由于施工中存在桩端持力层扰动问题、沉渣问题、桩侧土应力释放问题、泥浆护壁泥皮问题、桩身混凝土收缩引起的与桩侧土间的收缩缝问题等导致侧阻和端阻下降。灌注桩桩端后注浆通过注浆泵将水泥浆高压注入桩底和桩侧土层有效克服了上述问题,使群桩的承载力大大提高,基础的沉降量大大减小,所以桩端后注浆很有必要。

桩端后注浆是指钻孔灌注桩在成桩后,由预埋的注浆通道用高压注浆泵将一定压力的水泥浆压入桩端土层和桩侧土层,通过浆液对桩端沉渣和桩端持力层及桩周泥皮起到渗透、填充、压密、劈裂、固结等作用来增强桩端土和桩侧土的强度,从而达到提高桩基极限承载力,减少群桩沉降量的一项技术措施。

桩端后注浆技术对持力层是卵砾石层的最为有效,其注浆后比注浆前单桩竖向极限承载力可提高40%以上。对粉砂土持力层亦有效,其单桩竖向极限承载力可提高20% ~25%。在黏土持力层中注浆主要对沉渣和泥皮加固有效,亦即主要作用是控制群桩的变形。对持力层为基岩的桩,注浆主要对沉渣、泥皮和裂隙的加固有效。也就是说,无论什么地层的灌注桩,合理注浆对加固桩端沉渣和桩侧泥皮都适用。

7.7.2　后注浆设计要点

7.7.2.1　后注浆装置

(1)后注浆导管应采用钢管,且应与钢筋笼加劲筋绑扎固定或焊接。

(2)桩端后注浆导管及注浆阀数量宜根据桩径大小设置。对于直径不大于1 200 mm的桩,宜沿钢筋笼圆周对称设置2根;对于直径大于1 200 mm而不大于2 500 mm的桩,宜对称设置3根。

(3)对于桩长超过15 m且承载力增幅要求较高者,宜采用桩端桩侧复式注浆。桩侧后注浆管阀设置数量应综合地层情况、桩长和承载力增幅要求等因素确定,可在离桩底5 ~15 m以上、桩顶8 m以下,每隔6 ~12 m设置一道桩侧注浆阀,当有粗粒土时,宜将注浆阀设置于粗粒土层下部,对于干作业成孔灌注桩宜设于粗粒土层中部。

(4)对于非通长配筋桩,下部应有不少于2根与注浆管等长的主筋组成的钢筋笼通底。

(5)钢筋笼应沉放到底,不得悬吊,下笼受阻时不得撞笼、墩笼、扭笼。

7.7.2.2　后注浆阀

(1)注浆阀应能承受1 MPa以上静水压力,注浆阀外部保护层应能抵抗砂石等硬质物的剐撞而不致使管阀受损。

(2)注浆阀应具备逆止功能。

7.7.2.3　浆液配比、终止注浆压力、流量、注浆量

(1)浆液的水灰比应根据土的饱和度、渗透性确定,对于饱和土,水灰比宜为0.45 ~

0.65；对于非饱和土，水灰比宜为 0.7 ~ 0.9（松散碎石土、沙砾宜为 0.5 ~ 0.6）；低水灰比浆液宜掺入减水剂。

（2）桩端注浆终止注浆压力应根据土层性质及注浆点深度确定，对于风化岩、非饱和黏性土及粉土，注浆压力宜为 3 ~ 10 MPa；对于饱和土层注浆压力宜为 1.2 ~ 4 MPa，软土宜取低值，密实黏性土宜取高值。

（3）注浆流量不宜超过 75 L/min。

（4）单桩注浆量的设计应根据桩径、桩长、桩端桩侧土层性质、单桩承载力增幅及是否采用复式注浆等因素确定，可按下式估算：

$$G_c = \alpha_p d + \alpha_s nd \tag{7-3}$$

式中　　α_p、α_s——桩端、桩侧注浆量经验系数，$\alpha_p = 1.5 ~ 1.8$，$\alpha_s = 0.5 ~ 0.7$，卵石、砾石、中粗砂取较高值；

　　　　n——桩侧注浆断面数；

　　　　d——基桩设计直径，m；

　　　　G_c——注浆量，以水泥质量计，t。

（5）后注浆作业开始前，宜进行注浆试验，优化并最终确定注浆参数。

7.7.2.4　后注浆作业起始时间、顺序和速率

（1）注浆作业宜于成桩 2 d 后开始。

（2）注浆作业与成孔作业点的距离不宜小于 8 m。

（3）对于饱和土中的复式注浆顺序，宜先桩侧后桩端；对于非饱和土，宜先桩端后桩侧；多断面桩侧注浆应先上后下；桩侧桩端注浆间隔时间不宜少于 2 h。

（4）桩端注浆应对同一根桩的各注浆导管依次实施等量注浆。

（5）对于桩群注浆，宜先外围、后内部。

7.7.2.5　终止注浆

（1）注浆总量和注浆压力均达到设计要求。

（2）注浆总量已达到设计值的 75%，且注浆压力超过设计值。

（3）注浆压力长时间低于正常值或地面出现冒浆或周围桩孔串浆，应改为间歇注浆，间歇时间宜为 30 ~ 60 min，或调低浆液水灰比。

7.7.3　桩端后注浆施工要点

7.7.3.1　注浆施工流程

桩端及桩周对浆体而言是开放空间，桩端注浆属隐蔽工程，目前的监测手段十分有限，要实现上述目标则主要依赖于好的注浆工艺。好的注浆工艺建立在对桩端注浆机制的正确认识上，它要求因地制宜，严密设计，优质施工，适时调控。桩端注浆流程如图 7-18 所示。

7.7.3.2　注浆头的制作

打孔包扎注浆头的桩端注浆管采用 ϕ 30 mm ~ 50 mm 钢管，壁厚大于 2.8 mm。注浆头制作是用榔头将钢管的底端砸成尖形开口，钢管底端 40 cm 左右打上 4 排，每排 4 个 ϕ 8 mm 的小孔，然后在每个小孔中放上图钉（单向阀作用），再用绝缘胶布加硬包装带缠绕

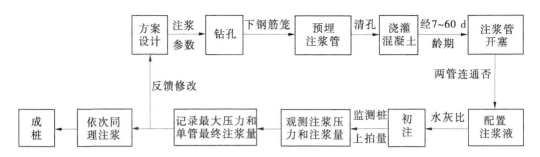

图 7-18　桩端注浆流程

包裹,以防小孔被浇筑的混凝土堵塞。钢管可作为钢筋笼的一根主筋,用丝扣连接或外加短套管电焊,但要注意不能漏浆。

7.7.3.3　注浆管的埋设

　　桩端注浆管每根桩一般应埋设 2 根注浆管。对桩径大于 1 500 mm 的桩宜埋设 3 根注浆管。桩长越长,注浆管直径应越大,注浆管底端原则上应比通长配筋的钢筋笼长50～100 mm。两管应沿钢筋笼内侧垂直且对称下放。管子连接可以采用丝扣连接或外接短套管(长约 20 cm)焊接的办法。桩端注浆管一直通到桩顶,管顶端临时封闭。同时对有地下室的工程,注浆管在基坑开挖段内最好不要有接头,以避免漏浆。与此同时,预埋注浆管时,还应保护好注浆管,防止其弯曲。钻孔灌注桩桩端后注浆桩配筋构造如图 7-19所示。

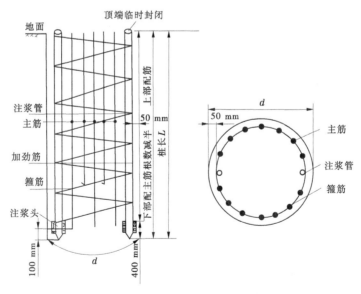

图 7-19　钻孔灌注桩桩端后注浆桩配筋构造

　　桩侧注浆,即在设计要注浆的土层深度位置打孔并临时封闭作为注浆部位。桩侧注浆是指仅在桩侧沿桩身的某些部位进行注浆。在桩侧设置不同深度的单管环形管进行注浆。环形管上等距离设置若干注浆孔并临时封闭。注浆管埋设也应有记录表。

7.7.3.4　桩底放置碎石情况分析

对于持力层为黏土、粉土、基岩及含泥量高的沙砾层,实行桩端注浆,有时为了增大桩端土层可注性,则可在浇灌混凝土前放置少量碎石以增大桩端土层的渗透性。但桩端放置碎石同样存在风险,因为万一某根桩注浆管堵塞而不可注,那么该桩就存在桩端土软弱的安全隐患。所以,对渗透性高的卵砾石层一般不宜在桩端放置碎石。

7.7.3.5　注浆泵的选择

注浆泵要求选择排浆量大(流量大于 5 m³/h),最大注浆压力能达到 10 MPa 以上,注浆性能稳定,使用维修方便的注浆泵。

7.7.3.6　注浆顺序

从群桩桩位平面上讲,从内往外注,即从中心某根单注开始由内向外注,优点是各桩注浆量能满足设计要求,缺点是扩散半径大,注浆压力低,整个群桩周边浆液扩散范围很大,不利于群桩周边边界的围合;从外往内注,优点是群桩周边边界可以围合,但注到群桩中心注浆压力可能很大,注浆量有可能达不到设计要求。所以,对具体工程,注浆顺序要针对上部结构的整体性桩端持力层厚薄、渗透性好坏和设计要求及施工工艺综合确定。总之,确保达到设计的注浆量是关键。

7.7.3.7　注浆开始时间

泥浆护壁灌注桩水下混凝土初凝期需 7 d 左右,因此注浆时间宜在混凝土初凝(7 ~ 60 d)后进行。注浆开塞过早,会导致因桩身混凝土强度过低而破坏桩本身,另外可能因已开塞的管子由于承压水的砂子倒灌使注浆管内充填砂子而堵塞;注浆开塞过晚,可能难以使桩端已硬化的混凝土形成注浆通道,从而使注浆头打不开。多年的实践发现,在注浆头制作良好和注浆管理设正常情况下,一般是边开塞边注浆,这样有利于群桩注浆。

7.7.3.8　压水试验(开塞)

压水试验是注浆施工前必不可少的重要工序。成桩后至实施桩底注浆前,通过压水试验来了解桩底的可灌性。压水试验的情况是选择注浆工艺参数的重要依据之一。此外,压水试验还担负探明并疏通注浆通道,提高桩底可灌性的特殊作用。

压水试验不会影响注浆固结体的质量。这是因为,受注体是开放空间,无论是压水试验注入的水,还是注浆浆液所含的水,都将在注浆压力或地层应力下逐渐从受注区向外渗透消散其多余的部分。

一般情况下,压水宜按 2 ~ 3 级压力顺次逐级进行,并要求有一定的压水时间与压水量,压水量一般控制在 0.5 m³ 左右,开塞压力一般小于 8 MPa。

7.7.3.9　浆液浓度

不同浓度的浆体其行为特性有所不同。稀浆(水灰比约为 0.7:1)便于输送,渗透能力强,可用于加固预定范围的周边地带;中等浓度浆体(水灰比约为 0.5:1)主要用于加固预定范围的核心部分,在这里中等浓度浆体起充填、压实、挤密作用;而浓浆(水灰比约为 0.4:1)的灌注则是对已注入的浆体起脱水作用。水泥浆液应过筛,以去除水泥结块。

在桩底可灌性的不同阶段,调配不同浓度的注浆浆液,并采用相应的注浆压力,才能做到将有限浆量送达并驻留在桩底有效空间范围内。浆液浓度的控制原则一般为:依据压水试验情况选择初注浓度,通常先用稀浆,随后渐浓,最后在桩端注浆快结束时注浓浆。

在可灌的条件下,尽量多用中等浓度以上的浆液,以防浆液作无效扩散。

7.7.3.10　注浆过程

对桩位图上同一承台或附近的桩,宜同时注浆。此外,对同一根桩宜边开塞边注浆。若开塞后久不注浆,那么由于地下水活动,砂子有可能要从注浆头倒灌进注浆管内,从而堵塞注浆头。对同一根桩,若一根管注浆已能达到设计要求的注浆水泥量,那么另一根管可以不注浆。由于边打桩边注浆,浆液要扩散流到正在打的桩孔中形成干扰,所以最好能在打桩快结束时边开塞边注浆。注浆过程要尽量保持浆液输送不停顿而连续注浆。

7.7.3.11　注浆量的确定

桩底注浆设计中注浆量是主控因素,注浆压力是辅控因素。在桩底注浆设计时,主要依据桩端持力层的厚度、扩散性、渗透性、桩承载力的提高要求、桩径大小、桩端沉渣的控制程度等来确定单桩注浆量,桩端注浆量是以注入水泥量来计算的。注浆过程要记录单桩注浆量的数据。原则上每根桩都要达到设计的注浆量。如果某根桩没达到设计注浆量但压力很高,则相邻桩应增加注浆量。

7.7.3.12　注浆压力

在注浆过程中,桩端的可灌性的变化直接表现为注浆压力的变化。可灌性好,注浆压力则较低,一般在 4 MPa 以下;反之,若可灌性较差,注浆压力势必较高,可达 4 ~ 10 MPa,有的用 10 MPa 仍不可注。注浆过程是渗透、压密、劈裂交替进行的过程。浆液的扩散半径与灌浆压力的大小密切相关。因此,人们往往倾向于采用较高的注浆压力。较高的注浆压力能使一些微细孔隙张开,有助于提高可灌性。当孔隙被某些软弱材料充填时,较高的注浆压力能在充填物中造成劈裂灌浆,使软弱材料的密度、强度以及不透水性得到改善。此外,较高的注浆压力还有助于挤出浆液中的多余水分,使浆结合体的强度得到提高。但是,一旦灌浆压力超过桩的自重和摩阻力时,就有可能使桩上抬导致桩悬空。因此,这里有一个容许灌浆压力,它与地层的密实度、渗透性、初始应力、钻孔深度、浆液浓度及灌浆次序等有关。

7.7.3.13　注浆节奏与间歇注浆

为了使有限浆液尽可能充填并滞留在桩底有效空间范围内,当注浆压力较高或桩顶冒浆时,在注浆过程中还需掌握注浆节奏,实行间歇注浆。间歇时间的长短需依据压水试验结果确定,并在注浆过程中依据注浆压力变化,判断桩底可灌性,以加以调节。间歇注浆的节奏需掌握得恰到好处,既要使注浆效果明显,又要防止因间歇停注时间过长阻塞通道而使注浆半途而废。对于短桩,桩底注浆时往往会出现浆液沿桩周上冒现象,此时应在注入产生一定冒浆后暂时停止一段时间,待桩周浆液凝固后,再施行注浆,这样可以达到设计要求的注浆量。

7.7.3.14　终止注浆条件

(1)终止注浆条件主要以单桩注入水泥量达到设计要求为主控因素。

(2)如果一根桩中单管注浆量能达到设计要求,则第二根管可以不注浆。

(3)如果第一根管达不到设计要求,则打开第二根管注浆。但当第二根管注浆量仍不能达到设计要求时,那么实行间歇注浆以达到设计注浆量为止;如果实行多次间歇注浆仍不能达到设计要求的单桩注浆量,那么当注浆压力连续达到 8 MPa 且稳定 3 min 以上,该桩终止注浆。同时,对相邻桩适当加大注浆量。

(4)如果桩顶冒浆,那么先停注一段时间,以让桩侧水泥浆凝固后再注。同时,采用多次间歇注浆,以达到设计注浆量。

7.7.3.15　注浆后桩的保养龄期

所谓注浆后的保养龄期,是指桩底注浆后可以做抗压静载试验的龄期,通常要求注浆后保养至少 25 d 以上,以便桩底浆液凝固,以取得真实的注浆桩基承载力。

7.7.4　后注浆桩基工程质量检查

(1)后注浆桩基工程施工完成后,应提供水泥材质检验报告、压力表检定证书、试注浆记录、设计工艺参数、后注浆作业记录、特殊情况处理记录等资料。

(2)在桩身混凝土强度达到设计要求的条件下,承载力检验应在后注浆 20 d 后进行,浆液中掺入早强剂时可于注浆 15 d 后进行。

7.8　承台施工

7.8.1　承台构造要求

桩基承台的构造除应满足抗冲切、抗剪切、抗弯承载力和上部结构要求,还应满足下列要求:

(1)柱下独立桩基承台的最小宽度不应小于 500 mm,边桩中心至承台边缘的距离不应小于直径或边长,且桩的外边缘至承台边缘的距离不应小于 150 mm。对于墙下条形承台梁,桩的外边缘至承台梁边缘的距离不应小于 75 mm。承台的最小厚度不应小于 300 mm。高层建筑平板式和梁板式筏形承台的最小厚度不应小于 400 mm,墙下布桩的剪力墙结构筏形承台的最小厚度不应小于 200 mm。

(2)承台混凝土材料及其强度等级应符合结构混凝土耐久性的要求和抗渗要求。

(3)柱下独立桩基承台纵向受力钢筋应通长配置,如图 7-20(a)所示;对四桩以上(含四桩)承台宜按双向均匀布置,对三桩的三角形承台应按三向板带均匀布置,且最里面的三根钢筋围成的三角形应在柱截面范围内,按图 7-20(b)所示。

条形承台梁的纵向主筋应符合现行《混凝土结构设计规范》(GB 50010)关于最小配筋率的规定,如图 7-20(c)所示,主筋直径不应小于 12 mm,架立筋直径不应小于 10 mm,箍筋直径不应小于 6 mm。

(4)承台底面钢筋的混凝土保护层厚度,当有混凝土垫层时,不应小于 50 mm;无垫层时,不应小于 70 mm。此外,尚不应小于桩头嵌入承台内的长度。

(5)桩嵌入承台内的长度对中等直径桩不宜小于 50 mm,对大直径桩不宜小于 100 mm。混凝土桩的桩顶纵向主筋应锚入承台内,其锚入长度不宜小于 35 倍纵向主筋直径。对于抗拔桩,桩顶纵向主筋的锚固长度应按现行《混凝土结构设计规范》(GB 50010)确定。对于大直径灌注桩,当采用一柱一桩时,可设置承台或将桩与柱直接连接。

(6)一柱一桩时,应在桩顶两个主轴方向上设置连系梁。当桩与柱的截面直径之比

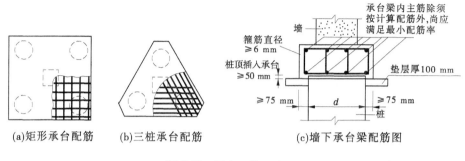

(a)矩形承台配筋　　(b)三桩承台配筋　　(c)墙下承台梁配筋图

图 7-20　承台配筋示意图

大于 2 时,可不设连系梁。两桩桩基的承台,应在其短向设置连系梁。有抗震设防要求的柱下桩基承台,宜沿两个主轴方向设置连系梁。

(7)连系梁顶面宜与承台顶面位于同一标高。连系梁宽度不宜小于 250 mm,其高度可取承台中心距的 1/10～1/15,且不宜小于 400 mm。连系梁配筋应按计算确定,梁上、下部配筋不宜小于 2 根直径 12 mm 的钢筋;位于同一轴线上的连系梁纵筋宜通长配置。

(8)承台和地下室外墙与基坑侧壁间隙应灌注素混凝土,或采用灰土、级配砂石、压实性较好的素土分层夯实,其压实系数不宜小于 0.94。

7.8.2　承台施工

桩基施工已全部完成,并按设计要求测量放出承台的中心位置,为便于校核,使基础与设计吻合,将承台纵、横轴线从基坑处引至安全的地方,并对轴线桩加以有效的保护。

(1)桩基承台施工顺序宜先深后浅。当承台埋置较深时,应对邻近建筑物及市政设施采取必要的保护措施,在施工期间应进行监测。

(2)基坑开挖前应对边坡支护形式、降水措施、挖土方案、运土路线及堆土位置编制施工方案,基坑支护的方法有钢板桩、地下连续墙、排桩(灌注桩)、水泥土搅拌桩、喷锚、H型钢桩等以及锚杆或内撑组合的支护结构。当地下水位较高需降水时,可根据周围环境情况采用内降水或外降水措施。

(3)挖土应均衡分层进行,挖出的土方不得堆置在基坑附近。机械挖土时,必须确保基坑内的桩体不受损坏。基坑开挖结束后,做好桩基施工验收记录。应在基坑底做出排水盲沟及集水井,如有降水设施仍应维持运转。

(4)在承台和地下室外墙与基坑侧壁间隙回填土前,应排除积水,清除虚土和建筑垃圾,填土应按设计要求选料,分层夯实,对称进行。

(5)绑扎钢筋前,应将灌注桩桩头浮浆部分和预制桩桩顶锤击面破碎部分去除,桩体及其主筋埋入承台的长度应符合设计要求,当桩顶低于设计标高时,须用同级混凝土接高,在达到桩强度的 50% 以上时,再将埋入承台梁内的桩顶部分剔毛、冲净。当桩顶高于设计标高,应预先剔凿,使桩顶伸入承台梁深度完全符合设计要求。钢管桩还应焊好桩顶连接件,并应按设计制作桩头和垫层防水。绑扎钢筋前,在承台砂浆底板上弹出承台中心线、钢筋骨架位置线。

(6)按模板支撑结构示意图设置支撑拼装模板,并固定好。拼装模板时,应注意保证拼缝的密封性,以防止漏浆。

(7)承台混凝土应一次浇筑完成,混凝土入槽宜采用平铺法。对大体积混凝土施工,应采取有效措施防止温度应力引起裂缝。混凝土浇筑完后,应及时收浆,立即进行养护。

(8)对于冻胀土地区,必须按设计要求完成承台梁下防冻胀的处理措施,应将槽底虚土、杂物等垃圾清除干净。

7.8.3 承台工程验收

承台工程验收时,应提供下列资料:

(1)承台钢筋、混凝土的施工与检查记录。

(2)桩头与承台的锚筋、边桩离承台边缘距离、承台钢筋保护层记录。

(3)桩头与承台防水构造及施工质量。

(4)承台厚度、长度和宽度的量测记录及外观情况描述等。

承台工程验收除符合上述规定外,尚应符合现行《混凝土结构工程施工质量验收规范》(GB 50204)的规定。

7.9 桩基检测与验收

7.9.1 桩基检测方法

成桩的质量检验有两种方法:一种是静载试验(或称破坏性试验)法,另一种是动测法(或称动力无损检测法)。

7.9.1.1 静载试验法

静载试验是对单根桩进行竖向抗压试验,通过静载加压,确定单根桩承载力。打桩后经过一段时间,待桩身与土体的结合趋于稳定,才能进行试验。对于预制桩,土质为砂类土,打桩完成后与试验的时间应不少于10 d;对于粉土或黏性土,则不应少于15 d;对于淤泥或淤泥质土,不应少于25 d。灌注桩在桩身混凝土达到设计强度等级的情况下,对于砂类土不少于10 d,黏性土不少于20 d,淤泥或淤泥质土不少于30 d。桩的静载试验根数应不少于总根数的1%,且不少于3根。当总根数少于50根时,应不少于2根。

桩身质量应进行检验,检验数不少于20%,且每根柱子承台下不得少于1根。一般静荷载试验可直观地反映桩的承载力和混凝土的浇筑质量,数据可靠。但其装置较复杂笨重,装卸操作费工费时,成本高,测试数据有限,且易破坏桩基。

7.9.1.2 动测法

动测法又称为动力无损检测法,是检测桩基承载力及桩身质量的一项新技术,作为静载试验的补充。动测法是相对于静载试验而言的,它是对桩体进行适当的简化处理,建立起数学—力学模型,借助现代电子技术与量测设备采集桩、土体系在给定的动荷载作用下所产生的振动参数,结合实际桩、土条件进行计算,所得结果与相应的静载试验结果进行比较,在积累一定数量的动静试验对比结果基础上,找出两者之间的某种相关关系,并以此作为标准来确定桩基承载力。应用波在混凝土中传播速度、传播时间的变化情况,即以波在不同阻抗和不同约束条件下的传播特性,用来检验、判断桩身是否存在断裂、夹层、颈缩、空洞等质量缺陷。

动测法试验仪器轻便灵活,检测速度快,不破坏桩基,检测结论可靠性强,检测费用低,可进行全面检测。但需要做大量的测试数据,需静载试验来充实完善,需编写电脑软件,有所测的极限承载力有时与静载荷试验数值离散性较大等问题。

7.9.2　桩基验收

7.9.2.1　桩基验收规定

当桩基设计标高与施工场地标高相同时,桩基工程的验收应在施工结束后进行。当桩基设计标高低于施工场地标高时,可对护筒位置做中间验收,待承台和底板开挖到设计标高后,再做最终验收。

7.9.2.2　桩基资料验收

桩基工程验收时,应提交下列资料:

(1)工程地质勘查报告、桩基施工图、图纸会审纪要、设计变更及材料代用通知单等。

(2)经审定的施工组织设计、施工方案及执行中的变更情况。

(3)桩位检测放线图,包括工程桩位复核签证单。

(4)成桩质量检查报告。

(5)单桩承载力检测报告。

(6)基坑挖至设计标高的基桩竣工平面图及桩顶标高图。

7.9.2.3　桩基允许偏差

1. 预制桩

预制桩(预制混凝土桩、先张法预应力管桩、钢桩)的桩位偏差应符合表 7-2 的规定。

表 7-2　预制桩桩位的允许偏差

项次	项目	允许偏差(mm)
1	盖有基础梁的桩: 　(1)垂直基础梁的中心线 　(2)沿基础梁的中心线	$100 + 0.01H$ $150 + 0.01H$
2	桩数为 1~3 根桩基中的桩	100
3	桩数为 4~16 根桩基中的桩	1/2 桩径或边长
4	桩数大于 16 根桩基中的桩: 　(1)最外边的桩 　(2)中间桩	1/3 桩径或边长 1/2 桩径或边长

注:H 为施工现场场地标高与桩顶设计标高的距离。

2. 灌注桩

灌注桩在成桩后的桩位偏差应符合表 7-3 的规定,桩顶标高至少要比设计标高高出 500 mm,桩底清孔按规范要求进行。每浇筑 50 m³ 必有一组试块,小于 50 m³ 的桩,每根必有一组试块。

表 7-3　灌注桩桩位的允许偏差

序号	成孔方法		桩径允许偏差（mm）	垂直度允许偏差（%）	桩位允许偏差（mm）	
					1~3 根桩、单排桩基垂直于中心线方向和群桩基础的边桩	条形桩基沿中心线方向和群桩基础的中间桩
1	泥浆护壁钻孔桩	D≤1 000 mm	±50	<1	D/6,且不大于 100	D/4,且不大于 150
		D>1 000 mm	±50		100+0.01H	150+0.01H
2	套管成孔灌注桩	D≤500 mm	−20	<1	70	150
		D>500 mm	−20		100	150
3	干作业成孔灌注桩		−20	<1	70	150
4	人工挖孔灌注桩	混凝土护壁	+50	<0.5	50	150
		钢套管护壁	+50	<1	100	200

注:1. 桩径允许偏差的负值是指个别断面;
　　2. 采用复打法、反插法施工的桩,其桩径允许偏差不受本表限制;
　　3. H 为施工现场场地标高与桩顶设计标高的距离,D 为设计桩径。

7.9.3　桩基工程安全技术

（1）打桩前,应对现场进行详细的踏勘和调查,对地下的各类管线和周边的建筑物有影响的,应采取有效的加固措施和隔离措施,确保施工安全。

（2）机具进场要注意危桥、陡坡和防止碰撞电杆、房屋等,以免造成事故。

（3）施工前,应全面检查机械,发现问题及时解决,严禁带病作业。

（4）机械操作人员必须经过专门培训,熟悉机械操作性能,经专业部门考核取得操作证后方可上岗作业。

（5）在打桩过程中遇地坪隆起或下陷时,应随时对桩架及路轨调平或垫平。

（6）护筒埋设完毕、灌注混凝土完毕后的桩坑应加以保护,避免人和物品掉入而发生人身事故。

（7）打桩时,桩头垫料严禁用手拨正,不要在桩锤未打到桩顶即起锤或过早刹车,以免损坏桩基设备。

（8）桩机操作时,注意钻机安定平稳,以防止钻架突然倾倒或钻具突然下落而发生事故。

（9）所有现场作业人员必须佩戴安全帽,特种作业人员佩戴专门的防护工具。

（10）所有现场人员严禁酒后上岗。

（11）施工现场的一切电源、电路的安装和拆除必须由专业电工操作。电器必须严格接地、接零和使用漏电保护器。

7.10 沉井基础

7.10.1 沉井基础适用条件

沉井是用混凝土(或钢筋混凝土)等建筑材料制成的井筒结构物。施工时,先就地制作第一节井筒,然后用适当的方法在井筒内挖土,使沉井在自重作用下克服阻力而下沉。随着沉井的下沉,逐步加高井筒,沉到设计标高后,在其下端浇筑混凝土封底,如沉井作为地下结构物使用,则在其上端再接筑上部结构;如只作为建筑物基础使用的沉井,常用素混凝土或砂石填充井筒。

沉井的特点是埋深较大,整体性强,稳定性好,具有较大的承载面积,能承受较大的垂直荷载和水平荷载。此外,沉井既是基础,又是施工时的挡土和挡水围堰结构物,其施工工艺简便,技术稳妥可靠,无须特殊专业设备,并可做成补偿性基础,避免过大沉降,在深基础或地下结构中应用较为广泛,如桥梁墩台基础、地下泵房、水池、油库、矿用竖井以及大型设备基础、高层和超高层建筑物基础等。但沉井基础施工工期较长,对粉砂、细砂类土在井内抽水时易发生流沙现象,造成沉井倾斜;沉井下沉过程中遇到大孤石、树干或井底岩层表面倾斜过大,也会给施工带来一定的困难。

沉井最适宜于不太透水的土层,易于控制下沉方向。一般下列情况下可考虑采用沉井基础:

(1)上部结构荷载较大,表层地基土承载力不足,而在一定深度下有较好的持力层,且与其他基础方案相比较为经济合理。

(2)虽土质较好但冲刷大的山区河流,或河中有较大卵石不便于桩基础施工。

(3)岩层表面较平坦且覆盖层较薄,但河水较深,采用扩大基础施工围堰有困难。

7.10.2 沉井基础类型

7.10.2.1 按施工方法分

根据不同的施工方法可将沉井分为一般沉井和浮运沉井。一般沉井指直接在基础设计的位置上制造,然后挖土,依靠井壁自重下沉。若基础位于水中,则先人工筑岛,再在岛上筑井下沉。浮运沉井指先在岸边预制,再浮运就位下沉的沉井。通常在深水地区(如水深大于 10 m),或水流流速大,有通航要求,人工筑岛困难或不经济时采用。

7.10.2.2 按井壁材料分

根据不同的井壁材料可将沉井分为混凝土沉井、钢筋混凝土沉井、竹筋混凝土沉井和钢沉井。混凝土沉井因抗压强度高,抗拉强度低,多做成圆形,且仅适用于下沉深度不大用 4~7 m 的松软土层。钢筋混凝土沉井抗压、抗拉强度高,下沉深度大,可做成重型或薄壁就地制造下沉的沉井,也可做成薄壁浮运沉井及钢丝网水泥沉井等,在工程中应用最广。沉井主要在下沉阶段承受拉力,因此在盛产竹材的南方,也可采用耐久性差而抗拉力好的竹筋代替部分钢筋,做成竹筋混凝土沉井。钢沉井由钢材制作,强度高、质量轻、易于拼装、适用于制造空心浮运沉井,但用钢量大,国内应用较少。此外,根据工程条件,也可选用木沉井和砌石圬工沉井等。

7.10.2.3　按平面形状分

根据沉井的平面形状可分为圆形、矩形和圆端形三种基本类型。

圆形沉井在下沉过程中易于控制方向,若采用抓泥斗挖土,可比其他沉井更能保证其刃脚均匀地支承在土层上;在侧压力作用下,井壁仅受轴向应力作用,即使侧压力分布不均匀,弯曲应力也不大,能充分利用混凝土抗压强度大的特点,多用于斜交桥或水流方向不定的桥墩基础。

矩形沉井制造方便,受力有利,能充分利用地基承载力。沉井四角一般为圆角,以减少井壁摩阻力和除土清孔的困难。在侧压力作用下,井壁受较大的挠曲力矩,流水中阻水系数较大,冲刷较严重。

圆端形沉井控制下沉、受力条件、阻水冲刷均较矩形有利,但施工较为复杂。对平面尺寸较大的沉井,可在沉井中设隔墙,构成双孔或多孔沉井,以改善井壁受力条件及均匀取土下沉。

7.10.2.4　按剖面形状分

根据沉井的剖面形状可分为柱形、阶梯形和锥形沉井。柱形沉井井壁受力较均衡,下沉过程中不易发生倾斜,接长简单,模板可重复利用,但井壁侧阻力较大,若土体密实、下沉深度较大,易下部悬空,造成井壁拉裂。一般多用于入土不深或土质较松软的情况。阶梯形沉井和锥形沉井井壁侧阻力较小,抵抗侧压力性能较合理,但施工较复杂,模板消耗多,沉井下沉过程中易发生倾斜,多用于土质较密实、沉井下沉深度大、自重较小的情况。通常锥形沉井井壁坡度为 1/20 ~ 1/40,阶梯形沉井井壁的台阶宽为 100 ~ 200 mm。

7.10.3　沉井基础施工

沉井基础的施工大致分为以下几个步骤。

(1)整平场地,定位。

(2)在刃脚与隔墙位置铺设砂垫层,厚度≥50 cm。在砂垫层上铺木板,以免沉井时产生不均匀下沉,应使垫层底的压力≤100 kPa。

(3)第一节沉井制作。

(4)井身强度达到70%时,抽拆垫木。抽拆顺序应明确规定。通常是对称拆除,先拆隔墙下垫木,再拆短边井壁下垫木,长边下垫木最后拆。抽去垫木后往空隙处填砂,使沉井重量逐步落到砂垫层上。

(5)挖土下沉。视沉井穿越的地层情况,挖土可分为排水下沉、不排水下沉、中心岛式下沉。

①排水下沉。用于井内抽水时不致产生流沙的情况,可用水枪冲松砂土或再以吸泥机将泥浆吸出井外。遇砂卵石则可用抓斗或人工出土。

②不排水下沉。地下水涌水量大,极易形成流沙,应采用不排水下沉,并应使井内水位高于地下水位 1 ~ 2 m,使水由井内向外渗流,至少井内外水位等高,用抓斗或钻吸机排土。

③中心岛式下沉。为进一步减少施工引起的地表沉降对周围建筑物和环境的影响问

题,最近国内外创造了中心岛式下沉法,其特点是:井壁较薄,沉井壁的内外两侧处在泥浆护壁槽中。挖槽吸泥机沿井壁内侧一面挖槽,一面向槽内补浆,沉井随挖槽加深而随之下沉。槽中泥浆维持在适当的高度,以保证槽壁土体稳定,并使沉井刃脚徐徐地挤土下沉。

沉井达到稳定要求后,再开挖井内土层。这种沉井施工新工艺可使地表仅产生微量沉降和位移。

(6)接长井壁。当沉井沉至外露地面部分只有 1 m 左右时,可停止挖土,在地面接长井壁,接长部分一般不超过 5 m。

(7)继续挖土下沉。如此重复直至沉井达到设计标高。必要时,刃脚斜面附近的地基要适当加固,以承受沉井的荷载。

(8)封底。可采用干浇混凝土或水下浇混凝土封底。封底后地下水不能进入井内,以使下面可进行干作业,以填实沉井或制底板。

(9)用水泥砂浆置换沉井外的触变泥浆。

(10)制顶板。

7.10.4　沉井施工常见问题

7.10.4.1　突沉

当刃脚下无土,沉井没有下部支承,周围又是软土时,易产生突沉,其可达 2 ~ 3 m,常令沉井倾斜或超沉。为此,在施工中要均匀挖土。刃脚处挖土一次不宜过深,踏步应有足够宽度,或增设底梁以增加支承面积。

7.10.4.2　沉井倾斜

由于挖土不对称或土性不均匀,下沉中的沉井常常发生倾斜。防止倾斜的办法是施工中紧密跟踪监测,发现倾斜时,立即在相反一侧加紧挖土或压重或射水,以纠正倾斜。

7.10.4.3　下沉太慢或不下沉

首先应判定原因,如摩阻力大,则在井外射水冲刷,或加压重;如遇大石、树根等障碍,可进行小型爆破或人工潜水清除;如踏面下土硬,则尽量将刃脚下的土挖除。如用触变泥浆助沉,则应进行补浆,或改变泥浆配比。

第 8 章　地基处理技术

工程建设中,有时不可避免地遇到地质条件不好的地基或软弱地基,这样的地基不能满足设计建筑物对地基强度与稳定性和变形的要求时,常采用各种地基加固、补强等技术措施,改善地基土的工程性状,以满足工程要求,这些工程措施统称为地基处理。地基处理的方法很多,有换填垫层与褥垫法、预压地基、压实地基和夯实地基、振冲碎石桩和沉管砂石桩复合地基、水泥土搅拌桩复合地基、旋喷桩复合地基、灰土挤密桩和土挤密桩复合地基、夯实水泥土桩复合地基、水泥粉煤灰碎石桩复合地基、柱锤冲扩桩复合地基、多桩型复合地基、注浆固结等方法。本章主要介绍各种地基处理方法。

8.1　换填垫层与褥垫法

换填垫层是将基础下一定深度范围内的软弱土层全部或部分挖除,然后分层回填并夯实砂、碎石、素土、灰土、粉煤灰、高炉干渣等强度较大、性能稳定和无侵蚀性的材料。

8.1.1　换填垫层的作用

(1)提高浅层地基承载力。地基中的剪切破坏从基础底面开始,随应力的增大而向纵深发展。因此,以抗剪强度较高的砂或其他建筑材料置换基础下较弱的土层,可避免地基的破坏。

(2)减少沉降量。一般浅层地基的沉降量占总沉降量的比例较大。加以密实砂或其他填筑材料代替上层软弱土层,就可以减少这部分的沉降量。由于砂层或其他垫层对应力的扩散作用,作用在下卧层土上的压力较小,这样也会相应减少下卧层土的沉降量。

(3)加速软弱土层的排水固结。砂垫层和砾石垫层等垫层材料透水性强,软弱土层受压后,垫层可作为良好的排水面,使基础下面的孔隙水压力迅速消散,加速垫层下软弱土层的固结和提高其强度,避免地基发生塑性破坏。

(4)防止冻胀。因为粗颗粒的垫层材料孔隙大,不易产生毛细管现象,因此可以防止寒冷地区中结冰所造成的冻胀。

(5)消除膨胀土的胀缩作用。

8.1.2　换垫材料

(1)砂石。宜选用碎石、卵石、角砾、圆砾、砾砂、粗砂、中砂或石屑(粒径小于 2 mm 的部分不应超过总重的 45%),应级配良好,不含植物残体、垃圾等杂质。当使用粉细砂或石粉(粒径小于 0.075 mm 的部分不超过总重的 9%)时,应掺入不少于总重 30%的碎石或卵石。砂石的最大粒径不宜大于 50 mm。对湿陷性黄土地基,不得选用砂石等透水材料。

(2)粉质黏土。土料中有机质含量不得超过 5%,亦不得含有冻土或膨胀土。当含有碎石时,其粒径不宜大于 50 mm。用于湿陷性黄土或膨胀土地基的粉质黏土垫层,土料中不得夹有砖、瓦和石块。

(3)灰土。体积配合比宜为 2∶8 或 3∶7。土料宜用粉质黏土,不宜使用块状黏土和砂质粉土,不得含有松软杂质,并应过筛,其颗粒不得大于 15 mm。石灰宜用新鲜的消石灰,其颗粒不得大于 5 mm。

(4)粉煤灰。可用于道路、堆场和小型建(构)筑物等的换填垫层。粉煤灰垫层上宜覆土 0.3~0.5 m。粉煤灰垫层中采用掺加剂时,应通过试验确定其性能及适用条件。作为建筑物垫层的粉煤灰应符合有关放射性安全标准的要求。粉煤灰垫层中的金属构件、管网宜采取适当的防腐措施。大量填筑粉煤灰时,应考虑对地下水和土壤的环境影响。

(5)矿渣。垫层使用的矿渣是指高炉矿渣,可分为分级矿渣、混合矿渣及原状矿渣。矿渣垫层主要用于堆场、道路和地坪,也可用于小型建(构)筑物地基。选用矿渣的松散重度不小于 11 kN/m³,有机质及含泥总量不超过 5%。设计、施工前,必须对选用的矿渣进行试验,在确认其性能稳定并符合安全规定后方可使用。作为建筑物垫层的矿渣应符合对放射性安全标准的要求。易受酸、碱影响的基础或地下管网不得采用矿渣垫层。大量填筑矿渣时,应考虑对地下水和土壤的环境影响。

(6)其他工业废渣。在有可靠试验结果或成功工程经验时,质地坚硬、性能稳定、无腐蚀性和放射性危害的工业废渣等均可用于填筑换填垫层。被选用的工业废渣的粒径、级配和施工工艺等应通过试验确定。

(7)土工合成材料。由分层铺设的土工合成材料与地基土构成加筋垫层。所用土工合成材料的品种与性能及填料的土类应根据工程特性和地基土条件,按照现行《土工合成材料应用技术规范》(GB/T 50290)的要求,通过设计并进行现场试验后确定。

8.1.3　换填垫层设计

垫层的设计内容主要包括垫层厚度和宽度,要求有足够的厚度以置换可能被剪切破坏的软弱土层,有足够的宽度防止砂垫层向两侧挤出。主要起排水作用的砂(石)垫层,一般厚度要求 30 cm,并需在基底下形成一个排水面,以保证地基土排水路径的畅通,促进软弱土层的固结,从而提高地基强度。

8.1.3.1　垫层厚度

垫层厚度应根据砂垫层下面软弱下卧层土的承载力和建筑物对地基变形要求来确定。如仅以软弱下卧层承载力为控制指标,则应满足下式要求:

$$p_z + p_{cz} \leqslant f_{az} \tag{8-1}$$

式中　p_z——相应于荷载效应标准组合时,垫层底面处的附加压力值,kPa;

　　　p_{cz}——垫层底面处的自重压力值,kPa;

　　　f_{az}——垫层底面处经深度修正后的承载力特征值,kPa。

垫层底面处的附加压力 p_z 按下式计算:

矩形基础:

$$p_z = \frac{lb(p_k - p_c)}{(l + 2z\tan\theta)(b + 2z\tan\theta)} \tag{8-2}$$

条形基础：

$$p_z = \frac{b(p_k - p_c)}{b + 2z\tan\theta} \tag{8-3}$$

式中　l、b——基础底面的长度和宽度，m；

　　　p_k——相应于荷载效应标准组合时，基础底面处的平均压力值，kPa；

　　　p_c——基础底面处的自重压力值，kPa；

　　　z——基础底面下垫层的厚度，m；

　　　θ——垫层的压力扩散角，宜通过试验确定，当无试验资料时，按表8-1采用。

表 8-1　压力扩散角 θ　　　　　　　（°）

换填材料 z/b	中砂、粗砂、砾砂、圆砾、角砾、石屑、卵石、碎石、矿渣	粉质黏土、粉煤灰	灰土
0.25	20	6	28
≥0.5	30	23	

注：1.当 $z/b < 0.25$ 时，除灰土取 $\theta = 28°$ 外，其余材料均取 $\theta = 0°$。

　　2.当 $0.25 < z/b < 0.5$ 时，θ 值可用内插法求得。

　　3.土工合成材料加筋垫层的压力扩散角宜由现场静载荷试验确定。

在换填法设计时，垫层厚度的大小需要进行试算，即先假定垫层厚度，再由式（8-1）复核，如果假定的厚度正好满足式（8-1）的要求，则该厚度即为所确定的值；如果计算复核相差悬殊，则应重新假设进行计算，由此可见计算工作量大。假设地基为均质土（对非均质土，计算误差不大），分条形基础、方形基础和矩形基础三种情况，给出垫层厚度计算公式。

1.条形基础

设垫层厚度为 z，基底附加应力 $p_0 = p_k - p_c$，土的重度为 γ（地下水位以下取有效重度），基础埋深 d，则 $p_{cz} = \gamma(z + d)$，$p_z = \frac{bp_0}{b + 2z\tan\theta}$，$f_{az} = f_{ak} + \gamma(d + z - 0.5)$，代入 $p_z + p_{cz} = f_{az}$，得到 $\frac{bp_0}{b + 2z\tan\theta} + \gamma(z + d) = f_{ak} + \gamma(d + z - 0.5)$，由此解出垫层最小厚度：

$$z = \frac{b(p_0 - f_{ak} + 0.5\gamma)}{2\tan\theta(f_{ak} - 0.5\gamma)} \tag{8-4}$$

2.方形基础

方形基础 $b = l$，则附加应力 $p_z = \frac{b^2 p_0}{(b + 2z\tan\theta)^2}$，$\frac{b^2 p_0}{(b + 2z\tan\theta)^2} + \gamma(z + d) = f_{ak} + \gamma(d + z - 0.5)$，由此解出垫层最小厚度：

$$z = \frac{b(\sqrt{p_0} - \sqrt{f_{ak} - 0.5\gamma})}{2\tan\theta\sqrt{f_{ak} - 0.5\gamma}} \tag{8-5}$$

3.矩形基础

将 $p_z = \dfrac{lbp_0}{(l + 2z\tan\theta)(b + 2z\tan\theta)}$ 代入式(8-1),经过推导得:

$$z^2 + \frac{b + l}{2\tan\theta}z + \frac{bl(f_{ak} - p_0 - 0.5\gamma)}{4\tan^2\theta(f_{ak} - 0.5\gamma)} = 0$$

这是一个一元二次方程,设 $m = \dfrac{b + l}{2\tan\theta}$, $n = \dfrac{bl(f_{ak} - p_0 - 0.5\gamma)}{4\tan^2\theta(f_{ak} - 0.5\gamma)}$,则方程为:

$$z^2 + mz + n = 0 \tag{8-6}$$

由此解出最小垫层厚度:

$$z = \frac{-m + \sqrt{m^2 - 4n}}{2} \tag{8-7}$$

将计算出的最小垫层厚度 z 适当增加一定数值,代入式(8-1)检验是否满足要求,计算过程将大为简化。

8.1.3.2　垫层宽度

垫层宽度应满足基础底面压力扩散的要求,可按下式计算或根据当地经验确定。

$$b' \geqslant b + 2z\tan\theta \tag{8-8}$$

式中　b'——垫层底面宽度,m。

垫层底面每边宜超出基础底边不小于 300 mm,或从垫层底面两侧向上按当地开挖基坑经验的要求放坡确定。应防止垫层向两侧挤压而破坏侧面土质。如果垫层宽度不足,四周侧面土质又较软弱,垫层就有可能部分挤入侧面软弱土中,造成基础沉降增大。

8.1.3.3　垫层的压实标准

垫层的压实标准可按表 8-2 选用。矿渣垫层的压实系数可根据满足承载力要求的试验结果,按最后两遍压实的压实差确定。

表 8-2　各种垫层的压实标准

施工方法	换填材料类别	压实系数 λ_c
碾压、振密或夯实	碎石、卵石	≥0.97
	砂夹石(其中碎石、卵石占全重的 30%~50%)	
	土夹石(其中碎石、卵石占全重的 30%~50%)	
	中砂、粗砂、砾砂、角砾、圆砾、石屑	
	粉质黏土	≥0.97
	灰土	≥0.95
	粉煤灰	≥0.95

注:1.压实系数 λ_c 为土的控制干密度 ρ_d 与最大干密度 $\rho_{d\max}$ 的比值;土的最大干密度宜采用击实试验确定,碎石或卵石的最大干密度可取 2.1~2.2 g/cm³。

2.表中的压实系数是使用轻型击实试验测定的土的最大干密度时给出的压实控制标准,采用重型击实试验时,对粉质黏性、灰土、粉煤灰及其他材料压实标准应为压实系数 λ_c ≥0.95。

8.1.3.4 换填垫层的承载力与垫层地基变形

换填垫层的承载力宜通过现场静载荷试验确定。对于垫层下存在软弱下卧层的建筑,在进行地基变形计算时应考虑邻近建筑物荷载对软弱下卧层顶面应力叠加的影响。当超出原地面标高的垫层或垫层材料的重度大于天然土层重度时,宜及时换填,并应考虑其附加荷载的不利影响。

垫层地基的变形由垫层自身变形和下卧层变形组成。换填垫层在满足垫层厚度、压实标准设计要求的条件下,换填垫层地基的变形可仅考虑其下卧层的变形。对沉降要求严格或垫层厚的建筑,应计算垫层自身的变形。垫层下卧土层的变形量可按《建筑地基基础设计规范》(GB 50007—2011)的有关规定计算。

【例 8-1】 某建筑物承重墙下为条形基础,基础宽度 1.5 m,埋深 1 m,相应于荷载效应标准组合时上部结构传至条形基础顶面的荷载 $F_k = 247.5$ kN/m。地面下存在 5.0 m 厚的淤泥层,$\gamma = 18$ kN/m³,$\gamma_{sat} = 19$ kN/m³,淤泥层地基的承载力特征值 $f_{ak} = 80$ kPa,地下水位距地面深 1 m,试设计砂垫层。

解 (1)相应于荷载效应标准组合时基础底面平均压力值。

$$p_k = \frac{F_k + G}{b} = \frac{247.5 + 1.5 \times 1 \times 20}{1.5} = 185(\text{kPa})$$

基底附加应力为

$$p_0 = 185 - 18 \times 1 = 167(\text{kPa})$$

(2)计算垫层厚度。

条形基础,垫层材料选用中砂,先假设垫层厚度 $z/b > 0.5$,则垫层的压力扩散角 $\theta = 30°$,根据式(8-4)计算垫层厚度,即 $z = \dfrac{1.5 \times (167 - 80 + 0.5 \times 18)}{2 \times \tan 30° \times (80 - 0.5 \times 18)} = 1.76(\text{m})$,取垫层厚度 $z = 2$ m。

(3)垫层厚度验算。

$z/b = 2/1.5 = 1.33 > 0.5$,则垫层的压力扩散角 $\theta = 30°$,基础底面处土的自重压力 $p_c = 18 \times 1 = 18(\text{kPa})$。

垫层底面处的附加压力值 $p_z = \dfrac{b(p_k - p_c)}{b + 2z\tan\theta} = \dfrac{1.5 \times (185 - 18)}{1.5 + 2 \times 2 \times \tan 30°} = 65.8(\text{kPa})$

垫层底面处土的自重应力 $p_{cz} = 18 \times 1 + (19 - 10) \times 2 = 36(\text{kPa})$

$\gamma_m = \dfrac{1 \times 18 + (19 - 10) \times 2}{1 + 2} = 12(\text{kN/m}^3)$,$\eta_d = 1.0$,淤泥层地基经深度修正后的地基承载力特征值 $f_{az} = f_{ak} + \eta_d \gamma_m (d - 0.5) = 80 + 1.0 \times 12 \times (3 - 0.5) = 110(\text{kPa})$。

$p_z + p_{cz} = 65.8 + 36 = 101.8(\text{kPa}) < f_{az} = 110$ kPa,满足强度要求,垫层厚度选定为 2.0 m 是合适的。

(4)确定垫层宽度 b'。

$b' = b + 2z\tan\theta = 1.5 + 2 \times 2 \times \tan 30° = 3.81(\text{m})$,取 $b' = 3.9$ m,按 1:1.5 边坡开挖。

8.1.4 垫层施工

(1)垫层施工应根据不同的换填材料选择施工机械。粉质黏土、灰土宜采用平碾、振动碾或羊足碾;中小型工程也可采用蛙式夯、柴油夯;砂石等宜用振动碾;粉煤灰宜采用平碾、振动碾、平板振动器、蛙式夯;矿渣宜采用平板振动器或平碾,也可采用振动碾。

(2)垫层的施工方法、分层铺填厚度、每层压实遍数等宜通过试验确定。除接触下卧软土层的垫层底部应根据施工机械设备及下卧层土质条件确定厚度外,一般情况下,垫层的分层铺填厚度可取 200~300 mm。为保证分层压实质量,应控制机械碾压速度。

(3)粉质黏土和灰土垫层土料的施工含水率宜控制在最优含水率 ω_{op} ±2%的范围内,粉煤灰垫层的施工含水率宜控制在 ω_{op} ±4%的范围内。最优含水率可通过击实试验确定,也可按当地经验取用。

(4)当垫层底部存在古井、古墓、洞穴、旧基础、暗塘等软硬不均的部位时,应根据建筑对不均匀沉降的要求予以处理,并经检验合格后,方可铺填垫层。

(5)基坑开挖时应避免坑底土层受扰动,可保留约 200 mm 厚的土层暂不挖去,待铺填垫层前再挖至设计标高。严禁扰动垫层下的软弱土层,防止其被践踏、受冻或受水浸泡。在碎石或卵石垫层底部宜设置 150~300 mm 厚的砂垫层或铺一层土工织物,以防止软弱土层表面的局部破坏,同时必须防止基坑边坡塌土混入垫层。

(6)换填垫层施工应注意基坑排水,除采用水撼法施工砂垫层外,不得在浸水条件下施工,必要时应采用降低地下水位的措施。

(7)垫层底面宜设在同一标高上,如深度不同,基坑底土面应挖成阶梯或斜坡搭接,并按先深后浅的顺序进行垫层施工,搭接处应夯压密实。粉质黏土及灰土垫层分段施工时,不得在柱基、墙角及承重窗间墙下接缝。上下两层的缝距不得小于 500 mm。接缝处应夯压密实,灰土应拌和均匀并应当日铺填夯压。灰土夯压密实后 3 d 内不得受水浸泡。粉煤灰垫层铺填后宜当天压实,每层验收后应及时铺填上层或封层,防止干燥后松散起尘污染,同时应禁止车辆碾压通行。垫层竣工验收合格后,应及时进行基础施工与基坑回填。

(8)土工合成材料加筋垫层所用土工合成材料的品种与性能及填料的土类应根据工程特性和地基土条件,按照现行《土工合成材料应用技术规范》(GB/T 50290)的要求,通过现场试验后确定其适用性。

作为加筋的土工合成材料,应采用抗拉强度较高、受力时伸长率不大于 4%~5%、耐久性好、抗腐蚀的土工格栅、土工格室、土工垫或土工织物等土工合成材料;垫层填料宜用碎石、角砾、砾砂、粗砂、中砂或粉质黏土等材料。当工程要求垫层具有排水功能时,垫层材料应具有良好的透水性。

8.1.5　褥垫法

岩土混合地基是山区的一种常见地基,特别是石芽密布并露出地基以及大块孤石地基,一般都要进行处理,否则极易引起建筑物的不均匀沉降,造成工程事故,而褥垫法就是处理这种地基的一种简易、可靠、经济的方法。

8.1.5.1　原理

褥垫法的作用在于合理调整地基的压缩性,当建筑物的基槽中地基岩土软硬差别很大时,可在压缩性低的部位上铺设一定厚度的可压缩的材料(褥垫)与压缩性较高的部位的地基变形相适应,以减少沉降差,从而调整岩土交界部位地基的相对变形,避免该处由于应力过于集中而使建筑物墙体出现裂缝。

8.1.5.2　褥垫构造

对于大块孤石或石芽出露的地基,当其周围土层承载力特征值大于 150 kPa 时,或房屋为单层排架结构或 1~3 层砌体承重结构时,宜将大块孤石或石芽顶部削低,铺填 0.3~0.5 m 厚的褥垫,其结构如图 8-1 所示。对于多层砌体承重结构,则应根据土质情况,建筑物对地基变形的要求,适当调整建筑物平面位置或采用桩基、梁、拱跨越等,在地基压缩性差异大的部位宜结合建筑平面形状、荷载条件设置沉降缝等措施进行处理。

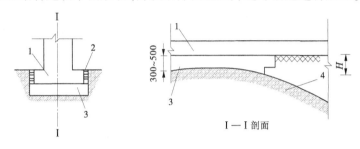

1—基础;2—沥青层;3—褥垫;4—基岩

图 8-1　褥垫构造

8.1.5.3　褥垫施工

(1)首先把基底出露的岩石凿击一定的厚度并呈斜面状,使基槽略大于基础宽度,并在基础与岩石之间涂上沥青。

(2)铺填可压缩性褥垫材料,并分层压(夯)实,采用黏性土时,应防止水泥浆渗入胶结;利用炉渣(颗粒级配相当于角砾)、粗中砂作褥垫时,不仅调整幅度大,而且不受水的影响,性能较稳定,其效果最佳。

(3)褥垫层厚度由所调整的沉降量而定,一般 30~50 cm,或由沉降计算确定。

(4)褥垫的夯填度可用夯填密度 ρ_n(夯实后厚度与虚铺厚度之比)来控制施工质量,ρ_n 应根据设计要求和现场试验来确定,当无资料时,可参考下列数值控制施工质量:

中砂与粗砂:0.87±0.05;土夹石(其中砾石含量为 20%~30%):0.70±0.05;煤灰渣:0.65±0.05。

8.1.5.4　褥垫法应注意问题

由于褥垫厚度较薄,施工时表面外露,下面是岩层,易于进水,且难于下渗,它既不同于天然地基,也不同于大面积填土地基,褥垫遇到雨水容易聚集而泡软,变位流塑性大,蒸发时补给水分不足容易失水固结,这些情况如果不注意,处理效果就会很差。在用作褥垫的材料中,炉渣(颗粒级配相当于角砾时)调整沉降的幅度较大,而且受水的影响较小,性质比较稳定,所以效果最好。利用黏性土做褥垫,调整沉降虽然灵活性大,但应采用防止水分渗入的措施,以免影响褥垫的质量,如采用软散材料做褥垫,浇灌混凝土基础时应防止水泥浆渗入胶结,以免褥垫失去作用。

8.2　预压地基

预压地基是在建筑物建造前,对建筑物场地进行预压,使土体中的水通过竖井或塑料排水带排出,逐渐固结,地基发生沉降,同时强度逐步提高的方法。预压地基分为堆载预压地基、真空预压地基、真空-堆载联合预压地基。

8.2.1　堆载预压地基

堆载预压就是在建筑物建造前,在建筑场地进行加载预压,使地基的固结沉降基本完成,提高地基土强度的方法。对于在持续荷载下体积发生很大的压缩和强度会增长的土,而又有足够的时间进行压缩时,这种方法特别适用。为了加速压缩过程,可采用比建筑物重量大的所谓超载进行预压。堆载预压法包括砂井堆载预压法、袋装砂井预压法、塑料排水板预压法。

8.2.1.1　堆载预压法的组成

堆载预压法由加压系统和排水系统两部分共同组合而成。

1.排水系统

排水系统主要在于改变地基原有的排水边界条件,增加孔隙水排出的途径,缩短排水距离。该系统是由水平排水垫层和竖向排水体构成的。当软土层较薄,或土的渗透性较好而施工期允许较长时,可仅在地面铺设一定厚度的砂垫层,然后加载,土层中的水沿竖向流入砂垫层而排出。当工程上遇到透水性很差的深厚软土层时,可在地基中设置竖井等竖向排水体,地面连以排水砂垫层,构成排水系统。

2.加压系统

加压系统是起固结作用的荷载。它使地基土的固结压力增加而产生固结。排水系统是一种手段,如没有加压系统,孔隙中的水没有压力差就不会自然排出,地基也就得不到加固。如果只增加固结压力,不缩短土层的排水距离,则不能在预压期间尽快地完成设计所要求的沉降量,强度不能及时提高,加载也就不能顺利进行。所以上述两个系统,在设计时总是联系起来考虑的。

对重要工程,应预先在现场选择试验区进行预压试验,在预压过程中应进行竖向变形、侧向位移、孔隙水压力等项目的观测以及原位十字板剪切试验。根据试验区获得的资料分析地基的处理效果,与原设计预估值比较,对设计作必要的修正,并指导全场的设计和施工。对主要以沉降控制的建筑,如冷藏库、机场跑道等,当地基经预压达到80%以上时,方可卸载;对主要以地基承载力或抗滑稳定性控制的建筑,在地基土经预压增长的强度满足设计要求后,方可卸载。

8.2.1.2　堆载预压法设计要点

1.排水竖井体

1)确定竖井或塑料排水带直径

竖井直径主要取决于土的固结性和施工期限的要求。竖井分普通竖井、袋装竖井和塑料排水带,普通竖井直径可取300~500 mm,袋装竖井直径可取70~120 mm,塑料排水

带的当量换算直径可按下式计算:

$$d_p = \frac{2(b + \delta)}{\pi}$$ (8-9)

式中　d_p——塑料排水带当量换算直径,mm;

　　　b——塑料排水带宽度,mm;

　　　δ——塑料排水带厚度,mm。

2) 排水竖井或塑料排水带间距

竖井或塑料排水带的间距可根据地基土的固结特性和预定时间内所要求达到的固结度确定。通常竖井的间距可按井径比 n ($n = \frac{d_e}{d_w}$, d_e 为竖井的有效排水圆柱体直径, d_w 为竖井直径)确定。普通竖井的间距可按 $n = 6 \sim 8$ 选用;袋装竖井或塑料排水带的间距可按 $n = 15 \sim 22$ 选用。

3) 竖井的排列方式

竖井的平面布置可采用等边三角形或正方形排列。竖井的有效排水直径 d_e 和竖井间距 s 的关系可按下列规定取用:等边三角形布置 $d_e = 1.05s$;正方形布置 $d_e = 1.13s$ 。

4) 竖井深度

竖井深度应根据建筑物对地基的稳定性和变形要求确定。对以地基抗滑稳定性控制的工程,竖井深度至少应超过最危险滑动面以下 2 m。对以沉降控制的建筑物,如压缩土层厚度不大,竖井宜贯穿压缩层。对深度大的压缩土层,竖井深度应根据在限定的预压时间内消除的变形量确定,若施工设备条件达不到设计深度,则可采用超载预压等方法来满足工程要求。若软土层厚度不大或软土层含较多薄粉砂夹层,预计固结速率能满足工期要求时,可不设置竖向排水体。

2. 水平排水砂层

预压处理地基必须在地表铺设与排水竖井相连的砂垫层,砂垫层应符合如下要求:①厚度不应小于 500 mm;②砂垫层砂料宜用中粗砂,黏粒含量不应大于 3%,砂料中可混有少量粒径小于 50 mm 的砾石。砂垫层的干密度应大于 1.5 g/cm³,其渗透系数应大于 1×10^{-2} cm/s。在预压区边缘应设置排水沟,在预压区内宜设置与砂垫层相连的排水盲沟。

3. 预压荷载大小、范围、速率

1) 加载数量

预压荷载大小应根据设计要求确定。对于沉降有严格限制的建筑,应采用超载预压法处理,超载量大小应根据预压时间内要求完成的变形量通过计算确定,并宜使预压荷载下受压土层各点的有效竖向应力大于建筑物荷载引起的相应点的附加应力。

2) 加荷范围

预压荷载顶面的范围应等于或大于建筑物基础外缘所包围的范围,以保证建筑物范围内的地基得到均匀加固。

3) 加载速率

加载速率应根据地基土的强度确定。当天然地基土的强度满足预压荷载下地基的稳定性要求时,可一次性加载,否则应分级逐渐加载,待前期预压荷载下地基土的强度增长满足下一级荷载下地基的稳定性要求时方可加载。

4.地基的固结度

在一级或多级等速加载条件下,t 时间对应总荷载的地基平均固结度可按下式计算:

$$U_t = \sum_{i=1}^{n} \frac{q_i}{\sum \Delta p} \left[(T_i - T_{i-1}) - \frac{\alpha}{\beta} e^{-\beta t} (e^{\beta T_i} - e^{\beta T_{i-1}}) \right] \tag{8-10}$$

式中　　U_t —— t 时间地基的平均固结度;

　　　　q_i —— 第 i 级荷载的加载速率,kPa/d;

　　　　$\sum \Delta p$ —— 各级荷载的累加值,kPa;

　　　　T_{i-1}、T_i —— 第 i 级荷载的起始时间和终止时间,d(从零点起算),当计算第 i 级荷载过程中某时间 t 的固结度时, T_i 改为 t ;

　　　　α、β —— 参数,按表 8-3 采用。

表 8-3　α、β 值

参数	排水固结条件		
	竖向排水固结 $\bar{U}_z > 30\%$	向内径向排水固结	竖向和向内径向排水固结（竖井贯穿受压土层）
α	$\dfrac{8}{\pi^2}$	1	$\dfrac{8}{\pi^2}$
β	$\dfrac{\pi^2 C_v}{4H^2}$	$\dfrac{8C_h}{F_n d_e^2}$	$\dfrac{8C_h}{F_n d_e^2} + \dfrac{\pi^2 C_v}{4H^2}$

注:C_v 为土的竖向排水固结系数,cm²/s;C_h 为土的水平排水固结系数,cm²/s;H 为土层竖向排水距离,cm,双面排水时,H 为土层厚度的一半,单面排水时,H 为土层厚度;$\bar{U}_z$ 为双面排水土层或固结应力均匀分布的单面排水土层平均固结度;$F_n = \dfrac{n^2}{n^2 - 1} \ln n - \dfrac{3n^2 - 1}{4n^2}$。

表 8-3 中的 β 为竖井地基不考虑涂抹和井阻影响的参数值。当排水竖井采用挤土方式施工且竖井较长,而当竖井的纵向通水量与天然土层水平向渗透系数之比又较小时,应考虑涂抹和井阻对土体固结的影响。瞬时加载条件下,竖井地基径向排水平均固结度可按下式计算:

$$\bar{U}_r = 1 - e^{\frac{8c_h t}{F d_e^2}} \tag{8-11}$$

$$F = F_n + F_s + F_r \tag{8-12}$$

$$F_n = \ln n - \frac{3}{4} \quad (n \geqslant 15) \tag{8-13}$$

$$F_s = \left(\frac{K_h}{K_s} - 1 \right) \ln s \tag{8-14}$$

$$F_r = \frac{\pi L^2 K_h}{4 q_w} \tag{8-15}$$

式中　$\bar{U}_r$——固结时间时竖井地基径向排水平均固结度；

　　　K_h——天然土层水平向渗透系数，cm/s；

　　　K_s——涂抹区土的水平向渗透系数，cm/s，可取 $K_s = (\frac{1}{5} \sim \frac{1}{3}) K_h$；

　　　s——涂抹区直径与竖井直径的比值，可取 $s = 2.0 \sim 3.0$，对中等灵敏黏性土取低
　　　　　值，对高灵敏黏性土取高值；

　　　L——竖井深度，cm；

　　　q_w——竖井纵向通水量，为单位水力梯度下单位时间的排水量，cm²/s。

一级或多级等速加荷条件下，考虑涂抹和井阻影响时竖井穿透受压土层地基之平均

固结度可按式(8-10)计算，其中 $\alpha = \dfrac{8}{\pi^2}$，$F = \dfrac{8C_h}{Fd_e^2} + \dfrac{\pi^2 C_v}{4H^2}$。

【例 8-2】　某大面积饱和软土层，厚度 $H = 10$ m，下卧层为不透水层，采用竖井堆载
预压进行处理，竖井打到不透水层，竖井直径为 35 cm，间距为 200 cm，正三角形布置，土
的竖向固结系数 $C_v = 1.6 \times 10^{-3}$ cm²/s，水平排水固结系数 $C_h = 3.0 \times 10^{-3}$ cm²/s，在大面积荷
载 150 kPa 作用下，加荷时间为 5 d，求 60 天的固结度(不考虑涂抹和井阻影响)。

解　(1) $d_e = 1.05l = 1.05 \times 200 = 210$(cm)，井径比 $n = \dfrac{d_e}{d_w} = \dfrac{210}{35} = 6.0$。

(2) $F_n = \dfrac{n^2}{n^2 - 1}\ln n - \dfrac{3n^2 - 1}{4n^2} = 1.1$。

(3) $\alpha = \dfrac{8}{\pi^2} = 0.81$，$\beta = \dfrac{8C_h}{F_n d_e^2} + \dfrac{\pi^2 C_v}{4H^2} = \dfrac{8 \times 3 \times 10^{-3}}{1.1 \times 210^2} + \dfrac{3.14^2 \times 1.6 \times 10^{-3}}{4 \times 1\,000^2} = 0.498\,687 \times$

$10^{-6}(\text{s}^{-1}) = 0.043\,086(\text{d}^{-1})$。

(4) $T_{i-1} = 0$，$T_i = 5$ d，$t = 60$ d，$q_i = \dfrac{150}{5} = 30$(kPa/d)，$\sum \Delta p = 150$ kPa。

$$U_t = \sum_{i=1}^{n} \frac{q_i}{\sum \Delta p}\left[(T_i - T_{i-1}) - \frac{\alpha}{\beta}e^{-\beta t}(e^{\beta T_i} - e^{\beta T_{i-1}})\right]$$

$$= \frac{30}{150}\left[(5 - 0) - \frac{0.81}{0.043\,086} \times e^{-0.043\,086 \times 60}(e^{0.043\,086 \times 5} - e^{0.043\,086 \times 0})\right] = 0.932 = 93.2\%。$$

5.预压地基的最终竖向变形量

预压荷载下地基的最终竖向变形量可按下式计算：

$$s = \xi \sum_{i=1}^{n} \frac{e_{0i} - e_{1i}}{1 + e_{0i}} h_i \tag{8-16}$$

式中　s——最终竖向变形量，m；

　　　e_{0i}——第 i 层中点土自重应力所对应的孔隙比，由室内固结试验曲线查得；

　　　e_{1i}——第 i 层中点土自重应力与附加应力之和所对应的孔隙比，由室内固结试验
　　　　　曲线查得；

　　　h_i——第 i 层土层厚度，m；

ξ——经验系数,对正常固结饱和黏性土地基,可取 ξ = 1.1~1.4,荷载较大或地基
软弱土层厚度大时,取较大值。

变形计算时,可取附加应力与土自重应力的比值为 0.1 的深度作为压缩层的计算深
度。

8.2.1.3 加载预压地基施工工艺

1.水平排水垫层施工

(1)当地基表层有一定厚度的硬壳层,其承载力较好,能上一般运输机械时,一般采
用机械分堆摊铺法,即先堆成若干砂堆,然后用机械或人工摊平。

(2)当硬壳层承载力不足时,一般采用顺序摊铺法。

(3)当软土地基表面很软,如新沉积或新吹填不久的超软地基,首先要改善地基表面
的持力条件,使其能上施工人员和轻型运输工具。

(4)尽管对超软层地基表面采取了加强措施,持力条件仍然很差,一般轻型机械上不
去,在这种情况下,通常采用人工或轻便机械顺序推进铺设。

2.竖向排水体施工

竖井排水体施工一般先在地基中成孔,再在孔内灌砂形成竖井。竖井灌砂量,应按井
孔的体积和砂在中密时的干密度计算,其实际灌砂量不得小于计算值的95%。灌入沙袋
的砂宜用干砂,并应灌制密实,沙袋放入孔内至少应高出孔口 200 mm,以便埋入砂垫层
中。竖井排水体施工方法有振动沉管法、射水法、螺旋钻成孔法和爆破法四种。

1)振动沉管法

振动沉管法是以振动锤为动力,将套管沉到预定深度,灌砂后振动、提管形成竖井。
采用该法施工不仅避免了砂随管带上,保证竖井的密实性,同时砂受到振密,竖井质量较
好。

2)射水法

射水法是指利用高压水通过射水管形成高速水流的冲击和环刀的机械切削,使土体
破坏,并形成一定直径和深度的竖井孔,然后灌砂而成竖井。射水成孔工艺,对土质较好
且均匀的黏性土地基是较适用的。但对土质很软的淤泥,因成孔和灌砂过程中容易缩孔,
很难保证竖井的直径和连续性。对夹有粉砂薄层的软土地基,若压力控制不严,易在冲水
成孔时出现串孔,对地基扰动较大。射水法成井的设备比较简单,对土的扰动较小,但在
泥浆排放、塌孔、缩颈、串孔、灌砂等方面都还存在一定的问题。

3)螺旋钻孔成孔法

螺旋钻孔成孔法是用动力螺旋钻孔,属于干钻法施工,提钻后孔内灌砂成形。此法适
用于陆上工程、竖井长度在 10 m 以内,土质较好,不会出现缩颈和塌孔现象的软弱地基。
此法在美国应用较广泛,该工艺所用设备简单而机动,成孔比较规整,但灌砂质量较难掌
握,对很软弱的地基也不太适用。

4)爆破法

爆破法是先用直径 73 mm 的螺纹钻钻成一个竖井所要求设计深度的孔,在孔中放置
由传爆线和炸药组成的条形药包,爆破后将孔扩大,然后往孔内灌砂形成竖井。这种方法
施工简易,不需要复杂的机具,适用于深度为 6~7 m 的浅竖井。

3.袋装竖井施工

袋装竖井是用具有一定伸缩性和抗拉强度很高的聚丙烯或聚乙烯编织袋装满砂子,它基本上解决了大直径竖井中所存在的问题,使竖井的设计和施工更加科学化,保证了竖井的连续性。打设设备实现了轻型化,比较适用于在软弱地基上施工,用砂量大为减少,施工速度快,工程造价低,是一种比较理想的竖向排水体。

沙袋中的砂用洁净的中砂,沙袋的直径、长度和间距,应根据工程对固结时间的要求、工程地质情况等通过固结理论计算确定。袋装竖井常用的直径为 70 mm。其长度主要取决于软土层的排水固结效果,而排水固结效果与固结压力的大小成正比。由于在地基中固结应力随着深度而逐渐减小,所以袋装竖井有一个最佳有效长度,竖井不一定打穿整个压缩层。然而当软土层不太厚或软土层下面又有砂层,且施工机具又具备深层打入能力时,则竖井可尽可能地打穿软土层,这对排水固结有利。

4.塑料排水带施工

塑料排水带的滤膜应有良好的透水性,塑料排水带应具有足够的湿润抗拉强度和抗弯曲能力。

插带机械:用于插设塑料排水带的机械种类很多。有专门机械,也有用挖掘机、起重机、打桩机及袋装竖井打设机械改装的。有轨道式、轮胎式、链条式、履带式和步履式等多种形式。

塑料排水带管靴与桩尖:一般打设塑料带的导管靴有圆形和矩形两种。由于导管靴断面不同,所用桩尖各异,并且一般都与导管分离。桩尖主要作用是在打设塑料带过程中防止淤泥进入导管内,并且对塑料带起锚定作用,防止提管时将塑料带拔出。

8.2.2　真空预压地基

真空预压地基是在需要加固的软黏土地基内设置竖井或塑料排水带,然后在地面铺设砂垫层,再在其上覆盖一层不透气的密封膜使之与大气隔绝,通过埋设于砂垫层中的吸水管道,用真空泵抽气使膜内保持较高的真空度,在土的孔隙水中产生负的孔隙水压力,孔隙水逐渐被排出从而达到预压效果。施工时,必须采取措施防止漏气,才能保证必要的真空度,其作用原理如图 8-2 所示。

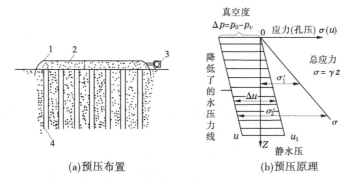

(a)预压布置　　　　　　　(b)预压原理

1—隔断幕;2—铺砂;3—真空泵;4—垂直排水体

图 8-2　真空预压地基原理示意图

真空预压处理地基必须设置排水竖井。设计内容包括：竖井断面尺寸、间距、排列方式和深度的选择；预压区面积和分块大小；真空预压工艺；要求达到的真空度和土层的固结度；真空预压和建筑物荷载下地基的变形计算；真空预压后地基土的强度增长计算等。

（1）竖向排水体尺寸。

采用真空预压法处理地基必须设置竖井或塑料排水带。竖向排水体可采用直径为 70 mm 的袋装竖井，也可采用普通竖井或塑料排水带。竖井或塑料排水带的间距可按照加载预压法设计的竖井或塑料排水带间距选用。真空预压竖向排水通道宜穿透软土层，但不应进入下卧透水层。软土层厚度较大且以地基抗滑稳定性控制的工程，竖向排水通道的深度至少应超过最危险滑动面 3.0 m。对以变形控制的工程，竖井深度应根据在限定的预压时间内需完成的变形量确定，且宜穿透主要受压土层。竖井的砂料应采用中粗砂，其渗透系数宜大于 $1×10^{-2}$ cm/s。

（2）预压区面积和分块大小。

采用真空预压处理地基时，真空预压的总面积不得小于建筑物基础外缘所包围的面积。当真空预压加固面积较大时，宜采取分区加固，分区面积宜为 20 000~40 000 m^2。每块预压区面积宜尽可能大且相互连接，因为这样可加快工程进度和消除更多的沉降量。两个预压区的间隔也不宜过大，需根据工程要求和土质决定，一般以 2~6 m 较好。

（3）膜内真空度。

真空预压效果与密封膜下所能达到的真空度大小关系极大。当采用合理的施工工艺和设备时，真空预压的膜下真空度应稳定地保持在 650 mmHg 以上，且应均匀分布，竖井深度范围内土层的平均固结度应大于 90%。当表层存在良好的透气层或在处理范围内有充足水源补给的透水层时，应采取有效措施隔断透气层或透水层。

（4）变形计算。

真空预压地基最终竖向变形可按式（8-16）计算，其中 ξ 可取 0.8~0.9。

8.2.3　真空-堆载联合预压地基

当建筑物的荷载超过真空预压的压力，且建筑物对地基变形有严格要求时，可采用真空-堆载联合预压，其总压力宜超过建筑物的竖向荷载。

8.2.3.1　设计要点

（1）当设计地基预压荷载大于 80 kPa 时，应在真空预压抽真空的同时再施加定量的堆载。

（2）堆载体的坡肩线宜与真空预压边线一致。

（3）对于一般软黏土，当膜下真空度稳定地达到 650 mmHg 后，抽真空 10 d 左右可进行上部堆载施工，即边抽真空，边施加堆载。对于高含水率的淤泥类土，当膜下真空度稳定地达到 650 mmHg 后，一般抽真空 20~30 d 可进行堆载施工。

（4）当堆载较大时，真空-堆载联合预压法应提出荷载分级施加要求，分级数应根据地基土稳定计算确定。分级逐渐加载时，应待前期预压荷载下地基土的强度增长满足下一级荷载下地基的稳定性要求时方可加载。

（5）真空-堆载联合预压以真空预压为主时，最终竖向变形可按式（8-16）计算，其中 ξ

可取 0.9。

8.2.3.2　施工要点

（1）采用真空-堆载联合预压时，先进行抽真空，当真空压力达到设计要求并稳定后，再进行堆载，并继续抽真空。

（2）堆载前需在膜上铺设土工编织布等保护层。保护层可采用编织布或无纺布等，其上铺设 100~300 mm 厚的砂垫层。

（3）堆载时，应采用轻型运输工具，并不得损坏密封膜。

（4）在进行上部堆载施工时，应密切观察膜下真空度的变化，发现漏气应及时处理。

（5）堆载加载过程中，应满足地基稳定性控制要求。在加载过程中应进行竖向变形、边缘水平位移及孔隙水压力等项目的监测，并应满足如下要求：①地基向加固区外的侧移速率不大于 5 mm/d；②地基沉降速率不大于 30 mm/d；③根据上述观察资料综合分析、判断地基的稳定性。

（6）真空-堆载联合预压施工除上述规定外，尚应符合堆载预压和真空预压的有关规定。

8.3　压实地基和夯实地基

8.3.1　压实地基

8.3.1.1　压实地基处理的基本要求

压实地基是指大面积填土经处理后形成的地基。当利用压实填土作为建筑工程的地基持力层时，应根据结构类型、填料性能和现场条件等，对拟压实的填土提出质量要求。未经检验查明以及不符合质量要求的压实填土，均不得作为建筑工程的地基持力层；对大型的、重要的或场地地层复杂的工程，在正式施工前应通过现场试验确定其处理效果。

8.3.1.2　压实填土的设计要点

1.压实填土的填料

压实填土的填料可选用粉质黏性土、灰土、粉煤灰，级配良好的砂土或碎石土，土工合成材料，质地坚硬、性能稳定、无腐蚀性和放射性危害的工业废料等，并应符合下列规定：①以砾石、卵石或块石作填料时，分层压实时其最大粒径不宜大于 200 mm，分层夯实时其最大粒径不宜大于 400 mm；②以粉质黏性、粉土作填料时，其含水率宜为最优含水率，可采用击实试验确定；③挖高填低或开山填沟的土料和石料应符合设计要求；④不得使用淤泥、耕土、冻土、膨胀性土及有机质含量大于 5% 的土。

2.压实施工方法选择

压实填土包括分层压实和分层夯实的填土。施工时，应根据建筑体型、结构与荷载特点、场地土层条件、变形要求及填料等综合分析后选择施工方法并进行压实地基的设计。碾压法用于地下水位以上填土的压实；振动压实法用于振实非黏性土或黏粒含量少、透水性较好的松散填土地基；(重锤)夯实法主要适用于稍湿的杂填土、黏性土、砂性土、湿陷性黄土和碎石土、砂土、粗粒土与低饱和度细粒土的分层填土等地基。

碾压法和振动压实法施工时应根据压实机械的压实能量、地基土的性质、压实系数和施工含水率等来控制,选择适当的碾压分层厚度和碾压遍数。碾压分层厚度、碾压遍数、碾压范围和有效加固深度等施工参数宜由现场试验确定,初步设计时按表8-4确定。

表 8-4　填土每层铺填厚度及压实遍数

施工设备	每层铺填厚度(mm)	每层压实遍数
平碾(8~12 t)	200~300	6~8
羊足碾(5~16 t)	200~350	8~16
振动碾(8~15 t)	500~1 200	6~8
冲击碾压(冲击势能 15~25 kJ)	600~1 500	20~40

重锤夯实法常用锤重为 1.5~3.2 t,落距为 2.5~4.5 m,夯打遍数一般取 6~10 遍。宜通过试夯确定施工方案,试夯的层数不宜小于两层。当最后两遍的平均夯沉量对于黏性土和湿陷性黄土等一般不大于 1.0~2.0 cm,对于砂性土等一般不大于 0.5~1.0 cm,即可停止施工。

8.3.1.3　压实填土施工质量控制

压实填土的质量以压实系数控制,压实系数 λ_c 是指土的干密度与最大干密度之比,计算公式为:

$$\lambda_c = \frac{\rho_d}{\rho_{d\max}} \qquad (8\text{-}17)$$

式中　　ρ_d ——现场土的实际控制干密度,g/cm^3;

　　　　$\rho_{d\max}$ ——土的最大干密度,g/cm^3。

土的最大干密度通过实验室测定,当无试验资料时,可按下式估算:

$$\rho_{d\max} = \eta \frac{\rho_w G_s}{1 + 0.01\omega_{op} G_s} \qquad (8\text{-}18)$$

式中　　ρ_w ——水的密度,g/cm^3;

　　　　η ——经验系数,黏性土取 0.95,粉质黏性土取 0.96,粉土取 0.97;

　　　　G_s ——土的比重;

　　　　ω_{op} ——土的最优含水率,%。

压实填土的压实系数应根据结构类型和压实填土所在部位,按表8-5的要求确定。

表 8-5　压实填土的质量控制

结构类型	填土部位	压实系数 λ_c	控制含水率(%)
砌体承重结构和框架结构	在地基主要受力层范围内	≥0.97	$\omega_{op} \pm 2$
	在地基主要受力层范围以下	≥0.95	
排架结构	在地基主要受力层范围内	≥0.96	
	在地基主要受力层范围以下	≥0.94	

8.3.1.4　压实填土地基承载力特征值

填土地基承载力特征值应根据现场静载荷试验确定,或可通过动力触探、静力触探等试验,并结合静载荷结果确定,同时应验算软卧下卧层承载力是否满足要求。

8.3.2　夯实地基

夯实地基是指采用强夯法或强夯置换法处理的地基。强夯法是将很重的锤(一般为 8~30 t,最重达 200 t),从高处自由落下(一般为 6~30 m,最高达 40 m),给地基以强大冲击能量的夯击,使土中出现冲击波和很大应力,迫使土体中孔隙压缩,排除孔隙中的气和水,使土粒重新排列,迅速固结,从而提高地基土的强度并降低其压缩性的地基加固方法。强夯法适用于处理碎石、砂土、低饱和度的粉土与黏性土、湿陷性黄土、杂填土和素填土等地基。由于该法简单、快速和经济,在实践中已被证实为一种较好的地基处理方法而得到广泛应用。

对高饱和度的粉土与黏性土等地基,采用在夯坑内回填块石、碎石或其他粗颗粒材料的方法,称为强夯置换法。

8.3.2.1　强夯法设计要点

采用强夯法加固松软地基一定要根据现场的地质条件和工程的使用要求,正确地选定强夯参数,才能达到经济而有效的目的。强夯设计参数包括夯锤重与落距、夯击点的布置与间距、夯击遍数、两遍间的间歇时间和加固范围等。

1.夯锤重与落距

夯锤重与落距是影响夯击能和加固深度的重要因素。夯锤重与落距越大,加固效果越好。我国夯锤一般为 10~25 t,最大夯锤为 40 t。夯锤确定后,根据要求的单点夯击能量,就能确定夯锤的落距。我国通常采用的落距为 8~20 m。对相同的夯击能量,常选用大落距的施工方案,这是因为增大落距可获得较大的接地速度,能将大部分能量有效地传到地下深处,增加深层夯实效果,减少消耗在地表土层塑性变形的能量。

加固区影响深度与夯锤的重量、夯锤的落高有关,按以下经验公式估算:

$$X = m\sqrt{WH/10} \tag{8-19}$$

式中　X——加固区的影响深度,m;

　　　W——夯锤的重量,kN;

　　　H——夯锤的落高,m;

　　　m——经验系数,它与地基土的性质及厚度有关,砂类土、碎石类土 $m = 0.4 \sim 0.45$;粉土、黏性土及湿陷性黄土 $m = 0.35 \sim 0.40$。《建筑地基处理技术规范》(JGJ 79—2012)规定,由于影响 m 值变化的因素很多,应由现场试验或邻近地区的强夯经验来确定。

整个加固场地的总夯击能量(夯锤重×落距×总夯击数)除以加固面积称为单位夯击能。强夯的单位夯击能应根据地基土类别、结构类型、荷载大小和要求处理的深度等综合考虑,并可通过现场试验确定。过大的夯击能可能会引起地基土的破坏和强度的降低,所以夯击能应控制在容许范围值内。根据经验,粗粒土单位夯击能可取 1 000~5 000 kN·m/m²,细粒土则为 1 500~6 000 kN·m/m²,淤泥质土和泥炭土应小于 3 000 kN·m/m²。

2.夯击点的布置与间距

夯击点位置可根据基底平面形状,采用等边三角形、等腰三角形或正方形布置。第一遍夯击点间距可取夯锤直径的 2.5~3.5 倍,第二遍夯击点位于第一遍夯击点之间。以后各遍夯击点间距可适当减小。对处理深度较深或单击夯击能较大的工程,第一遍夯击点间距宜适当增大。

3.夯击遍数

夯击遍数应根据地基土的性质确定,可采用点夯 2~4 遍。对于渗透性较差的细颗粒土,必要时夯击遍数可适当增加。最后再以低能量满夯 1~2 遍,满夯可采用轻锤或低落距锤多次夯击,锤印搭接。

4.两遍间的间歇时间

两遍夯击之间应有一定的时间间隔,间隔时间取决于土中超静孔隙水压力的消散时间。当缺少实测资料时,可根据地基土的渗透性确定,对于渗透性较差的黏性土地基,间隔时间不应少于 3~4 周;对于渗透性好的地基,可连续夯击。

5.加固范围

强夯处理范围应大于建筑物基础范围,每边超出基础外缘的宽度宜为基底下设计处理深度的 1/2~2/3,并不宜小于 3 m。对于可液化地基,扩大范围不应小于可液化土层厚度的 1/2,并不应小于 5 m;对湿陷性黄土地基,尚应符合现行《湿陷性黄土地区建筑规范》(GB 50025)的有关规定。

【例 8-3】 某湿陷性黄土地基厚度 6 m,采用强夯法处理,拟采用圆底夯锤,质量为 10 t, $m = 0.5$,采用多大落距才能满足加固要求?

解 加固影响深度 $X = m\sqrt{WH/10}$,将 $X = 6$ m 代入得到: $H = \left(\dfrac{X}{m}\right)^2 \times \dfrac{10}{W} = \left(\dfrac{6}{0.5}\right)^2 \times$

$\dfrac{10}{10 \times 9.81} = 14.68(\text{m})$,施工时可选取 15 m。

8.3.2.2 强夯法的施工工艺

1.平整场地

强夯施工前应查明场地范围内的地下构筑物和各处地下管线的位置及标高等,采取必要的措施,避免因强夯施工造成损坏,应估计强夯后可能产生的平均地面变形,并以此确定地面高程,然后用推土机推平。

2.垫层铺设

强夯前要求拟加固的场地必须具有一层稍硬的表层,使其能支承起重设备,并便于对所施工的夯击能得到扩散,同时也可加大地下水位与地表面的距离,因此有时必须铺设垫层。对场地地下水位在 -2 m 深度以下的沙砾石层,可直接施行强夯,无须铺设垫层。地下水位较高的饱和黏性土与易于液化流动的饱和砂土,都需要铺设砂、沙砾或碎石垫层才能进行强夯,否则土体会发生流动。垫层厚度随场地的土质条件、夯锤重量及其形状等条件而定。当场地土质条件好,夯锤小或形状构造合理,起吊时吸力小者,也可减少垫层厚度。垫层厚度一般为 0.5~2.0 m,用推土机推平并来回碾压。

3.强夯施工

强夯施工可按下列步骤进行：

(1)清理并平整施工场地；

(2)标出第一遍夯点位置，并测量场地高程；

(3)起重机就位，使夯锤对准夯点位置；

(4)测量夯前锤顶高程；

(5)将夯锤起吊到预定高度，待夯锤脱钩自由下落后，放下吊钩，测量锤顶高程，若发现因坑底倾斜而造成夯锤歪斜时，应及时将坑底整平；

(6)重复步骤(5)，按设计规定的夯击数及控制标准，完成一个夯点的夯击；

(7)重复步骤(3)~(6)，完成第一遍全部夯点的夯击；

(8)用推土机将夯坑填平，并测量场地高程；

(9)在规定的间隔时间后，按上述步骤逐次完成全部夯击遍数，最后用低能量满夯，将场地表层松土夯实，并测量夯后场地高程。夯击时，落锤应保持平稳，夯位应准确，夯击坑内积水应及时排除。坑底含水率过大时，可铺设砂石后再进行夯击。

4.安全措施

①当强夯施工时所产生的振动，对邻近建筑物或设备产生有害影响时，应采取防振或隔振措施；②为防止飞石伤人，现场工作人员应戴安全帽。夯击时，所有人员应退到安全线以外。

8.3.2.3　强夯置换法

强夯置换地基的设计应符合下列规定：

(1)强夯置换墩的深度由土质条件决定，除厚层饱和粉土外，应穿透软土层，到达较硬土层上。深度不宜超过 10 m。

(2)强夯置换法的单击夯击能应根据现场试验确定。

(3)墩体材料可采用级配良好的块石、碎石、矿渣、建筑垃圾等坚硬粗颗粒材料，粒径大于 300 mm 的颗粒含量不宜超过全重的 30%。

(4)夯点的夯击次数应通过现场试夯确定，且应同时满足下列条件：①墩底穿透软弱土层，且达到设计墩长；②累计夯沉量为设计墩长的 1.5~2.0 倍；③最后两击的平均夯沉量不大于《建筑地基处理技术规范》(JGJ 79—2012)的规定数值。

(5)墩位布置宜采用等边三角形或正方形。对于独立基础或条形基础，可根据基础形状与宽度相应布置。

(6)墩间距应根据荷载大小和原土的承载力选定，当满堂布置时可取夯锤直径的 2~3 倍。对于独立基础或条形基础，可取夯锤直径的 1.5~2.0 倍。墩的计算直径可取夯锤直径的 1.1~1.2 倍。

(7)当墩间净距较大时，应适当提高上部结构和基础的刚度。

(8)强夯置换处理范围应大于建筑物基础范围，每边超出基础外缘的宽度宜为基底下设计处理深度的 1/2~2/3，并不宜小于 3 m。对可液化地基，扩大范围不应小于可液化土层厚度的 1/2，并不应小于 5 m。

(9)墩顶应铺设一层厚度不小于 500 mm 的压实垫层，垫层材料可与墩体相同，粒径不宜大于 100 mm。

（10）强夯置换设计时,应预估地面抬高值,并在试夯时校正。

（11）确定软黏性土中强夯置换墩地基承载力特征值时,可只考虑墩体,不考虑墩间土的作用,其承载力应通过现场单墩载荷试验确定,对饱和粉土地基可按复合地基考虑,其承载力可通过现场单墩复合地基载荷试验确定。

8.4　复合地基理论

8.4.1　复合地基概念

所谓复合地基,是指在地基处理过程中部分土体得到增强、被置换或在天然地基中设置加筋材料,加固区是由基体(天然地基土体)和增强体(竖向桩体或水平加筋材料)两部分组成的人工地基。复合地基的两个基本特征:一是加固区是由基体和增强体两部分组成的,是非均质的,各向异性的;二是加固区的基体和增强体共同承担荷载作用并协调变形。

根据竖向增强体的性质和成桩后的刚度进行分类,可分为柔性桩复合地基、半刚性桩复合地基和刚性桩复合地基。柔性桩复合地基如砂石桩、振冲碎石桩等,其桩体由散体材料组成,散体材料只有依靠周围土体的围箍作用才能形成桩体,单独不能形成桩体;半刚性桩复合地基如水泥土搅拌桩、石灰桩等,半刚性桩桩体刚度较小;刚性桩复合地基为混凝土类桩复合地基,如树根桩、水泥粉煤灰碎石桩复合地基。下面所讲到的振冲碎石桩和沉管砂石桩、灰土挤密桩、夯实水泥土桩、水泥粉煤灰碎石桩、水泥土搅拌桩、柱锤冲扩桩、旋喷桩、石灰桩等均属于复合地基范畴。

8.4.2　复合地基破坏模式

复合地基有多种可能的破坏模式(见图 8-3),其影响因素很多,它不仅与复合地基的结构形式、增强体性质有关,还与荷载形式、上部结构形式有关。一般可认为取决于桩体和桩间土的破坏特性,其中桩体的破坏特性是主要的。如不同的桩形有不同的破坏模式,同一桩形当桩身强度不同时,也会有不同的破坏模式。对同一桩,当土层条件不同时,也将发生不同的破坏模式。总之,对于具体的复合地基的破坏模式应考虑上述各种影响因素,通过综合分析加以估计。

8.4.2.1　刺入破坏

桩体刚度较大,地基土强度较低的情况下较易发生刺入破坏。桩体发生刺入破坏,不能承担荷载,进而引起复合地基桩间土破坏,造成复合地基全面破坏。刚性桩复合地基较易发生刺入破坏,见图 8-3(a)。

8.4.2.2　鼓胀破坏

在荷载作用下,桩周土不能提供桩体足够的围压,以防止桩体发生过大的侧向变形,产生桩体鼓胀破坏。桩体发生鼓胀破坏造成复合地基全面破坏。松散材料桩体的柔性桩复合地基较易发生鼓胀破坏。在一定的条件下,半刚性桩复合地基也可能发生鼓胀破坏,见图 8-3(b)。

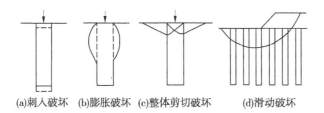

(a)刺入破坏 (b)膨胀破坏 (c)整体剪切破坏   (d)滑动破坏

图 8-3 复合地基的破坏形式

8.4.2.3 整体剪切破坏

柔性桩复合地基也比较容易发生整体剪切破坏,半刚性桩复合地基在一定条件下也可能发生整体剪切破坏,见图 8-3(c)。

8.4.2.4 滑动破坏

在荷载作用下,复合地基沿某一滑动面产生滑动破坏。在滑动面上,桩体和桩间土均发生剪切破坏。各种复合地基均可能发生滑动破坏,见图 8-3(d)。

8.4.3 复合地基承载力

8.4.3.1 散体材料增强体复合地基

散体材料增强体复合地基承载力按下式计算:

$$f_{spk} = [1 + m(n - 1)]f_{sk} \qquad (8\text{-}20)$$

式中 f_{spk} ——复合地基的承载力特征值,kPa;

f_{sk} ——处理后桩间土承载力特征值,kPa,可按地区经验确定;

n ——桩土应力比,可按地区经验确定;

m ——面积置换率,$m = d^2/d_e^2$;

d ——桩身平均直径,m;

d_e ——一根桩分担的处理地基面积的等效圆直径,m,对于等边三角形布置 $d_e = 1.05 s$,正方形布置 $d_e = 1.13 s_1$,矩形布置 $d_e = 1.13\sqrt{s_1 s_2}$,s、s_1、s_2 分别为桩的间距、纵向间距和横向间距,m。

8.4.3.2 有黏结强度复合地基

有黏结强度复合地基承载力按下式计算:

$$f_{spk} = \lambda m \frac{R_a}{A_p} + \beta(1 - m)f_{sk} \qquad (8\text{-}21)$$

式中 λ ——单桩承载力发挥系数,可按地区经验取值;

A_p ——桩的截面面积,m^2;

β ——桩间土承载力折减系数,可按地区经验取值;

R_a ——单桩竖向承载力特征值,kN。

增强体单桩承载力特征值按下式计算:

$$R_a = u_p \sum_{i=1}^{n} q_{si} l_{pi} + \alpha_p A_p q_p \qquad (8\text{-}22)$$

式中　q_{si} ——桩周第 i 层土的侧阻力特征值,kPa,可按地区经验取值;

　　　l_{pi} ——桩长范围内第 i 层土的厚度,m;

　　　α_p ——桩端端阻力发挥系数,应按地区经验确定;

　　　q_p ——桩端端阻力特征值,kPa,可按地区经验取值,对于水泥土搅拌桩、旋喷桩应取未经修正的桩端地基土承载力特征值。

有黏结强度复合地基增强体强度应满足下式要求:

$$f_{cu} \geqslant 4\frac{\lambda R_a}{A_p} \tag{8-23}$$

式中　f_{cu} ——桩体试块(边长 150 mm 的立方体)标准养护 28 d 的立方体抗压强度平均值,kPa。

当复合地基承载力进行基础埋深的深度修正时,其增强体桩身强度应满足下式要求:

$$f_{cu} \geqslant 4\frac{\lambda R_a}{A_p}\left[1 + \frac{\gamma_m(d - 0.5)}{f_{spa}}\right] \tag{8-24}$$

式中　γ_m ——基础底面以上土的加权平均重度,kN/m³,地下水位以下取有效重度;

　　　d ——基础埋置深度,m;

　　　f_{spa} ——深度修正后的复合地基承载力特征值,kPa。

8.4.4　复合地基变形计算

复合地基变形计算应符合《建筑地基基础设计规范》(GB 50007—2011)的有关规定,地基变形计算深度应大于复合土层的深度。复合土层的分层与天然地基相同,复合土层的压缩模量可按下式计算:

$$E_{sp} = \zeta E_s \tag{8-25}$$

式中　ζ ——复合地基压缩模量提高系数。

ζ 按下式计算:

$$\zeta = \frac{f_{spk}}{f_{ak}} \tag{8-26}$$

式中　f_{ak} ——基础底面下天然地基承载力特征值,kPa。

复合地基的沉降计算经验系数 ψ_s 可根据地区沉降观测资料统计值确定,无经验值时,可按表 8-6 取值。

表 8-6　沉降计算经验系数 ψ_s

$\bar{E}_s$ (MPa)	4.0	7.0	15.0	20.0	35.0
ψ_s	1.0	0.7	0.47	0.25	0.2

变形计算深度范围内压缩模量的当量值 $\bar{E}_s$ 按下式计算:

$$\bar{E}_s = \frac{\sum\limits_{i=1}^{n} A_i + \sum\limits_{j=1}^{m} A_j}{\sum\limits_{i=1}^{n} \dfrac{A_i}{E_{spi}} + \sum\limits_{j=1}^{m} \dfrac{A_j}{E_{sj}}} \tag{8-27}$$

式中　A_i——加固土层下第 i 层附加应力系数沿土层厚度的积分值；

　　　A_j——加固土层下第 j 层附加应力系数沿土层厚度的积分值。

8.5　振冲碎石桩和沉管砂石桩复合地基

8.5.1　振冲碎石桩和沉管砂石桩原理

8.5.1.1　振冲碎石桩

振冲法也称振动水冲法，是利用振动器水冲成孔，填以碎石骨料，借振冲器的水平及垂直振动，振密填料，形成碎石桩体与原地基构成复合地基以提高地基承载力的方法。振冲法形成的桩体叫振冲碎石桩。它是以起重机吊起振冲器，启动潜水电机带动偏心块，使振冲器产生高频振动，同时开动水泵通过喷嘴喷射高压水流。在振动和高压水流的联合作用下，振冲器沉到土中的预定深度，然后经过清孔工序，用循环水带出孔中稠泥浆后，从地面向孔中逐段添加填料，每段填料均在振动作用下被挤密实，达到所要求的密实度。

振冲法分为振冲密实法、振冲置换法两种类型。在砂性土中，振冲起密实作用，一方面，依靠振冲器的强力振动使饱和砂层发生液化，砂颗粒重新排列，孔隙减少；另一方面，通过振冲器的水平振动力，在加回填料情况下通过填料使砂层挤压加密，因此称为振冲密实法。在黏性土中，在软弱黏性土地基中成孔，孔内分批填入碎石等坚硬材料制成一根根桩体，桩体和原来的黏性土构成所谓的复合地基，振冲主要起置换作用，因此称为振冲置换法。

振冲置换法适用于处理不排水、抗剪强度不小于 20 kPa 的黏性土、粉土、饱和黄土和人工填土等地基。振冲密实法适用于处理砂土和粉土等地基。不加填料的振冲密实法仅适用于处理黏粒含量小于 10% 的粗砂、中砂地基。

8.5.1.2　沉管砂石桩

沉管砂石桩是指采用振动或锤击沉管等方式，在软弱地基中成孔后，再将砂、碎石或砂石混合料通过桩管挤压入已成的孔中，在成桩过程中逐层挤密、振密，形成大直径的砂石体所构成的密实桩体。沉管砂石桩适用于处理松散砂土、粉土、可挤密的素填土及杂填土地基。

8.5.2　复合地基设计要点

8.5.2.1　处理范围

地基处理范围应根据建筑物的重要性和场地条件确定，宜在基础外缘扩大 1~3 排桩。当要求消除地基液化时，在基础外缘扩大宽度不应小于基底下可液化土层厚度的 1/2，且不应小于 5 m。

8.5.2.2　桩位布置

桩位布置，对大面积满堂处理，可采用三角形、正方形、矩形布桩；对条形基础，可沿基础轴线采用单排布桩或对称轴线多排布桩。

8.5.2.3　桩直径

砂石桩直径可根据地基土质情况、成桩方式和成桩设备等因素确定,其平均直径可按每根桩所用填料量计算。对采用振冲法成孔的碎石桩,直径通常采用 800~1 200 mm;当采用振动沉管法成桩时,直径通常采用 300~600 mm。

8.5.2.4　桩间距

桩间距应通过现场试验确定,并符合下列规定。

1.振冲碎石桩间距

振冲桩的间距应根据上部结构荷载大小和场地土层情况,并结合所采用的振冲器功率大小综合考虑。30 kW 振冲器布桩间距可采用 1.3~2.0 m;55 kW 振冲器布桩间距可采用 1.4~2.5 m;75 kW 振冲器布桩间距可采用 1.5~3.0 m。荷载大或对黏性土宜采用较小的间距,荷载小或对砂土宜采用较大的间距。

2.沉管砂石桩间距

沉管砂石桩间距不宜大于砂石桩直径的 4.5 倍;初步设计时,对松散粉土和砂土地基,应根据挤密后要求达到的孔隙比 e_1 确定,按下式计算:

等边三角形布置:

$$s = 0.95\xi d \sqrt{\frac{1 + e_0}{e_0 - e_1}} \tag{8-28}$$

正方形布置:

$$s = 0.89\xi d \sqrt{\frac{1 + e_0}{e_0 - e_1}} \tag{8-29}$$

$$e_1 = e_{max} - D_{r1}(e_{max} - e_{min}) \tag{8-30}$$

式中　s ——砂石桩间距,m;

　　　d ——砂石桩直径,m;

　　　ξ ——修正系数,当考虑振动下沉密实作用时,可取 1.1~1.2;不考虑振动下沉密实作用时,可取 1.0;

　　　e_0 ——地基处理前砂土的孔隙比,可按原状土样试验确定,也可按动力或静力触探等对比试验确定;

　　　e_1 ——地基挤密后要求达到的孔隙比;

　　　e_{max}、e_{min} ——砂土的最大、最小孔隙比,可按现行《土工试验方法标准》(GB/T 50123)的有关规定确定;

　　　D_{r1} ——地基挤密后要求砂土达到的相对密度,可取 0.70~0.85。

8.5.2.5　桩长

砂石桩桩长可根据工程要求和工程地质条件通过计算确定:

(1)当松软土层厚度不大时,砂石桩桩长宜穿透松软土层。

(2)当松软土层厚度较大时,对按稳定性控制的工程,砂石桩桩长应不小于最危险滑动面以下 2 m 的深度;对按变形控制的工程,砂石桩桩长应满足处理后地基变形量不超过建筑物的地基变形允许值,并满足软弱下卧层承载力的要求。

（3）对可液化的地基,砂石桩桩长应按现行《建筑抗震设计规范》（GB 50011）的有关规定采用。

8.5.2.6　桩体材料

振冲桩桩体材料可采用含泥量不大于 5% 的碎石、卵石、矿渣或其他性能稳定的硬质材料,不宜使用风化易碎的石料。常用的填料粒径为:30 kW 振冲器 20~80 mm;55 kW 振冲器 30~100 mm;75 kW 振冲器 40~150 mm;沉管砂石桩桩体材料可采用含泥量不大于 5% 的碎石、卵石、角砾、圆砾、粗砂、中砂或石屑等硬质材料,最大粒径不宜大于 50 mm。

桩顶和基础之间宜铺设厚度 300~500 mm 的垫层,垫层材料宜用中砂、粗砂、级配砂石和碎石等,最大粒径不宜大于 300 mm,其夯填度（夯实后的厚度与虚铺厚度之比）不应大于 0.9。

8.5.2.7　复合地基承载力特征值

复合地基承载力特征值初步设计时可按式（8-20）估算,处理后桩间土承载力特征值可按地区经验确定,如无经验时,对于一般黏性土地基,可取天然地基承载力特征值;松散的砂土、粉土可取天然地基承载力特征值的 1.2~1.5 倍;桩土应力比宜根据实测值确定,如无实测资料时,对于黏性土可取 2.0~4.0,砂土、粉土可取 1.5~3.0。

8.5.2.8　复合地基变形计算

复合地基变形计算应符合现行《建筑地基基础设计规范》（GB 50007—2011）的有关规定。

【例 8-4】　建筑物修建在松散砂土地基上,天然孔隙比 $e_0 = 0.85$, $e_{max} = 0.90$, $e_{min} = 0.55$,含水率为 18%,比重为 2.67,天然地基承载力特征值为 100 kPa,采用沉管砂石桩处理,桩长 8 m,等边三角形布置,砂桩直径为 0.6 m,按抗震要求,加固后地基的相对密度 $D_{r1} = 0.70$,确定砂石桩的间距、复合地基承载力特征值。

解　（1）由式（8-30）得到 $e_1 = 0.90 - 0.70 \times (0.90 - 0.55) = 0.655$。

（2）不考虑振动下沉密实作用, $\xi = 1.0$, $s = 0.95\xi d \sqrt{\dfrac{1 + e_0}{e_0 - e_1}} = 0.95 \times 1.0 \times 0.6 \times$

$\sqrt{\dfrac{1 + 0.85}{0.85 - 0.655}} = 1.76 (\text{m})$,间距可取 1.7 m。

（3）对于等边三角形布置, $d_e = 1.05 \times 1.7 = 1.79 (\text{m})$,置换率 $m = \dfrac{0.6^2}{1.79^2} = 0.112$。

（4）取应力比 $n = 4$,复合地基承载力特征值 $f_{spk} = [1 + m(n - 1)]f_{sk} = [1 + 0.112 \times (4 - 1)] \times 100 = 133.6 (\text{kPa})$。

8.5.3　施工工艺

（1）清理平整施工场地,布置桩位。

（2）施工机具就位,使振冲器对准桩位。

（3）启动供水泵和振冲器,水压可用 200~600 kPa,水量可用 200~400 L/min,将振冲器徐徐沉入土中,造孔速度宜为 0.5~2.0 m/min,直至达到设计深度,记录振冲器经各深度的水压、电流和留振时间。

（4）造孔后边提升振冲器边冲水直至孔口，再放至孔底，重复两三次扩大孔径并使孔内泥浆变稀，开始填料制桩。

（5）大功率振冲器投料可不提出孔口，小功率振冲器下料困难时，可将振冲器提出孔口填料。每次填料厚度不宜大于 50 cm。将振冲器沉入填料中进行振密制桩，当电流达到规定的密实电流值和规定的留振时间后，将振冲器提升 30~50 cm。

（6）重复以上步骤，自下而上逐段制作桩体直至孔口记录各段深度的填料量、最终电流值和留振时间，并均应符合设计规定。

（7）关闭振冲器和水泵。

振冲置换法施工可分为成孔、清孔、填料和振密等步骤。若土层中夹有硬层，应适当进行扩孔，即在此硬层中将振冲器多次往复上下几次，使孔径扩大以便加填料。在黏性土层中制桩，孔中的泥浆水太稠时，填料在孔内下降的速度将减慢，影响施工速度，所以在成孔后要留有 1~2 min 清孔时间，用回水把稠泥浆带出地面，以降低孔内泥浆密度。加填料宜少量多次，每次往孔内倒入的填料数量，约为堆积在孔内 0.8 m 高，然后用振冲器振密后再继续加填料，此时电机电流值为超过原空振时电流值 35~45 A。

在强度很低的软土地基中施工，则要用"先护壁，后制桩"的施工方法，即在成孔时，可将振冲器先到达第一层软弱层，然后加些填料进行初步挤振，让这些填料被挤到此层的软弱层周围去，把此段孔壁保护好，接着再往下成孔到第二层软弱层，以同样的方式处理，直至加固深度。

8.6 水泥土搅拌桩复合地基

8.6.1 水泥土搅拌桩加固机制

水泥土搅拌法就是以水泥作为固化剂，通过特制的深层搅拌机械，将固化剂和地基土强制搅拌，使软土硬结成为具有整体性、水稳定性和一定强度的桩体。水泥土搅拌法分为深层搅拌法（简称湿法）和粉体喷搅法（简称干法）。水泥土搅拌法适用于处理正常固结的淤泥与淤泥质土、粉土、饱和黄土、素填土、黏性土以及无流动地下水的饱和松散砂土等地基。当地基土的天然含水率小于 30%（黄土含水率小于 25%）、大于 70% 或地下水的 pH 小于 4 时不宜采用干法。冬期施工时，应注意负温对处理效果的影响。

水泥加固土的物理化学反应过程与混凝土的硬化机制不同，混凝土的硬化主要是在粗填充料（比表面不大、活性很弱的介质）中进行水解和水化作用，所以凝结速度较快。而在水泥加固土中，由于水泥掺量很小，水泥的水解和水化反应完全是在具有一定活性的介质——土的围绕下进行，所以水泥加固土的强度增长过程比混凝土缓慢。

8.6.1.1 水泥的水解反应和水化反应

普通硅酸盐水泥主要由氧化钙、二氧化硅、三氧化二铝、三氧化二铁及三氧化硫等组成，这些不同的氧化物分别组成了不同的水泥矿物：硅酸三钙、硅酸二钙、铝酸三钙、铁铝酸四钙、硫酸钙等。用水泥加固软土时，水泥颗粒表面的矿物很快与软土中的水发生水解反应和水化反应，生成氢氧化钙、含水硅酸钙、含水铝酸钙及含水铁酸钙等化合物。所生成的氢氧化钙、含水硅酸钙能迅速溶于水中,使水泥颗粒表面重新暴露出来,再与水发生反应,这样周围的水溶液就逐渐达到饱和。当溶液达到饱和后,水分子虽继续深入颗粒内部,但新生成物已不能再溶解,只能以细分散状态的胶体析出,悬浮于溶液中,形成胶体。

8.6.1.2　土颗粒与水泥水化物的作用

当水泥的各种水化物生成后,有的自身继续硬化,形成水泥石骨架;有的则与其周围具有一定活性的黏性颗粒发生反应。

(1)离子交换和团粒化作用。黏性土和水结合时就表现出一种胶体特征,如土中含量最多的二氧化硅遇水后,形成硅酸胶体微粒,其表面带有钠离子(Na^+)或钾离子(K^+),它们能和水泥水化生成的氢氧化钙中钙离子 Ca^{2+} 进行当量吸附交换,使较小的土颗粒形成较大的土团粒,从而使土体强度提高。

(2)硬凝反应。随着水泥水化反应的深入,溶液中析出大量的钙离子,当其数量超过离子交换的需要量后,在碱性环境中,能使组成黏性矿物的二氧化硅及三氧化二铝的一部分或大部分与钙离子进行化学反应,逐渐生成不溶于水的稳定结晶化合物,增大了水泥土的强度。

8.6.1.3　碳酸化作用

水泥水化物中游离的氢氧化钙能吸收水中和空气中的二氧化碳,发生碳酸化反应,生成不溶于水的碳酸钙,这种反应也能使水泥土增加强度,但增长的速度较慢,幅度也较小。

8.6.2　水泥土搅拌桩复合地基设计要点

8.6.2.1　固化剂

固化剂宜选用强度等级不低于 32.5 级的普通硅酸盐水泥。水泥掺量应根据设计要求的水泥土强度经试验确定;块状加固时水泥掺量不应小于被加固天然土质量的 7%,作为复合地基增强体时不应小于 12%,型钢水泥土搅拌墙(桩)不应小于 20%。湿法的水泥浆水灰比可选用 0.45~0.55,应根据工程需要和土质条件选用具有早强、缓凝、减水以及节约水泥等作用的外掺剂;干法可掺加二级粉煤灰等材料。

设计前应进行拟处理土的室内配比试验。针对现场拟处理的软弱层软土的性质,选择合适的固化剂、外掺剂及其掺量,为设计提供不同龄期、不同配比的强度参数。对竖向承载的水泥土强度宜取 90 d 龄期试块的立方体抗压强度平均值;对承受水平荷载的水泥土强度宜取 28 d 龄期试块的立方体抗压强度平均值。

8.6.2.2　褥垫层

竖向承载水泥土搅拌桩复合地基宜在基础和桩之间设置褥垫层,刚性基础下褥垫层厚度可取 150~300 mm。褥垫层材料可选用中粗砂、级配砂石等,最大粒径不宜大于 20 mm,褥垫层的压实系数不应小于 0.94。

8.6.2.3　水泥土搅拌桩形式

竖向承载搅拌桩的平面布置可根据上部结构特点及对地基承载力和变形的要求,采用柱状、壁状、格栅状或块状等加固形式。独立基础下的桩数不宜少于 4 根。柱状加固可采用正方形、等边三角形等布桩形式。

1.柱状

每间隔一定的距离打设一根搅拌桩,即成为柱状加固形式。适合于单层工业厂房独立柱基础和多层房屋条形基础下的地基加固。

柱状处理可采用正方形或等边三角形布桩形式,其桩数可按下式计算:

$$n = \frac{mA}{A_p} \tag{8-31}$$

式中　　n——桩数;

　　　　m——置换率;

　　　　A——基础底面面积,m^2;

　　　　A_p——桩的截面面积,m^2。

2.壁状

将相邻搅拌桩部分重叠搭接即成为壁状加固形式。适用于深坑开挖时的软土边坡加固以及建筑物长高比较大、刚度较小,对不均匀沉降比较敏感的多层砖混结构房屋条形基础下的地基加固。深层搅拌壁状处理用于地下临时挡土结构时,可按重力式挡土墙设计。为了加强其整体性,相邻桩搭接宽度宜大于 100 mm。

3.块状

对上部结构单位面积荷载大,不均匀下沉控制严格的构筑物地基进行加固时可采用块状布桩形式。另外,在软土地区开挖基坑时,为防止坑底隆起和封底,也可采用块状加固形式。它是纵横两个方向的相邻桩搭接而成的。

8.6.2.4　桩长

竖向承载搅拌桩的长度应根据上部结构对承载力和变形的要求确定,并应穿透软弱土层到达承载力相对较高的土层;设置的搅拌桩同时为提高抗滑稳定性时,其桩长应超过危险滑弧 2.0 m 以上。干法的加固深度不宜大于 15 m;湿法及型钢水泥土搅拌墙(桩)的加固深度应考虑机械性能的限制。单头、双头加固深度不宜大于 20 m,多头及型钢水泥土搅拌墙(桩)的加固深度不宜超过 35 m。

竖向承载搅拌桩复合地基中的桩长超过 10 m 时,可采用变掺量设计。在全桩水泥总掺量不变的前提下,桩身上部 1/3 桩长范围内可适当增加水泥掺量及搅拌次数;桩身下部 1/3 桩长范围内可适当减少水泥掺量。

8.6.2.5　水泥土搅拌桩承载力特征值

1.单桩承载力特征值

单桩竖向承载力特征值应通过现场载荷试验确定。初步设计时,也可按式(8-22)估算,桩周第 i 层土的侧阻力特征值,对淤泥可取 4~7 kPa;对淤泥质土可取 6~12 kPa;对软塑状态的黏性土可取 10~15 kPa;对可塑状态的黏性土可取 12~18 kPa;对稍密砂类土可取 15~20 kPa;对中密砂类土可取 20~25 kPa;桩端端阻力发挥系数 α 可取 0.4~0.6,天然地基承载力高时取低值。

按式(8-22)估算的单桩承载力特征值应同时满足式(8-32)的要求,应使由桩身材料强度确定的单桩承载力大于(或等于)由桩周土和桩端土的抗力所提供的单桩承载力:

$$R_a = \eta f_{cu} A_p \tag{8-32}$$

式中　f_{cu}——与搅拌桩桩身水泥土配比相同的室内加固土试块(边长为 70.7 mm 的立方体,也可采用边长为 50 mm 的立方体)在标准养护条件下 90 d 龄期的立方体抗压平均值,kPa;

　　　η——桩身强度折减系数,干法可取 0.20~0.25,湿法可取 0.25。

2. 复合地基的承载力特征值

水泥土搅拌桩复合地基的承载力特征值应通过现场单桩或多桩复合地基荷载试验确定。初步设计时,也可按式(8-21)估算。

【例 8-5】　某小区六层居民楼,地基土为淤泥质粉质黏土,$f_{sk}=80$ kPa,采用湿法水泥土搅拌桩处理,水泥土 $f_{cu}=2\,870$ kPa,$\eta=0.25$,$\beta=0.7$,单桩载荷试验 $R_a=256$ kN,桩径 0.7 m,$A_p=0.384\,7$ m^2,总面积为 228 m^2,要求加固后复合地基承载力 $f_{spk}=152.2$ kPa,确定桩的根数。

解　(1) $R_a=\eta f_{cu}A_p=0.25\times2\,870\times0.384\,7=276(\text{kN})$,为安全计取 $R_a=256$ kN。

(2) 单桩承载力发挥系数 $\lambda=1.0$,由式(8-21)得置换率 $m=\dfrac{f_{spk}-\beta f_{sk}}{\dfrac{R_a}{A_p}-\beta f_{sk}}=$

$$\dfrac{152.2-0.7\times80}{\dfrac{256}{0.384\,7}-0.7\times80}=0.157\,8\,。$$

(3) $n=\dfrac{mA}{A_p}=\dfrac{0.157\,8\times228}{0.384\,7}=93.6(\text{根})$,取 $n=94(\text{根})$。

8.6.3　水泥土搅拌法的施工工艺

8.6.3.1　定位

起重机(塔架)悬吊深层搅拌机到达指定桩位对中。当地面起伏不平时,应使起吊设备保持水平。

8.6.3.2　预拌下沉

将深层搅拌机用钢丝绳吊挂在起重机上,用输泵胶管将储料出罐砂浆泵与深层搅拌机接通,待深层搅拌机冷却水循环正常后,启动搅拌机电机,放松起重机钢丝绳,使搅拌机借设备自重沿导向架搅拌切土下沉,工作电流不应大于 70 A。如果下沉速度太慢,可从输浆系统补给清水以利钻进。

8.6.3.3　制备水泥浆

待深层搅拌机下沉到一定深度时,即开始按设计确定的配合比拌制水泥浆,待压浆前将水泥浆倒入集料斗中。

8.6.3.4　喷浆搅拌提升

深层搅拌机下沉到设计深度后,开启灰浆泵,将水泥浆从搅拌机中心管不断压入地基中,边喷边搅拌,直至提出地面完成一次搅拌过程。同时,严格按照设计确定的提升速度提升深层搅拌机,一般以 0.3~0.5 m/min 的均匀速度提升。

8.6.3.5 重复上下搅拌

深层搅拌机提升至设计加固深度的顶面标高时，集料斗中的水泥浆应正好排空。为使软土和水泥浆搅拌均匀，可再次将搅拌机边旋转边沉入土中，至设计加固深度后再将搅拌机提升出地面，即完成一根柱状加固体，外形呈"8"字形，一根接一根搭接，即成壁状加固体，几个壁状加固体连成一片即成块体。

8.6.3.6 清洗

向集料斗中注入适量清水，开启灰浆泵，清洗全部管路中残存的水泥浆，直至基本干净，并将黏附在搅拌头上的软土清洗干净。

8.6.3.7 移位

重复上述全部步骤，进行下一根桩的施工。考虑到搅拌桩顶部与上部结构的基础或承台接触部分受力较大，因此通常还可对桩顶 1.0~1.5 m 范围内再增加一次输浆，以提高其强度。

8.7 旋喷桩复合地基

8.7.1 旋喷桩原理

旋喷桩复合地基是指通过钻杆的旋转、提升，高压水泥浆通过钻杆由水平方向的喷嘴喷出，形成喷射流，以此切割土体并与土拌和形成水泥土增强体的复合地基。钻机把带有特制喷嘴的注浆管钻进土层的预定位置后，以高压设备使浆液或水成为 20 MPa 左右的高压流从喷嘴中喷射出来，冲击破坏土体。钻杆以一定速度渐渐向上提升，使浆液与土粒强制混合，待浆液凝固后，便在土中形成一个固结体。固结体的形状与喷射流移动方向有关，一般分为旋转喷射(简称旋喷)、定向喷射(简称定喷)和摆动喷射(简称摆喷)三种注浆形式。作为地基加固，通常采用旋喷注浆形式。高压喷射注浆法的基本种类有单管法、双管法和三管法三种方法。它们各有特点，可根据工程需要和机具设备条件选用。加固形状可分为柱状、壁状、条状和块状。

旋喷桩复合地基适用于淤泥、淤泥质土、一般黏性土、粉土、砂土、黄土、素填土等地基中采用高压旋喷注浆形成增强体的地基处理；土中含有较多的大粒径块石、大量植物根茎或有较高的有机质，以及地下水流速过大和已涌水的工程，应根据现场试验结果确定其适用性。

8.7.2 高压喷射注浆法设计要点

8.7.2.1 旋喷桩平面布置

旋喷桩的平面布置可根据上部结构和基础形式确定。独立基础下的桩数一般不应少于 4 根。

8.7.2.2 旋喷桩直径

通常应根据估计直径来选用喷射注浆的种类和喷射方式。对于大型的或重要的工程，估计直径应在现场通过试验确定。在无试验资料的情况下，对小型的或不太重要的工程,可根据经验选用表 8-7 所列数值。可采用矩形或梅花形布桩形式。

表 8-7　旋喷桩的设计直径　　　　　　　　（单位:m）

土质		单管法	双管法	三管法
黏性土	0<N<5	0.5~0.8	0.8~1.2	1.2~1.8
	6<N<10	0.4~0.7	0.7~1.1	1.0~1.6
砂性土	0<N<10	0.6~1.0	1.0~1.4	1.5~2.0
	11<N<20	0.5~0.9	0.9~1.3	1.2~1.8
	21<N<30	0.4~0.8	0.8~1.2	0.9~1.5

注:N 为标准贯入击数。

8.7.2.3　旋喷桩强度

旋喷桩强度应通过现场试验确定。当无现场试验资料时,也可参照相似土质条件下的其他喷射工程的经验。喷射固结体有较高的强度,外形凹凸不平,因此有较大的承载力。固结体直径越大,承载力越高。

8.7.2.4　褥垫层

旋喷桩复合地基宜在基础和桩顶之间设置褥垫层。褥垫层厚度可取 200~300 mm,其材料可选用中砂、粗砂、级配砂石等,最大粒径不宜大于 30 mm。

8.7.2.5　复合地基承载力特征值

旋喷桩复合地基承载力特征值、单桩承载力特征值,应通过现场单桩或多桩复合地基载荷试验确定。初步设计时,可按式(8-21)、式(8-22)估算,同时应满足式(8-23)、式(8-24)的要求。

8.7.2.6　地基变形计算

桩长范围内复合土层以及下卧层地基变形值应按《建筑地基基础设计规范》(GB 50007—2011)有关规定计算。

【例 8-6】　某旋喷桩复合地基桩长 8 m,桩径为 0.5 m,等边三角形布桩,间距为 1.2 m,单桩竖向承载力特征值为 480 kPa,桩间土天然地基为粉质黏土,承载力特征值为 110 kPa,压缩模量为 6 MPa,桩群顶部的平均附加应力为 164 kPa,底部受到平均附加应力为 78 kPa,计算加固区的变形量。

解　(1)计算复合地基承载力特征值。

等边三角形布桩, $d_e = 1.05s = 1.05 \times 1.2 = 1.26$(m),面积置换率 $m = 0.5^2 / 1.26^2 = 0.157$, $A_p = 0.196\ 25$ m²,单桩承载力发挥系数取 $\lambda = 1.0$,桩间土承载力发挥系数取 $\beta = 0.5$,按式(8-21)计算复合地基承载力特征值 $f_{spk} = 0.157 \times \dfrac{480}{0.196\ 25} + 0.5 \times (1 - 0.157) \times 110 = 430.4$ kPa。

(2)计算复合地基压缩模量。

由式(8-26)得复合地基压缩模量提高系数 $\zeta = \dfrac{f_{spk}}{f_{ak}} = \dfrac{480}{110} = 4.36$,复合地基压缩模量 $E_{sp} = \zeta E_s = 4.36 \times 6 = 26.16$(MPa)。

（3）加固区的平均压力 $\Delta p = (164 + 78)/2 = 121(\text{kPa})$。

（4）加固区的变形量 $s = \dfrac{\Delta p}{E_{sp}}h = \dfrac{121}{26.16} \times 8 = 37.0(\text{mm})$。

8.7.3　施工工艺

8.7.3.1　钻机就位

喷射注浆施工的第一道工序就是将使用的钻机安置在设计的孔位上,使钻杆头对准孔位中心。同时,为保证钻孔达到设计要求的垂直度,钻机就位后,必须进行水平校正,使其钻杆垂直对准钻孔中心位置。喷射注浆管的允许倾斜度不得大于 1.5%。

8.7.3.2　钻孔

钻孔的目的是将喷射注浆插入预定的地层中。钻孔的方法很多,主要视地层中地质情况、加固深度、机具设备等条件而定。通常单管喷浆多使用 76 型旋转振动钻机,钻进深度可达 30 m 以上,适用于标准贯入度小于 40 的砂土和黏性土层,当遇到比较坚硬的地层时宜用地质钻机钻孔。一般在双管和三管喷浆法施工中,采用地质钻机钻孔。钻孔的位置与设计位置的偏差不得大于 50 mm。

8.7.3.3　插管

插管是将喷射注浆管插入地层预定的深度,使用 76 型振动钻机钻孔时,插管与钻孔两道工序合二为一,即钻孔完毕,插管作业同时完成。使用地质钻机钻孔完毕,必须拔出岩芯管,并换上喷射注浆管插入预定深度。在插管过程中,为防止泥沙堵塞喷嘴,可边射水边拔管,水压力一般不超过 1 MPa。如压力过高,则易将孔壁射塌。

8.7.3.4　喷射注浆

当喷射注浆管插入预定深度后,由下而上进行喷射注浆,值班技术人员必须时刻注意检查浆液初凝时间、注浆流量、风量、压力、旋转提升速度等参数是否符合设计要求,并且随时做好记录,绘制作业过程曲线。

8.8　灰土挤密桩和土挤密桩复合地基

8.8.1　灰土挤密桩和土挤密桩原理

灰土挤密桩就是利用横向成孔设备成孔,使桩间土得以挤密,用灰土填入孔内分层夯实形成土桩,并与桩间土组成复合地基。土挤密桩就是利用横向成孔设备成孔,使桩间土得以挤密,用素土填入孔内分层夯实形成土桩,并与桩间土组成复合地基。灰土挤密桩和土挤密桩适用于处理地下水位以上的湿陷性黄土、素填土和杂填土等地基,处理地基的深度为 5~15 m。当以消除地基土的湿陷性为主要目的时,宜选用土挤密桩。当以提高地基土的承载力或增强其水稳性为主要目的时,宜选用灰土挤密桩。当地基土的含水率大于 24%、饱和度大于 65% 时,在成孔和拔管过程中,桩孔及其周边土容易缩颈和隆起,挤密效果差,应通过试验确定其适宜性。

灰土挤密桩有以下特点:

（1）灰土挤密桩法是横向挤密，但可同样达到所要求加密处理后的最大干密度的密度指标。

（2）与土垫层相比，无须开挖回填，因而节约了开挖和回填土方的工作量，比换填法缩短工期约一半。

（3）由于不受开挖和回填的限制，处理深度可达 15 m。由于填入桩孔的材料均属就地取材，因而通常比其他处理湿陷性黄土和人工填土的造价为低。

（4）该法适用于处理地下水位以上的新填土、杂填土、湿陷性黄土以及含水率较大的软弱地基。经过处理后，持力层范围内土的变形减少，承载力可提高 1~2.5 倍，并可消除填土及湿陷性黄土的湿陷性，同时施工设备简单，可节省大量挖土工作，降低工程造价。

8.8.2　设计要点

8.8.2.1　地基处理面积

灰土挤密桩和土挤密桩处理地基的面积，应大于基础或建筑物底层平面的面积，并应符合下列规定：

（1）当采用整片处理时，超出建筑物外墙基础底面外缘的宽度，每边不宜小于处理土层厚度的 1/2，并不应小于 2 m。

（2）当采用局部处理时，超出基础底面的宽度：对非自重湿陷性黄土、素填土和杂填土等地基，每边不应小于基底宽度的 0.25 倍，并不应小于 0.5 m；对自重湿陷性黄土地基，每边不应小于基底宽度的 0.75 倍，并不应小于 1.0 m。

8.8.2.2　地基处理深度

灰土挤密桩和土挤密桩处理地基的深度，应根据建筑场地的土质情况、工程要求和成孔及夯实设备等综合因素确定。对湿陷性黄土地基，应符合现行《湿陷性黄土地区建筑规范》（GB 50025）的有关规定。

8.8.2.3　桩孔直径

桩孔直径宜为 300~600 mm。桩孔宜按等边三角形布置，桩孔之间的中心距离，可为桩孔直径的 2.0~3.0 倍，也可按下式估算：

$$s = 0.95d\sqrt{\frac{\eta_c\rho_{d\max}}{\eta_c\rho_{d\max} - \bar{\rho}_d}} \tag{8-33}$$

式中　　s ——桩孔之间的中心距离，m；

　　　　d ——桩孔直径，m；

　　　　$\rho_{d\max}$ ——桩间土的最大干密度，g/cm³；

　　　　$\bar{\rho}_d$ ——地基处理前土的平均干密度，g/cm³；

　　　　$\bar{\eta}_c$ ——桩间土经成孔挤密后的平均挤密系数，不宜小于 0.93。

桩间土的平均挤密系数 $\bar{\eta}_c$ 应按下式计算：

$$\bar{\eta}_c = \frac{\bar{\rho}_{d1}}{\rho_{d\max}} \tag{8-34}$$

式中　　$\bar{\rho}_{d1}$ ——在成孔挤密深度内，桩间土的平均干密度，平均试样数不应少于 6 组。

8.8.2.4　桩孔数量

桩孔数量可按下式估算：

$$n = \frac{A}{A_e} \tag{8-35}$$

式中　n——桩孔数量；

　　　　A——拟处理地基面积，m^2；

　　　　A_e——1 根土挤密桩或灰土挤密桩所承担的地基处理面积，m^2，$A_e = \frac{\pi d_e^2}{4}$；

　　　　d_e——1 根桩分担的处理地基面积的等效圆直径，m，对于等边三角形布置 $d_e = 1.05 s$，正方形布置 $d_e = 1.13s$。

8.8.2.5　填料及压实标准

桩孔内的灰土填料，其消石灰与土的体积配合比，宜为 2：8 或 3：7。土料宜选用粉质黏性，土料中的有机质含量不应超过 5%，且不得含有冻土，渣土垃圾粒径不应超过 15 mm。石灰可选用新鲜的消石灰或生石灰粉，粒径不得大于 5 mm。消石灰的质量应合格，有效 CaO+MgO 含量不得低于 60%。

孔内填料应分层回填夯实，填料的平均压实系数值 λ_c 应低于 0.97，其中压实系数最小值不应低于 0.93。桩孔回填夯实后，在桩顶标高以上应设置 300~600 mm 厚的褥垫层，一方面，可使桩顶与桩间土找平；另一方面，保证应力扩散，调整桩土应力比。垫层材料可根据工程要求采用 2：8 或 3：7 灰土、水泥土等。其压实系数不应低于 0.95。

8.8.2.6　复合地基承载力

灰土挤密桩和土挤密桩复合地基承载力特征值，应通过现场单桩或多桩复合地基载荷试验确定。初步设计时，可按式(8-20)估算。桩土应力比应按试验或地区经验确定。灰土挤密桩复合地基的承载力特征值，不宜大于处理前的 2.0 倍，且不宜大于 250 kPa；对土挤密桩复合地基的承载力特征值，不宜大于处理前的 1.4 倍，且不宜大于 180 kPa。

8.8.2.7　变形计算

灰土挤密桩和土挤密桩复合地基的变形计算，应符合《建筑地基基础设计规范》(GB 50007—2011)的有关规定。

【例 8-7】　某场地为湿陷性黄土地基，平均干密度 $\bar{\rho}_d = 1.28$ g/cm^3，采用挤密灰土桩消除黄土的湿陷性，桩间土的最大干密度为 1.60 g/cm^3，处理面积为 675 m^2，桩径为 0.4 m，等边三角形布置，桩间土的平均压实系数为 0.93，确定灰土桩的间距和桩数量。

解　(1) $s = 0.95 \times 0.4 \sqrt{\dfrac{0.93 \times 1.6}{0.93 \times 1.6 - 1.28}} = 1.016(\text{m})$，取 1.0 m。

(2) 对于等边三角形布置，一根桩等效影响圆直径 $d_e = 1.05 s = 1.05 \times 1.0 = 1.05(\text{m})$，$A_e = \dfrac{3.14 \times 1.05^2}{4} = 0.865(\text{m}^2)$，桩根数 $n = \dfrac{A}{A_e} = \dfrac{675}{0.865} = 780(\text{根})$。

8.8.3　灰土挤密桩法和土挤密桩法的施工工艺

8.8.3.1　成孔挤密

成孔应按设计要求、成孔设备、现场土质和周围环境等情况,选用沉管(振动、锤击)或冲击等方法。

1.沉管法成孔

使用振动或锤击打桩机,将带有特制桩尖的钢制桩管打入土层中至设计深度,然后慢慢拔出桩管即成桩孔。其孔壁光滑规整,挤密效果和施工技术都比较容易控制和掌握,因此沉管是最常用的成孔方法。但是,沉管法成孔的最大深度受到桩架高度的限制,一般不超过 7~8 m。

选用的打桩机技术性能应与桩管直径、长度、重量以及地基土特性等相适应。锤重不宜小于桩管重量的 2 倍。

2.冲击法成孔

冲击法成孔是使用定型或简易冲击机,将锤头提升一定高度后自由落下,反复冲击土层成孔。成孔深度不受机架高度的限制,可达 20 m 以上,孔径 500~600 mm。本法特别适用于处理自重湿陷性厚度较大的土层。

3.爆扩法成孔

爆扩法成孔不需打桩机械,工艺简便,适用于缺少施工机械的新建工程场地。

8.8.3.2　桩孔回填夯实

回填夯实施工前,应进行回填试验,以确定每次合理填料数量和夯击数。根据回填夯实质量标准确定检测方法应达到的指标,如轻便触探的检定锤击数。

桩孔填料夯实机目前有两种:一种是偏心轮夹杆式夯实机,夯锤重 100~150 kg,夯锤钢管一般长 6~8 m,管径 60~80 mm,钢管与夯锤焊成整体,钢管夹在一双同步反向偏心轮中间,由偏心轮转动时半轮瓦片夹带上升和半轮转空自由落锤的作用,往返循环,夯实填料。此机可用拖拉机或翻斗车改装,因此移动轻便,夯击速度快,可上、下自动夯实,但必须严格控制每次填料量,较难保证夯实质量。另一种是采用电动卷扬机提升式夯实机,锤重可达 450 kg,落距为 1~3 m。夯击能量大,一次可填入较多的土料,夯实效果较好,但需人工操作。

回填桩孔用的夯锤,宜采用倒置抛物线形锥体或尖锥形,锤重不宜小于 100 kg。夯锤最大直径应比桩孔直径小 100~160 mm,使夯锤自由落下时将填料夯实。填料时,每一锹料夯击一次或两次,夯击 25~30 次/min,长为 6 m 的桩孔在 15~20 min 内夯击完成。

8.9　夯实水泥土桩复合地基

8.9.1　夯实水泥土桩复合地基

夯实水泥土桩复合地基是指将水泥和土按比例拌和均匀,在孔内分层夯实形成增强体的复合地基。桩、桩间土和褥垫层一起形成复合地基。夯实水泥土桩作为中等黏结强度桩,不仅适用于地下水位以上淤泥质土、素填土、粉土、粉质黏土等地基加固,对地下水位以下情况,在进行降水处理后,采取夯实水泥土桩进行地基加固,也是行之有效的一种方法。夯实水泥土桩通过两方面作用使地基强度的提高,一是成桩夯实过程中挤密桩间土,使桩周土强度有一定程度的提高;二是水泥土本身夯实成桩,且水泥与土混合后可产生离子交换等一系列物理化学反应,使桩体本身有较高强度,具水硬性。处理后的复合地基强度和抗变形能力有明显提高。

夯实水泥土桩具有桩身强度高,抗冻性较好,施工机具简单,施工质量容易控制,施工速度快,工期短,不受停水、停电影响,造价低廉(每立方米桩体仅用水泥 200 kg 左右),施工无泥浆污染和无噪声等特点。通常复合地基承载力可达 180 ~ 300 kPa,地基处理综合造价比素混凝土桩、旋喷桩、搅拌桩复合地基低 30% ~ 50%。与柔性桩复合地基相比,可大幅度降低建筑成本,工程造价节省 20% ~ 30%。夯实水泥土桩复合地基适用于处理地下水位以上的粉土、素填土、杂填土、黏性土等地基。

8.9.2　夯实水泥土桩设计要点

8.9.2.1　地基处理范围

夯实水泥土桩宜在建筑物基础范围内布置,基础边缘距离最外一排桩中心的距离不宜小于 1.0 倍桩径。

8.9.2.2　桩长

夯实水泥土桩的桩长主要取决于地质条件,当相对硬土层埋藏较浅时,应按相对硬土层的埋藏深度确定;当相对硬土层埋藏深度较深时,可按建筑物地基的变形允许值确定。

8.9.2.3　桩孔直径

桩孔直径宜为 300 ~ 600 mm,可根据所选用的成孔设备或成孔方法确定。桩孔宜按等边三角形布置,桩孔之间的中心距离,可为桩孔直径的 2.0 ~ 4.0 倍。

8.9.2.4　填料及压实标准

桩孔内的填料,应根据工程要求进行配比试验,夯实水泥土桩体强度宜取 28 d 龄期试块的立方体抗压强度平均值。水泥与土的体积配合比宜为 $1:5 ~ 1:8$。孔内填料应分层回填夯实,填料的平均压实系数 λ 值不应低于 0.97,其中压实系数最小值不应低于 0.93。

8.9.2.5　褥垫层

桩顶标高以上应设置 100 ~ 300 mm 厚的褥垫层。垫层材料可采用粗砂、中砂、碎石等,最大粒径不宜大于 20 mm。褥垫层的夯填度不应大于 0.9。

8.9.2.6　复合地基承载力

复合地基承载力特征值,应通过现场单桩或多桩复合地基载荷试验确定。初步设计时,可按式(8-21)估算。桩间土承载力发挥系数 β 可取 0.9 ~ 1.0;单桩承载力发挥系数 λ 可取 1.0。

8.9.2.7　变形计算

复合地基的变形计算应符合《建筑地基基础设计规范》(GB 50007—2011)的有关规定。

8.9.3　夯实水泥土桩施工工艺

（1）成孔应按设计要求、成孔设备、现场土质和周围环境等情况,选用钻孔、洛阳铲成孔等方法。

（2）桩顶设计标高以上的预留覆盖土层厚度不宜小于 0.5 m。

（3）成孔和孔内回填夯实应符合下列要求:①宜选用机械成孔;②向孔内填料前,孔底应夯实;分段夯填时,夯锤落距和填料厚度应满足夯填密实度的要求;③土料有机质含量不应大于 5%,不得含有冻土和膨胀土,使用时应过 2 mm 的筛,混合料含水率应满足最优含水率的偏差不大于 2%,土料和水泥应拌和均匀;④桩孔的垂直度偏差不宜大于1.5%;⑤桩孔中心点的偏差不宜超过桩距设计值的 5%;⑥经检验合格后,应按设计要求,向孔内分层填入拌和好的水泥土,并应分层夯实至设计标高。

（4）铺设垫层前,应按设计要求将桩顶标高以上的预留松动土层挖除或夯(压)密实。垫层施工严禁扰动基底土层。

（5）施工过程中,应有专人监理成孔及回填夯实的质量,并应做好施工记录。如发现地基土质与勘察资料不符,应立即停止施工,待查明情况或采取有效措施处理后,方可继续施工。

（6）雨季或冬季施工,应采取防雨或防冻措施,防止填料受雨水淋湿或冻结。

8.10　水泥粉煤灰碎石桩复合地基

8.10.1　水泥粉煤灰碎石桩原理

水泥粉煤灰碎石(Cement Fly-ash Grave,简称 CFG)桩的桩身材料是由水泥、粉煤灰与碎石三者组成的。水泥粉煤灰碎石桩法适用于处理黏性土、粉土、砂土和已自重固结的素填土等地基。对淤泥质土应按地区经验或通过现场试验确定其适用性。

8.10.1.1　CFG 桩优点

通过调整水泥掺量及配比,可使桩体强度等级在 C5~C20 变化。这种地基加固方法吸取了振冲碎石桩和水泥搅拌桩的优点:

（1）施工工艺与普通振动沉管灌注桩一样,工艺简单,与振冲碎石桩相比,无场地污染,振动影响也较小。

（2）所用材料仅需少量水泥,便于就地取材,基础工程不会与上部结构争"三材",这也是比水泥搅拌桩优越之处。

（3）受力特性与水泥搅拌桩类似。

CFG 桩在受力特性方面介于碎石桩和钢筋混凝土桩之间。与碎石桩相比,CFG 桩桩身具有一定的刚度,不属于散体材料桩,其桩体承载力取决于桩侧摩阻力和桩端端承力之和或桩体材料强度。当桩间土不能提供较大侧阻力时,CFG 桩复合地基承载力高于碎石桩复合地基。与钢筋混凝土桩相比,桩体强度和刚度比一般混凝土小得多,这样有利于充分发挥桩体材料的潜力,降低地基处理费用。

CFG 桩加固软弱地基,桩和桩间土一起通过褥垫层形成 CFG 桩复合地基。此处的褥垫层不是基础施工时通常做的 10 cm 厚的素混凝土垫层,而是由粒状材料组成的散体垫层。由于 CFG 桩是高黏结强度桩,褥垫层是桩和桩间土形成复合地基的必要条件,亦即褥垫层是 CFG 桩复合地基不可缺少的一部分。

8.10.1.2　CFG 桩的作用

CFG 桩加固软弱地基主要有三种作用,即桩体作用、挤密与置换作用、褥垫层作用。

1.桩体作用

CFG 桩不同于碎石桩,是具有一定黏结强度的混合料。在荷载作用下 CFG 桩的压缩性明显比其周围软土小,因此基础传给复合地基的附加应力随地基的变形逐渐集中到桩体上,出现应力集中现象,复合地基的 CFG 桩起到了桩体作用。

2.挤密与置换作用

当 CFG 桩用于挤密效果好的土时,由于 CFG 桩采用振动沉管法施工,其振动和挤压作用使桩间土得到挤密,复合地基承载力的提高既有挤密作用又有置换作用;当 CFG 桩用于不可挤密的土时,其承载力的提高只是置换作用。

3.褥垫层作用

由级配砂石、粗砂、碎石等散体材料组成的褥垫,能保证桩、土共同承担荷载,减少基础底面的应力集中,褥垫厚度还可以调整桩土荷载分担比。

8.10.2　水泥粉煤灰碎石桩的设计要点

8.10.2.1　布桩范围

水泥粉煤灰碎石桩可只在基础内布桩,并可根据建筑物荷载分布、基础形式、地基土性状,合理确定布桩参数:

(1)内筒外框结构。内筒部位可采用减小桩距、最大桩长或桩径布桩,以提高复合地基承载力和模量。

(2)对相邻柱荷载水平相差较大的独立基础,应按变形控制确定桩长和桩距。

(3)筏板厚度与跨距之比小于 1/6 的平板式筏基、梁的高跨比大于 1/6 以及板的厚跨比(筏板厚度与梁的中心距之比)小于 1/6 的梁板式筏基,宜在柱边(平板式筏基)和梁边(梁板式筏基)边缘每边外扩 2.5 倍板厚的面积范围布桩。

(4)对荷载水平不高的墙下条形基础可采用墙下单排布桩。

8.10.2.2　桩径

桩径大小与选用的施工工艺有关,对于长螺旋钻中心压灌、干成孔和振动沉管成桩宜取 350~600 mm;泥浆护壁钻孔灌注素混凝土成桩宜取 600~800 mm;钢筋混凝土预制桩宜取 300~600 mm。其他条件相同,桩径越小桩的比表面积越大,单方混合料提供的承载力越高。

8.10.2.3　桩距

桩距应根据基础形式、设计要求的复合地基承载力和复合地基变形、土性、施工工艺确定。设计的桩距首先要满足承载力和变形的要求。从施工的角度考虑,尽量选用较大的桩距,防止新打桩对已打桩的不良影响:

（1）采用非挤土成桩工艺和部分挤土成桩工艺，桩间距宜为 3~5 倍桩径。

（2）采用挤土成桩工艺和墙下条形基础单排布桩，桩间距宜为 3~6 倍桩径。

（3）桩长范围内有饱和粉土、粉细砂、淤泥、淤泥质土层，为防止施工发生窜孔、缩颈、断桩，宜采用大桩距。

8.10.2.4　褥垫层

桩顶和基础之间应设置褥垫层，褥垫层厚度宜为桩径的 40%~60%。褥垫材料宜用中砂、粗砂、级配砂石和碎石等，最大粒径不宜大于 30 mm。褥垫层具有以下作用：

（1）保证桩土共同承担荷载，它是水泥粉煤灰桩形成复合地基的首要条件。

（2）通过改变褥垫层的厚度，调整桩垂直荷载的分担，通常褥垫层越薄，桩承担的荷载百分比越高。

（3）减少基础底面的应力集中。

（4）调整桩土水平荷载的分担，褥垫层厚度越厚，土分担的水平荷载占总荷载的百分比越大。对于抗震设防区，不宜采用厚度过薄的褥垫层设计。

8.10.2.5　复合地基承载力

水泥粉煤灰碎石桩复合地基承载力特征值，应通过现场复合地基载荷试验确定，初步设计时也可按式（8-21）估算，其中单桩承载力发挥系数 λ、桩间土承载力折减系数 β 宜按地区经验取值，无经验时 λ 可取 0.8~0.9，β 可取 0.9~1.0；处理后桩间土的承载力特征值 f_{sk}，对挤土成桩工艺，一般黏性土可取天然地基承载力特征值；松散砂土、粉土可取天然地基承载力特征值的 1.2~1.5 倍，原土强度低的取大值。按式（8-22）确定单桩承载力时，桩端端阻力发挥系数 α_p 可取 1.0，同时桩身强度应满足式（8-23）的要求。

8.10.2.6　处理后的变形量

地基处理后的变形量计算应按《建筑地基基础设计规范》（GB 50007—2011）的有关规定执行。地基变形计算深度应大于复合土层的厚度。

8.10.3　水泥粉煤灰碎石桩复合地基施工

8.10.3.1　施工方法

1.长螺旋钻孔灌注成桩

长螺旋钻孔灌注成桩适用于地下水位以上的黏性土、粉土、素填土、中等密实以上的砂土；该工艺属非挤土成桩工艺，具有穿透能力强，无振动、低噪声、无泥浆污染等特点；要求施工桩长范围内无松散砂土、无地下水，以保证成孔时不塌孔，顺利灌注振捣混合料。

2.长螺旋钻孔、管内泵压混合料灌注成桩

长螺旋钻孔、管内泵压混合料灌注成桩适用于黏性土、粉土、砂土、粒径不大于 60 mm、土层厚度不大于 4 m 的卵石（卵石含量不大于 30%），以及对噪声或泥浆污染要求严格的场地；该工艺属非挤土成桩工艺，具有穿透能力强，无振动、低噪声、无泥浆污染、施工效率高及质量容易控制等特点，施工时不受地下水的影响。

3.振动沉管灌注成桩

振动沉管灌注成桩适用于粉土、黏性土及素填土地基。该工艺属挤土成桩工艺，施工时不受地下水的影响，无泥浆污染。对桩间土有振（挤）密作用，可消除饱和粉土的液化。

振动沉管灌注桩工艺难以穿透厚的硬土层、砂层和卵石层等。在饱和黏性土中成桩,会造成地面隆起,挤断已打的桩,且振动噪声污染严重,在城市居民区施工受到限制。

　　4.泥浆护壁成孔灌注成桩

　　泥浆护壁成孔灌注成桩适用于地下水位以下的黏性土、粉土、砂土、填土、碎石土及风化岩层等地基。桩长范围和桩端有承压水的土层应通过试验确定其适应性。

8.10.3.2　施工注意事项

　　(1)冬期施工时混合料入孔温度不得低于 5 ℃,对桩头和桩间土应采取保温措施。

　　(2)清土和截桩时,应采取措施防止桩顶标高以下桩身断裂和桩间土扰动。

　　(3)褥垫层铺设宜采用静力压实法,当基础底面下桩间土的含水率较小时,也可采用动力夯实法,夯填度不得大于 0.9。

　　(4)施工垂直度偏差不应大于 1%;对满堂布桩基础,桩位偏差不应大于 0.4 倍桩径;对条形基础,桩位偏差不应大于 0.25 倍桩径,对单排布桩桩位偏差不应大于 60 mm。

　　(5)泥浆护壁成孔灌注成桩和锤击、静压预制桩施工,应符合现行《建筑桩基技术规范》(JGJ 94)的有关规定执行。对预应力管桩桩顶可设置桩帽或采用相同等级强度混凝土灌芯。

8.11　柱锤冲扩桩复合地基

8.11.1　柱锤冲扩桩的原理及适用范围

　　柱锤冲扩桩是采用直径 300 ~ 500 mm、长度 2 ~ 6 m、质量 1 ~ 8 t 的柱状锤,通过自行杆式起重机或其他专用设备,将柱锤提升到一定高度自行落下,在地基中冲击成孔,在孔内分层填料,分层夯实形成桩体,同时对桩间土挤密,形成柔性复合地基,在顶部设置 200 ~ 300 mm 的砂垫层。

　　柱锤冲扩桩法适用于处理地下水位以上的杂填土、粉土、黏性土、素填土和黄土等地基;对地下水位以下饱和土层,应通过现场试验确定其适用性。地基处理深度不宜超过 6 m,复合地基承载力特征值不宜超过 160 kPa。对大型的、重要的或场地复杂的工程,在正式施工前,应在有代表性的场地上进行试验。

8.11.2　柱锤冲扩桩的设计要点

8.11.2.1　处理面积

　　柱锤冲扩桩处理面积应大于基底面积。对一般地基,在基础外缘应扩大 1 ~ 3 排桩,并不应小于基底下处理土层厚度的 1/2;对可液化地基,在基础外缘扩大的宽度,不应小于基底下可液化土层厚度的 1/2,且不应小于 5 m。

8.11.2.2　桩径及布桩要求

　　(1)桩径。柱锤冲扩桩的柱锤直径已经形成系列,常用直径为 300 ~ 500 mm,其冲孔直径往往比柱锤直径大,对于可塑状态的黏性土,冲孔直径一般比柱锤直径要大,桩径是桩身填料后的平均直径,它又比冲孔直径大,如 φ377 柱锤夯实后形成的桩径可达 600 ~

800 mm,桩孔内填料量应通过现场试验确定。

（2）桩位布置宜为正方形和等边三角形,桩距宜为 1.5~2.5 m,或取桩径的 2~3 倍。

8.11.2.3　地基处理深度

地基处理深度可根据工程地质情况及设计要求确定,对相对硬土层埋藏较浅地基,应达到相对硬土层深度;对相对硬土层埋藏较深地基,应按下卧层地基承载力及建筑物地基的变形允许值确定;对可液化地基,应按现行《建筑抗震设计规范》（GB 50011）的有关规定确定。

8.11.2.4　桩体材料

桩体材料可采用碎砖三合土、级配砂石、矿渣、灰土、水泥混合土等。当采用碎砖三合土时,其体积比可采用生石灰:碎砖:黏性土为 1:2:4。对地下水位以下流塑状态软土层,宜适当加大碎砖及生石灰用量。石灰宜采用块状生石灰,CaO 含量应在 80% 以上,黏性土尽量选用就地开挖的黏性土料,不应含有有机物质,不应使用淤泥质土、盐渍土和冻土。土料含水率对桩身密实度影响很大,应采用最优含水率施工。为保证桩身均匀及触探的可靠性,碎砖粒径不宜大于 120 mm,成桩过程中严禁使用粒径大于 240 mm 砖料及混凝土块。当采用其他材料时,应经试验确定其适用性和配合比。

在桩顶部应铺设 200~300 mm 厚砂石垫层,垫层的夯填度不应大于 0.9;对湿陷性黄土,垫层材料应采用灰土,压实系数不应小于 0.95。

8.11.2.5　复合地基承载力

柱锤冲扩桩复合地基承载力特征值应通过现场复合地基载荷试验确定。初步设计时,也可按式（8-20）估算,置换率宜取 0.2~0.5;桩土应力比应通过试验或地区经验确定,无经验时可取 2~4,桩间土承载力低时取大值。

8.11.2.6　地基沉降量

地基处理后变形计算应按现行《建筑地基基础设计规范》（GB 50007）的有关规定执行。当柱锤冲扩桩处理深度以下存在软弱下卧层时,应按现行《建筑地基基础设计规范》（GB 50007）的有关规定进行下卧层地基承载力验算。

8.11.3　柱锤冲扩桩法施工工艺

柱锤冲扩桩法宜用直径 300~500 mm,长度 2~6 m、质量 1~8 t 的柱状锤（柱锤）进行施工。柱锤冲扩桩法施工可按下列步骤进行:

（1）清理平整施工场地,布置桩位。

（2）施工机具就位,使柱锤对准桩位。

（3）柱锤冲孔:根据土质及地下水情况可分别采用下述三种成孔方式:①冲击成孔:将柱锤提升一定高度,自动脱钩下落冲击土层,如此反复冲击,接近设计成孔深度时,可在孔内填少量粗骨料继续冲击,直到孔底被夯密实;②填料冲击成孔:成孔时出现缩颈或塌孔时,可分次填入碎砖和生石灰块,边冲击边将填料挤入孔壁及孔底,当孔底接近设计成孔深度时,夯入部分碎砖挤密桩端土;③反复打成孔:当坍孔严重难以成孔时,可提锤反复冲击至设计孔深,然后分次填入碎砖和生石灰块,待孔内生石灰吸水膨胀、桩间土性质有所改善后,再进行二次冲击复打成孔。

当采用上述方法仍难以成孔时,也可以采用套管成孔,即用柱锤边冲孔边将套管压入土中,直至桩底设计标高。

(4)成桩:用标准料斗或运料车将拌和好的填料分层填入桩孔夯实。当采用套管成孔时,边分层填料夯实,边将套管拔出。

锤的质量、锤长、落距、分层填料量、分层夯填度、夯击次数、总填料量等应根据试验或按当地经验确定。每个桩孔应夯填至桩顶设计标高以上至少0.5 m,其上部桩孔宜用原槽土夯封。施工中应做好记录,并对发现的问题及时进行处理。

(5)施工机具移位,重复上述步骤进行下一根桩的施工。

8.12 多桩型复合地基

多桩型复合地基是指由两种及两种以上不同材料增强体或由同一材料增强体而桩长不同形成的复合地基,适用于处理存在浅层欠固结土、湿陷性土、液化土等特殊土,或场地土层具有不同深度持力层以及存在软弱下卧层,地基承载力和变形要求较高时的地基处理。

8.12.1 复合地基设计原则

(1)应考虑土层情况、承载力与变形控制要求、经济性、环境要求等,选择合适的桩形及施工工艺进行多桩形复合地基设计。

(2)多桩型复合地基中,两种桩可选择不同直径、不同持力层;对复合地基承载力贡献较大或用于控制复合土层变形的长桩,应选择相对更好的持力层并应穿越软弱下卧层;对处理欠固结土的桩,桩长应穿越欠固结土层;对需要消除湿陷性的桩,应穿越湿陷性土层;对处理液化土的桩,桩长应穿越液化土层。

(3)浅部存有较好持力层的正常固结土选择多桩型复合地基方案时,可采用刚性长桩与刚性短桩、刚性长桩与柔性短桩的组合方案。

(4)对浅部存在欠固结土,宜先采用预压、压实、夯实、挤密方法或柔性桩等处理浅层地基,而后采用刚性或柔性长桩进行处理的方案。

(5)对湿陷性黄土,应根据黄土地区建筑规范,选择压实、夯实或土桩、灰土桩、夯实水泥土桩等处理湿陷性,再采用刚性长桩进行处理的方案。

(6)对可液化地基,应根据建筑抗震设计规范对可液化地基的处理设计要求,采用碎石桩等方法处理液化土层,再采用刚性或柔性长桩进行处理的方案。

(7)对膨胀土地基采用多桩型复合地基方案时,应采用灰土桩等处理膨胀性,长桩宜穿越膨胀土层及大气影响层以下进入稳定土层,且不应采用桩身透水性较强的桩;多桩型复合地基单桩承载力应由载荷试验确定,其设计计算可按相关规范的要求进行,但应考虑施工顺序对桩承载力的相互影响;对刚性桩施工较为敏感的土层,不宜采用刚性桩与静压桩的组合,刚性桩与其他桩组合时,应对其他桩的单桩承载力进行折减。

8.12.2 布桩

（1）多桩型复合地基的布桩宜采用正方形或三角形间隔布置。

（2）刚性桩可仅在基础范围内布置，柔性桩布置要求应满足建筑抗震设计规范、湿陷性黄土地区建筑规范、膨胀土地区建筑技术规范对不同性质土处理的规定。

8.12.3 复合地基垫层

（1）对刚性长短桩复合地基，应选择砂石垫层，垫层厚度宜取对复合地基承载力贡献较大桩直径的 1/2；对刚性桩与柔性桩组合的复合地基，垫层厚度宜取刚性桩直径的 1/2；对柔性长短桩复合地基及长桩采用微型桩的复合地基，垫层厚度宜取 100~150 mm。

（2）对未完全消除湿陷性的黄土及膨胀土，宜采用灰土垫层，其厚度宜为 300 mm。

8.12.4 多桩型复合地基承载力特征值

多桩型复合地基承载力特征值应采用多桩复合地基承载力载荷试验确定，初步设计时可采用以下方式估算。

8.12.4.1 具有黏结强度增强体的长短桩组成的多桩型复合地基

具有黏结强度增强体的长短桩组成的多桩型复合地基承载力特征值按下式计算：

$$f_{spk} = m_1 \frac{\lambda_1 R_{a1}}{A_{p1}} + m_2 \frac{\lambda_2 R_{a2}}{A_{p2}} + \beta(1 - m_1 - m_2)f_{sk} \tag{8-36}$$

式中　λ_1、λ_2——桩 1、桩 2 的单桩承载力发挥系数；应由单桩复合地基试验按等应变准则或多桩复合地基静载荷试验确定，有地区经验可按地区经验确定；

R_{a1}、R_{a2}——桩 1、桩 2 的单桩承载力，kN；

A_{p1}、A_{p2}——桩 1、桩 2 的截面面积，m^2；

β——桩间土承载力发挥系数，无经验时可取 0.9~1.0；

f_{sk}——处理后复合地基桩间土承载力特征值，kPa；

m_1、m_2——桩 1、桩 2 的面积置换率。

8.12.4.2 具有黏结强度的桩与散体材料桩组成的多桩型复合地基

具有黏结强度的桩与散体材料桩组合的多桩型复合地基承载力特征值按下式计算：

$$f_{spk} = m_1 \frac{\lambda_1 R_{a1}}{A_{p1}} + \beta[1 - m_1 - m_2(n - 1)]f_{sk} \tag{8-37}$$

多桩型复合地基面积置换率，应根据基础面积与该面积范围内实际的布桩数量进行计算，当基础面积较大时或条形基础较长时，可用单元面积置换率替代。单元面积置换率的计算模型如图 8-4 所示。当按矩形布桩时，$m_1 = \frac{A_{p1}}{2s_1 s_2}$，$m_2 = \frac{A_{p2}}{2s_1 s_2}$；当按三角形布桩且 $s_1 = s_2$ 时，$m_1 = \frac{A_{p1}}{2s_1 s^2}$，$m_2 = \frac{A_{p2}}{2s_1 s^2}$。

8.12.5 复合地基变形计算

复合地基的压缩模量根据下列情况分别进行计算。

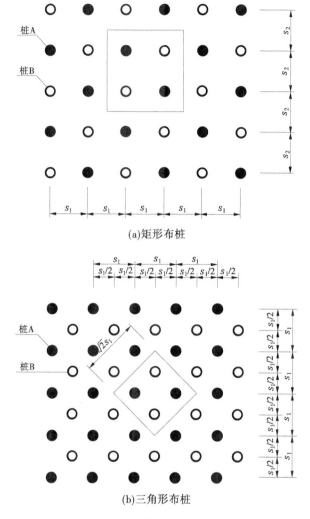

(a)矩形布桩

(b)三角形布桩

图 8-4　多桩型复合地基面积置换率计算模型

8.12.5.1　具有黏结强度增强体的长短桩组成的多桩型复合地基

地基的总变形量由三部分组成,即长短桩复合加固区压缩变形、短桩桩端至长桩桩端的加固区压缩变形、复合土层下卧土层压缩变形。

$$s = s_1 + s_2 + s_3 \tag{8-38}$$

式中　　s_1——长、短桩复合土层产生的压缩变形,mm;

　　　　s_2——短桩桩端至长桩桩端加固区产生的压缩变形,mm;

　　　　s_3——下卧土层的压缩变形,mm。

加固区的压缩变形 s_1、s_2 可采用复合压缩模量法计算,即 $E_{sp} = \zeta E_s$,长短桩复合加固区、短桩桩端至长桩桩端加固区各土层的模量提高系数 ζ_1、ζ_2 分别按下式计算:

$$\zeta_1 = \frac{f_{spk}}{f_{ak}} \tag{8-39}$$

$$\zeta_2 = \frac{f_{spk1}}{f_{ak}} \tag{8-40}$$

式中　ζ_1——长短桩复合加固区土层压缩模量提高系数;

　　　ζ_2——仅由长桩加固区土层压缩模量提高系数;

　　　f_{spk1}——仅由长桩处理形成复合地基承载力特征值,kPa;

　　　f_{spk}——由长短桩形成复合地基承载力特征值,kPa。

复合土层下卧土层变形 s_3 宜按《建筑地基基础设计规范》(GB 50007—2011)的规定,采用分层总和法计算。

8.12.5.2　具有黏结强度的桩与散体材料桩组成的多桩形复合地基

加固区土层压缩模量提高系数按下式计算:

$$\zeta_1 = \frac{f_{spk}}{f_{spk2}}[1 + m(n-1)]\alpha \tag{8-41}$$

式中　f_{spk2}——仅由散体材料桩加固处理后复合地基承载力特征值,kPa;

　　　α——处理后桩间土地基承载力调整系数,$\alpha = \dfrac{f_{sk}}{f_{ak}}$;

　　　m——散体材料桩的面积置换率。

将 $f_{spk2} = [1 + m(n-1)]f_{sk}$ 代入式(8-41)得到:

$$\zeta_1 = \frac{f_{spk}}{f_{ak}} \tag{8-42}$$

复合地基变形计算深度必须大于复合土层的厚度,并应满足现行《建筑地基基础设计规范》(GB 50007)中地基变形计算深度的有关规定。

8.13　石灰桩法

8.13.1　石灰桩法原理

石灰桩法是指用生石灰作为主要固化剂与粉煤灰或火山灰、炉渣、黏性土等掺合料按一定比例均匀混合后,在桩孔中经机械或人工分层振压或夯实所形成的密实桩体。为提高桩身强度,还可掺加石膏、水泥等外加剂。石灰桩主要适用于杂填土、素填土、一般黏性土、淤泥质土、淤泥及透水性小的粉土。对于透水性大的砂土和砂质粉土,以及超高含水率的软土则不适用。

石灰桩法在形成桩身强度的同时也加固了桩间土,当用于建筑物地基时,石灰桩与桩间土组成了石灰桩复合地基,共同承担上部结构的荷载。石灰桩加固地基的机制如下。

8.13.1.1　石灰桩的挤密作用

通常施工石灰桩时用的是振动下沉管法,在将钢管打入土中时,向四周挤开等于自身体积的土,将桩间土挤密,作用大小与石灰桩置换率有关。挤密效果还与土质、上覆压力及地下水位状况有密切关系。一般情况下,地基土的渗透性越大,打桩挤密效果越好,地下水位以上的土比地下水位以下的土挤密效果好。但是,对于高灵敏度的饱和黏性土,尤其是淤泥,成桩时不仅不能挤密桩间土,而且还会破坏土的原有结构,强度会下降。

8.13.1.2 吸水膨胀挤密作用

石灰桩在成孔后灌入生石灰,生石灰便吸收桩间土中的水分而发生体积膨胀,使桩间土产生强大的挤压力,这对地下水位以下软黏土的挤密起主导作用。生石灰的主要成分是 CaO,生石灰吸水形成熟石灰 $Ca(OH)_2$ 的水化消解反应,CaO 水化消解成 $Ca(OH)_2$ 时,理论上体积增大约 1 倍。对于石灰桩,从大量的原位测试及土工试验结果分析,桩体的膨胀对周围土产生很大的挤压力,其大小与生石灰中有效钙的含量、桩体所受约束力的大小和方向、桩身材料的配合比、生石灰的水化速度等有关。在完全约束的条件下,生石灰的膨胀压力可高达 10 MPa 以上,而土中石灰桩的膨胀压力会大大减小,二灰桩的膨胀压力比纯石灰桩的小。石灰桩的膨胀压力尤其对土体侧向加压,使非饱和土挤密,使饱和土排水固结。

8.13.1.3 脱水挤密

石灰桩的吸水量包括两部分,一部分是 CaO 消解水化所需的吸水量,另一部分是石灰桩身,主要是水化产物 $Ca(OH)_2$ 的孔隙吸水量。

软黏土的含水率可高达 40% ~ 80%,1 kg 的 CaO 完全消解反应的理论吸水量为 0.32 kg 且生成 $Ca(OH)_2$ 不含水,因此继续从桩四周的土中吸收水分,储存在桩体孔隙中。另外,由于在生石灰消解反应中放出大量的热量,提高了地基土的温度,实测桩间土的温度在 50 ℃ 以上。温度高使土产生一定的汽化脱水,从而使土中含水率下降,这对基础开挖施工是有利的。

8.13.1.4 桩和地基土的反应热作用

生石灰水化过程中能释放出大量的反应热,1 kg 的 CaO 水化生产 $Ca(OH)_2$ 时,理论上可释放出 278 kcal 的热量。经测定,放热时间在水化充分进行时为 1 h。我国加掺合料的石灰桩,桩内温度可高达 200 ~ 300 ℃,桩间土温度的升高滞后于桩体。在正常置换率的情况下,桩间土的温度可高达 40 ~ 50 ℃。由于桩数多,桩区内温度消散很慢,在全部桩施工完毕后 15 d,地温仍达 25 ℃。完全恢复原来地温至少要 20 ~ 30 d 甚至更长时间。通常生石灰含量越高,桩内生石灰用量越大时,温度越高。

8.13.1.5 石灰桩的排水固结作用

石灰桩体的排水固结作用,在不同配合比时,测得的渗透系数在 $4.07 \times 10^{-3} \sim 6.13 \times 10^{-5}$ cm/s,相当于粉细砂,比一般黏性土的渗透系数大 10 ~ 100 倍。经测定,石灰桩体具有 1.3 ~ 1.7 的大孔隙比且组成颗粒大,这就证明了石灰桩体具有大孔隙结构。

8.13.1.6 石灰桩加固层的减载作用

由于石灰的密度为 0.8 g/cm^3,掺合料的密度一般为 0.6 ~ 0.8 g/cm^3,明显小于桩间土的密度。即使桩体饱和后,其密度也小于桩间土的天然密度。采用排土成桩的施工工艺,虽然挤密效果差些,但由于石灰桩数较多,加固层的自重就会减轻。因为桩有一定的长度,作用在桩底平面的自重应力就会减小。这样就可减小桩底下卧层顶面的附加压力。如果存在软弱下卧层,这种减载作用对下卧层的强度是有利的,这也是在深厚的软土中,石灰桩沉降量小于计算值的原因之一。

8.13.1.7 桩体材料的胶凝作用

活性掺合料与生石灰桩在特定条件下的反应是很复杂的,国内外都进行过许多研究。通过 X 射线衍射、化学分析、差热分析及电子显微镜照片,总的看法是 $Ca(OH)_2$ 与活性掺合料中 SiO_2、Al_2O_3 反应生成水化硅酸钙和水化铝酸钙等水化物,从本质上改善了土的结构,提高了土的强度。

8.13.1.8 石灰与桩间土的化学反应

石灰熟化中的吸水、膨胀、发热等物理效应可在短时间内完成,一般约 4 周即可趋于稳定,这是生石灰能迅速取得改良软土效果的原因。但是,石灰与桩间土的化学反应则要进行较长时间。石灰桩和桩间土的化学反应包括离子化、离子交换作用、固结作用。这些反应很复杂,成为胶结物后,土的强度就显著提高,且随时间的延续增大,具有长期稳定性。

8.13.1.9 生石灰的置换作用

对单一的以生石灰做原料的石灰桩,当生石灰水化后,石灰桩的直径可胀到原来直径的 1.1~1.5 倍;如充填密实和纯 CaO 的含量高,则生石灰密度可达 1.1~1.2 g/cm^3。大量试验可以证明,石灰桩吸水膨胀后的挤密作用使桩间土的孔隙比减小、土的含水率降低,结合石灰桩和桩间土的化学作用,在桩周形成一圈类似空心桩的硬土壳,可使土的强度提高。

8.13.2 石灰桩的设计要点

石灰桩的设计参数主要有桩径、桩长、置换率、桩距、布桩原则、桩土应力比、承载力及地基沉降等计算。通过这些参数可以确定桩数及平面布置。

8.13.2.1 桩径

从石灰桩的加固原理看,采用细而密的布桩方案较好,但要受施工技术设备的限制。因此,国内常用直径一般为 150~400 mm,具体直径数由当地施工条件来决定。桩径的大小还与桩长有关。为避免过大的长细比,一般较长的桩其桩径也较大。

8.13.2.2 桩长

石灰桩作为一种柔性桩,其有效长度的概念比别的胶体程度更好、桩身强度越高的柔性桩越明显。亦即当桩长大于其有效桩长时,再加大桩长对提高石灰桩的承载力影响甚微。根据这一概念,选择桩长的原则为:当上面是软土层且软土层较薄,下面是好土层时,石灰桩宜打穿土层进入好土层;当软弱土层深而厚时,应视不同情况进行处理。

8.13.2.3 桩距及桩的平面布置

桩的布置一般可分为正方形、正三角形两种形式。桩距的确定既要满足地基承载力和变形的要求,又要做一定的经济分析。另外,桩距还依赖于所需的置换率。当土质较差、建筑物对复合地基承载力要求较高时,桩距应小些。但过分小的桩距或过分大的置换率不一定是好的处理办法。这样可能会造成地面较大隆起并破坏土的结构,尤其是对结构破坏后不易恢复的土类。桩距应通过试桩确定,无试桩资料时,可参考表 8-8 选择桩距。

表 8-8　石灰桩的参考桩距

土类	桩距/桩径
淤泥、淤泥质土	2~3
较差的填土和一般黏性土	3~4
较好的填土和一般黏性土	≤5

8.13.2.4　复合地基承载力特征值

石灰桩复合地基承载力特征值应通过单桩或多桩复合地基载荷试验确定。初步设计时可按下式估算：

$$f_{spk} = m'f_{pk} + (1 - m')f_{sk} \tag{8-43}$$

式中　f_{spk}——复合地基的承载力特征值，kPa；

f_{pk}——桩体承载力特征值，kPa，由单桩竖向载荷试验测定，初步设计时可取 350~ 500 kPa，土质软弱时取低值；

f_{sk}——处理后桩间土承载力特征值，kPa，宜按当地经验取值，如无经验时，可取天然地基承载力特征值；

m'——膨胀后的面积置换率，$m' = \varepsilon m$，m 为膨胀前桩土面积置换率；

ε——石灰桩的膨胀率，按表 8-9 取值。

表 8-9　不同掺合料的石灰桩膨胀率 ε 参考值

纯石灰桩	2∶8 粉煤灰	3∶7 粉煤灰	2∶8 火山灰	3∶7 火山灰	备注
1.2~1.5	1.15~1.40	1.10~1.35	1.10~1.35	1.05~1.25	桩身约束力大时取小值

8.13.2.5　地基变形量

处理后地基变形应按《建筑地基基础设计规范》(GB 50007—2011)有关规定进行计算，变形经验系数 ψ_s 可按地区沉降观测资料及经验确定。石灰桩复合土层的压缩模量宜通过桩身及桩间土压缩试验确定，初步设计时可按下式估算：

$$E_{sp} = \alpha[1 + m(n - 1)]E_s \tag{8-44}$$

式中　E_{sp}——复合土层的压缩模量，MPa；

α——系数，可取 1.1~1.3，成孔对桩周土挤密效应好或置换率大时取高值；

n——桩土应力比，可取 3~4，长桩取大值；

E_s——天然土的压缩模量，MPa。

8.14　注浆加固

注浆加固是指将水泥浆或其他化学浆液注入地基土层中，增强土颗粒间的联结，使土体强度提高、变形减少、渗透性降低的加固方法。注浆加固适用于砂土、粉土、黏性土和人工填土等地基加固。

8.14.1　注浆加固的类型

8.14.1.1　根据注浆材料分类

1.水泥浆

水泥注浆可得到高强度的固结体,应用最广泛的是普通硅酸盐水泥。在某些特殊条件下也可采用矿渣水泥、火山灰水泥和抗硫酸水泥。在灌注较大裂隙和孔隙时,常在浆液中掺加砂,以节约水泥,并能更好地充填。

2.水泥黏土浆

在沙砾石地基注浆时,水泥浆容易过早凝固,不能充分填充密实。加入黏土后,黏土颗粒能够很好地充填水泥颗粒不易灌入的孔隙,密实性更好。另外,黏土可以就地取材,比较经济。

配制水泥黏土浆所使用的黏土,应具有一定的稳定性和黏结力,应满足下列要求:

(1)黏土的塑性指数一般为 10~20。

(2)小于 0.005 mm 的黏粒含量不少于 40%。

(3)砂粒含量(粒径 0.25~0.05 mm)的含量不大于 5%。

3.硅酸盐

硅酸盐是一种无机材料,具有价格低廉、渗入性好、无毒等特点。其主剂是水玻璃,与无机胶凝剂(如氯化钙、磷酸、硫酸铝等)或有机胶凝剂(如乙二醛、醋酸乙酯等)反应生产硅胶,起到加固作用。

4.聚氨酯

聚氨酯是采用多异氰酸酯和聚醚树酯的预聚体作为原材料,加入增塑剂、稀释剂、表面活性剂、催化剂等配成浆液,遇水反应而成胶凝体。反应时,能发泡而使体积膨胀,能充填密实,防渗性好。

5.丙烯酰胺

丙烯酰胺国外称为 AM-9,国内称为丙凝,其黏度与水相似,凝结时间可在瞬间到几个小时,凝结后几分钟即可达到极限强度,可用于灌注细小裂隙,能达到很好的防渗效果。丙烯酰胺具有强度低、干缩性大等缺点。

6.环氧树脂类

环氧树脂是工程上较早采用的高强化学材料。采用活性稀释剂和各种外加剂改性后,黏度大大降低,但强度仍然较大,并且解决了水下和低温固化问题。

8.14.1.2　按注浆方法分类

1.渗透注浆

渗透注浆是指在压力作用下使浆液充填土的孔隙和岩石的裂隙,排挤出孔隙中存在的自由水和气体,而基本上不改变原状土的结构和体积,所用注浆压力相对较小。这类注浆一般只适用于中砂以上的砂性土和有裂隙的岩石。

2.劈裂注浆

劈裂注浆是指在压力作用下,浆液克服地层的初始应力和抗拉强度,引起岩石和土体结构的破坏和扰动,使其沿垂直于小主应力的平面上发生劈裂,使地层中原有的裂隙或孔隙张开,形成新的裂隙或孔隙,浆液的可灌性和扩散距离增大,而所用的注浆压力相对较高。

对岩石地基,目前常用的注浆压力尚不能使新鲜岩体产生劈裂,主要是使原有的隐裂隙或微裂隙产生扩张;对于沙砾石地基,其透水性较大,浆液掺入将引起超静水压力,到一定程度后将引起沙砾石层的剪切破坏,土体产生劈裂;对黏性土地基,在具有较高注浆压力作用下,土体可能沿垂直于小主应力的平面产生劈裂,浆液沿劈裂面扩散,并使劈裂面延伸。在荷载作用下地基中各点小主应力方向是变化的,而且应力水平不同,在劈裂注浆中,劈裂缝的发展走向较难估计。

3.挤密注浆

挤密注浆是指通过钻孔在土中灌入极浓的浆液,在注浆点使土体挤密,在注浆管端部附近形成浆泡。当浆泡的直径较小时,注浆压力基本上沿钻孔的径向扩展。随着浆泡尺寸的逐渐增大,便产生较大的上抬力而使地面抬动。经研究证明,向外扩张的浆泡将在土体中引起复杂的径向和切向应力体系。紧靠浆泡处的土体将遭受严重破坏和剪切,并形成塑性变形区,在此区内土体的密度可能因扰动而减小;离浆泡较远的土则基本上发生弹性变形,因此土的密度有明显的增加。浆泡的形状一般为球形或圆柱形。在均匀土中的浆泡形状相当规则,而在非均质土中则很不规则。浆泡的最后尺寸取决于很多因素,如土的密度、湿度、力学性质、地表约束条件、注浆压力和注浆速率等。有时浆泡的横截面直径可达 1 m 或更大。实践证明,离浆泡界面 0.3~2.0 m 内的土体都能受到明显的加密。

挤密注浆常用于中砂地基,黏土地基中若有适宜的排水条件也可采用。如遇排水困难而可能在土体中引起高孔隙水压力时,这就必须采用很低的注浆速率。挤密注浆可用于非饱和的土体,以调整不均匀沉降进行托换技术,以及在大开挖或隧道开挖时对邻近土进行加固。

4.电动化学注浆

电动化学注浆是指在施工时将带孔的注浆管作为阳极,用滤水管作为阴极,将溶液由阳极压入土中,并通以直流电(两电极间电压梯度一般采用 0.3~1.0 V/cm),在电渗作用下,孔隙水由阳极流向阴极,促使通电区域中土的含水率降低,并形成渗浆通路,化学浆液也随之流入土的孔隙中,并在土中硬结。因此,电动化学注浆是在电渗排水和注浆法的基础上发展起来的一种加固方法。但由于电渗排水作用,可能会引起邻近既有建筑物基础的附加下沉,这一情况应予以注意。

8.14.2　单液硅化法和碱液法

单液硅化法和碱液法适用于处理地下水位以上渗透系数为 0.10~2.00 m/d 的湿陷性黄土等地基。在自重湿陷性黄土场地,当采用碱液法时,应通过试验确定其适用性。

对于下列建(构)筑物,宜采用单液硅化法或碱液法:

(1)沉降不均匀的既有建(构)筑物和设备基础。

(2)地基受水浸湿引起湿陷,需要立即阻止湿陷继续发展的建(构)筑物或设备基础。

(3)拟建的建(构)筑物和设备基础。

采用单液硅化法或碱液法加固湿陷性黄土地基,应于施工前在拟加固的建(构)筑物附近进行单孔或多孔灌注溶液试验,确定灌注溶液的速度、时间、数量或压力等参数。灌注溶液试验结束后,隔 7~10 d,应在试验范围的加固深度内量测加固土的半径,并取土样进行室内试验,测定加固土的压缩性和湿陷性等指标。必要时,应进行浸水载荷试验或其他原位测试,以确定加固土的承载力和湿陷性。

8.14.2.1　单液硅化法

单液硅化法按其灌注溶液的工艺,可分为压力灌注和溶液自渗两种。

(1)压力灌注可用于加固自重湿陷性黄土场地上拟建的建(构)筑物和设备基础的地基,也可用于加固非自重湿陷性黄土场地上的既有建(构)筑物和设备基础的地基。

(2)溶液自渗宜用于加固自重湿陷性黄土场地上的既有建(构)筑物和设备基础的地基。

单液硅化法由浓度为 10%~15% 的硅酸钠($Na_2O \cdot nSiO_2$)溶液,掺入 2.5% 氯化钠组成。其相对密度宜为 1.13~1.15,并不应小于 1.10。

加固湿陷性黄土的溶液用量,可按下式估算:

$$Q = V n \bar{d}_{N1} \alpha \tag{8-45}$$

式中　Q——硅酸钠溶液的用量,m^3;

　　　V——拟加固湿陷性黄土的体积,m^3;

　　　$\bar{n}$——地基加固前土的平均孔隙率;

　　　d_{N1}——灌注时,硅酸钠溶液的相对密度;

　　　α——溶液填充孔隙的系数,可取 0.60~0.80。

(3)当硅酸钠溶液的浓度大于加固湿陷性黄土所要求的浓度时,应将其加水稀释,加水量可按下式估算:

$$Q' = \frac{d_N - d_{N1}}{d_{N1} - 1} \times q \tag{8-46}$$

式中　Q'——稀释硅酸钠溶液的加水量,t;

　　　d_N——稀释前,硅酸钠溶液的相对密度;

　　　q——拟稀释硅酸钠溶液的质量,t。

(4)采用单液硅化法加固湿陷性黄土地基,灌注孔的布置应符合下列要求:

①灌注孔的间距:压力灌注宜为 0.80~1.20 m,溶液自渗宜为 0.40~0.60 m。

②加固拟建的建(构)筑物和设备基础的地基,应在基础底面下按等边三角形满堂布置,超出基础底面外缘的宽度,每边不得小于 1 m。

③加固既有建(构)筑物和设备基础的地基,应沿基础侧向布置,每侧不宜少于 2 排。

当基础底面宽度大于 3 m 时,除应在基础每侧布置 2 排灌注孔外,必要时,可在基础两侧布置斜向基础底面中心以下的灌注孔或在其台阶上布置穿透基础的灌注孔,以加固基础底面下的土层。

8.14.2.2　碱液法

当 100 g 干土中可溶性和交换性钙镁离子含量大于 10 mg·ep 时,可采用单液法,即只灌注氢氧化钠一种溶液加固;否则,应采用双液法,即需采用氢氧化钠溶液与氯化钙溶液轮番灌注加固。

（1）碱液加固地基的深度应根据场地的湿陷类型来确定。根据地基湿陷等级和湿陷性黄土层厚度，并结合建筑物类别与湿陷事故的严重程度等综合因素确定，加固深度宜为 2~5 m。对非自重湿陷性黄土地基，加固深度可为基础宽度的 1.5~2.0 倍；对 Ⅱ 级自重湿陷性黄土地基，加固深度可为基础宽度的 2.0~3.0 倍。

（2）碱液加固土层的厚度 h 可按下式估算：

$$h = l + r \tag{8-47}$$

式中　l——灌注孔长度，m，从注液管底部到灌注孔底部的距离；

　　　r——有效加固半径，m。

（3）碱液加固地基的半径 r 宜通过现场试验确定。有效加固半径与碱液灌注量之间可按下式估算：

$$r = 0.6 \sqrt{\frac{V}{nl \times 10^3}} \tag{8-48}$$

式中　V——每孔碱液灌注量，L，试验前可根据加固要求达到的有效加固半径按式（8-49）进行估算；

　　　n——拟加固土的天然孔隙率。

当无试验条件或工程量较小时，r 可取 0.40~0.50 m。

（4）当采用碱液加固既有建（构）筑物的地基时，灌注孔可沿条形基础两侧或单独基础周边各布置 1 排。当地基湿陷较严重时，孔距可取 0.7~0.9 m；当地基湿陷较轻时，孔距可适当加大至 1.2~2.5 m。

（5）每孔碱液灌注量可按下式估算：

$$V = \alpha\beta\pi r^2(1 + r)n \tag{8-49}$$

式中　α——碱液充填系数，可取 0.6~0.8；

　　　β——工作条件系数，考虑碱液流失影响，可取 1.1。

第 9 章　地基基础工程季节性施工技术

我国的气候具有强烈的季风性、大陆性和类型多样性的特征。冬季寒冷,南北温差悬殊,年最低气温的多年平均值在我国最北部低于−45 ℃,而在海南岛却达 11 ℃,相差 50 ℃以上。夏季炎热,全国气温较高,降水量普遍增多,而多数建筑施工工程都跨越雨季,因工程进度需要,常需在雨季施工。冬期施工需保温覆盖和消耗较多热能,增加工程造价,诸如场地平整、地基处理、室外装饰、屋面防水及高空灌注混凝土等工程项目要尽量避免在冬期施工。因此,科学合理地组织施工、采取安全技术措施、积极应对雨期和冬期施工面临的各种危险状况,对提高工程质量和保证进度具有重要意义。

9.1　地基基础工程雨期施工

9.1.1　雨期施工特点

(1)突然性。暴雨往往不期而至,这就需要及早进行雨期施工的准备和采取防洪措施。

(2)突击性。因为雨水对建筑结构和地基基础的冲刷和浸泡具有严重的破坏性,必须迅速、及时地保护。

(3)雨期阻碍工程的顺利进行,拖延工期,必须事先做好安排。

9.1.2　雨期施工要求

(1)编制施工组织计划时,要根据施工特点将不宜在雨期施工的分项工程提前或延后安排,对必须在雨期施工的工程制定有效的措施。

(2)合理组织施工。晴天抓紧室外工作,雨天安排室内工作,尽量缩小雨天室外作业时间和工作面。

(3)密切注意天气预报,做好防汛准备工作,必要时应及时加固在建工程。

(4)做好原材料的防雨防潮措施。

9.1.3　雨期施工准备

(1)现场排水。施工现场的道路、设施必须做到排水畅通,雨停水干。要防止地表水流入地下室、基础、地沟内。要根据实际情况采取措施,防止滑坡和塌方。

(2)做好原材料、成品和半成品的防雨、防潮工作。水泥库必须保证不漏水;地面必须防潮,并按"先收先发、后收后发"的原则,避免久存受潮而影响水泥的活性。受潮变形的半成品应在室内堆放,其他材料也应根据其性能做好防雨、防潮工作。钢材做好防雨、防潮,以免生锈。

(3)雨期前,应对现场房屋、设备采取排水防雨措施。

(4)备足排水需用的水泵及有关设备,准备适量的塑料布、油毡等防雨材料。

9.1.4　雨期施工注意事项

9.1.4.1　土方工程

(1)土方和基础工程雨期开挖基槽(坑)或管沟时,应注意边坡稳定,必要时可适当放缓边坡坡度或设置支撑。施工时,应加强对边坡和支撑的检查。为防止边坡被雨水冲塌,可在边坡上加钉钢丝网片,并喷上 50 mm 的细石混凝土。

(2)雨期施工的工作面不宜过大,应逐段、逐片分期完成。

(3)基础挖到标高后,及时验收并浇筑混凝土垫层。如基坑(槽)开挖后不能及时进行下道工序,应留保护层。

(4)对膨胀土地基及回填土要有防雨措施。为防止基坑浸泡,开挖时要在坑内做好排水沟、集水井。

(5)位于地下的池子和地下室,施工时应考虑周到。如预先考虑不周,浇筑混凝土后,遇到大雨时容易造成池子和地下室上浮的事故。

9.1.4.2　砌体工程

(1)砖在雨季必须集中堆放,不宜浇水。砌墙时,要求干湿砖合理搭配,湿度大时不可上墙。砌筑高度每日不宜超过 1.2 m。

(2)雨期施工时,应加强对砂含水率的测定,及时调整砂浆搅拌时的用水量,遇大雨时必须停工。

(3)砌砖收工时,应在墙体顶盖一层干砖,避免大雨冲刷灰浆。大雨过后受雨冲刷过的新砌墙体应翻砌最上面的两层砖。

(4)砌体施工时,内、外墙要尽量同时砌筑,转角及丁字墙间的连接要同时跟上。遇大风时,应在与风向相反的方向加临时支撑,以保护墙体的稳定。

(5)雨后继续施工,须复核已完工砌体的垂直度和标高。

9.1.4.3　混凝土工程

(1)模板隔离层在涂刷前要及时掌握天气预报,以防隔离层被雨水冲掉。

(2)遇到大雨要停止浇筑混凝土,已浇部位应加以覆盖。

(3)雨期施工时,应加强对混凝土粗细骨料含水率的测定,及时调整混凝土搅拌时的用水量。大面积混凝土浇筑前,要了解 2~3 d 的天气预报,尽量避开大雨。

(4)混凝土浇筑现场要预备大量防雨材料,以备浇筑时突然遇雨进行覆盖。

(5)模板支撑下的回填土要密实,并加好垫板,雨后及时检查有无下沉。

9.2　地基基础工程冬期施工

《建筑工程冬期施工规程》(JGJ 104—2010)规定,冬期施工期限的划分原则是:根据当地多年气温资料统计,当室外日平均气温连续 5 d 稳定低于 5 ℃即进入冬期施工;当室外日平均气温连续 5 d 高于 5 ℃时解除冬期施工。冬期施工是质量事故的多发期,根据有关资料分析,有 2/3 的质量事故发生在冬期,尤其是混凝土工程。冬期施工质量事故具有滞后性,发生事故往往不易觉察,到春天解冻时,一系列质量问题才暴露出来,这种事故的滞后性给处理带来很大的困难。冬期施工技术要求高,能源消耗多,施工费用要增加。

冬期施工的基本原则是:确保工程质量;冬期施工过程中,做到安全生产;工程项目的施工要连续进行;制订冬期施工方案(措施)要因时、因地、因工程制宜,既要求技术上可靠,也要求经济上合理;应考虑所需的热源和材料有可靠的来源,减少能源消耗;力求施工点少,施工速度快,缩短工期;凡是没有冬期施工方案(措施),或者冬期施工准备工作未做好的工程项目,不得强行进行冬期施工,必须制定行之有效的冬期施工管理措施。

9.2.1　土方工程冬期施工

土在冻结时强度大大提高,使得施工难度加大,从而增加工程造价。基础土方工程应尽量避开在冬季施工,如必须在冬季施工,则应制订详尽的施工计划、合理的施工方案及切实可行的技术措施,同时组织好施工管理,争取在短时间内完成施工。

9.2.1.1　冻土及冻胀性

1.冻土

凡温度等于或低于 0 ℃,且含有冰的土,称为冻土。冻土主要分为以下两种。

1) 季节性冻土

季节性冻土又称融冻层。只在冬季气温降至 0 ℃ 以下才冻结;春季气温上升而融化,因此冻土的深度不大。我国华北、东北与西北大部分地区为此类冻土。

2) 多年冻土

多年冻土指当地气温连续 3 年保持在 0 ℃ 以下并含有冰的土层。这种冻土很厚,常年不融化,具有特殊的性质。当温度条件改变时,其物理力学性质随之改变,并产生冻胀、融陷、热融、滑塌等现象。多年冻土主要分布在我国的严寒地区,当地的年平均气温低于 -2 ℃,冻期长达 7 个月以上。主要集中在东北大、小兴安岭北部、青藏高原以及天山、阿尔泰山等地区,总面积约为 215 万 km²。

2.冻土深度

地基土冻结后,其冻结深度表达方式有多种,即标准冻深、设计冻深等。

1) 标准冻深 z_0

标准冻深 z_0 是指在地表平坦、裸露、城市之外的空旷场地中不少于 10 年实测最大冻深的平均值。当无实测资料时,可查《建筑地基基础设计规范》(GB 50007—2011)(附录 F 中国季节性冻土标准冻深线图)。

2) 设计冻深

设计冻深按下式计算:

$$z_d = z_0 \psi_{zs} \psi_{zw} \psi_{ze} \tag{9-1}$$

式中　　z_d ——设计冻深,m;

　　　　ψ_{zs} ——土的类别对冻深的影响系数;

　　　　ψ_{zw} ——土的冻胀性对冻深的影响系数;

　　　　ψ_{ze} ——环境对冻深的影响系数。

上述 3 个系数可查《建筑地基基础设计规范》(GB 50007—2011)中的有关表格。

3.冻胀性

土中水冻结后,发生体积膨胀,而产生冻胀。位于冻胀区的基础在受到大于基底压力的冻胀力作用下,会被上抬,而冻土层解冻融解时建筑物随之下沉。冻胀和融陷是不均匀的,其往往造成建筑物的开裂损坏。因此,为了避开冻胀区土层的影响,基础应设置在冻结线以下。冻土层的平均冻胀率 η 按下式计算:

$$\eta = \frac{\Delta z}{z_d} \qquad (9\text{-}2)$$

式中 Δz ——地表冻胀量,mm;

   z_d ——设计冻深,mm,$z_d = h - \Delta z$,h 为冻土厚度,mm;

   η ——平均冻胀率(%)。

按季节性冻土地基的冻胀率的大小及其对建筑物的危害程度,将地基土的冻胀性分为以下 5 类:

Ⅰ类不冻胀:平均冻胀率小于 1%,对敏感的浅基础无任何危害。

Ⅱ类弱冻胀:平均冻胀率为 1%~3.5%,对浅基础无危害。在不利条件下,可能产生细小的裂缝,但不影响建筑物的使用安全。

Ⅲ类冻胀:平均冻胀率为 3.5%~6%,浅基础的建筑物将产生裂缝。

Ⅳ类强冻胀:平均冻胀率为 6%~12%,浅基础的建筑物将产生破坏。

Ⅴ类特强冻胀:平均冻胀率大于 12%,基础将产生严重破坏,无法正常使用。

9.2.1.2 地基土的保温防冻

地基土的保温防冻是在进入冬期施工之前,采取土层表面覆盖保温材料或将表层土翻动等措施使地基土层免遭冻结或减少冻结的方法。常见的方法有翻松耙平土防冻法、覆盖防冻法和保温材料覆盖法等。

1.翻松耙平土防冻

进入冬期,在挖土的地表层先翻松 25~30 cm 厚表层土并耙平,其宽度应不小于土冻后深度的 2 倍与基底宽之和,如图 9-1 所示。经过翻动的土壤中有许多充满空气的孔隙,可降低土壤的导热性,有效防止土层的冻结。

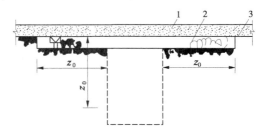

1—雪层;2—翻松土;3—地面;z_0—标准冻深

图 9-1 翻松耙平土防冻

2.覆盖防冻法

在积雪量较大的地区,可利用较厚的雪层覆盖作保温层,防止地基土冻结。大面积的土方工程,在地面上与主导方向垂直的方向设置篱笆或雪堤,其高度为 0.5~1.0 m,其间距为 10~15 m,如图 9-2 所示。面积较小的基槽(坑)土方工程,可以在地面冻结前挖积雪沟,深 30~50 cm,并随即用雪将沟填满以防止未挖土层冻结,如图 9-3 所示。

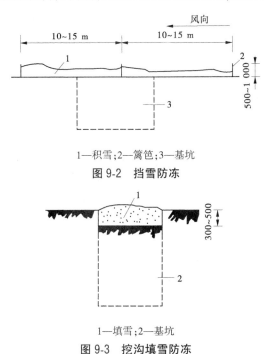

1—积雪;2—篱笆;3—基坑

图 9-2　挡雪防冻

1—填雪;2—基坑

图 9-3　挖沟填雪防冻

3.保温材料覆盖法

面积较小的基坑地基土防冻,可在土层表面直接覆盖炉渣、锯末、草垫、膨胀珍珠岩等保温材料,每边宽度须大于土层冻结厚度,见图 9-4。

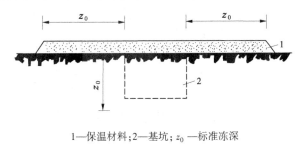

1—保温材料;2—基坑;z_0—标准冻深

图 9-4　保温材料覆盖

9.2.1.3　冻土的开挖

冬期土方施工可采用先破碎冻土,然后挖掘的施工方法,一般有人工法、机械法和爆破法三种。

1.人工法

人工法开挖冻土适用于开挖面积较小和场地狭窄、不具备用其他方法进行土方破碎、开挖的工程。

2.机械法

机械法开挖冻土可按土壤冻深,用铲运机或正铲挖土机挖掘,也可用锤击松土装置砸击冻土外壳,再用机械挖除。当冻土层厚度为 0.4 m 以内时,可选用不同类型机械设备直接进行挖掘;当冻土层厚度达到 0.4~1.2 m 时,要用重锤击碎冻土,然后用装载机或反、正铲装车运出。此外,为了减轻挖掘困难,可用蒸汽循环针或电气加热融化冻土的方法,但耗用热能甚多,只在电力热源充沛、经济合理等条件下采用。

3.爆破法

爆破法适用于冻土层较厚、面积较大的土方工程,采用打炮眼、填药的爆破方法将冻土破碎后,再用机械挖掘施工。

9.2.1.4　冬期回填土施工

由于冻结土块坚硬且不易破碎,回填过程中又不易被压实,待温度回升、土层解冻后会造成较大的沉降。为保证工程质量,冬期回填土施工应注意以下事项:

(1)冬期填方前,要清除基底的冰雪和保温材料,排除积水,挖除冻块或淤泥。

(2)对于基础和地面工程范围内的回填土,冻土块的含量不得超过回填总体积的15%,且冻土块的粒径应小于 15 cm。

(3)填方宜连续进行,且应采取有效的保温防冻措施,以免地基土或已填土受冻。

(4)填方时,每层的虚铺厚度应比常温施工时减少 20%~25%;当采用人工夯实时,每层铺土厚度不得超过 20 cm,夯实厚度宜为 10~15 cm。

(5)填方的上层应用未冻的、不冻胀或透水性好的土料填筑。

9.2.2　基础工程冬期施工

9.2.2.1　砖基础冬期施工

砌筑不久的砂浆遭受冻结后,不仅砂浆的水化作用停止,而且冻胀后的砂浆体积增大,发生胀裂,破坏了内部结构,使之丧失了凝结能力。气温回升解冻后,由于砂浆承受上部荷载的作用,产生变形,使砌体发生更大的沉陷。因此,砖基础冬期施工时,必须严格按照施工规范要求组织施工,确保工程质量。

砖基础的冬期施工方法有外加剂法和暖棚法等。由于掺外加剂使砂浆在负温条件下强度可以持续增长,砌体不会发生沉降变形,施工工艺简单,因此砖基础工程的冬期施工应以外加剂法为主。对地下工程或急需使用的工程,可采用暖棚法。

1.材料的要求

(1)普通砖、空心砖、灰砂砖、混凝土小型空心砌块、加气混凝土砌块和石材在砌筑前应清除表面污物、冰雪等,遭水浸后冻结的砖或砌块不得使用。

(2)砂浆宜优先采用普通硅酸盐水泥拌制,冬期砌筑不得使用无水泥拌制的砂浆。

(3)石灰膏、黏土膏或电石膏等宜保温防冻,如遭冻结,应经融化后方可使用。

(4)拌制砂浆所用的砂不得含有直径大于 1 cm 的冻结块和冰块。

(5)拌和砂浆时,水的温度不得超过 80 ℃,砂的温度不得超过 40 ℃。当水温超过规定时,应将水、砂先进行搅拌,再加水泥,以防出现假凝现象。

(6)砌筑砂浆的稠度宜比常温施工时适当调整,并宜通过优先选用外加剂的方法来提高砂浆的稠度。在负温条件下,砂浆的稠度可比常温时大 1～3 cm,但不得大于 12 cm,以确保砂浆与砖的黏结力。

(7)冬期搅拌砂浆的时间应适当延长,一般要比常温期延长 0.5～1 倍。

2.外加剂法

外加剂法工艺特点:将砂浆的拌和水预先加热,砂和石灰膏(黏土膏)在搅拌前也应保持正温,使砂浆经过搅拌、运输,在砌筑时具有 5 ℃以上正温。在拌和水中掺入外加剂如氯化钠(食盐)、氯化钙或亚硝酸钠,砂浆在砌筑后可以在负温条件下硬化,因此不必采取防止砌体沉降变形的措施。当采用氯盐时,由于氯盐对钢材的腐蚀作用,在砌体中埋设的钢筋及钢预埋件应预先做好防腐处理。

外加剂法注意要点如下:

(1)氯盐对钢筋有腐蚀作用。当用掺盐砂浆砌筑配筋砖砌体时,应对钢筋采取防腐措施:涂刷樟丹两道,干燥后就可砌筑,施工时注意表面不可擦伤;涂刷沥青漆,沥青漆配方为:30 号沥青:10 号沥青:汽油 = 1:1:2;涂刷防锈涂料,防锈涂料配方为:水泥:亚硝酸钠:甲基硅醇钠:水 = 100:6:2:30。

(2)掺用氯盐的砂浆砌体不得在下述情况下采用:①对装饰工程有特殊要求的建筑物;②使用湿度大于 80% 的建筑物;③配筋、钢预埋件无可靠的防腐处理措施的砌体;④接近高压电线的建筑物(如变电所、发电站等);⑤经常处于地下水位变化范围内以及在水下未设防水层的结构。

3.暖棚法

暖棚法是利用简易结构和廉价的保温材料,将需要砌筑的砌体和工作面临时封闭起来,在棚内加热,使之在正温条件下砌筑和养护。暖棚法费用高、热效低,劳动效率不高,因此宜少采用。一般在地下工程、基础工程以及量小又急需使用的砌体中可考虑采用暖棚法施工。暖棚的加热可优先采用热风装置,如用天然气、焦炭炉等,必须注意安全防火。用暖棚法施工时,砖石和砂浆在砌筑时的温度均不得低于 5 ℃,而距所砌结构底面 0.5 m 处的气温也不得低于 5 ℃。

确定暖棚的热耗时,应考虑围护结构的热量损失、基土吸收的热量(在砌筑基础和其他地下结构时)和在暖棚内加热或预热材料的热量损耗,暖棚的构造如图 9-5 所示。

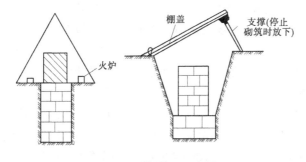

图 9-5　暖棚施工示意图

砌体在暖棚内的养护时间,根据暖棚内的温度按表 9-1 确定。

表 9-1　暖棚法砌体的养护时间

暖棚内温度(℃)	5	10	15	20
养护时间(d)	≥6	≥5	≥4	≥3

4.施工要点

(1)砌筑应采用"三一砌筑法",若采用平铺砂浆时,应使铺灰长度满足砂浆砌筑时的温度不至过低。

(2)严禁使用遭冻结的砂浆进行砌筑。

(3)当室外温度低于 5 ℃,砖、砌块等材料不得浇水,砂浆的搅拌时间也应有所增长,一般为常温搅拌时间的 1.8 倍,即 2.5~3 min。

(4)砂浆的搅拌可在保温棚内(棚内温度在 5 ℃以上)进行,砂浆要随拌随用,储存时间不超过 60 min,不可积存和二次倒运。搅拌地点应尽量靠近施工现场,以缩短运距。

(5)砌体的水平及垂直灰缝的厚度应保证在 8~12 mm,一般宜控制在 10 mm 左右。

(6)控制砌体砌筑高度,每日砌筑高度一般不超过 1.8 m。

(7)每天收工前,应将顶面的垂直灰缝填满,同时在砌体表面覆盖保温材料(如草包、塑料薄膜)。

(8)现场试块的留设应有所增加,且在现场同条件下进行养护,用于检验现场砌筑砂浆的实际强度。

9.2.2.2　钢筋混凝土基础冬期施工

1.钢筋工程

(1)从事焊接施工的焊工要持证上岗。

(2)遇雪天时,绑扎好的钢筋要用塑料布遮盖严密,以防钢筋表面结冰霜。

(3)低温钢筋冷拉、预应力张拉应严格遵照相应规范施工,钢筋冷拉温度不得低于-20 ℃。在负温下冷拉后的钢筋,要逐根进行外观质量检查,其表面不得有裂纹和局部颈缩,预应力钢筋张拉温度不宜低于-15 ℃。

(4)在负温条件下采用控制应力方法冷拉钢筋时,由于伸长率随温度降低而减小,因此在负温下冷拉的控制应力要较常温提高,而冷拉率的确定应与常温施工相同。

(5)负温下进行气压焊应对接头采取缓热措施,缓慢均匀加热,使钢筋充分预热,加压时可选用二次或三次加压工艺保证凸缘平缓,以减少应力集中。拆卸夹具时,要待焊接接头充分冷却后拆卸,以防止接头变形。当遇大风(三级风)或雪天时,不宜进行气压焊施工;如必须施焊,要采取挡风措施。

(6)当气温低于-5 ℃时,闪光焊应采用预热闪光或闪光—预热—闪光焊,采用较低的变压器级数,增加调伸长度、预热留量、预热次数、预热间歇时间和预热接触压力。

(7)对于电弧焊条,可采用Ⅰ级钢 E4303,Ⅱ级钢搭焊 E4303、坡口焊 E5003,Ⅲ级钢搭焊 E5003、坡口焊 E5503。当气温低于-5 ℃时,应采用多层控温工艺,加大电流降低速度。

(8)钢筋直螺纹加工过程中,必须采用有防腐功能的防冻切削液。钢筋机械连接接头性能必须符合《钢筋机械连接通用技术规程》(JGJ 107—2003)。

2.混凝土工程

1)材料要求

(1)水泥:选用硅酸盐水泥或普通硅酸盐水泥。水泥强度等级不低于 32.5 MPa,最少水泥用量每立方米混凝土不宜少于 300 kg,水灰比不应大于 0.6,并加入早强剂。有必要时,应加入防冻剂(根据气温情况确定)。

(2)骨料:要求没有冰块、雪团,应清洁、级配良好、质地坚硬,不应含有易被冻坏的矿物。

(3)拌和水:经化验合格的水。

(4)外加剂:选用通过技术鉴定、符合质量标准的外加剂。

2)混凝土的运输和浇筑

混凝土搅拌场地应尽量靠近施工地点,以减少材料运输过程中的热量损失,同时也应正确选择运输用的容器(包括形状、大小和保温措施);混凝土浇筑前,应清除模板和钢筋上特别是新老混凝土(如梁、柱交接处)交接处的冰雪及垃圾;在浇筑前,应了解商品混凝土中掺入抗冻剂的性能,并做好相应的防冻保暖措施。分层浇筑混凝土时,已浇筑层在未被上一层的混凝土覆盖前,不应低于计算规定的温度,也不得低于 2 ℃;重点工程或上部结构要连续施工的工程,混凝土应采取有效措施,以保证预期所要达到的强度;预应力混凝土构件在进行孔道和立缝的灌浆前,浇筑部位的混凝土必须经预热,并采用热的水泥浆、砂浆或混凝土,浇筑后在正温下养护到强度不低于 15 MPa。

3)混凝土的养护

(1)浇筑的混凝土由正温转入负温养护前,混凝土的抗压强度不应低于设计强度的40%,对于 C10 以下的混凝土不得小于 5 MPa。

(2)采用的保温材料(草袋、麻袋)应保持干燥。

(3)在模板外部保温时,除基础可随浇筑随保温外,其他结构必须在设置保温材料后方可浇筑混凝土。钢模表面可先挂草帘、麻袋等保温材料并扎牢,然后浇筑混凝土。

(4)保温材料不宜直接覆盖在刚浇筑完毕的混凝土层上,可先覆盖塑料薄膜,上部再覆盖草袋、麻袋等保温材料。保温材料的铺设厚度为:一般情况下 0 ℃以上铺一层,0 ℃以下铺两层或三层,大体积混凝土浇筑及二次抹面压实后应立即覆盖保温,其保温层厚度、材质应根据计算确定。

(5)拆模后的混凝土也应及时覆盖保温材料,以防混凝土表面温度的骤降而产生裂缝。

4)试件留置

按规范及施工要求制作、管理、养护和送检混凝土试块。取样与试件留置应符合下列规定:

(1)每拌制 100 盘且不超过 100 m³ 的同配合比的混凝土,取样不得少于 1 次。

(2)每工作班拌制的同一配合比的混凝土不足 100 盘时,取样不得少于 1 次。

(3)当一次连续浇筑超过 1 000 m³ 时,同一配合比的混凝土每 200 m³ 不得少于 1 次。

(4)每一楼层、同一配合比的混凝土,取样不得少于 1 次。

（5）对有抗渗要求的混凝土结构，其混凝土试件应在浇筑地点随机取样。同一工程、同一配合比的混凝土，取样不应少于 1 次，留置组数可根据实际需要确定。

（6）每次取样应至少留置一组标准养护试件，同条件养护试件的留置组数应根据实际需要确定。

9.3　雨期、冬期施工安全技术

9.3.1　雨期施工安全技术

（1）基础工程应开设排水沟、基槽、坑沟等，雨后积水应设置防护栏和警告标志，超过 1 m 的基槽、坑井应设支撑。

（2）脚手架、上人马道要采取防滑措施，下雨后及时清扫，并随时检查脚手架、电气设备的安全措施。

（3）一切机械设备应设置在地势较高、防潮避雨的地方，要搭设防雨棚。机械设备的电源线路要绝缘良好，要有完善的保护接零。

（4）所有机械操作棚要搭设牢固，防止倒塌、漏雨。高层建筑、脚手架要按电气专业规定设临时避雷装置。

（5）雨天要防止雷电袭击造成事故，在施工现场高出建筑物的塔吊、人货电梯、钢管脚手架等必须装设防雷装置。

（6）大雨、雷雨天气或五级以上大风天气，现场停止一切高空作业和室外作业，塔吊处、集水井、潜水泵必须确保无恙。

9.3.2　冬期施工现场安全技术

（1）现场内的各种材料、混凝土构件、乙炔瓶、氧气等存放场地和乙炔集中站都要符合安全要求，并加强管理。

（2）冬期坑槽施工，在方案中应根据土质情况和工程特点制定边坡防护措施，施工中和化冻后要检查边坡稳定情况，出现裂缝、土质疏松或护坡桩变形等情况要及时采取措施。

（3）加强季节性劳动保护工作。冬期要做好防滑、防冻、防煤气中毒工作，脚手架、上人马道要采取防滑措施，霜雪天后要及时清扫。大风雪后及时检查脚手架，防止高空坠落事故发生。

（4）在冬期施工方案和施工组织设计中，必须有现场电器线路及设备位置平面图。现场应设电工负责安装、维护和管理用电设备，严禁非电工人员随意拆改。

（5）施工现场严禁使用裸线。电线铺设要防砸、防碾压，防止电线冻结在冰雪之中。大风雪后，应对供电线路进行检查，防止断线造成触电事故。

（6）采取电加热设备提高施工环境温度时，应编制"强电进楼方案"，用电设备采用专用电闸箱。强电源与弱电源的插销要区分开，防止误操作造成事故。

第 10 章　岩土工程新技术

地基基础工程技术发展日新月异,中华人民共和国住房和城乡建设部对《建筑业 10 项新技术(2005)》进行了修订,颁布了修订后的《建筑业 10 项新技术(2010)》,其中《地基基础和地下空间工程技术》部分共列举了真空预压法加固软土地基技术、高边坡防护技术等 16 项新技术,这些新技术的应用对地基基础理论和实践产生了很大的促进作用,取得了显著的社会效益和经济效益。

10.1　灌注桩后注浆技术

10.1.1　主要技术内容

灌注桩后注浆是指在灌注桩成桩后一定时间,通过预设在桩身内的注浆导管及与之相连的桩端、桩侧处的注浆阀注入水泥浆。注浆目的一是通过桩底和桩侧后注浆加固桩底沉渣(虚土)和桩身泥皮,二是对桩底和桩侧一定范围的土体通过渗入(粗颗粒土)、劈裂(细粒土)和压密(非饱和松散土)注浆起到加固作用,从而增大桩侧阻力和桩端阻力,提高单桩承载力,减少桩基沉降。

在优化注浆工艺参数的前提下,可使单桩承载力提高 40%~120%,粗粒土增幅高于细粒土,桩侧、桩底复式注浆高于桩底注浆;桩基沉降减小 30% 左右。可利用预埋于桩身的后注浆钢导管进行桩身完整性超声检测,注浆用钢导管可取代等承载力桩身纵向钢筋。

10.1.2　技术指标

根据地层性状、桩长、承载力增幅和桩的使用功能(抗压、抗拔)等因素,灌注桩后注浆可采用桩底注浆、桩侧注浆、桩侧桩底复式注浆等形式。主要技术指标为:

(1)浆液水灰比:地下水位以下 0.45~0.65,地下水位以上 0.7~0.9。

(2)最大注浆压力:软土层 4~8 MPa,风化岩 10~16 MPa。

(3)单桩注浆水泥量 $G_c = a_p d + a_s n d$,其中,桩端注浆量经验系数 $a_p = 1.5 \sim 1.8$,桩侧注浆量经验系数 $a_s = 0.5 \sim 0.7$,n 为桩侧注浆断面数,d 为桩径(m)。

(4)注浆流量不宜超过 75 L/min。

实际工程中,以上参数应根据土的类别、饱和度及桩的尺寸、承载力增幅等因素适当调整,并通过现场试注浆和试桩试验最终确定。设计施工可依据现行《建筑桩基技术规范》(JGJ 94)进行。

10.1.3　适用范围

灌注桩后注浆技术适用于除沉管灌注桩外的各类泥浆护壁和干作业的钻、挖、冲孔灌注桩。

10.1.4　已应用的典型工程

北京首都国际机场 T3 航站楼。目前,该技术应用于北京、上海、天津、福州、汕头、武汉、宜春、杭州、济南、廊坊、龙海、西宁、西安、德州等地数百项高层、超高层建筑桩基工程中,经济效益显著。

10.2　长螺旋钻孔压灌桩技术

10.2.1　主要技术内容

长螺旋钻孔压灌桩技术是采用长螺旋钻机钻孔至设计标高,利用混凝土泵将混凝土从钻头底压出,边压灌混凝土边提升钻头直至成桩,然后利用专门振动装置将钢筋笼一次插入混凝土桩体,形成钢筋混凝土灌注桩。后插入钢筋笼的工序应在压灌混凝土工序后连续进行。与普通水下灌注桩施工工艺相比,长螺旋钻孔压灌桩施工,由于不需要泥浆护壁,无泥皮、无沉渣、无泥浆污染,施工速度快,造价较低。

10.2.2　技术指标

(1)混凝土中可掺加粉煤灰或外加剂,每方混凝土的粉煤灰掺量宜为 70~90 kg。

(2)混凝土中粗骨料可采用卵石或碎石,最大粒径不宜大于 30 mm。

(3)混凝土坍落度宜为 180~220 mm。

(4)提钻速度:宜为 1.2~1.5 m/min。

(5)长螺旋钻孔压灌桩的充盈系数宜为 1.0~1.2。

(6)桩顶混凝土超灌高度不宜小于 0.3~0.5 m。

(7)钢筋笼插入速度宜控制在 1.2~1.5 m/min。

10.2.3　适用范围

适用于地下水位较高,易塌孔,且长螺旋钻孔机可以钻进的地层。

10.2.4　已应用典型工程

在北京、天津、唐山等地 10 多项工程中应用,受到建设单位、设计单位和施工单位的欢迎,经济效益显著,具有良好的应用前景。

10.3　水泥粉煤灰碎石桩复合地基技术

10.3.1　主要技术内容

水泥粉煤灰碎石桩复合地基是由水泥、粉煤灰、碎石、石屑或砂加水拌和形成的高黏结强度桩,通过在基底和桩顶之间设置一定厚度的褥垫层以保证桩、土共同承担荷载,使桩、桩间土和褥垫层一起构成复合地基。桩端持力层应选择承载力相对较高的土层。水泥粉煤灰碎石桩复合地基具有承载力提高幅度大、地基变形小、适用范围广等特点。

10.3.2　技术指标

根据工程实际情况,水泥粉煤灰碎石桩可选用长螺旋钻孔灌注成桩、管内泵压混合料成桩、振动沉管灌注成桩三种施工工艺。主要技术指标为:

(1)桩径宜取 350~600 mm。

(2)桩端持力层应选择承载力相对较高的地层。

(3)桩间距宜取 3~5 倍桩径。

(4)桩身混凝土强度满足设计要求,通常不小于 C15。

(5)褥垫层宜用中砂、粗砂、碎石或级配砂石等,不宜选用卵石,最大粒径不宜大于 30 mm。厚度 150~300 mm,夯填度不大于 0.9。

实际工程中,以上参数根据场地岩土工程条件、基础类型、结构类型、地基承载力和变形要求等条件或现场试验确定。

对于市政、公路、高速公路、铁路等地基处理工程,当基础刚度较弱时,宜在桩顶增加桩帽或在桩顶采用碎石+土工格栅、碎石+钢板网等方式调整桩土荷载分担比例,提高桩的承载能力。设计施工可依据现行《建筑地基处理技术规范》(JGJ 79)进行。

10.3.3　适用范围

适用于处理黏性土、粉土、砂土和以自重固结的素填土等地基。对淤泥质土,应按当地经验或通过现场试验确定其适用性。就基础形式而言,既可用于条形基础、独立基础,又可用于箱形基础、筏形基础。采取适当技术措施后,亦可应用于刚度较弱的基础以及柔性基础。

10.3.4　已应用的典型工程

已应用于哈大铁路客运专线工程、京沪高铁工程。在北京、天津、河北、山西、陕西、内蒙古、新疆以及山东、河南、安徽、广西等地区多层、高层建筑、工业厂房、铁路地基处理工程中广泛应用,经济效益显著,具有良好的应用前景。

10.4　真空预压法加固软土地基技术

10.4.1　主要技术内容

真空预压法是在需要加固的软黏土地基内设置砂井或塑料排水板,然后在地面铺设砂垫层,其上覆盖不透气的密封膜使软土与大气隔绝,通过埋设于砂垫层中的滤水管,用真空装置进行抽气,将膜内空气排出,因而在膜内外产生一个气压差,这部分气压差即变成作用于地基上的荷载。地基随着等向应力的增加而固结。抽真空前,土中的有效应力等于土的自重应力,抽真空一定时间的土体有效应力为该时土的固结度与真空压力的乘积。

10.4.2　技术指标

(1)密封膜内的真空度应稳定地保持在 80 kPa 以上。

(2)砂井或塑料排水板深度范围内土层的平均固结度一般应大于 85%。

(3)滤水管的周围应填盖 100~200 mm 厚的砂层或其他水平透水材料。

(4)所需抽真空设备的数量,以一套设备可抽真空的面积为 1 000~1 500 m²确定。

(5)当地基承载力要求更高时,可联合堆载、强夯等综合加固。

(6)预压后建筑物使用荷载作用下可能发生的沉降应满足设计要求。

10.4.3　适用范围

适用于软弱黏土地基的加固。在我国广泛存在着海相、湖相及河相沉积的软弱黏土层。这种土的特点是含水率大、压缩性高、强度低、透水性差。该类地基在建筑物荷载作用下会产生相当大的变形或变形差。对于该类地基,尤其需大面积处理时,譬如在该类地基上建造码头、机场等,真空预压法是处理这类软弱黏土地基的较有效方法之一。

10.4.4　已应用的典型工程

日照港料场、黄骅港码头、深圳福田开发区、天津塘沽开发区、深圳宝安大道、广州港南沙港区、越南胡志明市电厂等。

10.5　土工合成材料应用技术

10.5.1　主要技术内容

土工合成材料是一种新型的岩土工程材料,大致分为土工织物、土工膜、特种土工合成材料和复合型土工合成材料四大类。特种土工合成材料又包括土工垫、土工网、土工格栅、土工格室、土工模袋和土工泡沫塑料等。复合型土工合成材料则是由上述有关材料复合而成的。土工合成材料具有过滤、排水、隔离、加筋、防渗和防护等六大功能及作用。目前,土工合成材料在国内已经广泛应用于建筑或土木工程的各个领域,并且已成功地研究、开发出了成套的应用技术,大致包括以下内容:

(1)土工织物滤层应用技术。

(2)土工合成材料加筋垫层应用技术。

(3)土工合成材料加筋挡土墙、陡坡及码头岸壁应用技术。

(4)土工织物软体排应用技术。

(5)土工织物充填袋应用技术。

(6)模袋混凝土应用技术。

(7)塑料排水板应用技术。

(8)土工膜防渗墙和防渗铺盖应用技术。

(9)软式透水管和土工合成材料排水盲沟应用技术。

(10)土工织物治理路基和路面病害应用技术。

(11)土工合成材料三维网垫边坡防护应用技术等。

(12)土工膜密封防漏应用技术(软基加固、垃圾场、水库、液体库等)。

10.5.2　技术指标

符合现行《土工合成材料应用技术规范》(GB 50290)及相关标准要求。土工合成材料应用在各类工程中,不仅能很好地解决传统材料和传统工艺难于解决的技术问题,而且均取得了显著的经济效益,工程造价大多可降低 15% 以上。

10.5.3　适用范围

土工合成材料应用技术的适用范围十分广泛,可在所有涉及岩土工程领域的各种建筑工程或土木工程中应用。

10.5.4　已应用的典型工程

青藏铁路工程、长江防波堤、重庆加筋岸壁、京沪铁路客运专线。

10.6　复合土钉墙支护技术

10.6.1　主要技术内容

复合土钉墙是将土钉墙与一种或几种单项支护技术或截水技术有机组合成的复合支护体系。它的构成要素主要有土钉、预应力锚杆、截水帷幕、微型桩、挂网喷射混凝土面层、原位土体等。它是一项技术先进、施工简便、经济合理、综合性能突出的基坑支护技术。

复合土钉墙支护具有轻型,机动灵活,适用范围广,支护能力强的特点,可做超前支护,并兼备支护、截水等效果。在实际工程中,组成复合土钉墙的各项技术可根据工程需要进行灵活的组合,形式多样。

10.6.2　技术指标

(1)复合土钉墙中的预应力锚杆指锚索、锚杆机锚管等。

(2)复合土钉墙中的止水帷幕形成方法有水泥土搅拌法、高压喷射注浆法、灌浆法、地下连续墙法、微型桩法、钻孔咬合桩法、冲孔水泥土咬合桩法等。

(3)复合土钉墙中的微型桩是一种广义上的概念,构件或做法如下:

①直径不大于 400 mm 的混凝土灌注桩,受力筋可为钢筋笼或型钢、钢管等。

②作为超前支护构件直接打入土中的角钢、工字钢、H 型钢等各种型钢、钢管、木桩等。

③直径不大于 400 mm 的预制钢筋混凝土圆桩,边长不大于 400 mm 的预制方桩。

④在止水帷幕中插入型钢或钢管等劲性材料等。

（4）土钉墙、水泥土搅拌桩、预应力锚杆、微型桩等按现行《建筑基坑支护技术规程》（JGJ 120）、《基坑土钉支护技术规程》（CECS 96）等现行技术标准设计施工。

10.6.3　适用范围

（1）开挖深度不超过 15 m 的各种基坑。

（2）淤泥质土、人工填土、砂性土、粉土、黏性土等土层。

（3）多个工程领域的基坑及边坡工程。

10.6.4　已应用的典型工程

北京奥运媒体村、深圳的长城盛世家园二期（深 14.2~21.7 m）、赛格群星广场基坑（深 13 m）、捷美中心（深 16.0 m）、广州地铁新港站（深 9~14.1 m）、上海西门广场、华敏世纪广场等一批深 8~10 m 处于厚层软土中的基坑等。

10.7　型钢水泥土复合搅拌桩支护结构技术

10.7.1　主要技术内容

型钢水泥土复合搅拌桩支护结构同时具有抵抗侧向土水压力和阻止地下水渗漏的功能。其主要技术内容是：通过特制的多轴深层搅拌机自上而下将施工场地原位土体切碎，同时从搅拌头处将水泥浆等固化剂注入土体并与土体搅拌均匀，通过连续的重叠搭接施工，形成水泥土地下连续墙；在水泥土硬凝之前，将型钢插入墙中，形成型钢与水泥土的复合墙体。

该技术的特点是：施工时对邻近土体扰动较少，因此不至于对周围建筑物、市政设施造成危害；可做到墙体全长无接缝施工、墙体水泥土渗透系数可达 10^{-7} cm/s，因而具有可靠的止水性；成墙厚度可低至 550 mm，因此围护结构占地和施工占地大大减少；废土外运量少，施工时无振动、无噪声、无泥浆污染；工程造价较常用的钻孔灌注排桩的方法节省 20%~30%。

10.7.2　技术指标

（1）型钢水泥土搅拌墙的计算与验算应包括内力和变形计算、整体稳定性验算、抗倾覆稳定性验算、坑底抗隆起稳定性验算、抗渗流稳定性验算和坑外土体变形估算。

（2）型钢水泥土搅拌墙中三轴水泥土搅拌桩的直径宜采用 650 mm、850 mm、1 000 mm；内插的型钢宜采用 H 型钢。

（3）水泥土复合搅拌桩 28 d 无侧限抗压强度标准值不宜小于 0.5 MPa。

（4）搅拌桩的入土深度宜比型钢的插入深度深 0.5~1.0 m。

（5）搅拌桩体与内插型钢的垂直度偏差不应大于 1/200。

（6）当搅拌桩达到设计强度，且龄期不小于 28 d 后方可进行基坑开挖。

主要参照标准有现行《型钢水泥土搅拌墙技术规程》（JGJ/T 199）及《建筑基坑支护

技术规程》(JGJ 120)等。

10.7.3　适用范围

该技术主要用于深基坑支护,可在黏性土、粉土、沙砾土中使用,目前国内主要在软土地区有成功应用。

10.7.4　已应用的典型工程

上海静安寺下沉式广场、国际会议中心、地铁陆家嘴车站、地铁 2 号线龙东路延伸段、上海梅山大厦、天津地铁二三号线工程、天津站交通枢纽工程。

10.8　工具式组合内支撑技术

10.8.1　主要技术内容

工具式组合内支撑技术是在混凝土内支撑技术的基础上发展起来的一种内支撑结构体系,主要利用组合式钢结构构件截面灵活可变、加工方便、适用性广的特点,可在各种地质情况和复杂周边环境下使用。该技术具有施工速度快、支撑形式多样、计算理论成熟、可拆卸重复利用、节省投资等优点。

10.8.2　技术指标

(1)标准组合件跨度 8 m、9 m、12 m 等。

(2)竖向构件高度 3 m、4 m、5 m 等。

(3)受压杆件的长细比不应大于 150,受拉杆件的长细比不应大于 200。

(4)构件内力监测数量不少于构件总数量的 15%。

10.8.3　适用范围

适用于周围建筑物密集,相邻建筑物基础埋深较大,施工场地狭小,岩土工程条件复杂或软弱地基等类型的深大基坑。

10.8.4　已应用典型工程

北京国贸中心、广东工商行业务大楼、广东荔湾广场、广东金汇大厦。

10.9　逆作法施工技术

10.9.1　主要技术内容

10.9.1.1　施工原理

逆作法是建筑基坑支护的一种施工技术,它通过合理利用建(构)筑物地下结构自身的抗力,达到支护基坑的目的。逆作法是将地下结构的外墙作为基坑支护的挡墙(地下连续墙)、将结构的梁板作为挡墙的水平支撑、将结构的框架柱作为挡墙支撑立柱的自上而下作业的基坑支护施工方法。根据基坑支撑方式,逆作法可分为全逆作法、半逆作法和部分逆作法三种。逆作法设计施工的关键是节点问题,即墙与梁板的连接、柱与梁板的连接,它关系到结构体系能否协调工作,建筑功能能否实现。

10.9.1.2 **技术特点**

节地、节材、环保、施工效率高,施工总工期短。

10.9.2 技术指标

(1)逆作法施工技术总体上应符合现行《建筑地基基础设计规范》(GB 50007)、《地下建筑工程逆作法技术规程》(JGJ 165)的相关规定。

(2)竖向立柱的沉降应满足主体结构的受力和变形要求。

10.9.3 适用范围

适用于建筑群密集,相邻建筑物较近,地下水位较高,地下室埋深大和施工场地狭小的高(多)层地上、地下建筑工程,如地铁站、地下车库、地下厂房、地下储库、地下变电站等。

10.9.4 已应用的典型工程

上海环球金融中心裙房工程、上海世博地下变电站、北京百货大楼新楼、北京地铁天安门东站、广州国际银行中心等。

10.10 爆破挤淤法技术

10.10.1 主要技术内容

爆破挤淤法处理软土地基实质上是地基处理的置换法,即通过爆炸作用将填料沉入淤泥并将淤泥挤出,使地基达到设计承载力和满足地基在一定时间内的沉降要求的施工工艺,其主要技术为:在堆石体前沿淤泥中的适当位置埋置药包群,爆后堆石体前沿向淤泥底部坍落,形成一定范围和厚度的"石舌",所形成的边坡形状呈梯形。当继续填石时,"石舌"上部的淤泥在爆炸瞬间产生的强大冲击力的作用下,产生超孔隙水压力,冲击作用使土的结构发生破坏,扰乱了正常的排水通道,土体的渗透性变差,超孔隙水压力难以消散,土体的强度降低,承载能力在短时间内丧失,因此抛石可以很容易地挤开这层淤泥并与下层"石舌"相连,形成完整的抛填体,如图10-1所示。采用爆炸和抛填循环作业,就可用石方置换掉抛填方向前方一定范围内一定数量的淤泥,达到软基处理的目的。

10.10.2 技术指标

(1)线药量 q_L 计算。

$$q_L = q_0 L_H H_{mw} \tag{10-1}$$

$$H_{mw} = H_m + \gamma_w H_w / \gamma_w H \tag{10-2}$$

式中　q_L——线药量,kg/m,即单位布药长度上分布的药量;

　　　q_0——单耗药量,kg/m³,即爆除单位体积淤泥所需药量,一般为 $0.6 \sim 1.0$ kg/m³;

　　　L_H——爆破挤淤填石一次推进水平距离,m;

　　　H_{mw}——计入覆盖水深的折算淤泥厚度,m;

　　　H_m——置换淤泥厚度,m;

　　　γ_w——水重度,kN/m³;

　　　γ_m——淤泥重度,kN/m³;

　　　H_w——覆盖水深,即泥面以上的水深。

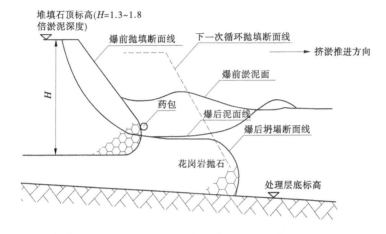

图 10-1　爆破挤淤布药与爆前、爆后断面示意图

（2）一次爆破挤淤填石药量 Q_1 计算。

$$Q_1 = q_L L_L \tag{10-3}$$

式中　Q_1——一次爆破挤淤填石药量,kg;

　　　L_L——爆破挤淤填石一次的布药线长度,m。

（3）单孔药量 q_1 计算。

$$q_1 = Q_1 / m \tag{10-4}$$

式中　q_1——单孔药量,kg;

　　　M——一次布药孔数。

（4）爆破挤淤的药包埋深计算。

$$h_\mu = 0.45 H_{mw} \tag{10-5}$$

式中　h_μ——药包埋深,m,指药包中心在水面以下深度。

（5）石料应使用不易风化石料,粒径应大于 30 cm。

（6）堆填石料范围:一次处理淤泥宽度沿线;高度为 $1.3 \sim 1.8$ 倍淤泥深度。

（7）爆破安全震动速度及水中冲击波安全距离可参照现行《爆破安全规程》(GB 6722)规定进行。

10.10.3　适用范围

爆破挤淤重在"挤",必须地处开阔地带,保证爆炸后在抛填体的重力作用下淤泥可以被挤出待处理地基范围,并且不会对环境造成污染和破坏。主要适用于港口工程的防波堤、护岸、码头等基础处理,公路、铁路、房建等地处海滩、河滩等开阔地带的地基处理。爆破挤淤法处理软土地基适宜深度为 3~25 m。

10.10.4　已应用的典型工程

海军 16642 工程防波堤、连云港西大堤、大连港东区围堤、浙江嵊泗中心渔港防波堤、珠海电厂陆域围堤、广东汕头华能电厂、深港西部通道等。

10.11　高边坡防护技术

10.11.1　主要技术内容

(1)对于自然高边坡:通过在坡体内施工预应力锚索、系统锚杆(土钉)或注浆加固对边坡进行处理。系统预应力锚索为主动受力,单根锚索设计锚固力可高达 3 000 kN,是高边坡深层加固防护的主要措施。系统锚杆(土钉)对边坡防护的机制相当于螺栓的作用,是一种对边坡进行中浅层加固的手段。根据滑动面的埋深确定边坡不稳定块体大小及所需锚固力,一般多用预应力锚(索)杆有针对性地进行加固防护。为防治边坡表面风化、冲蚀或弱化,主要采取植物防护、砌体封闭防护、喷射(网喷)混凝土等作为坡面防护措施。

(2)对于堆积体高边坡:主要采取浅表加固、混凝土贴坡挡墙加预应力锚索固脚、浅表排水和深层排水降压的加固处理等技术。浅表加固采用中空注浆土锚管加拱形骨架梁混凝土对边坡浅层滑移变形进行加固处理;边坡开挖切脚采用混凝土贴坡挡墙加预应力锚索进行加固;在边坡治理中采用浅表排水和深层排水降压相结合处置地表水和地下水的排放等。

10.11.2　技术指标

(1)对于自然边坡:根据边坡高度、岩体性状、构造及地下水的分布,判断潜在滑移面的位置。选择适宜的计算方法确定所需的锚固力并给出整体安全系数。采用加固防护措施提高边坡的稳定性。主要技术指标为:

①锚索锚固力:500~3 000 kN。

②锚杆锚固力:100~500 kN。

③喷射混凝土:强度不低于 C20。

④锚(索)杆固定方式:可采用机械固定、灌浆(胶结材料)固定、扩张基底固定方式,根据黏结强度确定锚固力设计值。

在实际工程中,要结合边坡坡度、高度、水文地质条件、边坡危害程度合理选择防护措施,提高地层软弱结构面、潜在滑移面的抗剪强度,改善地层的其他力学性能,并加固危岩,将结构物与地层形成共同工作的体系,提高边坡稳定性。

(2)对于堆积体高边坡:

①土锚管注浆:土锚管灌注 M20 的水泥净浆,水灰比 0.8∶1,注浆压力在 0.3 MPa 以内。

②在拱形骨架梁主梁,中空注浆土锚管相间布置,间距 1.0 m,坡面按 1.4 m×1.4 m 交错布置。

③坡面出现塌滑的区域,坡面按 1.0 m×1.0 m 交错布置,在拱形骨架梁主梁布置位置,按 1.0 m 间距相间布置中空注浆土锚管。

④对已开挖的坡面,全部进行拱形骨架梁混凝土护坡支护。

⑤预应力锚索锚固力:500~3 000 kN。

⑥浅表排水花管直径为 50~100 mm。

⑦在堆积体岩体内部设置永久深层排水降压平洞。

10.11.3 适用范围

(1)高度大于 30 m 的岩质高陡边坡、高度大于 15 m 的土质边坡、水电站侧岸高边坡、船闸、特大桥桥墩下岩石陡壁、隧道进出口仰坡等。

(2)适用于 50~300 m 堆积体高边坡加固。

10.11.4 已应用的典型工程

三峡永久船闸高边坡、李家峡水电站侧岸边坡、小浪底水利枢纽高边坡、宜昌下涝溪特大桥桥墩下岩石陡壁锚固、大连港矿石码头高边坡、京福国道、京珠高速、小湾水电站、溪洛渡水电站等。

10.12 非开挖埋管技术

10.12.1 主要技术内容

10.12.1.1 顶管法

顶管法是直接在松软土层或富水松软地层中敷设中、小型管道的一种施工方法。施工时无须挖槽,可避免为疏干和固结土体而采用降低地下水位等辅助措施,从而大大加快施工进度。短距离、小管径类地下管线工程施工,广泛采用顶管法。近几十年,中继接力顶进技术的出现使顶管法已发展成为可长距离顶进的施工方法。顶管法施工包括的主要设备有顶进设备、顶管机头、中继环、工程管及吸泥设备;设计的主要内容是顶力计算;施工技术主要包括顶管工作坑的开挖、穿墙管及穿墙技术、顶进与纠偏技术、陀螺仪激光导向技术、局部气压与冲泥技术及触变泥浆减阻技术。

10.12.1.2 定向钻进穿越

根据图纸所给的入土点和出土点设计出穿越曲线,然后按照穿越曲线利用穿越钻机先钻出导向孔,再进行扩孔处理,之后利用泥浆的护壁及润滑作用将已预制试压合格的管段进行回拖,完成管线的敷设施工。其主要技术如下:

(1)根据套管允许的曲率半径、工作场地及岩土工程条件,确定定向钻进的顶角、方位角、工具面向角、空间坐标,设计出定向钻进的轨迹草图。

(2)导向孔钻进是采用射流辅助钻进方式,通过定向钻头的高压泥浆射流冲蚀破碎旋转切削成孔的,以斜面钻头来控制钻孔方向。通过钻机调整钻进参数,来控制钻头按设计轨迹钻进。

(3)将导向孔孔径扩大至所铺设的管径以上,减少敷设管线时的阻力。

(4)用分动器将要敷设的管线与回扩头进行连接,在钻杆旋转回拉牵引下,将管线回拖入已成型的轨迹孔洞。

10.12.2　技术指标

(1)顶管法的技术指标应符合现行《给水排水管道工程施工及验收规范》(GB 50268)、《顶进施工法用钢筋混凝土排水管》(JC/T 640)的规定。

(2)定向钻进穿越技术中,控制点的位置确定、钻机拖拉力的计算和钻机的选择按现行《油气输送管道穿越工程施工规范》(GB 50424)的要求执行。

10.12.3　适用范围

(1)顶管法适用于直接在松软土层或富水松软地层中敷设中、小型管道。

(2)定向钻进穿越法适合的地层条件为岩石、砂土、粉土、黏性土。对仅在出土点或入土点侧含有卵砾石等不适和定向钻施工的地层条件,在采取恰当措施后也可进行定向钻进穿越施工。

10.12.4　已应用的典型工程

浙江镇海穿越甬江的顶管工程、上海穿越黄浦江的顶管工程、西气东输穿越黄河顶管工程等。

10.13　大断面矩形地下通道掘进施工技术

10.13.1　主要技术内容

大断面矩形地下通道掘进施工技术是利用矩形隧道掘进机在前方掘进,而后将分节预制好的混凝土结构在土层中顶进、拼装形成地下通道结构的非开挖法施工技术。

矩形隧道掘进机在顶进过程中,通过调节后顶主油缸的推进速度或调节螺旋输送机的转速,以控制搅拌舱的压力,使之与掘进机所处地层的土压力保持平衡,保证掘进机的顺利顶进,并实现上覆土体的低扰动;在刀盘不断转动下,开挖面切削下来的泥土进入搅拌舱,被搅拌成软塑状态的扰动土;对不能软化的天然土,则通过加入水、黏土或其他物质使其塑化,搅拌成具有一定塑性和流动性的混合土,由螺旋输送机排出搅拌舱,再由专用输送设备排出;隧道掘进机掘进至规定行程,缩回主推油缸,将分节预制好的混凝土管节吊入并拼装,然后继续顶进,直至形成整个地下通道结构。

大断面矩形地下通道掘进施工技术施工机械化程度高,掘进速度快,矩形断面利用率高,非开挖施工地下通道结构对地面运营设施影响小,能满足多种截面尺寸的地下通道施工需求。

10.13.2　技术指标

地下通道最大宽度 6.9 m,地下通道最大高度 4.3 m。

10.13.3　适用范围

能适应 N 值在 10 以下的各类黏性土、砂性土、粉质土及流沙地层;具有较好的防水性能,最大覆土层深度为 15 m;通过隧道掘进机的截面模数组合,可满足多种截面大小的地下通道施工需求。

10.13.4　已应用的典型工程

上海轨道交通 6 号线浦电路车站、8 号线中山北路车站、4 号线南浦大桥车站等。

10.14　复杂盾构法施工技术

10.14.1　主要技术内容

复杂盾构法施工技术为复杂地层、复杂地面条件下的盾构法施工技术,或大断面(洞径大于 10 m)、异型断面形式(非单圆形)的盾构法施工技术。

盾是指保持开挖面稳定性的刀盘和压力舱、支护围岩的盾型钢壳,构是指构成隧道衬砌的管片和壁后注浆体。由于盾构施工技术对环境影响很小而被广泛地采用,因此得到了迅速的发展。盾构机主要是用来开挖土砂围岩的隧道机械,由切口环、支撑环及盾尾三部分组成。就断面形状可分为单圆形、双圆形及异型盾构。所谓盾构施工技术,是指使用盾构机,一边控制开挖面及围岩不发生坍塌失稳,一边进行隧道掘进、出渣,并在盾构机内拼装管片形成衬砌、实施壁后注浆,从而在不扰动围岩的基础上修筑地下工程的方法。

选择盾构形式时,除考虑施工区段的围岩条件、地面情况、断面尺寸、隧道长度、隧道线路、工期等各种条件外,还应考虑开挖和衬砌等施工问题,必须选择能够安全而且经济地进行施工的盾构形式。根据盾构头部的结构,可将其大致分为闭胸式和敞开式。闭胸式盾构可分为土压平衡式盾构和泥水加压式盾构;敞开式盾构又可分为全面敞开式和部分敞开式盾构。

10.14.2　技术指标

10.14.2.1　承受荷载

设计盾构时需要考虑的荷载如垂直和水平土压力、水压力、自重、上覆荷载的影响、变向荷载、开挖面前方土压力及其他荷载。

10.14.2.2　盾构外径

所谓盾构外径,是指盾壳的外径,不考虑超挖刀头、摩擦旋转式刀盘、固定翼、壁后注浆用配管等突出部分。

10.14.2.3　盾构长度

盾构本体长度指壳板长度的最大值,而盾构机长度则指盾构的前端到尾端的长度。盾构总长是指盾构前端至后端长度的最大值。

10.14.2.4　刀盘扭矩

刀盘扭矩可进行简化计算,计算公式为:

$$T = aD \tag{10-6}$$

式中　T——装备扭矩,$KN \cdot m$;

　　　D——盾构外径,m;

　　　a——扭矩系数,土压平衡式盾构,$a = 8 \sim 3$,泥水加压式盾构,$a = 9 \sim 5$。

10.14.2.5　总推力

盾构的推进阻力组成包括:盾构四周外表面和土之间的摩擦力或黏结阻力(F_1);推进时,口环刃口前端产生的贯入阻力(F_2);开挖面前方阻力(F_3);变向阻力(曲线施工、蛇形修正、变向用稳定翼、挡板阻力等)(F_4);盾尾内的管片和壳板之间的摩擦力(F_5);后方台车的牵引阻力(F_6)。以上各种推进阻力的总和总推力($\sum F$),须对各种影响因素仔细考虑,要留出必要的富余量。

10.14.3　适用范围

适用于各类土层或松软岩层中隧道的施工。

10.14.4　已应用的典型工程

2006 年北京地铁 10 号线在穿越三元桥临楼地段,盾构双线调至净距 1.70 m;2010 年北京地铁 9 号线军—东区间盾构机在湖泊下砾岩层中掘进;2003 年上海率先采用双圆形盾构机施工 M8 线地铁区间;上海外滩观光隧道实现了城市复杂地层近距离叠交隧道施工。

10.15　智能化气压沉箱施工技术

10.15.1　主要技术内容

智能化气压沉箱施工技术是指在沉箱下部设置一个气密性高的钢筋混凝土结构工作室,并向工作室内注入压力与刃口处地下水压力相等的压缩空气,使在无水的环境下进行无人化远程遥控挖土排土,箱体在本身自重以及上部荷载的作用下下沉到指定深度后,在沉箱结构面底部浇筑混凝土底板,形成地下沉箱结构的新型施工技术。

智能化气压沉箱在施工中,利用气体压力平衡箱体外水压力,沉箱底土体在无水状态下进行无人化远程遥控开挖,通过远程监视系统,沉箱在下沉过程中可以直接辨别并较方便地处理地下障碍物,同时避免了坑底隆起和流沙管涌现象。相比常规的沉井施工方法,智能化气压沉箱施工方法由于气压反力的作用,箱体容易纠偏和控制下沉速度,可以防止突沉、超沉,且周边地层沉降小,对环境影响小;相比地下连续墙施工方法,可显著减少围护结构的插入深度,具有可观的经济性。

10.15.2　技术指标

(1)无排气环保螺旋机出土速度:16 m^3/h。

(2)远程遥控自动挖掘机,铲斗容量 0.15~0.2 m^3,并配有专门的远程监视系统。

(3)减摩泥浆:钠基膨润土、纯碱、CMC,密度 1.05~1.08 g/cm^3,黏度 30~40 s。

(4)配有专门的人员生命保障系统(包括医疗舱、减压舱等),工作室在有人状态下氧气含量保持在 19%~23%,气压小于 0.4 MPa,人员在高压常压环境之间转换有专门操作规程并有各种故障的应急预案,防止减压病的发生。

10.15.3　适用范围

智能化气压沉箱施工技术可适用于软土、黏土、砂性土和碎(卵)石类土及软硬岩等各种地质条件,适合在城市建筑密集区,周边环境复杂,地表沉降要求高,对周边建筑保护力度大的区域进行深基坑建设,以及旧城改造区域障碍物较多时采用,并可以向大深度、大面积的方向发展,满足城市地下空间的开发需求。目前开挖深度可达 40 m。

10.15.4　已应用典型工程

智能化气压沉箱施工技术在上海市轨道交通 7 号线工程 12A 标(浦江南浦站—耀华站)区间中间风井工程得到应用。风井结构为全埋地下四层结构,平面尺寸为 25.24 m×15.6 m,深度约 29 m,地下一层设外挂风道。沉箱施工过程中采用无人化、智能化新技术和新设备使整个挖土、出土流程实现了无人化遥控施工,有效地控制周围地基的沉降,保护了周边建筑物的安全,而且坑底无隆起、流沙和管涌,工程质量良好。

10.16　双聚能预裂与光面爆破综合技术

10.16.1　主要技术内容

双聚能预裂与光面爆破综合技术是将聚能爆破应用于预裂爆破和光面爆破的最新爆破技术。该项新技术能最大限度地提高药柱爆炸的成缝能量,比普通预裂与光面爆破扩大孔距 2~3 倍,同时也减小了对保留岩体的爆破危害并提高了保留岩体的稳定性和安全度,提高了半孔残留率,爆后没有爆破再生裂隙。该项新技术不仅节能环保,而且可以降低施工成本 50% 以上。

10.16.2　技术指标

(1)采用双聚能预裂与光面爆破综合技术施工宜使用双聚能预裂与光面爆破专用装

置。可按《双聚能预裂与光面爆破综合技术施工工法》（国家一级工法）施工。

（2）采用双聚能预裂与光面爆破综合技术可以达到以下技术指标：

①根据爆破岩石的力学特性和岩石的结构构造预裂或者光面爆破孔距可以增大 2~3 倍。

②保留岩体的建基面以下 40 cm 范围内，爆后波速最大衰减只有 4%，远低于国家规范要求。

③半孔残留率远高于国家规范要求且爆后残留半孔没有爆破再生裂隙。

④施工成本降低 50% 以上。

⑤节省能源消耗 50%~60%、造孔灰尘大量减少，有利于环境保护。

10.16.3　适用范围

适用于水利水电、矿山、交通、房屋建筑、风电、核电等建筑行业各种岩性岩石的轮廓控制爆破设计与施工。

10.16.4　已应用的典型工程

在水利水电行业应用广泛，并且取得了良好的经济效益和社会效益。

第 11 章 工程地质勘察报告阅读与地基验槽

11.1 岩土工程勘察报告阅读

岩土工程勘察报告是建设项目中重要的工程技术资料,是基本建设项目中设计和施工的地质依据。按《岩土工程勘察规范》(GB 50021—2001)(2009 年版)的规定,各项工程建设在设计和施工之前,必须按基本建设程序进行岩土工程勘察,这也说明勘察报告在建设项目中的重要作用。为了充分发挥勘察报告在设计和施工中的作用,必须重视对勘察报告的阅读和使用。阅读时,应先熟悉勘察报告的主要内容,了解勘察结论和计算指标的可靠程度,进而判断报告中的建议对该项工程的适用性,做到正确使用勘察报告。

11.1.1 岩土工程勘察报告的组成

岩土工程勘察报告是建筑物地基与基础设计的依据,同时又是施工过程的重要指导性文件。一份完整的岩土工程勘察报告一般由以下三部分组成。

11.1.1.1 文字报告

文字报告部分包括工程概况,勘察目的,勘察方法,执行标准,勘察工作的布置原则及工作量完成情况,场地岩土工程、水文地质条件,岩土工程分析与评价,结论与建议。

11.1.1.2 图件

图件部分一般包括拟建物与勘察点平面位置图、工程地质剖面图、钻孔柱状图、各种原位测试图等。

11.1.1.3 表格

表格部分一般包括土工试验综合成果表,土层物理、力学性质指标统计表,地下水水质分析报告,标准贯入试验统计表等。

11.1.2 岩土工程勘察报告的阅读

11.1.2.1 阅读文字报告部分

勘察报告文字报告部分通常由六部分构成,通过对这些组成部分的阅读,可以初步了解拟建项目的工程概况、坐标系统和高程系统、场地地基土分层情况及其他深度方向上的组合特点、地下水类型及腐蚀性评价、地下水的初见及稳定水位埋深、岩土工程分析与评价、对场地做出的结论性评价及为设计和施工提出的建设性建议,使我们对整个拟建场地的工程地质条件有一个初步的了解和认识,同时也为阅读其他部分的内容做一个铺垫。

11.1.2.2 阅读钻孔平面位置图

通过对平面图的判读,可以从中了解到拟建场地的以下信息:拟建建筑物在场地中所处的位置,拟建建筑物与已建建筑物的相关位置、拟建建筑物的平面尺寸、勘探孔与拟建建筑物位置的关系、勘探孔数量、孔口高程、孔深、地下水位埋深及勘探的性质、场地的地形起伏特点。

11.1.2.3　阅读钻孔柱状图

了解场地内每个钻孔沿深度方向岩性的变化厚度、取样深度、现场试验及地下水的埋藏条件。

11.1.2.4　阅读工程地质剖面图

工程地质剖面图一般将同一轴线方向钻孔内的点连成一线,以揭示场地土层分布。阅读工程地质剖面图可以了解场地内纵横方向岩性在深度上的变化和地下水的埋藏条件,进而确定厚度大且相对稳定的地层作为可选基础持力层。通过柱状图和剖面图的联合阅读,可以更好地了解地基土的地下空间分布情况,为指导施工开挖基槽提供依据。

11.1.2.5　阅读土工试验成果表和土的主要物理、力学性质一览表

每份岩土工程勘察报告,都有土工试验成果表和土的主要物理性质、力学指标一览表。前者是每个钻孔按深度采集的土样,在实验室做出的土工试验表,后者是按土层进行统计、分析得到该土层的主要物理、力学性质指标,供设计、施工人员采用。

11.1.2.6　阅读场地的综合工程地质评价

对场地稳定性评价的分析,应注意地质构造及地层成层条件,是否有不良地质现象(如泥石流、滑坡、崩塌、岩溶等)以及分布规律、危害程度和发展趋势。尤其在地质条件复杂地区,这些问题更应引起高度重视。因为这将直接涉及建筑场地是否能满足建筑的需要,关系到建设项目可行性中的选址问题。正确地掌握和判断场地的稳定性,将对这一决策起到关键作用。同时还将为今后建筑中地基处理费用的预估做出极有参考价值的判断。例如在断层、向斜、背斜等构造地带和地震区修建建筑物,必须慎重对待。在不良地质现象发育且对场地稳定性有直接危害或潜在威胁的地区,如不得不在其中较为稳定的地段进行建筑,必须事先考虑好将要采取的措施,避免中途改变场地或付出高昂的处理费用。

总之,在阅读和使用勘察报告时,尤其应该注意所提供资料的可靠性。这就要求对资料进行比较和依据已掌握的经验进行判定。因为在工程地质勘察中不能保证勘察的详细程度。另外,由于地基土的特殊工程性质以及勘探手段本身的局限性,勘察报告不可能完全准确地反映场地的主要特征,或者在测试工作中,由于人为和仪器设备的因素,都有可能造成勘察成果的失真而影响报告的可靠性。这就要求在使用报告过程中注意分析和发现问题,并对有关问题设法进一步查清,以便减少差错,挖掘地基潜力,确保工程质量。

11.2　地基与基础工程验槽

当基槽开挖到接近槽底时,应组织建设单位、设计单位、勘察单位、施工单位、监理单位(统称五大责任主体)和质量监督部门等有关人员共同到现场进行检查,鉴定验槽。地基与基础工程验槽是工程勘察的最后一个环节,也是基础和上部结构施工的第一道工序。通过验槽,可以判别持力层的承载力、地基的均匀程度是否满足设计要求,以防止产生过

量的不均匀沉降,有时还需要进行补充勘察,主要内容包括地基是否满足设计、规范等有关要求,是否与地质勘察报告中土质情况相符。

11.2.1　验槽内容

(1)首先检查基槽开挖的平面位置和尺寸与设计图纸是否相符,其次检查开挖深度、标高是否符合设计要求。

(2)观察槽壁、槽底的土质类型、均匀程度,是否存在疑问土层,是否与勘察报告一致。

①槽壁土层:主要观察土层分布及走向;

②槽底土质:主要判断是否挖至老土层上(地基持力层);

③槽底土色:主要检查颜色是否均匀一致,有无异常过干或过湿;

④槽底土软硬:主要检查土是否软硬一致;

⑤槽底土虚实:主要检查土是否有震颤现象,有无空穴声音。

(3)检验基槽中有无旧房基、古井、洞穴、古墓及其他地下掩埋物。

(4)检查基槽边坡外缘与附近建筑物的距离对建筑物稳定有无影响。

11.2.2　验槽方法

验槽方法通常主要采用观察法,而对于基底以下的土层不可见部位,要先辅以钎探、轻便触探法配合共同完成。

11.2.2.1　槽壁观察

验槽的重点应选择在柱下、承重墙下、墙角和其他受力较大的部位。首先由施工人员介绍开挖的难易程度和槽底标高,然后直接对槽底和槽壁进行观察,就地取土鉴定。详细观察、描述槽壁、槽底岩土特性,验证基槽底的土质与勘察报告是否一致,基槽边坡是否稳定,有无影响边坡稳定的因素,如渗水、坑边堆载过多等。尤其注意不要将素填土与新近沉积的黄土、新近沉积黄土与老土相混淆。若有难以辨认的土质,应配合洛阳铲等手段探至一定深度仔细鉴别。对旧房基、洞穴、掩埋管道和人防设施等应沿其走向进行追索,查明在基槽范围内的延伸方向、深度及宽度。

11.2.2.2　钎探

钎探是用锤将钢钎打入坑底以下的土层内一定深度,根据锤击次数和入土难易程度来判断土的软硬情况及有无古井、古墓、洞穴、地下掩埋物等。钢钎由直径为 ϕ 22 ~ 25 mm 的钢筋制成,钎尖呈 60° 圆锥形,长度 1.8 ~ 2.0 m,每 300 mm 做一刻度。钎探时,用质量为 4 ~ 5 kg 的锤,按 5 ~ 700 mm 的落距将钢钎打进槽底下面的土中,记录每打入 300 mm 的锤击数,由锤击数可判别浅部有无坑、穴、井等情况。如当地已积累了实测资料,也可大致估计地基承载力。如采用人工钎探,应尽可能固定人员、固定锤重、固定落距,及时检查钢钎的损坏情况,避免由于人为因素造成的误差。

钎孔的布置应根据槽宽和地质情况确定。土质均匀时,孔距可取 1 ~ 2 m;对于较软弱人工填土及软土地基,钎孔间距不应大于 1.5 m;发现洞穴等应加密探点,以确定洞穴的分布范围。钎孔的平面布置可采用行列式或梅花形,当条形基槽宽度小于 80 cm 时,钎探在中心打一排孔;槽宽大于 80 cm 时,可布置两排错开孔,柱基处可布置在基坑的四角和中央。钎探点依次编号,钎探后的孔要用砂灌实。

在整幢建筑物钎探完成后,再对锤击数过少的钎孔附近进行重点检查。对于比较重要或二级以上的建筑物,如通过验槽还存在疑问,或者发现勘察资料误差过大,宜进行施工期间的补充勘察。

11.2.2.3　洛阳铲

洛阳铲最初由河南洛阳制作,用来探测黄河大堤洞穴隐患,后用于当地探测墓穴,也可用于基坑地基土的检验。洛阳铲下端为半圆形的钢铲头,底部为刀刃,上部装木杆,长 5 m,在均匀稍湿的黏性土与粉土中,一人操作,每次进深 20 cm,提钻一敲,铲头土即脱落,竖直向下继续钻井,若钻头突然大幅度下落,即为洞穴等软弱土层。

11.2.2.4　轻型动力触探

遇到下列情况之一时,应在基底进行轻型动力触探:①持力层明显不均匀;②浅部有软弱下卧层;③有浅埋的坑穴、古墓、古井等,直接观察难以发现时;④勘察报告或设计文件规定应进行轻型动力触探时。轻型动力触探设备简单,操作方便,适用于黏性土和黏性素填土地基的勘探,根据轻型触探锤击数 N_{10},可确定黏性土和素填土的地基承载力,也可按不同位置的 N_{10} 值的变化情况判别地基持力层的均匀程度。轻型动力触探检验深度及间距见表 11-1。

表 11-1　轻型动力触探检验深度及间距

(单位:m)

排列方式	基槽宽度	检验深度	检验间距
中心一排	<0.8	1.2	1.0~1.5 m,视地层复杂情况定
两排错开	0.8~2.0	1.5	
梅花型	>2.0	2.1	

11.2.2.5　验槽注意事项

(1)天然地基验槽前必须完成钎探,并有详细的钎探记录。不合格的钎探不能作为验槽的依据。必要时对钎探孔深及间距进行抽样检查,核实其真实性。

(2)基坑(槽)土方开挖完成后,应立即组织验槽。

(3)在特殊情况下,如雨期,要做好排水措施,避免被雨水浸泡。冬期要防止基底土受冻,要及时用保温材料覆盖。

(4)验槽时,要认真仔细查看土质及其分布情况,是否有杂物、碎砖、瓦砾等杂填土,是否已挖到老土等,从而判断是否需做地基处理。

11.2.3　基槽的局部处理

11.2.3.1　松土坑、墓坑的处理

当坑的范围较小时,可将坑中松软虚土挖除,至坑底及四壁均见天然土,然后采用与坑边的天然土层压缩性相近的材料回填。如果坑小,夯实质量不易控制,宜选压缩模量大的材料。当天然土为砂土时,用砂或级配砂石回填,回填时应分层夯实,并用平板振捣器

振密。若为较坚硬的黏性土,则用 3：7 灰土分层夯实;若为可塑的黏性土或新近沉积黏性土,多用 1：9 或 2：8 灰土分层夯实。当面积较大,换填较厚(一般大于 3.0 m)局部换土有困难时,可用短桩基础处理,并适当加强基础和上部结构的刚度。

当松土坑的范围较大,且坑底标高不一致时,清除填土后,应先做踏步再分层夯实,也可将基础局部加深,做成 1：2 踏步,每步高不大于 50 cm,长不少于 100 cm,踏步数量根据坑深来确定。

11.2.3.2　橡皮土的处理

含水率很大,趋于饱和的黏性土地基回填压实时,由于原状土被扰动,颗粒之间的毛细孔遭到破坏,水分不易渗透和散发,当气温较高时夯击或碾压,表面会形成硬壳,更阻止了水分的渗透和散发,埋藏深的土水分散发慢,往往长时间不易消散,形成软塑状的橡皮土,踩上去会有颤动感觉。橡皮土的承载能力低,如不加以处理,今后对建筑物的危害很大。出现橡皮土时,可采取以下方法处理。

1.翻晒法

施工暂停一段时间,使土内含水率逐步降低,必要时将上层土翻起进行晾槽,也可在上面铺垫一层碎石或碎砖进行夯击,将表土层挤紧挤密实。这种方法一般适用于橡皮土情况不甚严重或天气比较好的季节,但应注意这时地下水位应低于基槽底。

2.掺干石灰粉末

将土层翻起并粉碎,均匀掺入磨碎不久的干石灰粉末。干石灰粉末一方面吸收土中的大量水分而熟化,另一方面与其相互作用(干石灰粉末主要化学成分是氧化钙,土的主要化学成分是二氧化硅和三氧化二铝以及少量的三氧化二铁),形成强度较高的新物质硅酸钙,改变了土层原来的结构,夯实后就成了通常所说的灰土垫层了。它具有一定的抗压强度和水稳定性。这种方法大多在橡皮土情况比较严重以及气候不利于晾槽的情况下采用。应注意的是石灰不能消解太早;否则,石灰中的活性氧化钙会因消失较多而减低与土的胶结作用,降低强度。

3.换土

挖去橡皮土,重新填好土或级配砂石等。这种方法常用于工程量不大、工期比较紧的工程。

11.2.3.3　大口井或土井的处理

当基槽中发现砖井时,井内填土已较密实,则应将井的砖圈拆除至槽底以下 1 m(或大于 1 m),用 2：8 或 3：7 灰土分层夯实至槽底;当井直径大于 1.5 m 时,将土井挖至地下水面,每层铺 20 cm 粗骨料,分层夯实至槽底,上做钢筋混凝土梁(板)跨越砖井。

若井位于基础的转角处,除用上述方法回填处理外,还应视基础压在井上面的面积大小,采用从两端墙基中伸出挑梁,或将基础沿墙体方向向外延伸,跨越井范围,然后在基础墙内配筋或加钢筋混凝土梁(板)来加强。

11.2.3.4　局部硬土的处理

当验槽发现有旧墙基、树根和岩石等障碍物时,一般都挖除,回填土情况根据周围土质而定。全部挖除有困难时,可挖除 0.6 m,做软垫层,使地基沉降均匀。

11.2.3.5　管道的处理

在槽底以上设有下水管道,应采取防止漏水的措施,以免漏水浸湿地基造成不均匀沉降。当地基为素填土或有湿陷性的土层时,尤其应该注意。如管道位于槽底以下,最好拆迁改道,或将基础局部落低埋深加大,否则需要采取防护措施,避免管道被基础压坏。此外,在管道穿过基础或基础墙时,必须在基础或基础墙上管道的周围特别是上部,留出足够的空间,使建筑物沉降后不致引起管道的变形或损坏,以免造成漏水渗入地基引起后患。

参 考 文 献

[1] 林宗元.岩土工程治理手册[M].北京:中国建筑工业出版社,2005.

[2] 林宗元.岩土工程试验监测手册[M].沈阳:辽宁科学技术出版社,1994.

[3] 沈保汉.桩基与深基坑支护技术进展[M].北京:知识产权出版社,2006.

[4] 王卫东,等.深基坑支护结构与主体结构[M].北京:中国建筑工业出版社,2007.

[5] 杨太生.地基与基础工程施工[M].北京:中国建筑工业出版社,2005.

[6] 裴利剑,等.地基基础工程施工[M].北京:科学出版社,2010.

[7] 徐天平.地基与基础工程施工质量问答[M].北京:中国建筑工业出版社,2004.

[8] 刘福臣,唐业茂,詹凤程.地基与基础[M].2版.南京:南京大学出版社,2014.

[9] 刘福臣,等.土力学[M].北京:中国水利水电出版社,2005.

[10] 刘福臣,杨绍平.工程地质与土力学[M].2版.郑州:黄河水利出版社,2015.

[11] 刘福臣,等.地基及基础处理技术[M].2版.北京:化学工业出版社,2012.

[12] 刘福臣,等.土力学与地基基础[M].北京:清华大学出版社,2013.

[13] 李念国,等.地基基础[M].北京:中国水利水电出版社,2007.

[14] 华南理工大学等四院校.地基及基础[M].2版.北京:中国建筑工业出版社,1998.

[15] 吴湘兴,等.建筑地基基础[M].广州:华南理工大学出版社,1997.

[16] 《地基处理手册》编写委员会.地基处理手册[M].北京:中国建筑工业出版社,1998.

[17] 王保田,等.土力学与地基处理[M].南京:河海大学出版社,2005.

[18] 张忠苗,等.灌注桩后注浆技术及工程应用[M].北京:中国建筑工业出版社,2009.

[19] 陈忠汉,等.深基坑工程[M].北京:机械工业出版社,1999.